煤炭高等教育“十四五”规划教材

变形监测

理论方法及应用

主　编　龙四春

副主编　尤相骏　张立亚　邓兴升　廖孟光　熊朝晖
　　　　韦建超　祝传广　吴文豪

中国矿业大学出版社

·徐州·

内 容 提 要

本书详细阐述了变形监测的基本理论及不同应用，共分为两篇，合计 13 章。

第一篇为基本理论、技术与方法。第 1 章为绪论；第 2 章为变形监测的数理统计基础理论；第 3～4 章为变形监测的原理与技术、变形监测网的设计与优化；第 5～6 章为变形监测资料的预处理、变形监测网稳定性分析与预测。

第二篇为应用与实践。第 7～8 章为大坝与基坑工程变形监测的方法及应用；第 9～10 章为边坡工程与桥梁工程变形监测的方法及应用；第 11 章为地下工程变形监测的方法及应用；第 12～13 章为地表、工业与民用建筑工程变形监测的方法及应用。

本书可供高等学校测绘工程等专业的本科生作为教材使用，也可供公路、铁路、地下工程、水利水电等领域从事相关测量工作的技术人员学习和参考。

图书在版编目(CIP)数据

变形监测理论方法及应用 / 龙四春主编. — 徐州 ：中国矿业大学出版社，2024. 12. — ISBN 978 - 7 - 5646 - 6419 - 0

Ⅰ. TV698.1

中国国家版本馆 CIP 数据核字第 2024QC6263 号

书　　名　变形监测理论方法及应用
主　　编　龙四春
责任编辑　耿东锋　路　露
出版发行　中国矿业大学出版社有限责任公司
（江苏省徐州市解放南路　邮编 221008）
营销热线　(0516)83885370　83884103
出版服务　(0516)83995789　83884920
网　　址　http://www.cumtp.com　**E-mail**:cumtpvip@cumtp.com
印　　刷　江苏苏中印刷有限公司
开　　本　787 mm×1092 mm　1/16　**印张** 16.75　**字数** 429 千字
版次印次　2024 年 12 月第 1 版　2024 年 12 月第 1 次印刷
定　　价　38.00 元
（图书出现印装质量问题，本社负责调换）

前 言

在工程建设和科学研究中，变形监测发挥着至关重要的作用。无论是高耸入云的大楼、跨越江河的大桥，还是大型水利枢纽、边坡与地下工程等，它们在使用过程中产生的微小变形都可能蕴含着关键信息。

本书旨在系统地阐述变形监测的理论方法与相关应用。本书涵盖从经典的测量技术到现代先进的监测手段的理论讲解与应用实践，可为读者呈现变形监测领域的系统知识体系。无论是传统的水准测量、全站仪测量方法，还是新兴的卫星定位技术、三维激光扫描技术及 InSAR 等空天地多传感器监测技术，本书都对其进行了较为详细的阐述。

通过大量的实际案例，本书展示了这些理论方法如何在具体的工程中得到实施，在帮助读者理解变形监测在保障工程安全、评估结构稳定性等方面的作用时具有较高的价值。希望本书能成为相关专业学生、科研人员和工程技术人员在变形监测领域探索时的得力助手。

本书由龙四春任主编。在本书的编写过程中，浙江华展研究设计院股份有限公司尤相骏为本书的第 7～11 章提供了部分原始材料。同时，该书的出版还得到了张立亚、邓兴升、廖孟光、熊朝晖、韦建超、祝传广、吴文豪等同事及同行的大力支持，他们提供了相关章节的原始资料，并承担了部分章节的修改完善工作，在此一并向各位表示衷心的感谢。

由于水平所限，书中疏漏之处在所难免，恳请广大读者批评指正。

编 者

2024 年 8 月

目　录

第一篇　基本理论、技术与方法

第一篇
基本理论、技术与方法

第1章　绪　　论

变形是一种普遍存在于生活中的现象，指的是在各种力的作用下，物体形状、体积、位置随着时间的变化发生的改变。考虑不同变形体的特征、变形监测的目的、变形大小和速率等因素，可以采用不同的变形监测方法。

1.1　变形监测的目的与意义

随着我国经济建设的快速发展，各种大型基础设施建设项目如雨后春笋般涌现，这些工程建设项目往往具有技术难度高、投资规模大的特征。然而，在设计和施工过程中，由于人们对地质条件、水文地质状况、环境影响等的认知还存在一定局限性，加之我国地质环境复杂，不利地质条件较多，因此工程建设过程存在较大的风险和不确定性。

为了避免出现工程质量和使用安全问题，掌握建筑物的工作状态和稳定性至关重要。通过定期监测建筑物结构的变形状态，我们可以发现潜在的变形异常情况，判断工程质量和结构安全性，为采取相应措施提供依据。如果出现工程质量问题或地质环境变化导致建筑物结构产生过大变形，而没有及时发现和处置，可能会影响建筑物的正常使用甚至出现重大事故。因此，开展变形监测和研究具有极高的实用价值。

变形监测是一种重要的技术手段，用于监测和评估土木工程项目、地质构造和其他结构物的变形情况。在工程建设和运行过程中，变形监测可以为工程师和决策者提供实时、准确、可靠的数据，以帮助他们确保工程的安全运行，减少或避免事故的发生。

变形监测的意义在于提供了对工程或结构物的变形情况进行实时、准确监测和分析的能力。这对于保障工程和结构物的安全运行具有重要的意义。以下将从几个方面阐述变形监测的意义。

第一，变形监测有助于工程设计和施工的优化。在工程设计和施工过程中，变形监测可以帮助工程师和决策者了解工程和结构物的变形情况，从而可以优化设计和施工方案，减少工程和结构物的变形量。例如，通过监测和分析结构物的变形情况，优化结构物的支撑和加固方案，从而提高结构物的稳定性和承载能力。

第二，变形监测有助于及时发现和解决问题。在工程或结构物运行过程中，变形监测可以帮助工程师和决策者及时发现和解决问题，避免事故的发生。例如，在水坝建设和运行过程中，变形监测可以帮助工程师和决策者及时发现水坝的变形情况，从而能够采取相应的措施，避免水坝溃坝造成的严重后果。

第三，变形监测有助于提高工程和结构物的安全性。通过对工程和结构物的变形情况进行监测和分析，可以及时发现潜在的安全隐患，采取相应的措施进行修复和加固，从而能够提高工程和结构物的安全性。例如，在地铁建设和运营过程中，变形监测可以帮助工程师和决策者及时发现地铁隧道的变形情况，从而能够采取相应的措施，确保地铁的安全运营。

第四，变形监测有助于提高工程和结构物的可靠性。通过对工程和结构物的变形情况进行监测和分析，可以及时发现工程和结构物的变形趋势和规律，从而能够预测工程和结构物未来的变形情况，为工程和结构物的运营和维护提供可靠的依据。例如，在桥梁建设和运营过程中，变形监测可以帮助工程师和决策者及时发现桥梁的变形情况，从而能够预测桥梁未来的变形情况，为桥梁的运营和维护提供可靠的依据。

变形监测还在科学研究方面具有重要意义。通过长期和系统的变形监测，可以收集丰富的变形数据，有助于工程师和决策者深入理解变形机理，验证理论假设，优化模型算法。例如，通过监测地表和大坝变形，可以研究区域构造运动与活动断裂的变化规律；通过监测滑坡变形，可以建立滑坡运动模型，改进滑坡预警与预测机制；通过监测地基和基础变形，可以验证不同地质条件下的变形规律与土体特性。

当前，随着 GNSS（全球导航卫星系统）、激光扫描、无人机等新技术与手段的不断发展，变形监测工作的自动化程度和效率正在进一步提高，同时，这也为变形监测与预报工作带来了新的机遇与挑战。未来，变形监测工作的重点在于技术手段的深度融合，建立自动化和三维立体的精细变形监测系统。在理论研究方面，变形机理的深入理解、数据分析技术与变形预测模型能力的提高，将是施工质量控制与灾害预防领域两个重要的研究方向。综合考虑，变形监测工作的趋势在于实现全自动化、智能化，为工程建设与防灾减灾提供实时准确的变形监测与预警服务。全面提高变形监测能力，不仅是测绘与遥感科技发展的必然趋势，也是建筑业可持续发展必不可少的保障措施。

1.2 变形监测的发展历史及国内外研究现状

随着科技的不断发展，变形监测技术也在不断地进步和完善，从最初的传统变形监测技术，到如今的新型变形监测技术，其发展历史可以追溯到 20 世纪初期，下面将简要介绍变形监测的发展历史和国内外研究现状。

1.2.1 变形监测的发展历史

我国从 20 世纪 80 年代开始逐渐发展变形监测技术，当时的变形监测主要采用常规测量技术及测量手段，主要采用水准仪、经纬仪等传统的测量仪器测定点的变形值，完成监测目标的变形监测任务。随着计算机技术的发展，数字化变形监测技术得到了显著的提升。高精度全站仪和 GPS（全球定位系统）技术的出现以及海量数据处理技术的发展大大改善了数据处理的效率和准确度，加速了数字化变形监测技术的发展。在航空航天技术不断发展与进步的前提下，利用卫星遥感技术及合成孔径雷达干涉测量（InSAR）技术对地表进行大范围变形监测得到了广泛的应用。近年来，随着数字化技术及智能化技术的发展，自动化测量机器人的问世，三维激光扫描仪以及无人机技术的普及应用，变形监测呈现多源化的监测手段，变形监测技术及与之相关的技术或方法在各自的领域得到了广泛的发展及应用。其发展历程可以分为以下三个阶段：

(1) 传统变形监测技术

早期的变形监测技术主要依赖地面测量，如大地水准网法、测量法、观测法、标记法等。

这些方法虽然操作简单，但测量过程烦琐，需要耗费大量的人力和物力，工作量巨大，且反应缓慢，数据采集量少、不够精确，不能实现自动化监测。随着航空航天技术的不断发展与进步，遥感技术逐渐成为变形监测的一种重要手段，如卫星遥感技术、航空摄影技术等，它们可以实现全天候、实时监测。

(2) 数字化变形监测技术

随着计算机技术的不断发展，数字化变形监测技术得到了显著的提升。随着高精度全站仪和 GPS 技术的出现，变形监测技术在地下水位测量、建筑物变形和地质环境监测等领域有了广泛应用。之后自动化测量机器人和三维激光扫描仪等仪器的出现，使变形监测技术在老旧建筑物变形监测以及古建筑修复等方面得到广泛的应用。

(3) 新时代背景下的新型变形监测技术

新型变形监测技术主要包括雷达干涉测量、InSAR 技术和激光测距技术等。这些技术具有非接触式测量、高分辨率、全天候、实时监测、高精度等优点，逐渐成为变形监测的主流技术。此外，太阳能光伏监测、压电陶瓷变形监测等新兴技术也逐渐应用于变形监测领域。

总的来说，变形监测技术的发展历经传统、数字化和新型三个阶段，技术不断推陈出新，其应用领域日益广泛。随着社会和科技的发展，变形监测技术将会更加精细化和智能化，为地质灾害预防和城市建设提供更加可靠和高效的支撑。

1.2.2　变形监测的国内外研究现状

近年来，新型的变形监测技术广泛应用于地质灾害预防和城市建设。例如，在建筑施工过程中，变形监测技术可用于地表沉降监测、建筑沉降监测；在基坑施工过程中，变形监测技术可用于测量沉降、测斜和测量围栏结构位移；在高架桥建设过程中，变形监测技术可用于挠度和倾斜监测，保证施工安全。随着变形监测技术的不断发展，变形监测涉及多个学科领域，其应用范围也越来越广泛，城市建设过程中的变形监测已经成为强制性工作任务。

国内外的学者对建筑物变形分析和预测进行了大量研究，其中，大坝安全监测和滑坡安全监测是变形监测的重要应用领域。变形监测通常要求监测系统不能出现间断的情况，这就需要监测系统能够安全、精确、可靠地长期和实时采集数据。传统设备难以满足这一要求，因此，学者们在现有自动化监测技术的基础上，开发出了一些更稳定和精确的软硬件。在城市建设领域，变形监测的数据获取方法和技术手段发展迅速，经历了光学机械监测、数字自动监测和微变信息监测三个阶段。在 20 世纪 90 年代之前，光学机械监测阶段使用光学水准仪、经纬仪、正倒垂线法、引张线法和土压力盒等技术和设备进行监测。在变形模型参数估计方面，陈永奇总结了两种监测数据分析方法：直接法和位移法，直接法是直接使用原始的重复观测值之差计算应变分量或它们的变化率；位移法是使用各个测点坐标的平差值之差计算应变分量。20 世纪 90 年代进入数字自动监测阶段，使用全站仪、GNSS、近景摄影测量、振弦式传感器等技术进行监测。传感器技术是现代变形监测技术的主流，包括测斜仪、倾角仪、应变计、加速度计、振动传感器等。这些传感器具有高精度、实时性好、数据处理与传输简单等优点。近年来，党永超基于拓普康测量机器人 MS05AXII 对西安运营地铁隧道进行了自动化变形监测技术的研究，实现了在线远程控制自动化变形监测的功能。其研究实现了测量机器人在地铁隧道自动化检测中的自动化分析基准网稳定性，自动化采集监测点数据并进行智能化后处理和数据的自动存储，监测结果自动生成报表并且远程传输，自动化预警，达到了地铁隧道自动化监测的预期目标。李金阁基于徕卡 TS30 测量机器人进行边坡监测系统研发，开发了自动化边坡数据处理与分析系统。刘哲强的研究实现了测量机器人自动采集数据、智能处理数据、实时传输数据以及及时生成报表的功能，实现了监测成果可视化，达到了预期结果，实现了测量机器人在地铁隧道中的自动化变形监测的目标。从以上学者的研究中可以发现，自动化变形监测测量可以广泛应用于地铁隧道变形监测以及滑坡监测等领域。

现代数据处理技术可以有效地处理和分析大量的变形监测数据，从而提高了变形监测的自动化和智能化程度以及变形分析结果的准确性。为了更准确、全面地了解变形状态，变形分析和预测模型一直在不断完善和发展。此外，在变形分析和预测中，非线性动力模型等方法也得到了广泛应用。

随着高精度自动化智能机器人和 GPS 技术的出现，传统的大地测量方法与全站仪、GPS 技术的优化及整合，卫星遥感技术成为实现高精度监测建(构)筑物的主要技术。莫林海为了解决一些不便于人工测量的复杂区域(如山区、隧道等)的变形监测问题，提出了一种基于静力水准仪和 GNSS 的多传感器数据融合的地基沉降监测技术，采用 GNSS 设备对基准点进行沉降监测，为地基沉降监测提供了科学的研究思路。土耳其的三位学者通过研究对变形监测技术进行了综述，他们指出，GPS 测量必须与精密水准测量结合使用才能满足变形监测的精度要求。张勤等总结了 GNSS 硬件数据采集、软件数据处理和多源融合监测等方面的研究进展，重点分析了各类 GNSS 滑坡监测技术的优势、适用范围和存在问题，在梳理复杂场景下 GNSS 实时滑坡监测预警技术所面临的挑战的基础上，对 GNSS 实时滑坡监测预警技术的发展趋势和研究方向提出了一些思路。

进入 21 世纪以来，在大数据、人工智能的新时代背景下，新型变形监测技术不断地发展，进入以测量机器人，激光跟踪仪，地基合成孔径雷达，电式和磁式、光纤光栅式传感器等技术为基础，以互联网、云计算、大数据、5G、专家系统等信息技术为代表的微变信息监测阶段。无损监测成为新型的变形监测技术，是一种不需要破坏结构的监测技术，包括声波检测、红外线测量、雷达测量、激光测量等。这些技术在监测桥梁、隧道和其他大型建筑物等方面具有很好的应用前景。祝传广等在增加观测方程的同时保证干涉对的相干质量，实现了形变信息的稳健估计。曾韬睿等提出的集成框架及滑坡动态易发性制图技术能够提高区域滑坡的空间辨识度和预警精度，可作为滑坡灾害区域规划的新手段。周云等全面总结了 PS-InSAR(永久散射体合成孔径雷达干涉测量)技术监测桥梁结构变形的基本原理、技术特点、适用范围，最后说明基于 PS-InSAR 技术的桥梁变形监测方法有显著的优势和广阔的应用前景，有望为大跨度桥梁的运维和风险管理提供技术支持。戴军等采用三维激光扫描仪对隧道初期支护进行全息变形监测，获取了隧道初期支护的变形全貌，并进行了沉降收敛和断面轮廓变形分析。林益新通过研究发现，借助三维激光扫描技术具有较好的效果。王磊等阐述了三维激光扫描技术在建筑物变形监测方面应用的可行性，通过试验验证了所获取数据精度的可靠性，为以后的生产活动提供了相应参考。王洪霞通过研究发现三维激光扫描技术在桥梁变形监测方面具有较高的精度和可信性，三维激光扫描技术具有成本低、速度快、精度高等特点，因此三维激光扫描技术在桥梁变形监测方面具有广阔的应用前景。徐晓斌等提出分布式光纤监测系统技术可靠、采集实时、传输稳定、灵敏度高，可满足公路潜在滑坡的变形动态监测及预警预报要求，可供类似工程借鉴与推广，具有较高的经济价值及安全价值。宋文杰等对基于布里渊效应的光纤传感器进行了分类概述，阐述了基于布里渊效应的分布式光纤传感技术在引水隧洞、城市隧道等地下工程变形监测中的应用现状，提出了当前研究存在的问题，并对其未来发展趋势进行了展望。何斌等提出了一种基于分布式光纤传感技术的高面板堆石坝内部变形监测方法，验证了分布式光纤传感技术在坝体内部变形监测应用的合理性和可行性。

国外早就在变形监测技术研究方面有所涉猎，最初该技术仅用于大坝和地下工程监测，随着人们对安全性的日益重视，国际社会越来越关注工程中的变形问题，这也推动了变形技术的快速发展。国外还有诸如太阳能光伏、毫米波雷达、微波测量、压电陶瓷等新兴技术的研究和应用。在全球低碳化、环保的大环境下，太阳能技术成为热门，在变形监测中也有其相应的应用。太阳能光伏电站的设备和元器件受到环境和气象因素的影响，会导致变形、裂纹、松动等问题，这些问题会直接影响电站的运行效率和安全性。因此，需要对太阳能光伏电站进行变形监测，以及时发现问题并进行维修。典型的应用是采用位移传感器、应变传感器和加速度传感器等传感器来监测设备的变形情况，这些传感器可以实时记录设备发生的振动、变形等情况，通过数据分析，可以有效地判断设备的健康状况和安全性。值得一提的是，在太阳能光伏电站中，还有一项重要的变形监测工作——监测太阳能电池板的变形。太阳能电池板是太阳能光伏电站的核心部件，其变形情况会对太阳能光伏电站的发电量产生重大影响。太阳能电池板在安装和使用过程中，会受到温度、风力、湿度等环境因素的影响，从而会产生变形或开裂，进一步影响太阳能光伏电站的发电效率和安全性。因此，监测太阳能电池板的变形情况非常重要。

总之，随着变形监测理论、方法和设备的发展，变形监测技术已经逐渐发展成为以空间信息技术、精密定位技术和电子科技技术等为主要特征的多种测量技术的集成形式，正逐渐走向数字自动化、光学机械化和微变信息化，成为全景多层次、动态高精度、智能多技术的全方位立体监测体系，未来这一领域的研究和应用将会更加丰富和广泛。

1.3　变形监测的主要技术及发展趋势

1.3.1　地面观测监测技术

地面观测监测技术是利用各种技术手段对地面的形变、沉降、隆升等变化进行实时或定期监测和分析的技术，主要包括测量机器人监测技术、地面三维激光扫描技术、地基合成孔径雷达监测技术。

（1）测量机器人监测技术

测量机器人是智能型全站仪 RTS(robotic total station)的俗称，与一般全站仪相比，RTS 具有自动目标识别传感装置和给照准部转动提供动力的两个马达装置。全站仪中的 CCD(电荷耦合器件)阵列传感器可以识别被测量棱镜返回的红外光，CCD 判别接收后，马达就驱动全站仪自动转向棱镜，实现自动精确照准。由于 CCD 识别的是不可见红外光，因此它能够在夜间、雾天甚至雨天(保证镜面无雨水)进行测量，可以实现常规监测网测量的自动化。

通过测量机器人的精确定位和控制能力，该技术可以实现对桥梁、地铁隧道、水电站、道路隧道等大型工程结构在建设和使用过程中的形变、裂缝、振动、温度等情况的监测。该技术自动化程度高，可实现远距离无人作业，省时省力，在未来的建筑物监测中其扮演的角色越来越重要。但测量机器人的目标自动识别的最远距离一般为 1 km，监测范围小，测量速度也决定了其用于高频率的振动测量比较困难。

（2）地面三维激光扫描技术

三维激光扫描技术是信息科技化时代的一门新技术，最先是在国外研究开发而成的。地面三维激光扫描技术（terrestrial laser scanning，TLS）是一种基于激光扫描仪对地面物体进行非接触式三维扫描的技术。它首先通过发射激光光束对地面进行高速扫描，采集大量点云数据，然后利用计算机进行数据处理和分析，生成能够准确、全面反映地面物体外部形态和内部结构的三维模型。

地面三维激光扫描技术的原理：地面三维激光扫描仪发射器发出一个激光脉冲信号，经物体外表反射后，沿几乎相同的路径反向传回到接收器，此时可以计算目标点 P 与扫描仪之间的距离 S；控制编码器则同步测量每个激光脉冲横向扫描角度观测值 a 和纵向扫描角度观测值 σ，之后就可以计算点的三维坐标。三维激光扫描测量一般采用仪器自定义坐标系，X 轴在横向扫描面内，Y 轴在横向扫描面内与 X 轴垂直，Z 轴与横向扫描面垂直。

地面三维激光扫描技术具有高效、精确、全面的优点，可以广泛应用于建筑检测、文物保护、城市规划、电力巡检等领域。

（3）地基合成孔径雷达监测技术

地基合成孔径雷达（ground-based synthetic aperture radar，GB-SAR）是一种新型的合成孔径雷达，主要用于地面形变监测和地质灾害预警。GB-SAR 把天线阵列固定在地面上，通过对同一物体进行多次雷达信号的接收和处理，可以获得高精度的物体表面位移和形变信息，追踪目标物体的运动状态。地基合成孔径雷达形变监测的原理是利用前后所产生的相位进行干涉解算得到形变量。GB-SAR 通常固定在某一位置进行连续形变监测，所获取的数据的空间基线为 0。未发生形变时，GB-SAR 所获取的某点相位公式为：

$$\varphi_1 = -\frac{4\pi}{\lambda} R_1 + \varphi_{\text{atm1}} + \varphi_{\text{noise1}} \tag{1-1}$$

式中　λ——波长；

R_1——监测区域发生形变前雷达天线相位中心与被测物体像元之间的斜距；

φ_{atm1}——未发生形变时的大气延迟相位；

φ_{noise1}——噪声相位。

当监测区域发生形变后，GB-SAR 所获取的该点的相位公式为：

$$\varphi_2 = -\frac{4\pi}{\lambda} R_2 + \varphi_{\text{atm2}} + \varphi_{\text{noise2}} \tag{1-2}$$

式中　R_2——监测区域发生形变后雷达天线相位中心与被测物体像元之间的斜距；

φ_{atm2}——发生形变后的大气延迟相位；

φ_{noise2}——噪声相位。

将两次测量的影像数据进行干涉处理，由于干涉对获取的时间间隔非常短，一般认为大气状态是相同的，所获取的干涉对中的大气相位接近 0。因此，干涉后的形变相位公式为：

$$\Delta d = \frac{\lambda \varphi}{4\pi} \tag{1-3}$$

式中　Δd——沿雷达视线方向的形变量。

在实际应用中，对于所获取的高相干点，其信噪比较高(干涉后的噪声信号可忽略)，而大气延迟相位则较接近，干涉后的大气相位可得到较好的减弱，因此同样可忽略大气相位的影响。

1.3.2　地下观测监测技术

地下观测监测技术是监测结构体及岩土内部变形的技术。常用的内部位移观测仪器有位移计、测缝计、测斜仪、沉降仪、垂线坐标仪、引张线仪、多点变位计和应变计等。传统的位移计等点式监测设备多采用电阻式、电感式、电容式、压电式等传感器，易受雷击等电磁干扰，发生故障概率高。近些年，利用光在光纤中的反射及干涉原理，已开发出各种各样的光纤传感器，其中包括多种用于变形监测的传感器。采用光纤传感器的监测系统可以进行分布式监测，可做长距离、大范围的面状监测，而且由于测点输入的不是电源而是光源，因此系统不受电磁干扰，稳定性好。光纤传感器本身又是信号的传输线，因此还可以进行远程监测，成本较低。

地下观测监测技术主要包括直接几何法、间接几何法、物理方法等。

(1) 直接几何法

直接几何法是一种地下空间安全监测方法，通过设置固定点和目标点，测量目标点到固定点的距离变化，进而监测地下空间的变形情况。这种监测可以在不同时间段内反复进行，获取多个时段的数据进行对比分析，得出地下空间的变形速率和趋势。

电水平尺监测系统是一种高精度的沉降监测系统，可以实现对地表沉降的监测。它通过传感器测量电极板与地面之间的电阻变化，计算出地表沉降量。相比传统的水准测量方法，电水平尺监测系统具有测量效率高、精度高、连续性好等优点。

自动实时三维监测系统是另一种常见的地下空间安全监测方法，它结合了全站仪收敛变形系统、振动传感器、声学传感器等，能够实时监测地下空间的变形、振动、位移等，从而为地下空间建设提供了全面的监测保障。

全站仪收敛变形系统是自动实时三维监测系统的核心组成部分，通过实时采集地下空间各点的三维坐标数据计算位移和变形量，从而检测地下空间的变形情况。与其他监测手段相比，全站仪收敛变形系统具有监测精度高、数据传输快速、操作简便等优点，能够为地下空间工程提供准确可靠的监测数据，保障地下空间工程的安全和稳定运行。

(2) 间接几何法

除了直接几何法，间接几何法也是地下空间安全监测中常用的一种方法。其基本原理为：利用测斜仪等传感器监测地下结构物的倾斜变化，并通过自动数据采集和传输系统记录和分析数据，以此来检测地下结构物的稳定性。

固定式测斜仪是常见的测斜传感器，其通过设置在建筑物或者岩土体上的测斜杆监测倾斜角度。通过传感器的合理应用和数据记录，可以计算出倾斜角度变化量和对应的水平位移量，从而可以为地下结构物的安全监测提供重要参考依据。

数字化摄影测量技术和巴塞特收敛系统也常应用于地下空间安全监测。数字化摄影测量技术能够通过高精度摄影测量仪获取地下结构物的三维坐标信息，实现对地下结构物的形状、尺寸、位置等的高精度测量。而巴塞特收敛系统是一种集成多种传感器的地下结构物变形监测设备,可以实现对地下结构物各种形变量的实时监测。

GBK6150 MEMS 型固定式测斜仪是一款常见的应用于基坑监测的测斜传感器,其主要特点是内部集成了高灵敏度的倾角传感器和温度补偿电路,能够精确地表示倾斜角度变化和温度变化对监测数据的影响,提供准确可靠的地下结构物变形监测数据。

(3) 物理方法

物理方法是地下空间施工中常用的一种探测技术,其基本原理为:利用地球物理现象进行探测,通过分析测量数据来推断地下结构物的情况。

雷达反射和地震发射是常见的两种探测方式,它们可以实现对地下结构物的成像和探测,对施工前的地质勘察和地下结构的安全监测具有重要意义。

在地下空间施工中,全站仪和水准仪通常用于支护结构顶部测量,传统测斜仪主要用于检测垂直方向上的倾斜变化,应变计则用于监测混凝土和支护结构的应力情况,以判断是否存在结构变形及破坏的风险。

物探技术在施工过程中也逐渐得到应用,例如,全站仪可以用于监测非接触式的支护结构顶部的位移和下沉情况,其具有适应性强、操作便捷、不会对施工产生过大的干扰等优点。

总之,物理方法在地下空间施工中具有重要的应用价值,可以为地下空间施工提供准确可靠的数据支撑,保障施工过程的安全。

1.3.3 对地观测监测技术

对地观测监测技术是利用先进的测量仪器和数据处理方法对地球表面进行高精度、高效率变形监测的技术,主要包括 GNSS 变形监测技术、InSAR 监测技术、数字摄影测量变形监测技术。

(1) GNSS 变形监测技术

GNSS 变形监测技术是一种利用 GNSS 技术进行地面运动监测的技术。GNSS 技术是一项高科技技术,利用卫星技术进行全方位的测量,其主要功能是实时或者在几小时内监测某个区域内发生的地质构造变化或人类活动引起的地面变形,如建筑物沉降、滑坡、地震等。

GNSS 变形监测技术主要基于以下原理:由于 GNSS 接收器可以精确地测量接收器本身的位置,因此其可以测量地面的位置变化。通过对多个 GNSS 接收器的测量数据进行比较,可以计算出各个点之间的相对位置和距离变化。可以在目标区域周围的不同位置设置监测站点,形成一个三维的观测网络,以便对地面变形进行全面和精确的监测。GNSS 变形监测技术已经广泛应用于市政、隧道、电力、水利、石油等领域。它可以实时监测工程设施变形,以及时发现问题并采取相应的措施进行修复或升级。同时,它还可以用于自然灾害的监测和预警,为防灾减灾提供科学依据。

(2) InSAR 监测技术

变形监测是星载 InSAR 应用较为成熟的领域之一,其主要包括 PS-InSAR 技术、DS-InSAR技术。

PS-InSAR 是一种基于 SAR(合成孔径雷达)干涉技术进行地表形变监测的技术,可以对地表进行精确的变形分析和监测。该技术主要利用 SAR 卫星成像得到的多幅 SAR 数据,获取目标物的相位差变化信息,然后通过反演测量出物体的沉降、抬升等变形情况。PS-InSAR技术能够获取高密度、高精度的变形监测数据,其主要特点包括:① 对于地表覆盖有明显反射标志物的区域，如建筑物、桥梁、塔式起重机、金属管道等，效果更加明显。② 适合大面积区域的变形监测，能够捕捉到局部结构变化和整个系统的变化。③ 具有大范围监测、监测周期长、监测精度高等优点，能够有效地应用于地震、火山爆发、岩溶塌陷等自然灾害的监测。但 PS-InSAR 技术也存在一些缺陷和不足，如需要较长时间的观测数据、对地表反射目标有一定要求等。因此，在实际应用中，需要综合考虑不同的监测技术特点，选择合适的监测手段，以提高变形监测的精度和准确性。

DS-InSAR（分布式目标合成孔径雷达干涉测量）也是一种利用 SAR 干涉技术进行地表形变监测的技术。其基本原理为根据雷达波反射回来的信号相位信息计算地表的形变情况。与传统的光学遥感技术不同，DS-InSAR 技术可以在各种天气和光照条件下进行监测。

DS-InSAR 技术具有高精度、高时空分辨率、覆盖范围广和可重复性好等特点。它在地震、火山、土壤沉降监测和环境等方面都有广泛的应用。然而，在实际应用中，DS-InSAR 技术还存在一些挑战，如地形、土壤和植被的影像需要校正，同一区域内干涉后的相位可能存在不同的空间周期。因此，为了更好地应用 DS-InSAR 技术进行地表形变监测，需要进一步优化数据处理和分析方法，以减小误差的影响，提高数据获取和分析的效率和精度。

（3）数字摄影测量变形监测技术

数字摄影测量变形监测技术是一种利用数字摄影测量技术和成像处理技术进行地表形变监测的技术，其具有多方面的优势。第一，它采样频率高且能够快速采集数据，从而可以有效获取被监测目标的瞬时变形信息。第二，测量数据以数字信息的形式保存，非常方便储存和传输。它可以得到被测物体大量的几何和物理信息，特别是在多点测量方面，表现尤为突出。第三，在对被监测目标进行观测时，它不需要与被监测目标接触，而且不会对被监测目标产生任何影响。这种非接触性质使得它可以在恶劣条件下完成测量工作，例如，在噪声、有毒气体、缺氧或强辐射等环境下都可以使用该技术。其原理主要基于以下几个方面。

数字影像测量原理：通过采集多张不同视角的数字影像，利用数字图像处理和三维重建方法，恢复物体的三维形态和位置信息。在地表形变监测中，这种技术用于获取目标区域的三维模型。

影像匹配原理：将不同时刻拍摄的两幅或多幅影像进行匹配，获取图像之间的位置和姿态关系。这一步骤可以通过自动化的算法实现，从而可以提高数据获取的效率和精度。

形变分析原理：利用数字摄影测量技术获取的三维模型和影像匹配信息进行形变分析，即在时间序列上对三维模型的形态和位置随时间变化的规律进行分析，通过比较两个时间点的三维模型，可以发现变形的情况，并计算出变形量和变形速率等信息。

总之，数字摄影测量变形监测技术通过数字摄影测量技术和成像处理技术生成地表的三维模型，并通过影像匹配和形变分析，对地表形变进行定量监测。该技术具有数据获取快速、精度高、非接触性强等优点，在地震、滑坡、建筑物沉降等领域具有广泛的应用前景。

1.3.4 变形监测技术发展趋势

变形监测技术是一项不断发展的技术，未来的发展趋势可以从以下几个方面进行探讨。

高精度化：随着高精度定位技术、测量仪器和传感器的不断发展，变形监测技术的精度将得到大幅提升。未来，高精度化仍然是变形监测技术的发展方向之一。

自动化和实时化：随着人工智能和大数据分析技术的迅速发展，变形监测技术将越来越自动化和实时化。例如,通过机器学习算法进行自动化处理和分析,通过传感器、互联网和云计算技术实现实时监测和数据共享等。

多源协同:变形监测技术将更多地引入多源协同的观测手段,如融合 GNSS、INS(惯性导航系统)、激光雷达、相机影像、微波雷达等多种技术,以提高监测精度和覆盖范围。

机器视觉:借助机器视觉技术对地表进行三维立体扫描,可以获取更加准确和全面的地形变化信息,这将有助于在城市规划、水利工程、石油勘探等领域实现更好的变形监测效果。

云服务:变形监测技术将逐渐向云服务模式转型,将监测站点数据上传至云端,由云计算平台进行数据处理和分析。这样可以减少设备采购及维护成本,同时也可以实现远程实时监测和综合分析。

总之,变形监测技术将会更加智能化、自动化和多源协同化,也将更好地服务于社会发展的需要,并为各行各业提供更加高效、精准、可靠的变形监测解决方案。

第2章　变形监测的数理统计基础理论

2.1　随机变量及其概率分布

2.1.1　随机变量

(1) 定义

随机试验的各种可能结果可以用变量 X 表示，变量 X 为随机变量。

例1：在检验的5个产品中，含有1个次品或2个次品或3个次品，可用变量 $X=1$ 或 $X=2$ 或 $X=3$ 表示。

例2：在伯努利试验中，每次试验只有两个结果，可用变量 X 表示（$X=1$，事件 A 发生；$X=0$，事件 A 不发生）；又如每次考试也只有两个结果，可用变量 X 表示（$X=1$，及格；$X=0$，不及格）等。

(2) 随机变量的分类

① 离散型随机变量

离散型随机变量即随机变量的取值是有限可数或无限可数的。

实例：取球；检验产品；电话总机在某一时刻接到的呼唤次数。

② 连续型随机变量

连续型随机变量即随机变量的取值是不可数的，而是在某一个区间范围内取值。

实例：某一地区某一天的温度为 $t_1 \leqslant T \leqslant t_2$，黄浦江的水位为 $a \leqslant X \leqslant b$ 等。

(3) 随机变量的分布函数

对于连续型随机变量而言，其取值是不可数的，不能用 $X=x_i$ 来表示某一事件，须用区间取值表示：

$$P(x_1 \leqslant X \leqslant x_2)=P(X \leqslant x_2)-P(X \leqslant x_1) \tag{2-1}$$

① 定义

设 X 为随机函数，对于任意的实数 x，称事件 $X \leqslant x$ 的概率 $P(X \leqslant x)$ 为随机变量 X 的分布函数，记为 $F(x)=P(X \leqslant x)$。

② 性质

a. $0 \leqslant F(x) \leqslant 1$；

b. 对任意的两个实数 x_1 和 x_2，当 $x_1<x_2$ 时，恒有 $F(x_1) \leqslant F(x_2)$，$F(x)$ 是单调不减函数；

c. $\lim\limits_{x \to +\infty} F(x)=F(+\infty)=1$，$\lim\limits_{x \to -\infty} F(x)=F(-\infty)=0$；

d. $F(x)$ 为右连续函数，即 $F(x+0)=F(x)$；

e. 设 $a<b$，则 $P(a<X\leqslant b)=F(b)-F(a)$。

2.1.2 离散型随机变量

2.1.2.1 概率分布列

(1) 定义

设离散型随机变量 X 的所有可能取值为 $x_1,x_2,\cdots,x_n$，则对应取值的概率为离散型随机变量 X 的概率分布列。

(2) 表达形式

概率分布列的表达形式包括表格形式、矩阵形式、分布多边形等。

a. 表格形式：概率分布列的表格形式见表 2-1。

表 2-1 概率分布列

X	x_1	x_2	$\cdots$	x_k
P	p_1	p_2	$\cdots$	p_k

b. 矩阵形式：

$$\begin{pmatrix} x_1 & x_2 & \cdots & x_k \\ P_1 & P_2 & \cdots & P_k \end{pmatrix} \tag{2-2}$$

2.1.2.2 常见离散型随机变量

(1) 0—1 分布

随机变量的可能取值为 $X=\begin{cases}0, A\ 不发生\\ 1, A\ 发生\end{cases}$，其概率分布列为 $P(X=x_i)$，见表 2-2。

表 2-2 概率分布

X	0	1
P	p	q

表 2-2 中，$0<p<1$，随机变量 X 服从参数为 p 的 0—1 分布。

(2) 二项分布

设随机变量 X 的所有可能取值为 0, 1, 2,…,n，则其概率分布列为 $P(X=k)=C_n^k p^k q^{n-k}$，$k=0,1,2,\cdots,n$。它是二项式 $(p+q)^n$ 展开式中的第 k 项系数，故又称为二项分布，记为 $X\sim B(n,p)$。二项分布产生的背景是 n 重伯努利试验。

(3) 泊松分布

若随机变量 X 的所有可能取值为 0,1,2,…，且对应取值的概率为：

$$P(X=k)=\frac{\lambda^k}{n!}e^{-\lambda},\quad k=0,1,2,\cdots \tag{2-3}$$

则称随机变量 X 服从参数为 λ 的泊松分布，记为 $X\sim P(\lambda)$。它产生的背景是在某一时刻，随机质点流源源不断地涌现出来的随机现象。

在 n 重伯努利试验中，设 P_n 表示事件 A 在每次试验中出现的概率，若 $\lambda=\lim\limits_{n\to\infty} nP_n$，$0<$

$P_n<1, n=0,1,2,\cdots$，当 n 充分大、p 又小时，有：

$$\lim_{n\to\infty} C_n^k P_n^k (1-P_n^k)^{n-k} = \frac{\lambda^k}{k!}e^{-\lambda} \tag{2-4}$$

即

$$P_n(k) \approx \frac{\lambda^k}{k!}e^{-\lambda} \tag{2-5}$$

$$\lambda = np \tag{2-6}$$

2.1.3　连续型随机变量

2.1.3.1　概率密度函数

(1) 定义

设 $F(x)$ 是随机变量 X 的分布函数，若对任意的实数 x，存在非负函数 $f(x)$，使得 $F(x)=\int_{-\infty}^{x} f(t)\mathrm{d}t$ 成立，则称非负函数 $f(x)$ 为随机变量 X 的概率密度函数，简称密度函数，此时随机变量 X 为连续型随机变量。

(2) 概率密度函数的性质

① $f(x) \geqslant 0$；

② $\int_{-\infty}^{x} f(x)\mathrm{d}x = 1$；

③ $\int_{x_1}^{x_2} f(x)\mathrm{d}x = F(x_2) - F(x_1)$；

④ $f(x)$ 在 x 点处连续，则 $f(x) = \frac{\mathrm{d}F(x)}{\mathrm{d}x}$；

⑤ 对于任意的实数 x，有 $P(X=x_k)=0$。

2.1.3.2　常见连续型随机变量的分布

(1) 均匀分布

若随机变量 X 在区间 $[a,b]$ 内等可能地取值，且其概率密度函数为：

$$f(x)=\begin{cases}\dfrac{1}{b-a}, & a \leqslant x \leqslant b \\ 0, & \text{其他}\end{cases} \tag{2-7}$$

则称随机变量 X 服从区间 $[a,b]$ 上的均匀分布，记为 $X \sim U[a,b]$。需要注意的是：计算数据时，小数点后的舍入误差，某时刻时钟的分针所指的刻度，某个时间段内发车的时间等，这些随机现象都服从均匀分布。

均匀分布的分布函数为：

$$F(x)=\int_{-\infty}^{x} f(x)\mathrm{d}x = \int_{-\infty}^{a} f(x)\mathrm{d}x + \int_{a}^{x} f(x)\mathrm{d}x = \int_{a}^{x} \frac{1}{b-a}\mathrm{d}x \tag{2-8}$$

$$f(x)=\begin{cases}0, & x < a \\ \dfrac{x-a}{x-b}, & a \leqslant x \leqslant b \\ 1, & x \geqslant b\end{cases} \tag{2-9}$$

(2) 指数分布

若随机变量 X 的概率密度函数为：

$$f(x)=\begin{cases}\lambda e^{-\lambda x}, & x>0\\ 0, & x\leqslant 0\end{cases} \tag{2-10}$$

其中，λ 为大于 0 的常数，则称随机变量 X 服从参数为 λ 的指数分布，记为 $X\sim E(\lambda)$。

由于指数分布函数

$$F(X)=\int_{-\infty}^{x} f(x)\mathrm{d}x=\int_{0}^{x}\lambda e^{-\lambda x}\mathrm{d}x=1-e^{-\lambda x} \tag{2-11}$$

所以

$$F(X)=\begin{cases}0, & x\leqslant 0\\ 1-e^{-\lambda x}, & x>0\end{cases} \tag{2-12}$$

(3) 正态分布

若随机变量 X 的概率密度函数为：

$$f(x)=\frac{1}{\sqrt{2\pi}\sigma}e^{-\frac{(x-u)^2}{2\sigma^2}}(-\infty<x<+\infty) \tag{2-13}$$

其中，μ,σ 均为常数，且 $\sigma>0$，则称随机变量 X 服从参数为 μ 和 σ 的正态分布，记为 $X\sim N(\mu,\sigma^2)$。当 $\mu=0,\sigma=1$ 时，则称随机变量 X 服从标准正态分布，记为 $X\sim N(0,1)$。

容易得知，$f(x)\geqslant 0$ 且 $\int_{-\infty}^{+\infty} f(x)\mathrm{d}x=1$。事实上，令 $y=(x-u)/\sigma$，则

$$\int_{-\infty}^{+\infty} f(x)\mathrm{d}x=\frac{1}{\sqrt{2\pi}\sigma}e^{-\frac{(x-u)^2}{2\sigma^2}}=\frac{1}{\sqrt{2\pi}}\int_{-\infty}^{+\infty}e^{-\frac{y^2}{2}}\mathrm{d}y \tag{2-14}$$

由于 $\int_{-\infty}^{+\infty}e^{-\frac{y^2}{2}}\mathrm{d}y=\sqrt{2\pi}$，所以 $\int_{-\infty}^{+\infty} f(x)\mathrm{d}x=1$。

随机变量 X 的分布函数为：

$$F(x)=P(X\leqslant x)=\frac{1}{\sqrt{2\pi}\sigma}\int_{-\infty}^{x}e^{-\frac{(t-u)^2}{2\sigma^2}}\mathrm{d}t=\frac{1}{\sqrt{2\pi}}\int_{-\infty}^{\frac{t-u}{\sigma}}e^{-\frac{u^2}{2}\mathrm{d}u}=\Phi\left(\frac{t-\mu}{\sigma}\right) \tag{2-15}$$

令 $\mu=\frac{t-\mu}{\sigma}$，其中 $\Phi(x)=\frac{1}{\sqrt{2\pi}}\int_{-\infty}^{x}e^{-\frac{t^2}{2}}\mathrm{d}t$，它是标准正态分布 $X\sim N(0,1)$ 的分布函数。$\Phi(x)$ 可以通过查表计算得到，如 $\Phi(1)=0.843\ 1$，$\Phi(0)=0.5$。

注意：当 $x<0$ 时，$\Phi(x)=1-\Phi(-x)$。

若 $X\sim(\mu,\sigma)$，则可用式(2-16)计算 $P(x_1<X\leqslant x_2)$，即

$$P(x_1<X\leqslant x_2)=\Phi(\frac{x_2-\mu}{\sigma})-\Phi\left(\frac{x_1-\mu}{\sigma}\right) \tag{2-16}$$

2.1.3.2 连续型随机变量函数的概率密度函数

一般来说，若已知随机变量 ξ 的概率密度函数 $f(x)$，要求函数的概率密度函数 $f_\eta(y)$，可先求函数 $f_\eta(y)$的分布函数 $F_\eta(y)=P(\eta\leqslant y)$，然后对 y 求导数，即

$$f_\eta(y)=\frac{\mathrm{d}F_\eta(y)}{\mathrm{d}y}=F'_\eta(y) \tag{2-17}$$

当 $\eta=g(\xi)$是严格单调函数时，可推出公式 $f_\eta(y)=f[h(y)]\cdot|h'(y)|$，其中 $h(y)$是 $y=g(y)$的反函数。证明如下：

(1) 当 $y=g(y)$是严格单调增函数时，其反函数 $x=h(y)$也是严格单调增函数，它的

反密度函数为单调增函数，由于 $g'(x)>0$，所以 $h'(x)>0$，则有：

$$F(y)=P(\eta\leqslant y)=\int_{-\infty}^{h(x)}f(x)\mathrm{d}x \tag{2-18}$$

$$f_\eta(y)=\frac{\mathrm{d}F(y)}{\mathrm{d}y}=f[h(y)]\cdot h'(y) \tag{2-19}$$

（2）当 $y=g(y)$ 是严格单调减函数时，其反函数 $x=h(y)$ 也是严格单调减函数，由于 $g'(x)<0$，所以 $h'(x)<0$，则有：

$$F(y)=P(\eta\leqslant y)=\int_{h(y)}^{+\infty}f(x)\mathrm{d}x \tag{2-20}$$

$$f_\eta(y)=\frac{\mathrm{d}F(y)}{\mathrm{d}y}=f[h(y)]\cdot[-h'(y)] \tag{2-21}$$

综上所述，有

$$f_\eta(y)=f[h(y)]\cdot|h'(y)| \tag{2-22}$$

2.2　假设检验原理与方法

2.2.1　假设检验

统计推断的另一类重要问题是假设检验问题，即在总体的分布函数完全未知或只知其形式但不知其参数的情况下，为了推断总体的某些性质，而提出某些关于总体的假设。例如，提出总体服从泊松分布的假设或对于正态总体提出数学期望等于 μ_0 的假设等。

我们要根据样本对所提出的假设作出接受或拒绝的决策。

2.2.1.1　引例

某车间用一台包装机包装糖果，包得的袋装糖果重是一个随机变量，服从正态分布。当机器正常工作时，其均值为 0.5 kg，标准差为 0.015 kg。某日开工后为检验包装机是否正常工作，随机地抽取 9 袋它所包装的糖果，称得净重分别为（单位：kg）：

0.497　0.506　0.518　0.524　0.498　0.511　0.520　0.515　0.512

问机器是否工作正常。

（1）提出两个相互对立的假设

$$H_0:\mu=\mu_0(\mu_0=0.5)\quad 和\quad H_1:\mu\neq\mu_0$$

（2）构造统计量

如果假设 H_0 为真，则观察值 $\bar{X}$ 与 μ_0 的偏差 $|\bar{X}-\mu_0|$ 一般不应太大。若 $|\bar{X}-\mu_0|$ 过分大，我们就怀疑假设 H_0 的正确性而拒绝 H_0。

当假设 H_0 为真时，$\frac{\bar{X}-\mu}{\sigma/\sqrt{n}}\sim N(0,1)$。而衡量 $|\bar{X}-\mu_0|$ 的大小可归结为衡量 $\frac{|\bar{X}-\mu|}{\sigma/\sqrt{n}}$ 的大小。基于上面的想法，可适当选定一正数 k，当观察值 $\bar{X}$ 满足 $\frac{|\bar{X}-\mu|}{\sigma/\sqrt{n}}\geqslant k$ 时就拒绝假设 H_0，反之，当 $\frac{|\bar{X}-\mu|}{\sigma/\sqrt{n}}<k$ 时就接受假设 H_0。

（3）k 的确定

由于作出决策的依据是一个样本，当实际上假设 H_0 为真时，仍可能作出拒绝 H_0 的决策，这是一种错误，犯这种错误的概率记为

$$P\{当 H_0 为真拒绝 H_0\} 或 P_{\mu 0}\{拒绝 H_0\}或 P_{\mu \in H_0}\{拒绝 H_0\}$$

给出一个较小的数 $\alpha(0<\alpha<1)$，使犯这类错误的概率不超过 α，即 $P\{当 H_0 为真拒绝 H_0\}\leqslant\alpha$。

事实上，因只允许犯这类错误的概率最大为 α，令上式右端取等号，则

$$P\{当 H_0 为真拒绝 H_0\}=P_{\mu 0}\left\{\left|\frac{\bar{X}-\mu_0}{\sigma/\sqrt{n}}\right|\geqslant k\right\}=\alpha \tag{2-23}$$

当假设 H_0 为真时，$Z=\dfrac{\bar{X}-\mu}{\sigma/\sqrt{n}}\sim N(0,1)$，得 $k=z_{\alpha/2}$。

2.2.1.2 有关的概念

(1) 显著性水平

定义：在原假设正确的情况下，错误地拒绝原假设的概率。显著性水平用 α 表示。

(2) 检验统计量

统计量 $Z=\dfrac{\bar{X}-\mu}{\sigma/\sqrt{n}}$ 称为检验统计量。

(3) 检验假设

$$H_0:\mu=\mu_0;H_1:\mu\neq\mu_0$$

H_0 称为原假设或零假设，H_1 称为备择假设。

(4) 拒绝域，临界点

当检验统计量取某个区域 C 中的值时，我们拒绝原假设 H_0，区域 C 称为拒绝域，拒绝域的边界点称为临界点。

(5) 第Ⅰ类错误，第Ⅱ类错误

检验法则是根据样本作出的，总有可能作出错误的决策。在假设 H_0 实际上为真时，我们可能犯拒绝 H_0 的错误，称这类“弃真”的错误为第Ⅰ类错误。当假设 H_0 实际上不真时，我们也有可能接受 H_0，称这类“取伪”的错误为第Ⅱ类错误。

(6) 显著性检验

只对犯第Ⅰ类错误的概率加以控制，而不考虑犯第Ⅱ类错误的概率的检验，称为显著性检验。

(7) 双边备择假设，双边假设检验

备择假设 H_1 中，μ 可能大于 μ_0，也可能小于 μ_0，称为双边备择假设，而这样的假设检验称为双边假设检验。

(8) 右边检验

$H_0:\mu\leqslant\mu_0$，$H_1:\mu>\mu_0$ 的假设检验称为右边检验。

(9) 左边检验

$H_0:\mu\geqslant\mu_0$，$H_1:\mu<\mu_0$ 的假设检验称为左边检验。

2.2.1.3 单边检验的拒绝域

设总体 $X\sim N(\mu,\sigma^2)$，σ 为已知，$X_1,X_2,\cdots,X_n$ 是来自 X 的样本，给定显著性水平 α，求不同情况下的拒绝域。

(1) 右边检验

$H_0:\mu\leqslant\mu_0, H_1:\mu>\mu_0$ 的拒绝域的形式为 $\bar{x}\geqslant k$(k 是某一常数),下面来确定常数 k。

$$
\begin{aligned}
P\{\text{当 } H_0 \text{ 为真拒绝 } H_0\} &= P_{\mu\in H_0}\{\bar{X}\geqslant k\} \\
&= P_{\mu\leqslant\mu_0}\left\{\frac{\bar{X}-\mu_0}{\sigma/\sqrt{n}}\geqslant\frac{k-\mu_0}{\sigma/\sqrt{n}}\right\} \\
&\leqslant P_{\mu\leqslant\mu_0}\left\{\frac{\bar{X}-\mu}{\sigma/\sqrt{n}}\geqslant\frac{k-\mu_0}{\sigma/\sqrt{n}}\right\}
\end{aligned} \tag{2-24}
$$

要控制 $P\{\text{当 } H_0 \text{ 为真拒绝 } H_0\}\leqslant\alpha$,只需令

$$
P_{\mu\leqslant\mu_0}\left\{\frac{\bar{X}-\mu}{\sigma/\sqrt{n}}\geqslant\frac{k-\mu_0}{\sigma/\sqrt{n}}\right\}\leqslant\alpha \tag{2-25}
$$

由于$\dfrac{\bar{X}-\mu}{\sigma/\sqrt{n}}\sim N(0,1)$,因此$\dfrac{k-\mu_0}{\sigma/\sqrt{n}}=z_\alpha$,$k=\mu_0+\dfrac{\sigma}{\sqrt{n}}z_\alpha$,得到拒绝域为 $\bar{X}\geqslant\mu_0+\dfrac{\sigma}{\sqrt{n}}z_\alpha$,即

$$
z=\frac{\bar{X}-\mu_0}{\sigma/\sqrt{n}}\geqslant z_\alpha \tag{2-26}
$$

(2) 左边检验

同理可得 $H_0:\mu\geqslant\mu_0, H_1:\mu<\mu_0$ 的拒绝域为:

$$
z=\frac{\bar{X}-\mu_0}{\sigma/\sqrt{n}}\leqslant -z_\alpha \tag{2-27}
$$

2.2.1.4　处理参数的假设检验问题的步骤

(1) 根据实际问题的要求,提出原假设 H_0 及备择假设 H_1;

(2) 给定显著性水平 α 以及样本容量 n;

(3) 确定检验统计量及拒绝域的形式;

(4) 按 $P\{\text{拒绝 } H_0 | H_0 \text{ 为真}\}=\alpha$ 求出拒绝域;

(5) 取样,根据样本观察值确定接受或拒绝 H_0。

2.2.2　正态总体均值的假设检验

2.2.2.1　单个正态总体均值 μ 的检验

(1) σ^2 已知,关于 μ 的检验(Z 检验法)

$$
\text{统计量 } Z=\frac{\bar{X}-\mu_0}{\sigma/\sqrt{n}}
$$

(2) σ^2 未知,关于 μ 的检验(t 检验法)

设总体 $X\sim N(\mu,\sigma^2)$,其中 μ,σ^2 未知,求检验问题

$$
H_0:\mu=\mu_0, H_1:\mu\neq\mu_0
$$

的拒绝域(显著性水平为 α)。

设 $X_1,X_2,\cdots,X_n$ 是来自 X 的样本,检验统计量 T 为:

$$
T=\frac{\bar{X}-\mu_0}{S/\sqrt{n}}\sim t(n-1)
$$

拒绝域的形式为:

$$|t|=\left|\frac{\bar{X}-\mu_0}{S/\sqrt{n}}\right|\geqslant k \tag{2-28}$$

由

$$P\{当\ H_0\ 为真拒绝\ H_0\}=P_{\mu_0}\left\{\left|\frac{\bar{X}-\mu_0}{S/\sqrt{n}}\right|\geqslant k\right\}=\alpha \tag{2-29}$$

得 $k=t_{\alpha/2}(n-1)$，即得拒绝域为：

$$|t|=\left|\frac{\bar{X}-\mu_0}{S/\sqrt{n}}\right|\geqslant t_{\alpha/2}(n-1) \tag{2-30}$$

2.2.3.2 两个正态总体均值差的检验(t 检验法)

我们可以用 t 检验法检验具有相同方差的两个正态总体均值差的假设。设 $X_1,\cdots,X_{n_1}$ 是来自正态总体 $N(\mu_1,\sigma^2)$ 的样本，$Y_1,\cdots,Y_{n_2}$ 是来自正态总体 $N(\mu_2,\sigma^2)$ 的样本，且设两样本相互独立，又分别记它们的样本均值为 $\bar{X}$ 和 $\bar{Y}$，样本方差为 S_1^2 和 S_2^2。设 μ_1,μ_2,σ^2 均为未知，求检验问题 $H_0:\mu_1-\mu_2=\delta$，$H_1:\mu_1-\mu_2\neq\delta$（$\delta$ 为已知常数）的拒绝域（显著性水平为 α）。

检验统计量 T 为：

$$T=\frac{(\bar{X}-\bar{Y})-\delta}{S_w\sqrt{\frac{1}{n_1}+\frac{1}{n_2}}}\sim t(n_1+n_2-2)(当\ H_0\ 为真时) \tag{2-31}$$

其中

$$S_w^2=\frac{(n_1-1)S_1^2+(n_2-1)S_2^2}{n_1+n_2-2},S_w=\sqrt{S_w^2} \tag{2-32}$$

则拒绝域为：

$$|t|=\frac{|(\bar{X}-\bar{Y})-\delta|}{S_w\sqrt{\frac{1}{n_1}+\frac{1}{n_2}}}\geqslant t_{\alpha/2}(n_1+n_2-2) \tag{2-33}$$

2.2.3 正态总体方差的假设检验

2.2.3.1 单个正态总体的情况(χ^2 检验法)

设总体 $X\sim N(\mu,\sigma^2)$，μ,σ^2 均未知，$X_1,X_2,\cdots,X_n$ 是来自 X 的样本。

(1) 双边检验

要求检验假设（显著性水平为 α）：

$$H_0:\sigma^2=\sigma_0^2,H_1:\sigma^2\neq\sigma_0^2$$

σ_0^2 为已知常数。

当 H_0 为真时，

$$\frac{(n-1)S^2}{\sigma_0^2}\sim\chi^2(n-1) \tag{2-34}$$

拒绝域为：

$$\frac{(n-1)S^2}{\sigma_0^2}\leqslant\chi^2_{1-\frac{\alpha}{2}}(n-1)\ 或\ \frac{(n-1)S^2}{\sigma_0^2}\leqslant\chi^2_{\alpha/2}(n-1) \tag{2-35}$$

（2）单边检验

① 右边检验

要求检验假设（显著性水平为 α）：

$$H_0:\sigma^2 \leqslant \sigma_0^2, H_1:\sigma^2 > \sigma_0^2$$

拒绝域的形式为 $S^2 \geqslant k$，下面来确定常数 k。

$$\begin{aligned}&P\{\text{当 } H_0 \text{ 为真拒绝 } H_0\}\\&=P_{\sigma^2\leqslant\sigma_0^2}\{S^2 \geqslant k\}\\&=P_{\sigma^2\leqslant\sigma_0^2}\left\{\frac{(n-1)S^2}{\sigma^2} \geqslant \frac{(n-1)k}{\sigma_0^2}\right\}(\sigma_1^2/\sigma_2^2 \leqslant 1)\end{aligned} \tag{2-36}$$

要控制 $P\{\text{当 } H_0 \text{ 为真拒绝 } H_0\} \leqslant \alpha$，只需令

$$P_{\sigma^2\leqslant\sigma_0^2}\left\{\frac{(n-1)S^2}{\sigma^2} \geqslant \frac{(n-1)k}{\sigma_0^2}\right\}=\alpha \tag{2-37}$$

由于 $\frac{(n-1)S^2}{\sigma^2} \sim \chi^2(n-1)$，取 $\frac{(n-1)k}{\sigma_0^2}=\chi_n^2(n-1)$，得拒绝域为：

$$\chi^2=\frac{(n-1)S^2}{\sigma_0^2} \geqslant \chi_\alpha^2(n-1) \tag{2-38}$$

② 左边检验

左边检验问题

$$H_0:\sigma^2 \geqslant \sigma_0^2, H_1:\sigma^2 < \sigma_0^2$$

的拒绝域为：

$$\chi^2=\frac{(n-1)S^2}{\sigma_0^2} \leqslant \chi_{1-\alpha}^2(n-1) \tag{2-39}$$

2.2.3.2　两个正态总体的情况（F 检验法）

设 $X_1,\cdots,X_{n1}$ 是来自正态总体 $N(\mu_1,\sigma_1^2)$ 的样本，$Y_1,\cdots,Y_{n2}$ 是来自正态总体 $N(\mu_2,\sigma_2^2)$ 的样本，且两样本相互独立，其样本方差分别为 S_1^2,S_2^2。设 $\mu_1,\mu_2,\sigma_1^2,\sigma_2^2$ 均为未知，现在要检验假设（显著性水平为 α）

$$H_0:\sigma_1^2 \leqslant \sigma_2^2, H_1:\sigma_1^2 > \sigma_2^2$$

拒绝域的形式为：

$$\frac{S_1^2}{S_2^2} \geqslant k \tag{2-40}$$

常数 k 确定如下：

$$\begin{aligned}&P\{\text{当 } H_0 \text{ 为真拒绝 } H_0\}\\&=P_{\sigma_1^2\leqslant\sigma_2^2}\left\{\frac{S_1^2}{S_2^2} \geqslant k\right\}\\&=P_{\sigma_1^2\leqslant\sigma_2^2}\left\{\frac{S_1^2/S_2^2}{\sigma_1^2/\sigma_2^2} \geqslant k\right\}(\sigma_1^2/\sigma_2^2 \leqslant 1)\end{aligned} \tag{2-41}$$

要控制 $P\{\text{当 } H_0 \text{ 为真拒绝 } H_0\} \leqslant \alpha$，只需令

$$P_{\sigma_1^2\leqslant\sigma_2^2}\left\{\frac{S_1^2/S_2^2}{\sigma_1^2/\sigma_2^2} \geqslant k\right\}=\alpha \tag{2-42}$$

由于$\dfrac{S_1^2/S_2^2}{\sigma_1^2/\sigma_2^2}\sim F(n_1-1,n_2-1)$，取$k=F_\alpha(n_1-1,n_2-1)$，得拒绝域为：

$$F=\frac{S_1^2}{S_2^2}\geqslant F_\alpha(n_1-1,n_2-1) \tag{2-43}$$

2.3 随机过程及其特征

设随机过程$\{\xi(t),t\in T\}$的一维分布函数为$F(t;x)$，则

$$\mu_\xi(t)=E[\xi(t)]=\int_{-\infty}^{+\infty}x\mathrm{d}F(t;x) \tag{2-44}$$

$$\sigma_\xi^2(t)=D[\xi(t)]=\int_{-\infty}^{+\infty}[x-\mu_\xi(t)]^2\mathrm{d}F(t;x) \tag{2-45}$$

分别为随机过程$\{\xi(t),t\in T\}$的均值函数和方差函数。

对于离散型的随机过程，其均值函数和方差函数分别为：

$$\mu_\xi(t)=E[\xi(t)]=\sum_{i=1}^{n}x_ip_{i(t)} \tag{2-46}$$

$$\sigma_\xi^2(t)=D[\xi(t)]=E\,[\xi(t)-\mu_\xi(t)]^2=\sum_{i=1}^{n}[x_i-\mu_\xi(t)]^2\,p_i(t) \tag{2-47}$$

式中，$p_i(t)=P\{\xi(t)=x_i\}$，$i=1,\cdots,n$。

对于连续型的随机过程，其均值函数和方差函数分别为：

$$\mu_\xi(t)=E[\xi(t)]=\int_{-\infty}^{+\infty}xf(t;x)\mathrm{d}x \tag{2-48}$$

$$\sigma_\xi^2(t)=D[\xi(t)]=E\,[\xi(t)-\mu_\xi(t)]^2=\int_{-\infty}^{+\infty}[x-\mu_\xi(t)]^2f(t;x)\mathrm{d}x \tag{2-49}$$

均值函数和方差函数刻画了随机过程在不同时刻的统计特性，均值函数表示$\{\xi(t)\}$在各个不同时刻取值的摆动中心，方差函数表示$\{\xi(t)\}$在各个不同时刻取值的关于$\mu_\xi(t)$的平均偏离程度。但二者不能描述不同时刻之间的相互关系，因此我们必须引入自相关函数和自协方差函数。

设随机过程$\{\xi(t),t\in T\}$的二维分布函数为$F(t_1,t_2;x_1,x_2)$，则其自相关函数和自协方差函数分别为：

$$R_\xi(t_1,t_2)=E[\xi(t_1)\xi(t_2)]=\sum_{-\infty}^{+\infty}\sum_{-\infty}^{+\infty}x_1x_2\mathrm{d}F(t_1,t_2;x_1,x_2)\quad(t_1,t_2\in T) \tag{2-50}$$

$$C_\xi(t_1,t_2)=E[\xi(t_1)-\mu_\xi(t_1)][\xi(t_2)-\mu_\xi(t_2)] \tag{2-51}$$

且
$$C_\xi(t_1,t_2)=R_\xi(t_1,t_2)-\mu_\xi(t_1)\mu_\xi(t_2)$$

若令$t_1=t_2=t$，则有：

$$C_\xi(t,t)=R_\xi(t,t)-\mu_\xi^2(t)=D[\xi(t)]=\sigma_\xi^2$$

由此可以看出：均值函数$\mu_\xi(t)$和自相关函数$R_\xi(t_1,t_2)$是最基本的参数，自协方差函数$C_\xi(t_1,t_2)$和方差函数$\sigma_\xi^2(t)$可根据它们确定。在随机过程理论中，仅研究均值函数$\mu_\xi(t)$和自相关函数$R_\xi(t_1,t_2)$的理论称为相关理论。

一般来说，自相关函数$R_\xi(t_1,t_2)$和自协方差函数$C_\xi(t_1,t_2)$均与时间t_1，t_2有关。若令$t_2=t_1+\tau$，则

$$R_\xi(t_1,t_2)=R_\xi(t_1,t_1+\tau)$$
$$C_\xi(t_1,t_2)=C_\xi(t_1,t_1+\tau)$$

以上两式说明$R_\xi(t_1,t_2)$和$C_\xi(t_1,t_2)$不仅与时间间隔 τ 有关，还与起点 t_1 有关。当$R_\xi(t_1,t_2)$和$C_\xi(t_1,t_2)$仅与 τ 有关而与 t_1 无关，且 $m_x(t)=\text{const}$ 时，称这类随机过程为平稳过程。

在实际问题中，除考虑一个随机过程在不同时刻的性质外，还需要考虑两个不同的随机过程之间的关系，如通信系统中信号过程与干扰之间的关系，此时，我们必须引入互协方差函数和互相关函数来描述它们之间的关系。

设$\{X(t),t\in T\}$，$\{Y(t),t\in T\}$是两个随机过程，则其互相关函数和互协方差函数分别为：

$$R_{XY}(t_1,t_2)=E[X(t_1)Y(t_2)]=\int_{-\infty}^{+\infty}\int_{-\infty}^{+\infty}xy\mathrm{d}F(t_1,t_2;x,y)\quad(t_1,t_2\in T)\tag{2-52}$$

$$C_{XY}(t_1,t_2)=E[X(t_1)-\mu_X(t_1)][Y(t_2)-\mu_Y(t_2)]\tag{2-53}$$

且
$$C_{XY}(t_1,t_2)=R_{XY}(t_1,t_2)-\mu_X(t_1)\mu_Y(t_2)$$

特别的，对任意的 $s,t\in T$，若 $C_{XY}(s,t)=0$，则称随机过程$\{X(t),t\in T\}$，$\{Y(t),t\in T\}$互不相关；若$R_{XY}(s,t)=0$，则称随机过程$\{X(t),t\in T\}$，$\{Y(t),t\in T\}$相互正交。

第3章 变形监测的原理与技术

3.1 常用的工程测量技术

变形监测数据采集手段种类繁多,从物理原理来看,可分为五大类,即光学、电磁波、力学、电学和声学,有些监测仪器和传感器综合运用了两种甚至三种物理原理。光学测量原理主要包括视准线法和摄影测量法;电磁波测量原理主要包括电磁波测距、电磁波干涉测量、合成孔径雷达测量和卫星导航定位测量。本章主要介绍大地测量方法、精密水准测量方法、液体静力水准测量方法、卫星导航定位测量方法、合成孔径雷达测量方法以及三维激光扫描测量方法。此外,还将介绍特殊变形监测技术中的基准线法、分层沉降观测、倾斜测量法和裂缝监测方法。

3.1.1 大地测量方法

大地测量方法是水平位移监测的传统方法,主要包括三角网测量法、精密导线测量法和交会法等。该类方法的基本原理为:利用三角测量、交会等方法多次测量变形监测点的平面坐标,再将平面坐标与起始值相比较,从而求得水平位移量。该类方法的优点:可以利用传统的大地测量仪器、理论和方法,测量数据可靠,观测费用相对较低。但该类方法也有很大的缺陷:观测所需时间长,劳动强度高,观测精度受到观测条件的影响较多,不能实现自动化观测等。因此,在快速、实时、高精度等要求高的场景,其应用受到一定的限制。

交会法:利用2个或3个已知坐标的工作基点,测定监测点的坐标变化,从而确定其变形情况。该方法主要包括测角交会法、测边交会法和后方交会法。该方法具有观测方便、测量费用低、不需要特殊仪器等优点,特别适用于人们难以到达的变形体的监测工作,如滑坡体、悬崖、坝坡、塔顶、烟囱等。该方法的主要缺点是测量的精度和可靠性较低,高精度的变形监测一般不采用此方法。

在进行交会法观测时,首先应设置工作基点。工作基点应尽量选在地质条件良好的基岩上,并尽可能远离承压区,且不受人为的碰撞或振动。工作基点应定期与基准点联测,以校核其是否发生变动。工作基点上应设强制对中装置,以减小仪器对中误差的影响。工作基点到监测点的边长应大致相等,且与监测点大致同高,以免视线倾角过大而影响测量的精度。为减小大气折射的影响,交会边的视线应离地面或障碍物1.2 m以上,并应尽量避免视线贴近水面。在利用边长交会法时,还应避免周围强磁场的干扰影响。

3.1.1.1 测角交会法

如图3-1所示,A、B为工作基点,其坐标分别为(x_A, y_A)和(x_B, y_B)。两个水平角α、β是观测值,则监测点P的平面坐标为:

$$
\begin{cases}
x_P = \dfrac{x_A \cot\beta + x_B \cot\alpha + (y_B - y_A)}{\cot\alpha + \cot\beta} & (3\text{-}1) \\
y_P = \dfrac{y_A \cot\beta + y_B \cot\alpha - (x_B - x_A)}{\cot\alpha + \cot\beta} & (3\text{-}2)
\end{cases}
$$

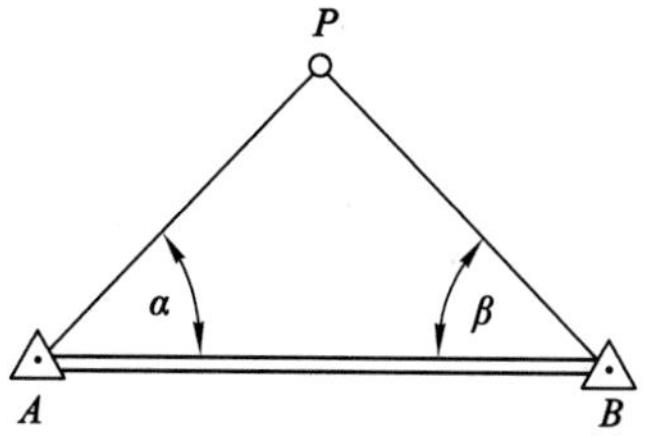

图 3-1　测角交会示意图

测角交会法的测量中误差可按式(3-3)计算：

$$m_p = \frac{m_\beta}{\rho}\sqrt{\frac{a^2 + b^2}{\sin^2\gamma}} \tag{3-3}$$

式中，m_β 为测角中误差，γ 为交会角，a、b 为交会边长，$\rho = 206\ 265''$。

采用测角交会法时，交会角最好接近 90°，若条件限制，也可设计为 60°～120°。工作基点到监测点的距离，一般不宜大于 300 m，当采用三方向交会时，可适当放宽要求。

3.1.1.2　测边交会法

如图 3-2 所示，A、B 为工作基点，其坐标分别为(x_A, y_A)和(x_B, y_B)。a、b 分别为 PB 边和 PA 边的长度，则监测点 P 的平面坐标和点位中误差分别为：

$$
\begin{cases}
x_P = x_A + b\cos\alpha_{AP} \\
y_P = y_A + b\sin\alpha_{AP}
\end{cases} \tag{3-4}
$$

$$m_p = \frac{1}{\sin\gamma}\sqrt{m_a^2 + m_b^2} \tag{3-5}$$

在使用该法时应注意以下几点：交会角通常应保持在 60°～120°之间；测距要仔细，以减小测边中误差 m_a 和 m_b；交会边长度 a 和 b 应尽量相等，且一般不宜大于 600 m。

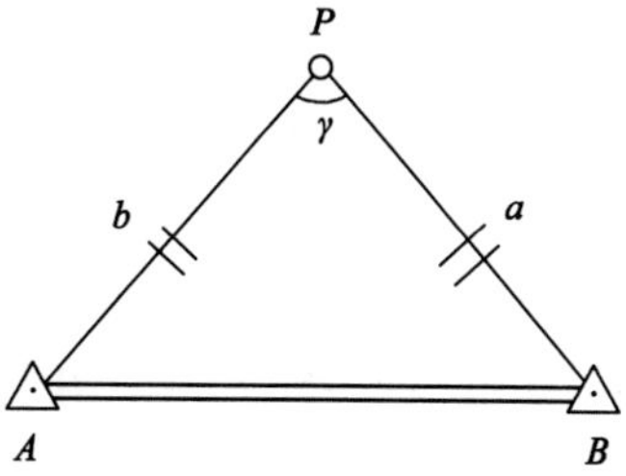

图 3-2　测边交会法示意图

3.1.1.3　后方交会法

如图 3-3 所示，在待定点 P 点设站，已知 A、B、C 三点的坐标，b_1、b_2 为 BA 边和 BC 边的长度，s_1、s_2、s_3 分别为 AP 边、BP 边、CP 边的长度，则监测点 P 的平面坐标和点位中误差分别为：

$$\begin{cases} x_P = x_B + \Delta x_{BP} & (3\text{-}6) \\ y_P = y_B + k \cdot \Delta x_{BP} & (3\text{-}7) \end{cases}$$

$$\tan \alpha_{BP} = \frac{(y_B - y_A)\cot \alpha + (y_B - y_C)\cot \beta + (x_A - x_C)}{(x_B - x_A)\cot \alpha + (x_B - x_C)\cot \beta + (y_A - y_C)}$$

$$\Delta x_{BP} = \frac{(y_B - y_A)(\cot \alpha - \tan \alpha_{BP}) - (x_B - x_A)(1 + \cot \alpha \tan \alpha_{BP})}{1 + \tan^2 \alpha_{BP}}$$

$$m_p = \frac{s_2 m}{\rho \cdot \sin(\gamma + \delta)}\left[\left(\frac{s_1}{b_1}\right)^2 + \left(\frac{s_3}{b_2}\right)^2\right] \quad (3\text{-}8)$$

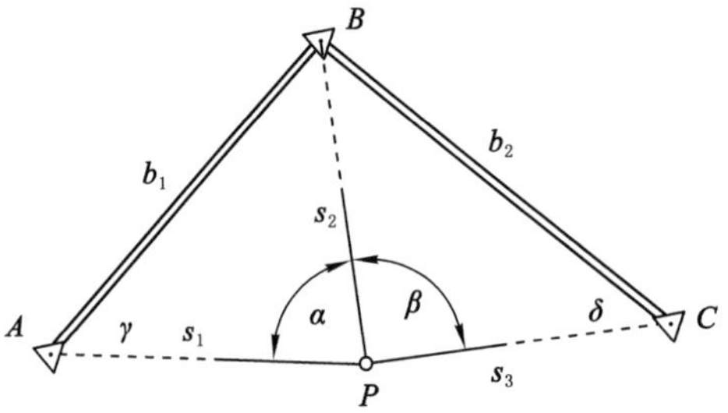

图 3-3　后方交会示意图

在应用后方交会法时，若所选的待测点 P 正好落在通过 A、B、C 三点的圆周上，则无解（或有无穷多解）。因为 P 点在圆周任何位置上，其 α 和 β 角均不变，此时后方交会点就无法解算。因此，我们把通过已知点 A、B、C 的圆称为危险圆。在实际测量过程中，应注意工作基点和监测点不能在同一个圆周上（危险圆上），应至少离开危险圆周半径的 20%。

3.1.1.4　精密导线法

精密导线法是监测曲线形建筑物（如拱坝等）水平位移的重要方法。根据观测原理的不同，其可分为精密边角导线法和精密弦矢导线法。精密边角导线法是通过观测导线边长变化和转折角来计算监测点的变形量的。精密弦矢导线法则是通过观测导线边长变化和矢距变化来计算监测点的变形量的。由于导线的两个端点之间通常不通视，无法进行方位角联测，因此一般需要设计倒垂线控制和校核端点的位移。在水工建筑物的监测中，国内的一些大型拱坝，如东江大坝、龙羊峡大坝、紧水滩大坝、丹江口大坝等的弯曲段，都采用了精密导线法进行监测。

3.1.2　精密水准测量方法

不同类型的建筑物，如大坝、公路等，其沉降监测的精度要求不尽相同。同一种建筑物的不同施工阶段，如公路基础和路面施工阶段，其沉降监测的精度要求也不相同。针对具体的监测工程，应当使用满足精度要求的水准仪，采用正确的测量方法。国家有关测量规范如《建筑变形测量规范》(JGJ 8—2016)，对不同等级的沉降监测应当配备的水准仪有明确的要求：对于特级、一级沉降监测，应使用 DS05 或 DS03 水准仪和因瓦基线尺；对于二级沉降监测，应使用 DS1 或 DS05 或 DS03 水准仪和因瓦基线尺；对于三级沉降监测，应使用 DS3 和 DS1 水准仪和因瓦基线尺。

目前，投入沉降监测的精密水准仪种类较多，有精密光学水准仪、自动安平水准仪和电子水准仪等。自动安平水准仪在概略整平后，通过自动补偿器可以实现仪器的精确整平，因此操作过程比精密光学水准仪简单方便，可提高观测速度。但从发展趋势来看，既具有自动补偿功能又能实现水准测量自动化和数字化的电子水准仪更有发展和应用前景。

进行精密水准测量前，还应按规范要求对水准标尺进行检验，其中标尺的每米真长偏差是最重要的检验项目，一般送专门的检定部门进行检验。《国家一、二等水准测量规范》(GB/T 12897—2016)规定，如果一根标尺的每米真长偏差大于 0.1 mm，应禁止使用；如果一对标尺的平均每米真长偏差大于 0.05 mm，应对观测高差进行改正。

国家水准测量有关规范对观测程序有明确的要求。往测时，奇数站的观测顺序为：后视标尺的基本分划，前视标尺的基本分划，前视标尺的辅助分划，后视标尺的辅助分划，简称“后前前后”；偶数站的观测顺序为：前视标尺的基本分划，后视标尺的基本分划，后视标尺的辅助分划，前视标尺的辅助分划，简称“前后后前”。返测时，奇、偶数站的观测顺序与往测偶、奇数站的观测顺序相同。

对于采用精密水准测量进行沉降监测，国家有关测量规范提出了具体的技术要求。具体实施时，应结合具体的沉降监测工程，选择相应的规范作为作业标准。表 3-1～表 3-3 摘录了《工程测量标准》(GB 50026—2020)对沉降监测的主要技术要求。

表 3-1　水准测量的主要技术要求

等级	每千米高差全中误差/mm	路线长度/km	水准仪级别	水准尺	观测次数		往返较差、附合或环线闭合差	
					与已知点联测	附合或环线	平地/mm	山地/mm
二等	2	—	DS1、DSZ1	条码因瓦、线条式因瓦	往返各一次	往返各一次	$4\sqrt{L}$	—
三等	6	≤50	DS1、DSZ1	条码因瓦、线条式因瓦	往返各一次	往一次	$12\sqrt{L}$	$4\sqrt{n}$
			DS3、DSZ3	条码式玻璃钢、双面		往返各一次		
四等	10	≤16	DS3、DSZ3	条码式玻璃钢、双面	往返各一次	往一次	$20\sqrt{L}$	$6\sqrt{n}$
五等	15	—	DS3、DSZ3	条码式玻璃钢、单面	往返各一次	往一次	$30\sqrt{L}$	—

注：L 为往返测段、附合或环线的水准路线长度，km；n 为测站数。

表 3-2　垂直位移监测基准网的主要技术要求　　单位：mm

等级	相邻基准点高差中误差	每站高差中误差	往返较差或环线闭合差	检测已测高差较差
一等	0.3	0.07	$0.15\sqrt{n}$	$0.2\sqrt{n}$
二等	0.5	0.15	$0.30\sqrt{n}$	$0.4\sqrt{n}$
三等	1.0	0.30	$0.60\sqrt{n}$	$0.8\sqrt{n}$
四等	2.0	0.70	$1.40\sqrt{n}$	$2.0\sqrt{n}$

注：n 为测站数。

表 3-3 数字水准仪观测的主要技术要求

等级	水准仪级别	水准尺类别	视线长度/m	前后视的距离较差/m	前后视的距离较差累积/m	数字水准仪重复测量次数
一等	DS05、DSZ05	条码式因瓦尺	15	0.3	1.0	4
二等	DS05、DSZ05	条码式因瓦尺	30	0.5	1.5	3
三等	DS05、DSZ05	条码式因瓦尺	50	2.0	3	2
	DSl、DSZl	条码式因瓦尺	50	2.0	3	3
四等	DSl、DSZl	条码式因瓦尺	75	5.0	8	2
	DSl、DSZl	条码式玻璃钢尺	75	5.0	8	3

注：水准观测时，若受地面震动影响，应停止测量。

3.1.3 液体静力水准测量方法

液体静力水准仪是一种用于测量两点或多点间相对高程变化的精密仪器，如图 3-4 所示。它主要用于大坝、高层建筑物、矿山、滑坡等垂直位移和倾斜的监测，可以目视监测，也可以实现自动化观测。液体静力水准测量系统基于的是连通管原理，系统要求至少有两个观测点，每个观测点各安装一套液体静力水准仪。该系统以处于流体静平衡状态时的液体表面为基准，液体静力水准仪的贮液容器之间用连通管连通，向贮液容器内注入液体，当液体液面完全静止后，系统中所有连通容器内的液面应在同一个大地水准面上。通过测量不同贮液容器的液面高度，可以计算得出各个液体静力水准仪的相对差异沉降值。

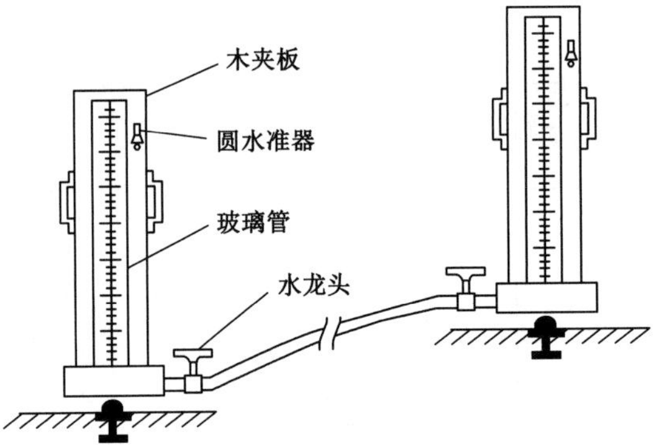

图 3-4 液体静力水准仪

假设共有 1,2,…,n 个观测点，各个观测点的液体静力水准仪之间已用连通管连通。

安装完毕后，初始状态时各个观测点的安装高程分别为Y_{01},…,Y_{0i},…,Y_{0j},…,Y_{0n}，各个观测点的液面高度分别为 h_{01},…,h_{0i},…,h_{0j},…,h_{0n}，如图 3-5 所示。

对于初始状态，显然有：

$$Y_{01}+h_{01}=\cdots=Y_{0i}+h_{0i}=\cdots=Y_{0j}+h_{0j}=\cdots=Y_{0n}+h_{0n} \tag{3-9}$$

当发生第 k 次不均匀沉降后，各个观测点由于沉降而引起的变化量分别为 Δh_1,…,Δh_i,…,Δh_j,…,Δh_n，各个观测点的液面高度变化为 h_{k1},…,h_{ki},…,h_{kj},…,h_{kn}，如图 3-6 所示。

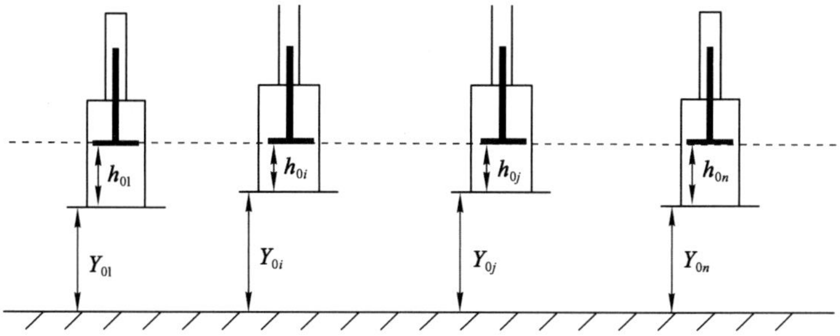

图 3-5　初始状态

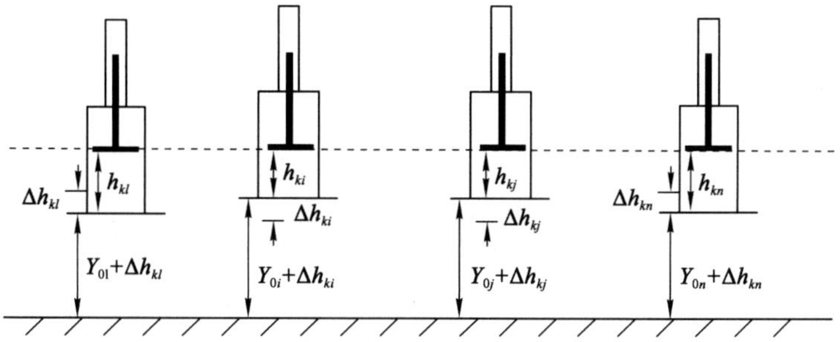

图 3-6　发生第 k 次不均匀沉降后的状态

由于液面的高度还是相同的，因此有：

$$(Y_{01}+\Delta h_{k1})+h_{k1}=\cdots=(Y_{0i}+\Delta h_{ki})+h_{ki}=\cdots=(Y_{0j}+\Delta h_{kj})+h_{kj}$$
$$=\cdots=(Y_{0n}+\Delta h_{kn})+h_{kn} \tag{3-10}$$

第 j 个观测点相对基准点 i 的沉降量为：

$$H_{ji}=\Delta h_{kj}-\Delta h_{ki} \tag{3-11}$$

由式(3-10)可以得出：

$$\Delta h_{kj}-\Delta h_{ki}=(Y_{0j}+h_{kj})-(Y_{0i}+h_{ki})=(Y_{0j}-Y_{0i})+(h_{kj}-h_{ki}) \tag{3-12}$$

由式(3-9)可以得出：

$$Y_{0j}-Y_{0i}=-(h_{0j}-h_{0i}) \tag{3-13}$$

将式(3-13)代入式(3-12)，即可得出第 j 个观测点相对基准点 i 的沉降量为：

$$H_{ji}=(h_{kj}-h_{ki})-(h_{0j}-h_{0i}) \tag{3-14}$$

由式(3-14)可知，只需测出各点不同时间的液面高度值，即可计算出各点在不同时刻的相对差异沉降值。

安装完仪器，待液面稳定后，可以先对传感器调零，此时各个观测点的液面初始高度值(偏差值)均为 0，则式(3-14)可以简化为：

$$H_{ji}=h_{kj}-h_{ki} \tag{3-15}$$

即只需读出各个液体静力水准仪的偏差值，相减即可求出各个观测点之间的差异沉降值。

液体静力水准测量系统的误差主要包括仪器本身的误差和外界环境影响所产生的误

差。如果仪器的加工及安装精度很高，在几十米测量距离范围内的环境条件差异也不显著，则液体静力水准测量系统可以达到很高的精度。

有关变形监测规范对各等级静力水准测量有一定的要求，《建筑变形测量规范》(JGJ 8—2016)中的技术要求见表 3-4。

表 3-4　静力水准观测技术要求　　单位：mm

沉降观测等级	一等	二等	三等	四等
传感器标称精度	≤0.1	≤0.3	≤1.0	≤2.0
两次观测高差较差限差	0.3	1.0	3.0	6.0
环线及附和路线闭合差限差	$0.3\sqrt{n}$	$1.0\sqrt{n}$	$3.0\sqrt{n}$	$6.0\sqrt{n}$

注：n 为高差个数。

测量作业过程中应符合下列要求：

① 观测前向连通管内充水时，应采用自然压力排气充水法或人工排气充水法，以避免空气进入连通管。

② 连通管应放置平稳，当穿过障碍物时，应防止连通管在垂直方向出现“ω”形而形成滞气“死角”。管路中任何一段的高度都应低于蓄水罐底部，但不宜低于 20 cm。

③ 观测时间应选在气温最稳定的时段，观测读数应在液体完全呈静态下进行。

④ 测站上安置仪器的接触面应清洁、无灰尘杂物。仪器对中误差不应大于 2 mm，倾斜度不应大于 10′。使用固定式仪器时，应有校验安装面的装置，校验误差不应大于± 0.5 mm。

⑤ 宜采用两台仪器对向观测。条件不具备时，可采用一台仪器往返观测。每次观测，可取 2～3 个读数的中数作为一次观测值。读数较差限值，视读数设备精度而定，一般为 0.02～0.04 mm。

3.1.4　卫星导航定位测量方法

边坡工程、大坝工程、桥梁工程的水平和垂直位移量监测通常使用全球导航卫星系统传感器数据采集技术。全球导航卫星系统(GNSS)是在全球范围提供定位、导航和授时服务的卫星系统的总称，主要有美国的全球定位系统(GPS)、俄罗斯的格洛纳斯导航卫星系统(GLONASS)、欧洲的伽利略导航卫星系统(Galileo)和我国自主研发的北斗导航卫星系统(BDS)等。

GNSS 用户接收机通过对卫星发射的电磁波信号进行测量，就可以得到卫星到接收机的距离。由于含有接收机卫星钟的误差及大气传播误差，因此，这一距离称为伪距(以下简称 PR)。GNSS 导航定位系统中的电磁波距离测量原理与电磁波测距原理相似，其中，脉冲测距法对应的是 GNSS 系统中的伪距测量原理，相位测距法对应的是 GNSS 系统中的载波相位测量原理。

3.1.4.1　伪距测量原理

伪距测量原理：根据空间距离后方交会原理建立用户接收机与每颗发射信号卫星的伪距值方程，然后使用最小二乘法对方程中的未知数进行解算，便可获得用户接收机的三维空间位置坐标，具体计算公式如下。

$$\left.\begin{array}{l}\sqrt{(SVx_1-R_x)^2+(SVy_1-R_y)^2+(SVz_1-R_z)^2}+B+\mathrm{Corr}_1=PR_1\\\sqrt{(SVx_2-R_x)^2+(SVy_2-R_y)^2+(SVz_2-R_z)^2}+B+\mathrm{Corr}_2=PR_2\\\sqrt{(SVx_3-R_x)^2+(SVy_3-R_y)^2+(SVz_3-R_z)^2}+B+\mathrm{Corr}_3=PR_3\\\sqrt{(SVx_4-R_x)^2+(SVy_4-R_y)^2+(SVz_4-R_z)^2}+B+\mathrm{Corr}_4=PR_4\end{array}\right. \tag{3-16}$$

$$B=c*\Delta t_i \tag{3-17}$$

$$\mathrm{Corr}_i=c*Vt_i \tag{3-18}$$

式(3-16)中，(SVx_i,SVy_i,SVz_i)为卫星位置，B 为卫星钟差等效距离，Corr_i 为已知卫星修正量，PR_i 为第 i 颗卫星的观测伪距，(R_x,R_y,R_z)为接收机的位置。式(3-17)中，$\Delta t_i(i=1、2、3、4)$分别为卫星 1、卫星 2、卫星 3、卫星 4 的信号到达接收机所经历的时间，c 为卫星信号传播速度(即光速)。式(3-18)中，$Vt_i(i=1、2、3、4)$分别为卫星 1、卫星 2、卫星 3、卫星 4 的卫星钟的钟差，由卫星星历提供。

3.1.4.2　载波相位测量原理

载波相位测量原理：根据空间距离后方交会原理建立用户接收机与每颗发射信号卫星的载波相位距离值方程，然后使用最小二乘法对方程中的未知数进行解算，便可获得用户接收机的三维空间位置坐标。

如图 3-7 所示，N_0 为载波相位的整周计数值，又称为整周模糊度；$\mathrm{Int}(\varphi)_0$为整周数变化量；$Fr(\varphi)_0$ 为不足一周的部分；F_{r_i} 为第 i 颗卫星不足一周的部分。若载波相位在 i 时刻的初次测量值为 φ_0，在 t 时刻第 i 个观测历元的测量值为 φ_i，则有：

$$\varphi_0=N_0+Fr(\varphi)_0 \tag{3-19}$$

$$\varphi_i=N_0+\mathrm{Int}(\varphi)_i+Fr(\varphi)_i \tag{3-20}$$

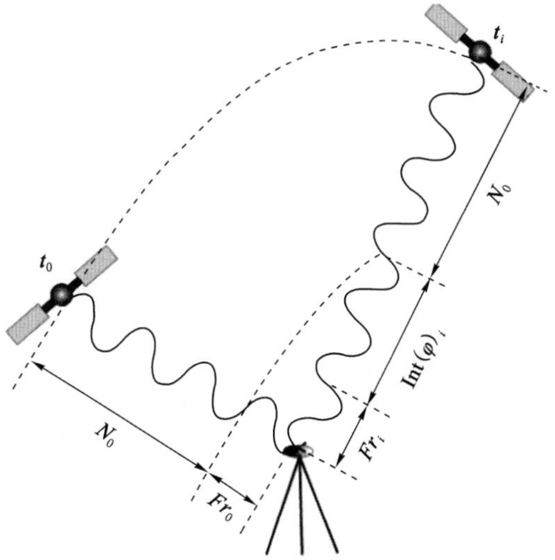

图 3-7　载波相位观测值计算原理

由于载波相位测量原理可以解算出卫星之间的钟差和测距信号相位差，因此，其精度比伪距测量原理高出 2 个数量级，理论上精度可以达到 0.1 mm。但实际上由于大气折射等环境因素的影响，载波相位测量的精度只能达到 2～3 mm。

为了削弱大气折射等环境因素对载波相位测量精度的影响，学者们还引入载波相位差分定位技术，增加载波相位测距方程作为约束条件，进而解算出环境参数对载波相位影响的近似值，提高相位解算值的实际精度。

3.1.5 合成孔径雷达测量方法

合成孔径雷达(SAR)是电磁波测量领域的一种新发展，是利用合成孔径成像原理实现高精度微波成像的。它最初用于军事侦察，即将设备安装在卫星或飞机上，通过发射多组微波段电磁波信号对地面物体进行微波成像探测。其测距原理包括电子鉴相器(相位比较器)相位测量法和干涉相位测量法，成像原理则基于双目摄影测量原理。近年来，随着合成孔径雷达硬件设备的小型化和轻量化，地基合成孔径雷达成为工程监测领域的新宠，其具有高精度、全天候、高分辨率、大幅宽等特点。目前，该技术已在水利、滑坡、桥梁位移变形监测中得到应用，水平和垂直位移的测量精度可以达亚毫米级。

InSAR 是 20 世纪 60 年代出现的高精度大地测量技术，相较于传统测量手段，其具有覆盖区域广、空间分辨率高等优势。SAR 图像以复数形式记录信息，包含振幅和相位信息，其中相位信息是距离的函数。而 InSAR 技术正是利用相位信息对地表进行观测的。

图 3-8 为 InSAR 技术的几何原理。假设 A_1 和 A_2 是卫星两次对同一区域成像的位置，A_1 的轨道高度为 H，基线长为 B，水平角为 α，入射角为 θ，地面目标 P 点的高程为 h。A_1 和 A_2 至地面目标 P 点的斜距分别为 R_1 和 $R_1+\Delta R$。从 A_1 发射的波长为 λ 的信号经 P 点反射后被 A_1 接收，此时的测量相位为：

$$\varphi_1=\frac{4\pi}{\lambda}R \tag{3-21}$$

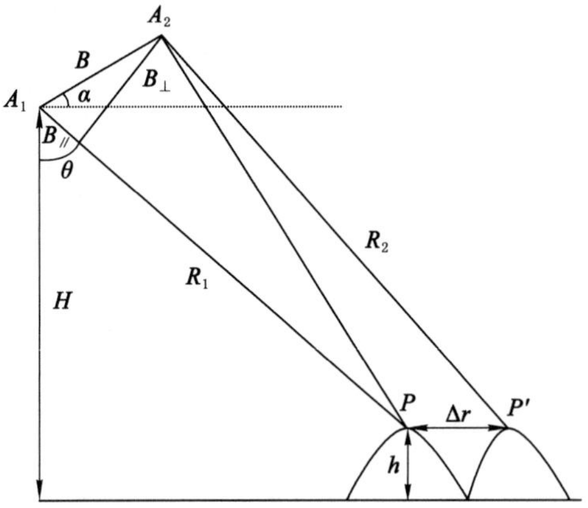

图 3-8　InSAR 技术的几何原理

另一轨道上 A_2 位置的测量相位为：

$$\varphi_2=\frac{4\pi}{\lambda}(R_1+\Delta R) \tag{3-22}$$

则 A_1 和 A_2 关于 P 点的相位差为：

$$\varphi = \varphi_1 - \varphi_2 = \frac{4\pi}{\lambda}\Delta R \tag{3-23}$$

根据图 3-8 中的几何关系，利用余弦定理可得：

$$\sin(\theta - \alpha) = \frac{(R + \Delta R)^2 - R^2 - B^2}{2R \cdot B} \tag{3-24}$$

式(3-24)可简化为：

$$\Delta R \approx B\sin(\theta - \alpha) \tag{3-25}$$

由式(3-23)和式(3-25)可以解算出 θ，再根据式(3-24)便可确定 P 点高程，即

$$h = H - R\cos\theta \tag{3-26}$$

3.1.6　三维激光扫描测量方法

Cyrax 三维激光扫描系统的测量模式类似于无合作目标全站仪，但其测量速度更快。该系统配备了丰富的后处理软件，通过测得的三维点云数据，可以直接生成物体表面的三维 CAD(计算机辅助设计)模型，可用于实现大型目标实体及实景、建筑物和地形测量实时三维仿真模型的建立和可视化。不过，Cyrax 三维激光扫描系统的坐标测量精度为 6 mm，仅达到普通全站仪的精度。

2002 年，徕卡公司推出了精度更高的激光扫描仪——LR200，也称为调频相干激光雷达扫描仪或激光雷达。该仪器的测量精度与激光跟踪仪相当。

三维激光扫描技术从第 1 代的逐点扫描到第 2 代的逐线扫描，再到如今第 3 代的逐面扫描，扫描精度和速度有了质的飞跃，目前扫描速度可达每秒百万级测点。

按照测量方式的不同，三维激光扫描仪可分为三种：① 基于脉冲原理的扫描仪，测距从几百米到几千米，单点精度较差，扫描频率较低；② 基于三角测距原理的扫描仪，测量距离有限，测量精度极高、扫描频率快；③ 基于相位差原理的扫描仪，测距较小，精度较高，扫描速度快，但自然光对扫描点数和精度的影响较大。按照载体的不同，三维激光扫描仪又可分为机载型、车载型、地面型和手持型几类。

三维激光扫描仪的优势：非接触性、主动性、实时性、动态性、高精度、高密度、能够快速获得海量的点云数据、可实现三维数字化建模。其主要应用于文物保护与重建、逆向工程、虚拟现实、特殊地形绘制、隧道与轨道交通及灾害分析等领域。

三维激光扫描利用的是激光测距原理，如图 3-9 所示，通过记录被测物体表面大量密集点的三维坐标、反射率和纹理等信息，可快速重建被测目标的三维模型及线、面、体等各种图件数据。三维激光扫描系统由激光测距系统、激光扫描系统和 CCD 数字摄影系统组成。

如图 3-9 所示，从 O 点向 P 点发射激光束，通过测量激光束从发射点到接收点的时间，便可确定三维激光扫描仪到 P 点的距离 S。已知角 θ 和 α，则 P 点的坐标为：

$$\begin{cases} x = S\cos\theta\cos\alpha \\ y = S\cos\theta\sin\alpha \\ z = S\sin\theta \end{cases} \tag{3-27}$$

式中，α 为激光脉冲横向扫描角度观测值，θ 为激光脉冲纵向扫描角度观测值。

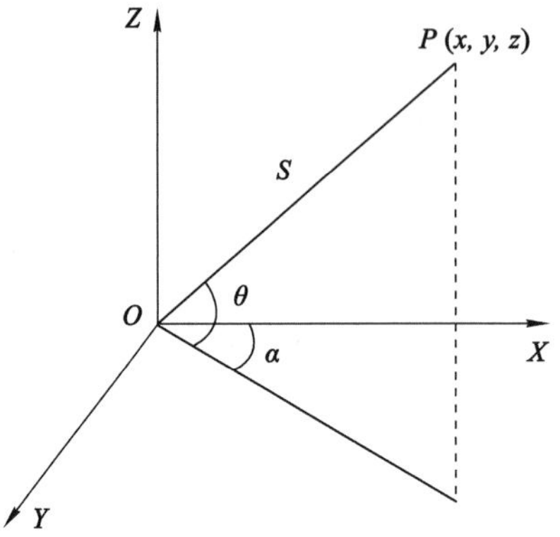

图 3-9　三维激光扫描测量原理

3.2　特殊变形监测技术

针对某些只需要监测特定位移特征量的场合，可以采用专门的测量方法。例如，利用视准线法和引张线法可以监测大坝垂直于坝轴线方向的水平位移，利用垂线法可以监测大坝或高大型建筑物的挠度，利用倾斜仪可以观测建筑物及其基础的倾斜和转动角等。

3.2.1　基准线法

基准线法是变形监测的常用方法，该方法特别适用于直线形建筑物的水平位移监测（如直线形大坝等），其类型主要包括视准线法、引张线法、激光准直法和垂线法等。

视准线法是利用经纬仪或视准仪的视准轴构成基准线，将通过该基准线的铅垂面作为基准面，并以此铅垂面为标准，测定其他观测点相对该铅垂面的水平位移量的一种方法。为保证基准线的稳定，必须在视准线的两端设置基准点或工作基点。视准线法所用设备普通、操作简便、费用低，是一种应用较广的观测方法。

3.2.1.1　小角度法

小角度法是利用精密全站仪（精度 2″以上）精确地测出基准线与置镜点到观测点视线之间的微小角度，并按式（3-28）计算偏离值的。

如图 3-10 所示，A、B 为基准点，P 为观测点，Δ 为 P 点偏离基准线的距离。测定 β_1 和 β_2，同时测定 S_1 与 S_2，则偏离值 Δ 可表示为：

$$\Delta=\frac{\beta_1}{\rho}S_1,\Delta=\frac{\beta_2}{\rho}S_2 \tag{3-28}$$

式中，$\rho=206\ 265''$。

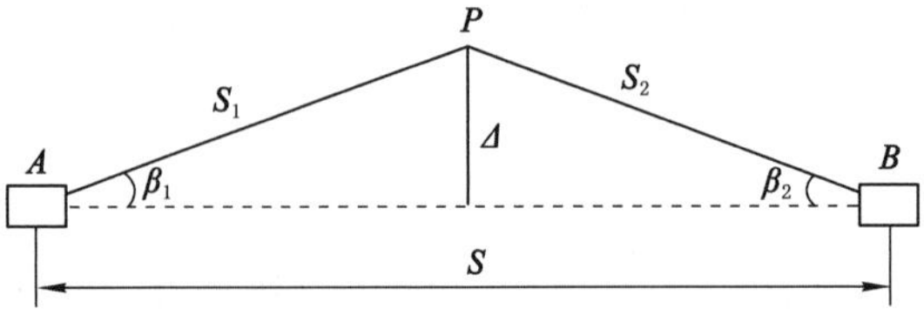

图 3-10　小角度法偏离值计算原理

3.2.1.2　活动觇牌法

活动觇牌法是通过一种精密的附有读数设备的活动觇牌直接测定观测点相对基准面的偏离值的，如图 3-11 所示。它需要专用的仪器和照准设备等，如精密视准仪或精密经纬仪等。活动觇牌（图 3-12）上有分划尺，最小分划值为 1 mm，用游标卡尺可直接读到 0.01～0.1 mm。其实测原理及具体观测流程如下。

（1）在相距一定距离的两个观测墩上，安置仪器与固定觇牌，定向后取下固定觇牌，换上活动觇牌，将活动觇牌的照准标志移到仪器十字丝上，读取活动觇牌的读数。

（2）盘左位置时，旋动活动觇牌使照准标志的对称轴与仪器十字丝重合，读取觇牌上的读数；然后反方向导入活动觇牌，重新读取活动觇牌上的读数，完成上半测回。盘右位置时，采用同样的方法操作，便完成一个测回。

（3）一个测回进行上述观测 4 次，每测回开始和结束都要重新瞄准 B 点，检查仪器及目标有无变动。

（4）以上为往测，然后将仪器迁到 B 点，固定觇牌放到 A 点，采用同样的方法进行测量。

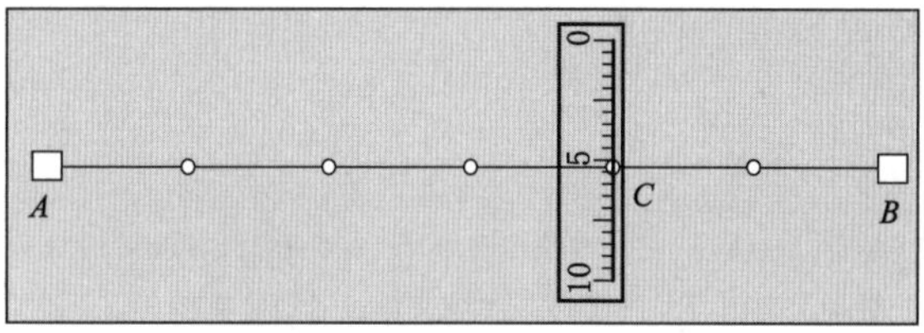

图 3-11　活动觇牌法

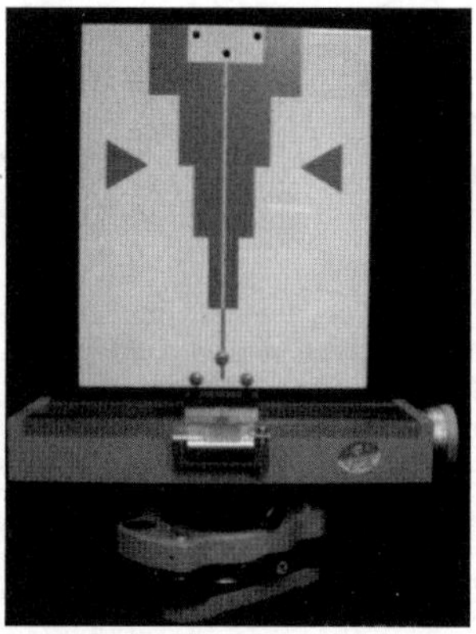

图 3-12　活动觇牌

3.2.1.3　引张线法

所谓引张线，就是在两个工作基点间拉紧一根不锈钢丝而建立的一条基准线。以此基准线对设置在建筑物上的变形监测点进行偏离量监测，从而求得各测点的水平位移。采用引张线法测量偏距时，不受大气折射的影响。引张线系统主要由基准点装置、测点装置、测线装置组成。

(1) 基准点装置

基准点装置如图 3-13 所示。

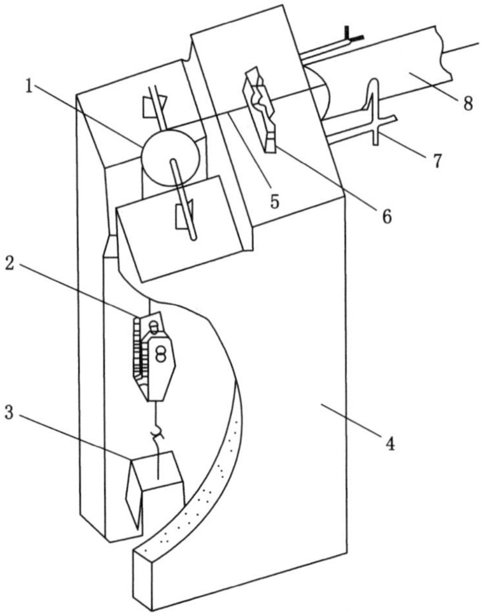

1—滑轮;2—线锤连接装置;3—重锤(引张线长度在 200～600 m 时,一般采用 40～80 kg 的重锤张拉);
4—混凝土墩座;5—测线;6—夹线装置;7—钢筋支架;8—保护管。

图 3-13　基准点装置

(2) 测点装置

有浮托引张线的测点装置包括水箱、浮船、读数尺、底盘和测点保护箱等。浮船的体积通常为其载重与其自重之和的排水量的 1.5 倍。读数尺的长度应大于位移量的变幅,一般不小于 50 mm。同一条引张线的读数尺零方向必须一致,尺面应保持水平。测点装置如图 3-14所示。

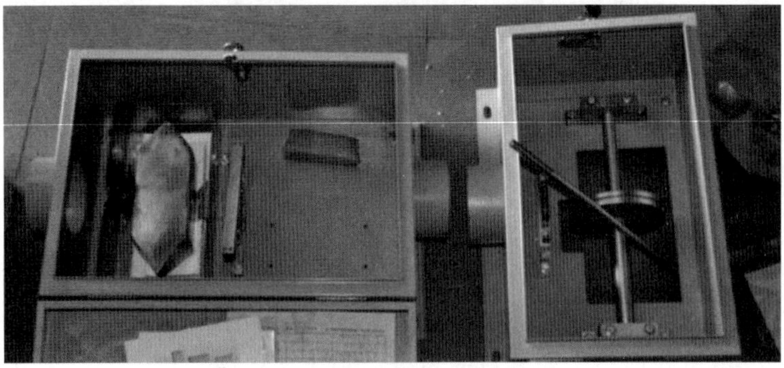

图 3-14　测点装置

(3) 测线装置

测线一般采用直径为 0.8～1.2 mm 的不锈钢丝,要求表面光滑,粗细均匀,抗拉强度大。

为了满足防风及保护测线的要求，通常把测线套在保护管内[大多用 PVC(聚氯乙烯)管]。保护管的管径应大于位移量的 2～3 倍。测线装置如图 3-15 所示。

图 3-15　测线装置

3.2.1.4　波带板激光准直测量

波带板的制造采用的是计算全息术，它具有将一束光汇集成像的作用，如同透镜成像一样。激光准直仪如图 3-16 所示。波带板(图 3-17)有焦距，大小取决于波带板的通光半径和激光波长。此外，它还能够使光轴上一定距离的场点光强增加很多倍，从而能够产生明亮的光点。

图 3-16　激光准直仪

图 3-17　圆形和方形波带板

激光准直仪偏移量计算原理如图 3-18 所示，在基准线 A 端安置点光源，在 B 端安置探测器，在观测点 P_i 上安置波带板。

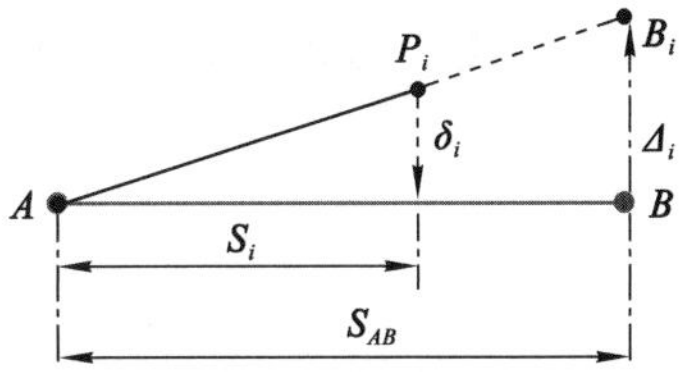

图 3-18　激光准直仪偏移量计算原理

当激光束照满波带板时，干涉发生，此时会在点光源和波带板的延长线上形成一个亮点（即 B_i 点），当该亮点被 B 端的探测器捕捉后，便可以测定其偏距 δ_i。其计算公式为：

$$\delta_i = \frac{S_i}{S_{AB}} \cdot \Delta_i \tag{3-29}$$

式中，S_{AB} 为 A、B 两点间的距离，S_i 为 AP_i 投影至 AB 上的长度，Δ_i 为 B_i 点相对基准位置的偏差量。

3.2.2 分层沉降观测

分层沉降观测一般和分层水平位移观测联合布设，即在测斜管的外部再加设沉降环，这时，要求测斜管的刚度与周围介质相当，且沉降环与周围介质密切结合，如图 3-19 所示。沉降环（或测斜管）一般应随建筑物的填筑埋设。

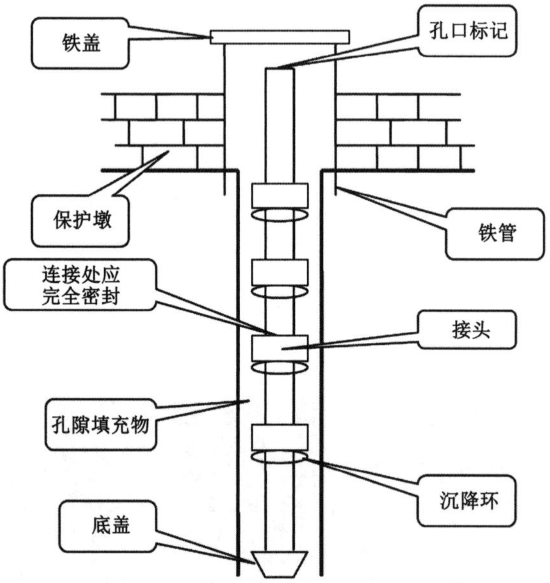

（a）分层沉降设备安装示意图

（b）分层沉降仪及磁环

图 3-19　分层沉降监测

利用电磁式沉降仪观测分层沉降时，首先应测定孔口的高程，然后用电磁式测头自下而上地测定各个沉降环的位置（即孔口到沉降环的距离），各个测点应平行测定两次，读数差不得大于 2 mm。利用孔口高程和孔口到沉降环的距离可以计算出各个沉降环的高程，从而可以计算出各个沉降环的沉降量，以及各个沉降环之间的相对沉降量。

3.2.3 倾斜测量法

3.2.3.1　垂线法

大坝的挠度观测原理：在坝体竖井中从坝顶附近挂下一根铅垂线直通坝底，正垂线和倒垂线如图 3-20 所示。在铅垂线的不同高程处设置测点，使其与铅垂线相交，然后通过坐标仪测出各点与铅垂线之间的相对位移值，这种方法称为正垂线法。正垂线法的主要设备包括悬线设备、固定线夹、活动线夹、观测墩、垂线、重锤及保护箱等。正垂线法是将钢丝上端悬挂于建筑物的顶部，通过竖井至建筑物的底部，在下端悬挂重锤，并放置在油槽之中，以利于垂线的稳定，以此来测定建筑物顶部至底部的相对位移。

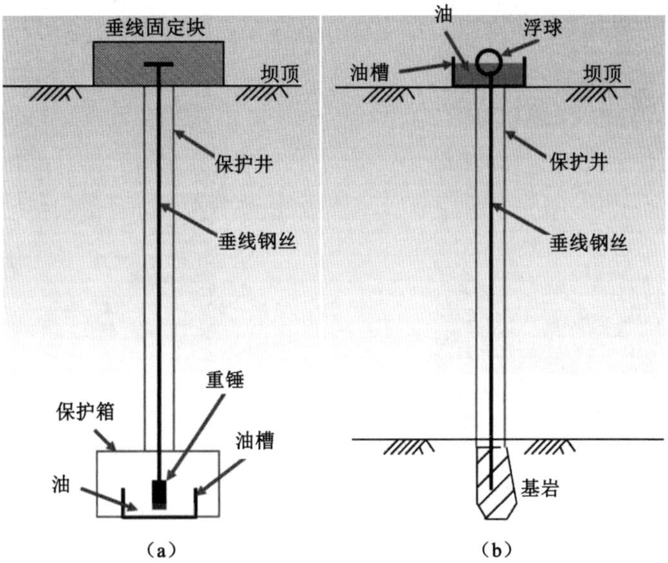

图 3-20 正垂线和倒垂线

倒垂线法的主要设备包括孔底锚块、不锈钢丝、浮托设备、孔壁衬管和观测墩等。倒垂线法将不锈钢丝的一端与孔底锚块固定，而另一端与浮托设备相连，在浮力的作用下，不锈钢丝被张紧，只要孔底锚块稳定不动，不锈钢丝将始终位于同一铅垂位置上，从而为变形监测提供一条稳定的基准线。

3.2.3.2 垂准仪法

根据提供铅垂线的方式不同，垂准仪分为光学垂准仪和激光垂准仪，如图 3-21 所示。在垂准测量中，如果采用有机玻璃片画细十字线，然后在垂准仪观测员的指挥下，移动玻璃片，使十字线与仪器十字丝重合，其误差大约在±1″以内。

3.2.4 裂缝监测方法

对于建筑物产生的裂缝，应进行定期监测，包括位置、长度、宽度、深度和错距等的定期监测。对于建筑物内部及表面可能产生裂缝的部位，应预埋仪器设备进行定期监测，或临时采用适宜的方法进行探测。裂缝监测的主要目的是查明裂缝情况，掌握裂缝变化规律，分析成因和危害，以便采取对策，保证建筑物的安全运行。

常用的裂缝监测方法包括测微器法和测缝计等。测微器法主要包括单向测缝标点和三向测缝标点，主要用于测量裂缝的宽度和错距。单向测缝标点如图 3-22(a)所示，一般用于测量裂缝的宽度。三向测缝标点有型板式和杆式两种，目前大多采用型板式三向测缝标点。型板式三向测缝标点即将两块宽为 30 mm，厚 5～7 mm 的金属板做成相互垂直的 3 个方向的拐角，并在型板上焊 3 对不锈钢三棱柱条，用以观测裂缝 3 个方向的变化，且用螺栓将型

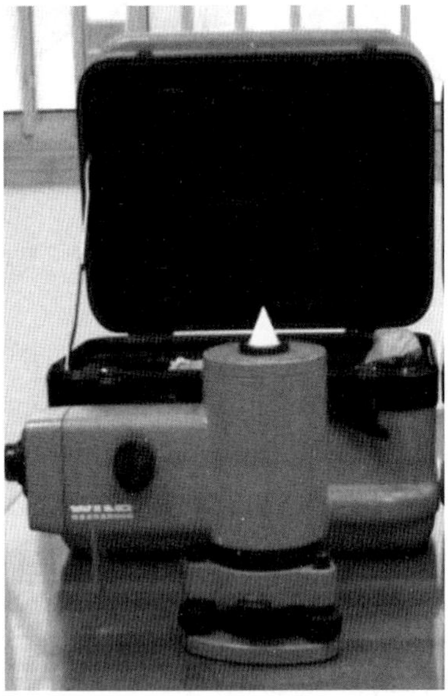

（a）光学垂准仪

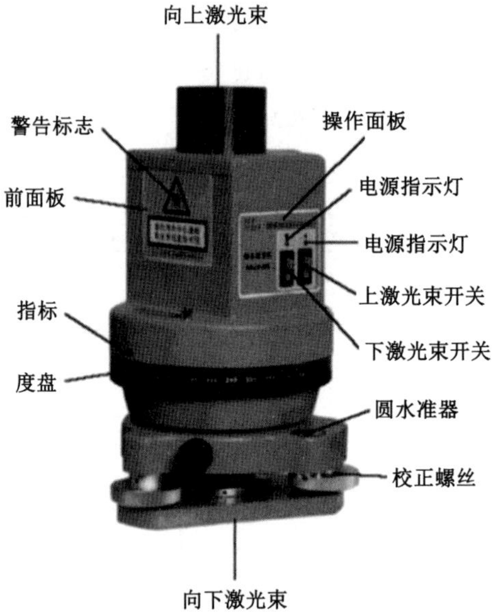

（b）激光垂准仪

图 3-21　光学垂准仪和激光垂准仪

板锚固在混凝土上，如图 3-22(b)所示。用外径游标卡尺测量每对三棱柱条之间的距离变化，即可得到三维相对位移。

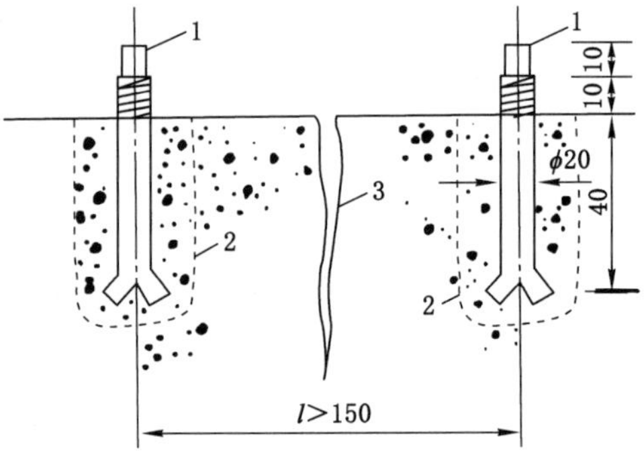

1—标点；2—钻孔线；3—裂缝。

（a）单向测缝标点（单位：mm）

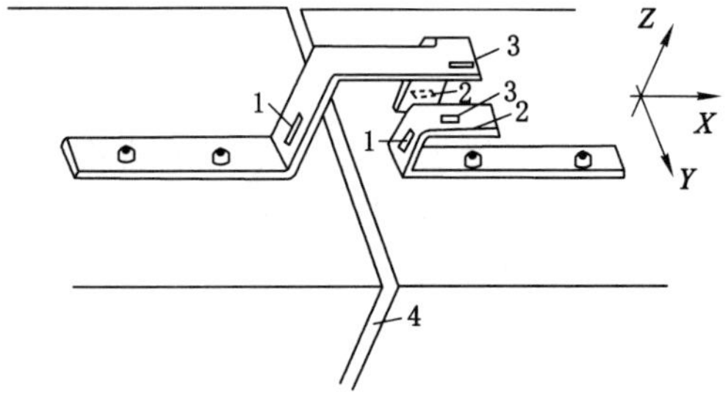

1—观测X方向的标点；2—观测Y方向的标点；
3—观测Z方向的标点；4—伸缩缝。

（b）型板式三向测缝标点

图 3-22　测微器法

测缝计可分为电阻式、电感式、电位式、钢弦式等，一般由波纹管、上接座、接线座及接座套筒组成仪器外壳。差动电阻式测缝计的内部结构由两根方铁杆、弹簧及两根刚性钢丝等组成，两根方铁杆分别固定在上接座和接线座上，形成一个整体，如图 3-23 所示。

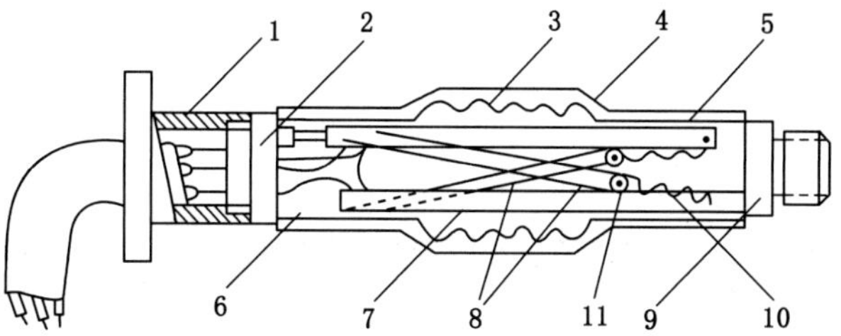

1—接座套筒；3—接线座；3—波纹管；4—塑料套；5—钢管；6—中性油；7—方铁杆；8—刚性钢丝；9—上接座；10—弹簧；11—高频瓷绝缘子。

图 3-23　差动电阻式测缝计结构

思　考　题

1.简述水平位移监测的常用方法。

2.简述液体静力水准测量方法。

3.简述视准线法的基本原理。

4.简述采用引张线法测量偏距的特点。

第4章　变形监测网的设计与优化

4.1　变形监测网的布设

4.1.1　变形监测点的分类

变形监测点一般分为基准点、工作点和变形观测点三类。

4.1.1.1　基准点

基准点是变形监测系统的基本控制点，用于确定工作点和变形观测点的位置。基准点通常埋设在稳固的基岩上或变形区域以外，以确保其长期稳定。每个工程一般应建立3个基准点，以便相互校核，确保坐标系统的一致。当确认基准点稳定可靠时，也可少于3个。

水平位移监测的基准点，应根据点位所处的地质条件选埋，常采用地表混凝土观测墩、井式混凝土观测墩等。在大型水利工程中，经常采用深埋倒垂线装置作为水平位移监测的基准点。

沉降观测的基准点通常成组设置，用以检核基准点的稳定性。每一个测区的水准基点不应少于3个。对于范围较小的测区，当确认点位稳定可靠时可少于3个，但连同工作点不得少于2个。水准基点的标石应埋设在基岩层或原状土层。

在建筑物区域内，基准点与邻近建筑物的距离应大于建筑物基础最大宽度的2倍，其标石埋深应大于邻近建筑物基础的深度。水准基点的标石，可根据点位所处的不同地质条件，选埋基岩水准基点标石、深埋钢管水准基点标石、深埋双金属管水准基点标石和混凝土基本水准标石。

变形监测中设置的基准点应进行定期监测，并将监测结果进行统计分析，以判断基准点本身的稳定情况。水平位移监测基准点的稳定性检核通常采用三角测量法进行。随着电磁波测距仪精度的提高，也可采用三维三边测量来检核基准点的稳定性。沉降观测基准点的稳定性一般采用精密水准测量的方法检核。

4.1.1.2　工作点

工作点，也称为工作基点，是指在变形监测过程中，连接基准点和变形观测点的关键点。工作点应设置在被研究对象附近，且在观测期间保持点位稳定。其位置应考虑邻近建筑物的基础深度，工作点与邻近建筑物的距离不得小于邻近建筑物基础深度的1.5～2.0倍。此外，工作点也可设置在稳定的永久性建筑物墙体或基础上，以满足实际情况和工程规模的要求。在实际应用中，工作点的标石应参照基准点的要求建立，以确保监测数据的准确性和可靠性。

4.1.1.3　变形观测点

变形观测点是直接埋设在变形体上，能够反映建筑物变形特征的测量点。通常情况下，变形观测点埋设在建筑物的内部，通过测定其变化情况，可以判断建筑物的沉降和水平位移。对于通视条件较好或观测项目较少的工程，可以直接在基准点上测定变形观测点，而不需要设置工作点。变形观测点标石埋设后，应在其稳定后再开始观测。稳定期根据观测要求和测区的地质条件确定，一般不宜少于 15 天。这样可以确保变形观测点的稳定性，减小观测误差，提高监测数据的准确性和可靠性。

4.2　变形监测精度和周期的确定

4.2.1　变形监测精度的确定

在制定变形监测方案前，首先应确定精度要求。如何确定精度是一个不易回答的问题，国内外学者对此做过多次讨论。在 1971 年第十三届国际测量工作者联合会会议上，工程测量组提出："如果观测的目的是使变形值不超过某一允许的数值而确保建筑物的安全，其观测的中误差应小于允许变形值的 1/20～1/10；如果观测的目的是研究其变形的过程，则其中误差应比这个数小得多。"

变形监测的目的大致可分为三类。第一类是安全监测。它希望通过重复观测及时发现建筑物的不正常变形，以便及时分析和采取措施，防止事故的发生。第二类是积累资料。各地对大量不同基础形式的建筑物所做沉降观测资料的积累，是检验设计方法的有效措施，也是以后修改设计方法、制定设计规范的依据。第三类是为科学试验服务。它实质上可能是为了收集资料，验证设计方案，也可能是为了安全监测。只是它是在一个较短的时期内，在人工条件下让建筑物产生变形。测量工作者需要在短时期内以较高的精度测得一系列变形值。

不同的目的所要求的精度不同。为积累资料而进行的变形监测精度可以低一些，而另外两种目的则需要更高的精度。我国《混凝土坝安全监测技术规范》(DL/T 5178—2016)中有关变形监测的精度要求见表 4-1。

表 4-1　混凝土大坝变形监测的精度要求

<table>
<tr><th colspan="4">项目</th><th>监测精度</th></tr>
<tr><td colspan="4">变形监测控制网</td><td>±1.4 mm</td></tr>
<tr><td rowspan="6">水平位移</td><td rowspan="3">坝体</td><td colspan="2">重力坝</td><td>±1.0 mm</td></tr>
<tr><td rowspan="2">拱坝</td><td>径向</td><td>±2.0 mm</td></tr>
<tr><td>切向</td><td>±1.0 mm</td></tr>
<tr><td rowspan="3">坝基</td><td colspan="2">重力坝</td><td>±0.3 mm</td></tr>
<tr><td rowspan="2">拱坝</td><td>径向</td><td>±0.3 mm</td></tr>
<tr><td>切向</td><td>±0.3 mm</td></tr>
<tr><td colspan="2" rowspan="2">坝体、坝基垂直位移</td><td colspan="2">坝体</td><td>±1.0 mm</td></tr>
<tr><td colspan="2">坝基</td><td>±0.3 mm</td></tr>
</table>

表4-1(续)

项目		监测精度
倾斜	坝体	±5.0″
	坝基	±1.0″
坝体表面接缝与裂缝		±0.2 mm
坝基、坝肩岩体内部变形		±0.2 mm
近坝区岩体和高边坡	水平位移	±2.0 mm
	垂直位移	±2.0 mm
滑坡体	水平位移	±3.0 mm(岩质边坡) ±5.0 mm(土质边坡)
	垂直位移	±3.0 mm(岩质边坡) ±5.0 mm(土质边坡)
	裂缝	±1.0 mm
渗流	渗流量	±10%满量程
	量水堰堰上水头	±1.0 mm
	绕坝渗流孔、测压管水位	±50 mm
	渗透压力	±0.5%满量程

注:1. 表中监测精度为最低要求,监测精度是指偶然误差和系统误差的综合值;特殊情况下的监测精度要求,可根据实际情况确定。

2. 表中变形监测控制网监测精度是指工作基点在指定位移方向上的中误差。

3. 表中坝体位移监测精度是指测点相对工作基点的测量中误差。

在确定变形监测的精度要求后,可参照《建筑变形测量规范》(JGJ 8—2016)确定相应的观测等级(表 4-2)。当存在多个变形监测精度要求时,应根据其中的最高精度选择相应的精度等级;当精度要求低于规范中的最低精度要求时,宜采用规范中规定的最低精度。

表 4-2　建筑变形测量的等级、精度指标及其适用范围

等级	沉降监测点	位移监测点	适用范围
	测站高差中误差 /mm	坐标中误差 /mm	
特等	0.05	0.3	特高精度要求的变形测量
一等	0.15	1.0	高精度要求的大型建筑物和科研项目的变形监测
二等	0.50	3.0	中等精度要求的大型建筑物和科研项目的变形监测
三等	1.50	10.0	精度要求低的变形测量

注:1. 沉降监测点测站高差中误差:对于水准测量,为其测站高差中误差;对于静力水准测量、三角高程测量,为与相邻沉降监测点间等价的高差中误差。

2. 位移监测点坐标中误差,系指监测点相对基准点或工作基点的坐标中误差、监测点相对基准线的偏差中误差、建筑物上某点相对其底部对应点的水平位移分量中误差等。

4.2.2　变形监测的周期

变形监测的时间间隔称为监测周期，其长度取决于工程的规模、测点所在位置的重要性、监测目的和单次监测所需时间的长短等因素。一个监测周期的长度可从几小时到几天不等，具体根据监测工作量和参与人数而定。监测速度应尽可能快，以避免监测期间某些标志的位移对测量结果产生影响。

变形监测的周期应遵循能够反映所测变形的变化过程且不遗漏其变化时刻的原则，根据单位时间内变形量的大小和外界影响因素确定。当监测中发现变形异常时，应及时增加监测次数。不同监测周期，应采用相同的监测网形和监测方法，并使用相同类型的测量仪器。对于特等和一等变形监测，还应固定监测人员，选择最佳监测时段，在基本相同的环境和条件下进行监测。

观测次数一般可根据荷载的变化或变形的速度确定。在工程建筑物建成初期，变形速度较快，监测次数应多一些；随着建筑物趋向稳定，可以减少监测次数，但仍应坚持长期监测，以便能发现异常变化。对于周期性的变形，在一个变形周期内至少应监测两次。

如果按荷载阶段来确定周期，在基坑浇筑第 1 方（1 方＝1 m^3）混凝土后就应立即开始沉陷观测。在软基上兴建大型建筑物时，一般从基坑开挖测定坑底回弹就开始进行沉陷观测。一般来说，从开始施工到满荷载阶段，监测周期为 10～30 天；从满荷载至沉陷趋于稳定，监测周期可适当放长。具体监测周期可根据工程进度或相关规范确定。

在实际工程中，应根据具体情况选择监测次数和间隔时间。在建筑物施工阶段，观测次数和间隔时间应视地基和荷载情况而定。特别是当建筑物平均沉降速度较大或不均匀沉降量较大时，应及时通知设计和施工部门采取措施，并立即进行每天或几天一次的连续监测，以保证建筑物的安全。在建筑物使用阶段，沉降监测周期可参照表 4-3。

表 4-3　建筑物沉降监测周期

沉降速度/($mm \cdot d^{-1}$)	监测周期/月	沉降速度/($mm \cdot d^{-1}$)	监测周期/月
＞0.3	0.5	0.02～0.05	6
0.1～0.3	1	0.01～0.02	12
0.05～0.1	3	＜0.01	停止

下面以大坝为典型例子，将变形监测的周期列于表 4-4。

表 4-4　大坝变形监测周期

变形种类		水库蓄水前	水库蓄水	水库蓄水后 2～3 年	正常运营
混凝土坝	沉陷	1 个月	1 个月	3～6 个月	0.5 年
	相对水平位移	0.5 个月	1 周	0.5 个月	1 个月
	绝对水平位移	0.5～1 个月	1 季度	1 季度	6～12 个月
土石坝	沉陷、水平位移	1 季度	1 个月	1 季度	0.5 年

4.3 变形监测系统的设计

4.3.1 设计原则

4.3.1.1 针对性

变形监测系统的设计应有的放矢，针对性强。设计人员应该熟悉设计对象，了解工程规模和结构设计方法，水文、气象、地形、地质条件及存在的问题。特别是要根据工程特点及关键部位进行综合考虑，统筹安排，做到目的明确、实用性强、突出重点、兼顾全局。要以重要工程和危及建筑物安全的因素为重点监测对象，并对监测系统进行优化，争取做到以最小的投入取得最好的监测效果。

4.3.1.2 完整性

变形监测系统的设计应该具有整体方案，它是用各种不同的观测方法和手段，通过可靠性、连续性和整体性论证后，优化出来的最优设计方案。变形监测系统以监测建筑物安全为主，监测项目和测点的布设应满足资料分析的需要，同时兼顾验证设计，以达到提高设计水平的目的。此外，监测设备的布置要尽可能地与施工期的监测相结合，以指导施工和得到施工期的监测数据。

4.3.1.3 先进性

变形监测系统设计所选用的监测方法、仪器和设备应满足精度和准确度的要求，并吸取国内外的经验，尽量采用先进技术，及时有效地提供建筑物形态的有关信息。对工程安全起关键作用且人工难以进行监测的数据，可借助自动化系统进行监测和传输。

4.3.1.4 可靠性

监测设备要具有高可靠性，特别是监测建筑物安全的测点，必要时在这些特别重要的测点上布置两套不同的监测设备，以便互相校核和防止监测设备失灵。选择监测设备时要考虑便于实现自动数据采集，并留有人工监测接口。

4.3.1.5 经济性

监测项目宜简化，测点要优选，施工安装要方便。各监测项目要相互协调，并应考虑今后监测资料分析的需要，使监测成果既能达到预期目的，又能做到经济合理，节省投资。

4.3.2 主要内容

一个变形监测系统的设计应包括以下内容：

（1）技术设计书。该部分应遵循测量相关规范及相关规定，同时明确合同主要条款及双方职责等。

（2）有关建筑物自然条件和工艺生产过程的概述。该部分主要说明各部分监测的重要性，以及对可能出现的现象的解释。

（3）监测原则方案。该方案应包括监测工作的重要性、目的、要求等的总体说明。

（4）控制点及监测点的布置方案。该方案应包括变形监测系统布置图、测量精度要求及说明等。

（5）测量的必要精度论证。该论证应对主要监测方法的精度进行说明，并说明监测中的注意事项。

(6) 测量方法及仪器。该部分应包括仪器的种类、数量、精度等，对于特殊仪器，还应给出加工图、施工图，以及监测规范。

(7) 成果的整理方法及其他要求或建议。成果的整理应按照相关规范的要求进行，对于规范中没有明确规定的内容，应进行详细说明。

(8) 监测进度计划表。该表应说明监测所需要的时间及安排。

(9) 监测人员的编制及预算。

4.4　变形监测网优化设计的质量标准

监测网的质量是监测网设计的核心，衡量监测网质量好坏的标准就是监测网优化设计的质量标准。根据对监测网的要求不同，一般有精度、可靠性、灵敏度和经济等 4 类指标。

4.4.1　精度指标

(1) 整体精度用于评价监测网的总体质量。因为精度矩阵 $\boldsymbol{D}_{xx}$ 是一个非负定矩阵，所以特征值 λ_i 也必非负。

$$\boldsymbol{\Sigma}_{xx}=[\boldsymbol{s}_1,\boldsymbol{s}_2,\boldsymbol{s}_3,\cdots,\boldsymbol{s}_u]\begin{bmatrix}\lambda_1 & & & & \\ & \lambda_2 & & & \\ & & \lambda_3 & & \\ & & & \ddots & \\ & & & & \lambda_u\end{bmatrix}\begin{bmatrix}\boldsymbol{s}_1^{\mathrm{T}}\\ \boldsymbol{s}_2^{\mathrm{T}}\\ \boldsymbol{s}_3^{\mathrm{T}}\\ \vdots \\ \boldsymbol{s}_u^{\mathrm{T}}\end{bmatrix} \tag{4-1}$$

式中，λ_i 为特征值，$\boldsymbol{s}_i$ 为属于 λ_i 的特征向量。

协方差矩阵 $\boldsymbol{\Sigma}_{xx}$ 包含了监测网的各种精度的丰富信息，其中，监测网的总体精度可通过置信超椭球的以下准则描述。

① 方差最小准则：置信超椭球的半轴平方和最小，即

$$\mathrm{tr}(\boldsymbol{\Sigma}_{xx})=\sum_{i=1}^{u}\lambda_{ii}=\min \tag{4-2}$$

② 平均精度最小准则：

$$\frac{1}{u}\sum_{i=1}^{u}\lambda_{ii}=\min \tag{4-3}$$

③ E 准则：置信超椭球的最大半轴最小，即

$$\lambda_{\max}=\min \tag{4-4}$$

④ 体积最小准则：置信超椭球的体积最小，即

$$\det(\boldsymbol{\Sigma}_{xx})=\min \tag{4-5}$$

(2) 监测网中某一个元素的精度称为监测网的局部精度，如某一条边长、某一个方向和某一个点位等的精度。局部精度均可以看作未知参数的某个线性函数（即权函数式）。其表达式为：

$$\varphi=\boldsymbol{f}^{\mathrm{T}}\hat{\boldsymbol{X}} \tag{4-6}$$

式中，$\hat{\boldsymbol{X}}$ 为未知参数的估计向量，$\boldsymbol{f}^{\mathrm{T}}$ 是与这些未知参数相关的系数向量。

φ 的方差可表达为：

$$\sigma_{\varphi}^{2}=\boldsymbol{f}^{\mathrm{T}}\boldsymbol{D}_{xx}\boldsymbol{f} \tag{4-7}$$

式中，$\boldsymbol{D}_{xx}$ 为方差-协方差矩阵。

点位误差虽然可以用来评定待定点的点位精度，但它不能评定在任意方向上的精度，特别是在工程控制网的设计和应用中，需要研究待定点在任意方向上的误差大小，这就需要用待定点的点位误差椭圆来实现。

从协因数矩阵 $\boldsymbol{Q}_{xx}$ 中抽取与某一点的坐标相应的子矩阵，平面网的第 i 点子块矩阵如下：

$$\begin{bmatrix} Q_{x_ix_i} & Q_{x_iy_i} \\ Q_{y_ix_i} & Q_{y_iy_i} \end{bmatrix} \tag{4-8}$$

计算其特征值得

$$\begin{cases} \lambda_1=\dfrac{1}{2}(Q_{x_ix_i}+Q_{y_iy_i}+K_i) \\ \lambda_2=\dfrac{1}{2}(Q_{x_ix_i}+Q_{y_iy_i}-K_i) \end{cases} \tag{4-9}$$

式(4-9)中，K_i 的表达式为：

$$K_i=\sqrt{(Q_{x_ix_i}-Q_{y_iy_i})+4\,Q^2{}_{x_iy_i}} \tag{4-10}$$

特征值所对应的特征向量(误差椭圆长半轴)的方向满足下式：

$$\tan 2\varphi_0=\frac{2\,Q_{x_iy_i}}{Q_{x_ix_i}-Q_{y_iy_i}} \tag{4-11}$$

由特征值λ_1 和λ_2 可得到一些描述点位精度的指标，内容如下。

① 单个坐标未知参数的精度：

$$\begin{cases} m_{x_i}=\sigma_0\sqrt{Q_{x_ix_i}} \\ m_{y_i}=\sigma_0\sqrt{Q_{y_iy_i}} \end{cases}$$

式中，σ_0 为单位权方差。

② 点位精度：

$$m_i=\sigma_0\sqrt{Q_{x_ix_i}+Q_{y_iy_i}}$$

③ 点位误差椭圆元素：

$$\begin{cases} E=\sigma_0\sqrt{\lambda_1} \\ F=\sigma_0\sqrt{\lambda_2} \end{cases}$$

4.4.2 可靠性准则

监测网的可靠性是指监测网探测观测值粗差和抵抗观测值粗差对平差结果的影响的能力，包括内部可靠性和外部可靠性。内部可靠性是监测网发现(或探测)观测值粗差的能力，外部可靠性是监测网抵抗观测值粗差对平差结果的影响的能力。需要注意的是，一个监测网有较高的精度并不意味着它具有较高的可靠性。例如，如果在观测过程中出现粗差但无法发现，此时可靠性为 0。因此，在监测网设计中，必须同时考虑和解决精度和可靠性的问题。

(1) 多余观测分量

由间接平差出发，误差方程为：

$$\boldsymbol{V}=\boldsymbol{A}\hat{\boldsymbol{X}}-\boldsymbol{L} \tag{4-12}$$

式中，$\boldsymbol{A}$ 为系数矩阵，$\boldsymbol{L}$ 为观测值向量，$\boldsymbol{V}$ 为改正数组成的向量。

未知参数的最小二乘解为：

$$\hat{\boldsymbol{X}}=(\boldsymbol{A}^{\mathrm{T}}\boldsymbol{PA})^{-1}\boldsymbol{A}^{\mathrm{T}}\boldsymbol{PL}=\boldsymbol{Q}_{XX}\boldsymbol{A}^{\mathrm{T}}\boldsymbol{PL} \tag{4-13}$$

式中，$\boldsymbol{Q}_{XX}$ 为未知数 $\boldsymbol{X}$ 的协因数矩阵，$\boldsymbol{P}$ 为权矩阵。

代入式(4-12)求得改正数，即

$$\boldsymbol{V}=(\boldsymbol{AQ}_{XX}\boldsymbol{A}^{\mathrm{T}}\boldsymbol{P}-\boldsymbol{I})\boldsymbol{L} \tag{4-14}$$

按误差传播律得改正数的协因数矩阵为：

$$\boldsymbol{Q}_{VV}=\boldsymbol{P}^{-1}-\boldsymbol{AQ}_{XX}\boldsymbol{A}^{\mathrm{T}} \tag{4-15}$$

所以有

$$\boldsymbol{V}=-\boldsymbol{Q}_{VV}\boldsymbol{PL}=-\boldsymbol{RL} \tag{4-16}$$

$$\boldsymbol{R}=\boldsymbol{Q}_{VV}\boldsymbol{P}=\begin{bmatrix} R_{11} & R_{12} & \cdots & R_{1n} \\ R_{21} & R_{22} & \cdots & R_{2n} \\ \vdots & \vdots & \ddots & \vdots \\ R_{n1} & R_{n2} & \cdots & R_{nn} \end{bmatrix} \tag{4-17}$$

$\boldsymbol{R}$ 对角线上的元素 R_{ii} 为 l_i 的粗差 ε_i 对本身改正数 v_i 的影响系数，非对角线上的元素 R_{ij} 表示 l_i 的粗差对 l_i 的改正数 v_i 的影响系数。因此，矩阵 $\boldsymbol{R}$ 包含监测网的可靠性信息，故称之为可靠性矩阵。

$\boldsymbol{R}$ 矩阵的迹等于多余观测数，即 $\mathrm{tr}(\boldsymbol{R})=r$。多余观测数被分解成 n 个分量，每个分量反映每个观测值所具有的多余观测成分，故称 R_{ii} 为观测值 l_i 的多余观测分量，即

$$r_i=R_{ii}\quad(0\leqslant r_i\leqslant 1) \tag{4-18}$$

$$r=n-t=\sum r_i \tag{4-19}$$

式中，n 为观测值总数，t 为必要观测值的个数。

因此，多余观测分量不仅代表该观测值在总的多余观测数中所占的地位，而且也可以作为可靠性评价中的一个重要度量——局部可靠性。同时，多余观测数 r 愈大，表明对发现粗差愈有利。因此，我们也可以用多余观测数的平均值作为另一个可靠性度量——整体(或平均)可靠性指标。

$$\bar{r}=\frac{\mathrm{tr}(\boldsymbol{R})}{n}=\frac{r}{n} \tag{4-20}$$

在监测网设计阶段，根据监测网的类型，能够对观测值起良好控制作用的监测网的多余观测分量应该满足：

$$r_i\geqslant 0.2\sim 0.5 \tag{4-21}$$

$$r_i\to\bar{r}=\frac{r}{n} \tag{4-22}$$

由于内、外部可靠性指标在计算上过于烦琐，因此实际工程监测网的设计常采用计算较

简单，能够反映网的可靠性的整体可靠性指标。

(2) 内部可靠性

内部可靠性关心的是某一观测值必须至少出现多大的粗差∇_{l_i}(下界值)，才能以所给定的检验功效β_0在显著水平为α的统计检验中被发现，这时在观测值l_i中，可发现粗差的下界值为：

$$\nabla_0 l_i = \sigma_{l_i}\delta_0/\sqrt{r_i} \tag{4-23}$$

式中，σ_{l_i}为观测值l_i的中误差；δ_0为非中心参数；r_i为观测值的多余观测分量。

为了直接进行不同类观测值的可靠性比较，令

$$\delta_{0i} = \delta_0/\sqrt{r_i} \tag{4-24}$$

δ_{0i}即度量观测值内部可靠性的指标。

(3) 外部可靠性

外部可靠性是指无法探测而保留在观测数据中的残存粗差对平差结果的影响。这时，最大残存粗差$\nabla_0 l_i$对平差参数的影响为：

$$\nabla_0 \boldsymbol{X}_i = \boldsymbol{Q}_{XX}\boldsymbol{A}^{\mathrm{T}}\boldsymbol{P}\begin{pmatrix}0\\ \vdots\\ \nabla_0 l_i\\ \vdots\\ 0\end{pmatrix} \tag{4-25}$$

由于式(4-25)与平差基准有关，且使用不便，为此，定义影响因子$\delta'^2_{0i} = (\nabla_0\boldsymbol{X}_i)^{\mathrm{T}}\boldsymbol{Q}_{XX}^{-1}(\nabla_0\boldsymbol{X}_i)$。可以证明，$\delta'^2_{0i}$与平差基准无关。由此可以得到

$$\delta'_{0i} = \delta_0\sqrt{\frac{1-r_i}{r_i}} \tag{4-26}$$

δ'_{0i}即描述不同观测值的外部可靠性指标。

4.4.3 灵敏度准则

灵敏度是衡量变形监测网质量的特殊标准，它用于反映变形监测网发现变形、区分变形的能力。精密工程控制网在工程需要的情况下也可作为变形监测网，因此，精密工程控制网设计时也应考虑网的灵敏度。根据实际要求和背景的不同，变形监测网的灵敏度可分为总体灵敏度、局部灵敏度和单点灵敏度。总体灵敏度是指监测网对整个监测区域变形的探测能力，局部灵敏度是指监测网对局部区域变形的探测能力，单点灵敏度则是指监测网对单个监测点变形的探测能力。因此，在设计变形监测网时，应该根据具体的监测要求和实际情况，合理选择灵敏度指标，并对监测网进行合理的设计和优化。

(1) 监测网的总体灵敏度

设监测网两期观测分别平差后，公共点坐标未知数$\boldsymbol{X}$的两期平差值分别为$\hat{\boldsymbol{X}}_1$和$\hat{\boldsymbol{X}}_2$，位移向量$\boldsymbol{d} = \hat{\boldsymbol{X}}_2 - \hat{\boldsymbol{X}}_2$。消除附加参数(如定向角未知数)后，$\hat{\boldsymbol{X}}_1$和$\hat{\boldsymbol{X}}_2$的相应法方程系数矩阵为$\boldsymbol{N}_1$和$\boldsymbol{N}_2$，根据所考虑的变形模型，位移向量$\boldsymbol{d}$与变形参数向量$\boldsymbol{C}$之间的关系为：

$$\boldsymbol{d} = \boldsymbol{MC} \tag{4-27}$$

式中，$\boldsymbol{M}$为变形模型系数矩阵，参数$\boldsymbol{C}$的估计值$\hat{\boldsymbol{C}}$由最小二乘法求得，即

$$\boldsymbol{d}+\boldsymbol{V}_d=\boldsymbol{M}\cdot\hat{\boldsymbol{C}} \tag{4-28}$$

$$\boldsymbol{P}_d=\boldsymbol{N}_1(\boldsymbol{N}_1+\boldsymbol{N}_2)-\boldsymbol{N}_1 \tag{4-29}$$

式中，$\boldsymbol{P}_d$ 为位移权重，$\boldsymbol{V}_d$ 为位移向量的改正数。

所以

$$\hat{\boldsymbol{C}}=(\boldsymbol{M}^{\mathrm{T}}\boldsymbol{P}_d\boldsymbol{M})^{-1}\boldsymbol{M}^{\mathrm{T}}\boldsymbol{P}_d\boldsymbol{d} \tag{4-30}$$

$$\boldsymbol{Q}_c=(\boldsymbol{M}^{\mathrm{T}}\boldsymbol{P}_d\boldsymbol{M})^{-1} \tag{4-31}$$

可以证明，由式(4-30)、式(4-31)求得的 $\hat{\boldsymbol{C}}$ 和 $\boldsymbol{Q}_c$ 是唯一的，与各期的平差基准无关。

对所给定的变形模型进行如下的显著性检验：

$$\mathrm{H}_0:E(C)=0 \tag{4-32}$$

$$\mathrm{H}_1:E(C)=\hat{\boldsymbol{C}}\neq 0 \tag{4-33}$$

构造以下统计量：

$$\left.\frac{\hat{\boldsymbol{C}}^{\mathrm{T}}\boldsymbol{Q}_C\hat{\boldsymbol{C}}}{\sigma_0^2}\right|_{H_0}\sim X^2(f) \tag{4-34}$$

$$\left.\frac{\hat{\boldsymbol{C}}^{\mathrm{T}}\boldsymbol{Q}_C\hat{\boldsymbol{C}}}{\sigma_0^2}\right|_{H_1}\sim X^2(f,\delta^2) \tag{4-35}$$

式中，自由度 $f=\mathrm{rk}(\boldsymbol{Q}_C\hat{\boldsymbol{C}})$，非中心参数$\delta^2$ 由式(4-36)求得：

$$\delta^2=\frac{\hat{\boldsymbol{C}}^{\mathrm{T}}\boldsymbol{Q}_{\hat{C}}^{-1}\hat{\boldsymbol{C}}}{\sigma_0^2} \tag{4-36}$$

应用式(4-34)、式(4-35)就可对变形模型作整体检验。但在监测网的设计阶段，更有意义的是相反的问题：即在给定显著水平α_0 和检验功效β_0 的条件下，非中心参数δ^2 应达到多大，才能导致拒绝 H_0 而接收 H_1，即能发现的最小变形量是多少。实际上，变形量越小，灵敏度越高。

对某重要方向 $\boldsymbol{g}$，变形参数向量 $\boldsymbol{C}$ 可理解为：

$$\boldsymbol{C}=a_0\boldsymbol{g} \tag{4-37}$$

式中，a_0 为变形参数向量 $\boldsymbol{C}$ 在 $\boldsymbol{g}$ 方向上的长度；$\boldsymbol{g}$ 为变形方向的单位向量，有 $\|\boldsymbol{g}\|=1$。在确定的显著水平α_0、检验功效β_0 和自由度 f 的条件下，可查阅有关的诺模图得到非中心参数的临界值δ_0^2。将式(4-37)代入式(4-36)可得：

$$\alpha_0=\sigma_0\delta_0/\sqrt{\boldsymbol{g}^{\mathrm{T}}\boldsymbol{Q}_C^{-1}\boldsymbol{g}} \tag{4-38}$$

$$\boldsymbol{V}_{0C}(\boldsymbol{g})=\alpha_0\boldsymbol{g}=\boldsymbol{g}\alpha_0\delta_0/\sqrt{\boldsymbol{g}^{\mathrm{T}}\boldsymbol{Q}_C^{-1}\boldsymbol{g}} \tag{4-39}$$

式中，数值α_0 为以检验功效β_0 所能发现的变形参数向量 $\boldsymbol{C}$ 在 $\boldsymbol{g}$ 方向上的最小长度；$\boldsymbol{V}_{0C}(\boldsymbol{g})$ 为在 $\boldsymbol{g}$ 方向上以检验功效 β_0 所能发现的变形参数的下限值。我们称α_0 或 $\boldsymbol{V}_{0C}(\boldsymbol{g})$为监测网的总体灵敏度。

(2) 监测网的局部灵敏度与单点灵敏度

在监测网的优化设计中，通常讨论的是单点灵敏度，它有助于我们直观地了解监测网各点处发现变形的能力，同时可有效地评价设计方案的优劣。

设监测网中第 i 点产生了移动，则由式(4-27)可得：

$$\boldsymbol{C}_{ix}=(\boldsymbol{C}_{ix},\boldsymbol{C}_{iy}) \tag{4-40}$$

$$\boldsymbol{M}^{\mathrm{T}}=\begin{pmatrix} 0 & 0 & \cdots & 1 & 0 & 0 & 0 \\ 0 & 0 & \cdots & 0 & \underbrace{1}_{i} & 0 & 0 \end{pmatrix} \tag{4-41}$$

则式(4-31)变为:

$$\boldsymbol{Q}_c=(\boldsymbol{M}^{\mathrm{T}}\boldsymbol{P}_d\boldsymbol{M})^{-1}=(\boldsymbol{P}_d)_i^{-1} \tag{4-42}$$

式中,$(\boldsymbol{P}_d)_i$ 为矩阵$\boldsymbol{P}_d$ 与第 i 点相对应的子块矩阵。将式(4-42)代入式(4-38),得到第 i 点在给定的 $\boldsymbol{g}$ 方向上的灵敏度为:

$$\alpha_{0i}=\sigma_0\delta_0/\sqrt{\boldsymbol{g}^{\mathrm{T}}(\boldsymbol{P}_d)_i\boldsymbol{g}} \tag{4-43}$$

$$\mathbf{V}_{0i}(\boldsymbol{g})=\alpha_{0i}\cdot\boldsymbol{g} \tag{4-44}$$

对应的椭圆方程为:

$$\boldsymbol{C}^{\mathrm{T}}(\boldsymbol{P}_d)_i\boldsymbol{C}=\sigma_0^2\delta_0^2 \tag{4-45}$$

式(4-45)称为单点灵敏度椭圆方程。

当两期设计不变时,单点灵敏度椭圆方程的参数计算很简单,这时有:

$$(\boldsymbol{P}_d)_i=\frac{1}{2}(\boldsymbol{N}_i) \tag{4-46}$$

$$\mathbf{N}=\mathbf{A}^{\mathrm{T}}\boldsymbol{PA} \tag{4-47}$$

式中,$\mathbf{N}$ 为方程的系数矩阵。

单点灵敏度椭圆的参数为:

$$E_i=\sqrt{2}\sigma_0\delta_0\sqrt{\lambda_{\min}(\mathbf{N})_i} \tag{4-48}$$

$$F_i=\sqrt{2}\sigma_0\delta_0\sqrt{\lambda_{\max}(\mathbf{N})_i} \tag{4-49}$$

$$\varphi_{E_i}=\frac{1}{2}\arctan\frac{2N_{xy}}{N_{xx}-N_{yy}}\pm 90^\circ \tag{4-50}$$

$$(\mathbf{N})_i=\begin{bmatrix} N_{xx} & N_{xy} \\ N_{xy} & N_{yy} \end{bmatrix} \tag{4-51}$$

灵敏度实质上是特殊方向上的网点精度的反映,监测网的灵敏度愈高,所要求的观测值的精度也愈高。灵敏度是一个相对概念,对于不同的变形量具有不同的下界值。

4.4.4 经济指标

事实上,变形监测网的设计不仅需要在技术上满足要求,而且需要在经济上合理。监测网的费用通常包括设计、造标、埋石、交通运输、仪器设备、观测、计算、检查等各项费用。因此,费用也是变形监测网设计的一个指标。但是,费用与许多因素有关,难以用数学公式表达。目前,在变形监测网优化设计中,通常将费用与重复观测数联系起来,进而用观测值权的总和最小作为费用准则。即

$$\sum_{i=1}^{n}p_i=\min \tag{4-52}$$

监测网费用可分为测量费用和计算费用,其中,前者的费用是主要的,因此,在变形监测网优化设计中,经济指标是非常重要的。费用准则的优化模型有两种,内容如下。

(1) 最大原则:在一定经费开支条件下,使变形监测网精度、可靠性最高和灵敏度最优。

（2）最小原则：在满足精度、可靠性和灵敏度的前提下，使经费开支最小。

工作费用与监测网质量关系如图 4-1 所示，费用准则的两种优化模型本质上是等价的，监测网总成本费用可以表示为：

$$C_{总} = C_{设计} + C_{埋石} + C_{观测} + C_{计算} + C_{检查} \tag{4-53}$$

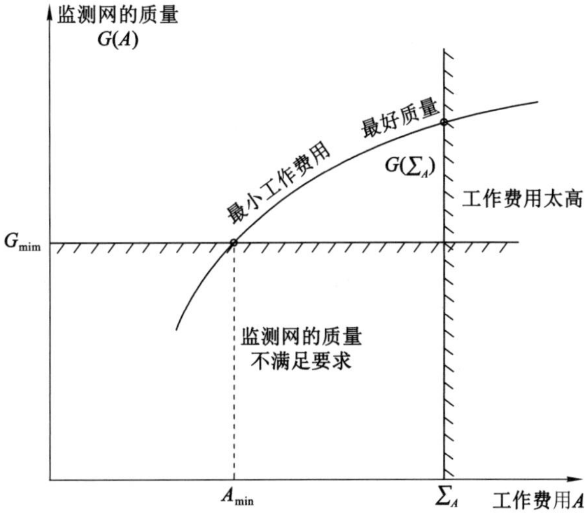

图 4-1　工作费用与监测网质量的关系

监测网总成本费用可以分为固定成本和可变成本，即

$$C_{总} = C_0 + C_V \tag{4-54}$$

式中，C_0 为固定成本，C_V 为可变成本。

可变成本包括各测站的安置费用、每次的观测费用和运输费用等。或者表示为：

$$C_V = \sum_{i=1}^{n} (C_{准i} + n_i C_i) \tag{4-55}$$

式中，$C_{准i}$ 为第 i 种可变成本项目中的固定费用，n_iC_i 为第 i 种项目的总观测费用。

4.5　变形监测网的优化设计分类

测量控制网包括测图控制网、施工控制网、变形监测网，变形监测网优化设计应具有理论性和实用性，且应达到：

（1）在一定人、财、物的条件下，变形监测网具有最高的精度和可靠性以及最优的灵敏度；

（2）在满足精度、灵敏度和可靠性的前提下，变形监测网的成本最低。

4.5.1　控制网分类

针对测量控制网的优化设计问题，Grafarend（格拉法伦德）提出了如下的分类方法，见表 4-5。

表 4-5　控制网的优化设计分类

分类	固定参数	待定参数	含义
零类	$\boldsymbol{A}$,$\boldsymbol{P}$	$\boldsymbol{Q}_{XX}$	基准选择
一类	$\boldsymbol{P}$,$\boldsymbol{Q}_{XX}$	$\boldsymbol{A}$	结果图形设计
二类	$\boldsymbol{A}$,$\boldsymbol{Q}_{XX}$	$\boldsymbol{P}$	观测值权的分配
三类	$\boldsymbol{Q}_{XX}$,部分 $\boldsymbol{A}$ 和 $\boldsymbol{P}$	部分 $\boldsymbol{A}$ 和 $\boldsymbol{P}$	已有控制网的改进

(1) 零优化设计问题(或称为基准选择问题):对于一个已知的图形结构(即设计矩阵 $\boldsymbol{A}$)和观测方案的自由网(即观测值权矩阵 $\boldsymbol{P}$),需要为控制网点的坐标向量 $\boldsymbol{X}$ 及其协因数矩阵 $\boldsymbol{Q}_{XX}$ 选择一个最优的坐标系(参考基准),使 $\boldsymbol{X}$ 的某个目标函数达到极值。因此,零类优化设计问题实际上就是一个平差问题。

(2) 一类优化设计问题(或称为结果图形设计问题):在已知观测值权矩阵 $\boldsymbol{P}$ 的条件下,需要确定设计矩阵 $\boldsymbol{A}$,使网中某些元素的精度达到预定值或最高精度。

(3) 二类优化设计问题(或称为观测值权的分配问题):已知设计矩阵 $\boldsymbol{A}$,需要确定观测值权矩阵 $\boldsymbol{P}$,使某些元素达到预定的精度或最高精度。

(4) 三类优化设计问题(或称为网的改造或加密方案的设计问题):增加新点和新的观测值,以改善原控制网的质量,使改造方案的效果达到最佳。

4.5.2　控制网的优化设计方法

控制网的优化设计方法包括解析设计法和机助设计法(模拟法)。

(1) 解析设计法:根据数学方程采用最优化方法求解。虽然解析设计法的结果按理论来说是最优的,但实际上并非如此。因为目标函数和约束条件都是一种经过简化的数学模型,不能完全反映客观实际情况。最有代表性的例子是以费用为目标函数或约束条件时,都是以观测值的权的总和来代表建网费用的,实际上这是很粗糙的。而且绝大多数情况下,解析法是对观测值的权进行最佳分配,优化后还存在取整的问题,同一测站上还要变换为便于操作的等权观测问题,则经过取整和调整后的观测方案不再是最优的。解析设计法不但存在上述缺点,同时还因优化任务不同,目标函数和约束条件的数学模型也不尽相同,故研制通用的解析设计法优化设计软件的难度较大。尽管解析设计法优化设计方面的研究已有很多,却难以推广,在实际生产中也鲜有应用。

(2) 机助设计法(模拟法):根据经验和准则,通过计算比较和修改得到最优方案。机助设计法实际上是一种试算法,需要一个好的平差程序,并且该程序还能进行观测值模拟,显示网形及各种精度指标和可靠性数值指标,便于人机对话式操作,算法好(如采用序贯算法),速度快。但机助设计法即使有一个好的优化设计程序,仍依赖设计者的知识和经验,同样的要求,甚至同样的初始设计方案,不同人设计出来的最终方案也有差别,甚至差别还很大。

控制网优化设计的具体步骤如下:

① 确定控制网的初始观测方案。初始方案应对所有可能观测的边和方向进行观测,故初始观测方案是一个“密网”。观测值之间的精度相差不要太大,边角观测值间的精度应基

本匹配。

② 模拟初始观测方案，进行平差计算，对精度、可靠性、灵敏度等结果进行分析，观察观测精度是否合理，是否需要调整。

③ 基于观测值内部可靠性指标，按从“密”到“疏”的策略进行控制网的优化设计。

4.6　变形监测方案编制

4.6.1　变形监测基本流程

变形监测方案设计的总体思路是遵循“先整体后局部，先控制后变形”的原则，即首先逐步布设变形监测的基准控制网和工作基点，然后在基准点或工作基点上观测诸如桥梁承台和墩身等的沉降和水平位移。在观测条件较好的情况下，应尽可能少设或不设工作基点，直接利用基准点测量变形观测点，以减少工作量和提高变形监测精度。变形监测编制基本流程包括以下步骤：

（1）收集编制变形监测方案所需的基础资料；

（2）现场踏勘，了解周围环境；

（3）编制变形监测方案初稿；

（4）会同有关部门确定各类监测项目的控制基准值；

（5）完善变形监测方案；

（6）变形监测方案报批。

4.6.2　变形监测方案的内容

在制定变形监测方案前，首先应对项目工程场地的地质条件、施工方案、周围环境有详细的了解。在制定变形监测方案时，还要依据变形的类型、监测的目的、任务要求及测区条件，选择合适的监测方法、监测精度和周期。对于重大工程或具有科研价值的项目，还要进行变形监测网的优化设计。

基础资料是进行施工条件分析、编制变形监测方案的主要依据。为了选择最优的技术方案，采用科学的监测方法，必须对基础资料进行详细的综合分析和处理。在编制变形监测方案前，应熟悉的基础资料主要包括以下内容：

（1）设计图；

（2）地质勘查报告；

（3）地表建筑物平面图；

（4）管线平面图；

（5）保护对象的建筑结构图；

（6）地下主体结构图；

（7）围护结构和主体结构的施工方案；

（8）最新的监测仪器信息；

（9）类型相似或相近工程的经验资料；

（10）国家现行的有关规定、规范和合同协议等。

变形监测方案是指导监测工作的主要技术文件，主要内容如下：

(1) 工程概况；

(2) 监测目的与意义；

(3) 监测项目和监测点的数量；

(4) 监测点平面布置图；

(5) 监测点布置剖面图；

(6) 各监测项目的监测周期和频率；

(7) 监测仪器设备及选型；

(8) 监测人员的配置；

(9) 监测项目的控制基准；

(10) 监测资料的整理与分析；

(11) 监测报告送达的对象和时限；

(12) 监测注意事项。

4.7 变形监测方案实例与评价

算例：模拟桥梁边角网。

该边角网共 8 个点，其中点 1 和点 2 位于桥梁的轴线上，北岸有 4 个点，南岸有 3 个点，江中岛有 1 个点。以点 1 为已知点，点 1 至点 2 的方位角为已知方位角，按独立网进行设计。优化设计要求为：$r_i \geqslant 0.4$，最弱点精度 $m_{p\max} \leqslant 4.5$ mm，最弱边精度 m_s/s 优于 $1/(1.2\times10^5)$。初始方案为观测 50 个方向值，25 条对向边的全边角网(图 4-2)。观测值精度为：m_r(观测值中误差)$=1.8''$，a(测量仪器的固定误差)$=3$ mm，b(比例误差系数，表示测距误差与测量距离呈正比关系的系数)$=2\times10^{-6}$。初始方案的计算结果为：$n=75$，$t=21$，$r=54$，$\bar{r}_i=0.72$，$\bar{r}_{li}=0.76$，$\bar{r}_{si}=0.64$(边长观测值较方向观测值的多余观测分量小，说明边长的精度高于方向的精度)。点位精度均值$\bar{m}_p=0.72$，最大点位精度 $m_{p\max}=2.3$ mm，$m_s/s=1/(1.75\times10^5)$，显然质量太高。按前述步骤进行如下优化设计与计算。

(1) 取$\bar{r}_i^0=0.5$ 进行计算，得$n^0=42$，应删去$n_d=75-42=33$ 个观测值，按观测值的多余观测分量从大到小进行排序，确定删除$r_{li}\geqslant0.80$ 的观测值 22 个，$r_{si}\geqslant0.66$ 的观测值 11 个，重新进行平差，得：$\bar{r}_{li}=0.53$，$\bar{r}_{si}=0.40$，$\bar{m}_p=3.1$ mm，$m_{p\max}=3.6$ mm，$m_s/s=1/(1.42\times10^5)$，边角网的质量仍然偏高。

(2) 取$\bar{r}_i^0=0.42$ 进行计算，得$n^0=36$，$n_d=39$。在前述的基础上，再删去 3 个$r_{li}\geqslant0.70$ 的观测值和 3 个$r_{si}\geqslant0.59$ 的观测值，共 6 个方向和边长观测值，重新计算得：$\bar{r}_{li}=0.47$，$\bar{r}_{si}=0.29$，$\bar{m}_p=3.2$ mm，$m_{p\max}=3.7$ mm，$m_s/s=1/(1.39\times10^5)$，边角网的质量仍偏高。

(3) 由于$\bar{r}_i$ 已达到设计的极限值，为此，可根据测量仪器和作业习惯，改变观测值的精度，例如，让测边的精度保持不变，而 m_r 降为 $2.5''$，仍按前面优化所得到的观测方案进行计算，得$\bar{r}_{li}=0.5$，$\bar{r}_{si}=0.23$，$\bar{m}_p=3.6$ mm，$m_{p\max}=4.3$ mm，$m_s/s=1/(1.21\times10^5)$。该结果满足优化设计的要求，所对应的边角网的优化设计方案如图 4-3 所示。优化设计方案相对初始方案共减少了 39 个观测值，方向观测精度也从 $1.8''$降低到 $2.5''$，达到综合最优。

需要说明的是，改变起始点和起始方位角，例如，以 SW 为已知点，SW-1 为已知方位角，仍按网的优化设计方案计算，所有的可靠性指标不变，边长相对精度也不变，但点位精度此时会发生改变：$\bar{m}_p$ 从 3.6 mm 增大到 8.7 mm，$m_{p\max}$ 从 4.3 mm 增大到 12.8 mm。

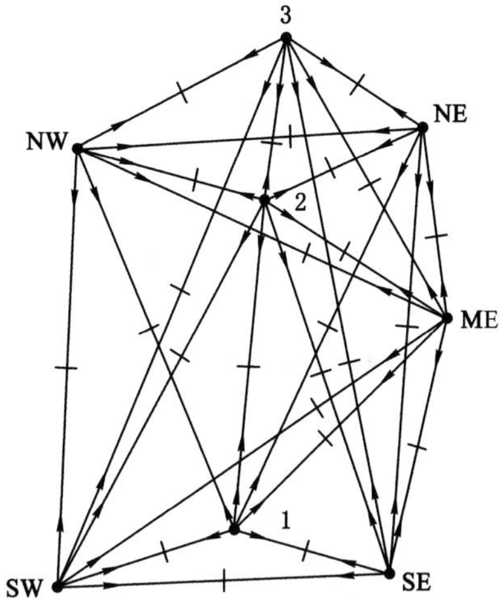

图 4-2　桥梁边角网初始方案

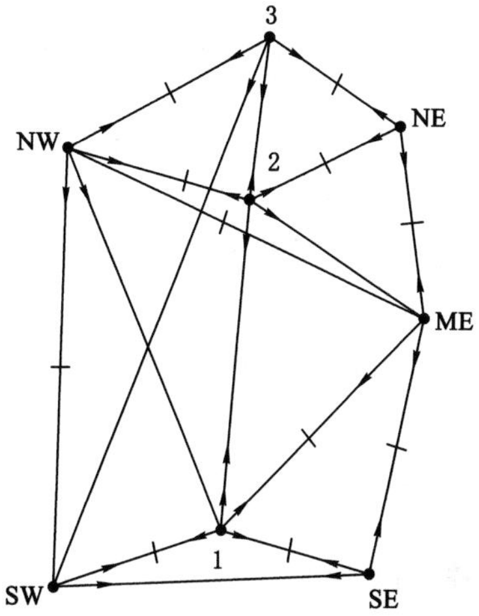

图 4-3　桥梁边角网优化设计方案

思　考　题

1. 变形监测网质量标准包括哪些内容？
2. 如何实现控制网的优化设计？

第 5 章　变形监测资料的预处理

5.1　监测资料检核的意义与方法

由于测量仪器本身的精度有限、观测人员判断仪器存在偏差以及外界条件的影响，变形监测资料不可避免地存在误差。根据观测误差对测量结果的影响性质，观测误差可以分为偶然误差、系统误差和粗差。在相同的观测条件下进行一系列的观测，如果误差在大小和符号上都表现出偶然性，即该误差的大小和符号没有规律，但就大量误差的总体而言，具有一定的统计规律，这种误差称为偶然误差，例如，仪器没有严格照准目标，估读水准尺上的毫米数不准确等都属于偶然误差。在相同的观测条件进行一系列的观测，如果误差在大小、符号上表现出系统性，或者在观测过程中按一定的规律变化，或者为某一常数，那么，这种误差称为系统误差，例如，钢尺量距的尺长改正误差，水准测量中视准轴不平行于水准轴对观测高差引起的误差。由测量中的错误引起的误差称为粗差，例如，计算机输入数据错误，GNSS中的周跳现象。

在很多情况下，建筑物的变形量比较小，变形趋势比较平缓，粗差或系统误差的存在会影响变形信息的提取，影响变形规律的分析和变形机理的解释。因此，为了更好地区分真实变形和各类误差，必须提高测量的精度和可靠性，减少测量误差对变形分析的影响。

监测资料的检核应根据实际观测情况确定。例如，在水准测量外业工作中，应根据水准路线的等级，严格按照相关测量规范要求进行施测，基辅尺读数差和水准路线闭合差都应满足限差的要求。监测资料内业检核工作主要包括：① 检核各项原始记录，检查各次变形观测值的计算是否有误。可由不同的作业人员，分别采取不同的方法验算，以消除监测资料中可能包含的错误。② 原始资料的统计分析。对于监测网观测资料，可采用粗差探测法检验观测值中是否存在超限误差。③ 原始实测值的逻辑分析。在工程建筑物的变形监测数据分析中，通常根据监测点的内在物理意义来分析原始实测值的可靠性，一般进行一致性分析和相关性分析。其中，一致性分析根据时间的关联性来分析连续积累的资料，即分析任一测点的本次原始实测值与前一次或前几次的原始实测值的变化关系。另外，还要分析该效应量（本次实测值）与某相应原因量之间的关系和以前测次的情况是否一致。一致性分析的主要手段是绘制时间-效应量的过程线图和原因-效应量的相关图。相关性分析是从空间的关联性出发来检查一些有内在物理联系的效应量之间的相关性，即将某点本测次某一效应量的原始观测值与邻近部位（条件基本一致）各测点的本测次同类效应量或有关效应量的原始实测值进行比较，判断其是否符合它们之间应有的力学关系。在逻辑分析中，当新测量值无论展绘于过程线图还是相关图上，展绘点与趋势线延长段之间的偏距都超过以往实测值展绘点与趋势线间偏距的平均值时，则有两种可能性，即该测次测量值存在较大的误差，也可能是即将出现险情的标志。在对新测次的实测值进行检查(如读数、记录、量测仪表设备和检验监测系统是否正常工作)后,如无量测错误,则应接纳此实测值,放入监测资料库,但对此实测值应引起警惕。

5.2　线性回归分析法资料检核

线性回归分析方法是监测资料检核中的一种经典方法。一元线性回归是指,已知两组变量 x 和 y,通过构建统计量来判断它们之间是否存在显著的线性关系,如果存在,则根据最小二乘法建立两者之间的线性函数关系式。

在回归分析中,通常假设自变量 x 是不含误差的非随机变量,而因变量 y 是含有误差的随机变量。如果自变量和因变量都是随机变量,则称为相关分析。在回归分析中,通常通过构建目标函数来求解极值问题,令因变量 y 的误差加权平方和最小,便可以得到回归系数。而相关分析严格意义上是含误差变量模型,常采用整体最小二乘原理求解。

在监测资料检核中,一般不严格区分回归分析和相关分析,直接用最小二乘原理解算回归系数。但需要注意的是,在进行监测资料的检核时,需要进行原始记录的检核、原始资料的统计分析和原始实测值的逻辑分析,以避免误差对变形分析的影响。同时,在检查实测值时也需要引起警惕,以避免出现较大的误差或险情。

一元线性回归的数学模型为:

$$y_a = \beta_0 + \beta x_a + \varepsilon_a,\quad a = 1,2,\cdots,N \tag{5-1}$$

式中,β_0 和 β 均为回归系数;x_a 为自变量;y_a 为因变量;ε_a 为服从零均值的正态随机误差,即 $\varepsilon_a \sim N(0,\sigma^2)$。

在最小二乘准则下,使观测值的误差平方和极小,即

$$\sum_{a=1}^{N}\varepsilon_a^2 = \sum_{a=1}^{N}(y_a - \beta_0 + \beta x_a)^2 = \min \tag{5-2}$$

在式(5-2)中,分别对回归系数 β_0,β 求偏导数,并令其等于 0,便可以得到回归系数的估值 $\hat{\beta}_0$,$\hat{\beta}$。而回归值 $\hat{y}_a$ 与实际观测值 y_a 之差为:

$$v_a = y_a - \hat{y}_a \tag{5-3}$$

v_a 表示回归值 $\hat{y}_a$ 与实际观测值 y_a 之间的偏离程度,一般用式(5-4)所计算的值作为回归直线求因变量的中误差,即

$$s = \sqrt{\frac{[vv]}{N-2}} \tag{5-4}$$

求回归直线的前提是变量 y 与 x 必须存在线性相关关系,否则所拟合的直线没有实际意义。线性相关的指标是相关系数 ρ,它的定义为:

$$\rho = \frac{\sigma_{xy}}{\sigma_x\sigma_y} \tag{5-5}$$

式中,σ_{xy} 为变量 x 与 y 的协方差,σ_x 为变量 x 的标准差,σ_y 为变量 y 的标准差。
它的估值为:

$$\hat{\rho}=\frac{s_{xy}}{s_x s_y}=\frac{\sum_{a=1}^{N}(x_a-\bar{x})(y_a-\bar{y})}{\sqrt{\sum_{a=1}^{N}(x_a-\bar{x})^2}\sqrt{\sum_{a=1}^{N}(y_a-\bar{y})^2}} \tag{5-6}$$

式中，$\bar{x}=(\sum_{a=1}^{N}x_a)/N, \bar{y}=(\sum_{a=1}^{N}y_a)/N$ 分别表示自变量 x 和因变量 y 的平均值。ρ 越接近 ± 1，表明随机变量 x 和 y 的线性相关关系越显著。表 5-1 为相关系数检验法的临界值。当按照式(5-6) 计算的估值 $\hat{\rho}$ 大于表 5-1 中的相应值时，即可认为随机变量间线性相关关系显著，此时所拟合的直线才有意义。

表 5-1　相关系数检验法的临界值

自由度	置信水平		自由度	置信水平	
	5%	1%		5%	1%
1	0.997	1	30	0.349	0.449
2	0.95	0.99	40	0.304	0.396
3	0.878	0.959	50	0.273	0.354
4	0.811	0.917	60	0.25	0.325
5	0.754	0.874	70	0.232	0.302
6	0.707	0.834	80	0.217	0.283
7	0.666	0.798	90	0.205	0.267
8	0.632	0.765	100	0.195	0.254
9	0.602	0.735	125	0.174	0.228
10	0.576	0.708	150	0.159	0.208
11	0.553	0.684	200	0.138	0.181
12	0.532	0.661	300	0.113	0.148
13	0.514	0.641	400	0.098	0.128
14	0.497	0.623	500	0.088	0.115
15	0.482	0.606	1 000	0.062	0.087

5.3　监测资料的数据筛选及检核

监测资料中往往含有粗差，也就是明显大于偶然误差的超限误差，它的存在会影响变形分析的结果，一般采用统计学中的假设检验方法来探测超限误差并进行剔除。

5.3.1　超限误差的整体检验

设 $\boldsymbol{L}$ 是 n 维观测向量，把它分成 $\boldsymbol{L}_1$ 和 $\boldsymbol{L}_2$ 两部分。其中 $\boldsymbol{L}_1$ 是 n_1 维观测向量，不包含超限误差；$\boldsymbol{L}_2$ 是 n_2 维的，可能含有超限误差，这里用 $\boldsymbol{\delta}$ 表示超限误差向量。这时，对于参数平差，数学模型为：

$$\begin{bmatrix}\boldsymbol{L}_1\\\boldsymbol{L}_2\end{bmatrix}+\begin{bmatrix}\boldsymbol{V}_1\\\boldsymbol{V}_2\end{bmatrix}=\begin{bmatrix}\boldsymbol{A}_1 & \boldsymbol{O}\\\boldsymbol{A}_2 & \boldsymbol{I}\end{bmatrix}\begin{bmatrix}\boldsymbol{X}\\\boldsymbol{\delta}\end{bmatrix} \tag{5-7}$$

$$\boldsymbol{D}_L=\sigma_0^2\boldsymbol{Q}_L \tag{5-8}$$

为了从整体上判断观测向量中是否含有超限误差，作原假设 $H_0:\boldsymbol{\delta}=0$。当将原假设作为式(5-7)的约束条件时，可用此条件消去未知向量 $\boldsymbol{\delta}$，从而，式(5-7)在约束条件下成为：

$$\begin{bmatrix}\boldsymbol{L}_1\\\boldsymbol{L}_2\end{bmatrix}+\begin{bmatrix}\tilde{\boldsymbol{V}}_1\\\tilde{\boldsymbol{V}}_2\end{bmatrix}=\begin{bmatrix}\boldsymbol{A}_1\\\boldsymbol{A}_2\end{bmatrix}\tilde{\boldsymbol{X}} \tag{5-9}$$

式中，$\tilde{\boldsymbol{V}}_1$，$\tilde{\boldsymbol{V}}_2$ 表示有约束条件时的改正数，以区别于未加约束条件时的改正数 $\boldsymbol{V}_1$，$\boldsymbol{V}_2$。式(5-9)可简写为：

$$\boldsymbol{L}+\tilde{\boldsymbol{V}}=\boldsymbol{A}\tilde{\boldsymbol{X}} \tag{5-10}$$

在最小二乘准则下，母体方差估值为：

$$\hat{\sigma}_0^2=(\tilde{\boldsymbol{V}}^{\mathrm{T}}\boldsymbol{P}\tilde{\boldsymbol{V}})/r \tag{5-11}$$

在原假设成立的条件下，变量 $\hat{\sigma}_0^2/\sigma_0^2$ 应服从自由度为 r 与∞的中心 F 分布，即

$$\hat{\sigma}_0^2/\sigma_0^2\sim F(r,\infty) \tag{5-12}$$

取置信水平 α 对原假设 H_0 进行检验。当原假设 H_0 被拒绝后，则表示在置信水平 α 下，观测向量中可能含有超限误差。

5.3.2　超限误差的局部检验

5.3.2.1　F 检验法

为了具体判断哪些观测值含有超限误差，我们可先假设只有一个观测值 L_i 含有超限误差，则式(5-7)可写为：

$$\boldsymbol{L}+\boldsymbol{V}=[\boldsymbol{A}\quad \boldsymbol{e}_i]\begin{bmatrix}\boldsymbol{X}\\\Delta_i\end{bmatrix} \tag{5-13}$$

式中，$\boldsymbol{e}_i=[0,\cdots,0,1,0,\cdots,0]^{\mathrm{T}}$。相应的法方程式为：

$$\begin{bmatrix}\boldsymbol{A}^{\mathrm{T}}\boldsymbol{PA} & \boldsymbol{A}^{\mathrm{T}}\boldsymbol{Pe}_i\\\boldsymbol{e}_i^{\mathrm{T}}\boldsymbol{PA} & \boldsymbol{e}_i^{\mathrm{T}}\boldsymbol{Pe}_i\end{bmatrix}\begin{bmatrix}\boldsymbol{X}\\\Delta_i\end{bmatrix}=\begin{bmatrix}\boldsymbol{A}^{\mathrm{T}}\boldsymbol{PL}\\\boldsymbol{e}_i^{\mathrm{T}}\boldsymbol{PL}\end{bmatrix} \tag{5-14}$$

利用分块矩阵求逆公式，可解得：

$$\Delta_i=\frac{-\boldsymbol{e}_i^{\mathrm{T}}\boldsymbol{PV}}{\boldsymbol{e}_i^{\mathrm{T}}\boldsymbol{PQ}_{VV}\boldsymbol{Pe}_i} \tag{5-15}$$

易知式(5-15)中的分母 $\boldsymbol{e}_i^{\mathrm{T}}\boldsymbol{PQ}_{VV}\boldsymbol{Pe}_i$ 为一个标量。于是

$$\boldsymbol{Q}_{\Delta i}=\frac{\boldsymbol{e}_i^{\mathrm{T}}\boldsymbol{P}}{\boldsymbol{e}_i^{\mathrm{T}}\boldsymbol{PQ}_{VV}\boldsymbol{Pe}_i}\cdot\boldsymbol{Q}_{VV}\cdot\frac{\boldsymbol{Pe}_i}{\boldsymbol{e}_i^{\mathrm{T}}\boldsymbol{PQ}_{VV}\boldsymbol{Pe}_i}=(\boldsymbol{e}_i^{\mathrm{T}}\boldsymbol{PQ}_{VV}\boldsymbol{Pe}_i)^{-1} \tag{5-16}$$

$$\boldsymbol{Q}_{\Delta i}^{-1}=\boldsymbol{e}_i^{\mathrm{T}}\boldsymbol{PQ}_{VV}\boldsymbol{Pe}_i \tag{5-17}$$

为了检验 Δ_i 是否为超限误差，作原假设 $H_0:\Delta_i$ 不是超限误差，即 Δ_i 趋于0。我们应用单位权方差估算公式

$$S^2=\frac{\boldsymbol{d}^{\mathrm{T}}\boldsymbol{Q}_d^{-1}\boldsymbol{d}}{r} \tag{5-18}$$

顾及 $r=1,d=\Delta_i$，将式(5-15)、式(5-17)代入式(5-18)得：

$$S^2=\frac{(\boldsymbol{e}_i^{\mathrm{T}}\boldsymbol{PV})^2}{\boldsymbol{e}_i^{\mathrm{T}}\boldsymbol{PQ}_{VV}\boldsymbol{Pe}_i} \tag{5-19}$$

于是，统计量

$$F=\frac{S^2}{\sigma_0^2}\ \frac{(\boldsymbol{e}_i^{\mathrm{T}}\boldsymbol{PV})^2}{(\boldsymbol{e}_i^{\mathrm{T}}\boldsymbol{PQ}_{VV}\boldsymbol{Pe}_i)\sigma_0^2} \tag{5-20}$$

当原假设 H_0 成立时，它应服从自由度为 1 与∞的中心 F 分布，在置信水平 α 下可对原假设进行检验。

5.3.2.2　*B* 检验法（*u* 检验法）

利用式(5-15)、式(5-16)计算所得成果，也可用 u 检验法对原假设 H_0（第 i 个观测值 L_i 不包含超限误差）进行检验。为此，将变量 Δ_i 标准化，得统计量

$$W_i=\frac{|\Delta_i|-0}{\sigma_{\Delta i}}=\frac{|\boldsymbol{e}_i^{\mathrm{T}}\boldsymbol{PV}|}{\sigma_0\ (\boldsymbol{e}_i^{\mathrm{T}}\boldsymbol{PQ}_{VV}\boldsymbol{Pe}_i)^{1/2}} \tag{5-21}$$

它应服从标准正态分布。对于一般情况，观测值权矩阵 $\boldsymbol{P}$ 为对角矩阵，则式(5-21)可简化为：

$$W_i=\frac{|V_i|}{\sigma_0\sqrt{q_{ii}}} \tag{5-22}$$

利用概率式

$$P\{W_i>u_{1-\frac{\alpha}{2}}\mid H_0\}=\alpha \tag{5-23}$$

可对原假设进行统计检验，从而可以确定观测值 L_i 是否含有超限误差。

上述利用标准正态分布来检验超限误差的方法是荷兰的巴尔达教授首先提出来的，通常称为 B 检验法。

5.3.2.3　τ 检验法

B 检验法要求预先知道观测值的母体方差 σ_0^2，但在某些情况下，σ_0^2 无法预先知道。Pope（蒲柏）提出了利用剔除观测值前所求得的方差估值 $\frac{\boldsymbol{V}^{\mathrm{T}}\boldsymbol{PV}}{r}=\hat{\sigma}_0$ 来代替 σ_0^2 组成统计量，即

$$\tau_i=\frac{|V_i|}{\hat{\sigma}_0\sqrt{q_{v_iv_i}}} \tag{5-24}$$

并指出当原假设观测值不包含超限误差时，统计量应服从自由度为 r 的 τ 分布，故可用概率式

$$P\{\tau_i>\tau_{1-\frac{\alpha}{2}}(r)\mid H_0\}=\alpha \tag{5-25}$$

对原假设进行检验，这一检验方法通常称为 τ 检验法。

关于 τ 分布的分位值，可以由 t 的分位值按

$$\tau_{1-\frac{\alpha}{2}}(r)=\sqrt{\frac{r\cdot t_{1-\frac{\alpha}{2}}^2(r-1)}{r-1+t_{1-\frac{\alpha}{2}}^2(r-1)}} \tag{5-26}$$

计算得到。式(5-26)中，$t_{1-\frac{\alpha}{2}}^2(r-1)$ 是自由度为 $r-1$、置信水平为 α 采用双尾检验时的 t 分位值。

5.3.2.4　t 检验法

当母体方差 σ_0^2 未知时，Heck(埃克)提出了利用剔除具有超限误差的观测值 L_i 后平差求得的方差估值

$$\frac{(\boldsymbol{V}^{\mathrm{T}}\boldsymbol{PV})^{(k)}}{r-1}=(\hat{\sigma}_0^{(k)})^2 \tag{5-27}$$

来代替 σ_0^2，此时统计量为：

$$t=\frac{|V_i|}{\hat{\sigma}_0^{(k)}\sqrt{q_{v_iv_i}}} \tag{5-28}$$

当原假设"H_0：观测值 L_i 不包含超限误差"成立时，统计量 t 应服从自由度为 $r-1$ 的 t 分布，故可用概率式

$$P\{t>t_{1-\frac{\alpha}{2}}(r-1)\mid \mathrm{H}_0\}=\alpha \tag{5-29}$$

对原假设进行检验，此法称为 t 检验法。

5.3.3　超限误差的检验步骤

实际工作中，超限误差的检验步骤为：

(1) 对变形监测网的各周期观测值分别进行经典平差，求得未知数向量 $\boldsymbol{X}$ 及其协因数矩阵 $\boldsymbol{Q}_{XX}$，由此计算

$$\boldsymbol{V}=\boldsymbol{AQ}_{XX}\boldsymbol{A}^{\mathrm{T}}\boldsymbol{PL}-\boldsymbol{L} \tag{5-30}$$

得到 $\boldsymbol{V}^{\mathrm{T}}\boldsymbol{PV}$，利用式(5-12)在置信水平 α 下进行超限误差的整体检验。当检验结果认为存在超限误差时，则计算

$$\boldsymbol{Q}_{VV}=(\boldsymbol{AQ}_{XX}\boldsymbol{A}^{\mathrm{T}}\boldsymbol{P}-\boldsymbol{I})\boldsymbol{Q}_{LL}\,(\boldsymbol{AQ}_{XX}\boldsymbol{A}^{\mathrm{T}}\boldsymbol{P}-\boldsymbol{I})^{\mathrm{T}}=\boldsymbol{Q}_{LL}-\boldsymbol{AQ}_{XX}\boldsymbol{A}^{\mathrm{T}} \tag{5-31}$$

(2) 利用向量 $\boldsymbol{V}$ 中的元素与矩阵 $\boldsymbol{Q}_{VV}$ 主对角线上的相应元素计算 $|V_i|/\sqrt{q_{v_iv_i}}$，并取 $\max(|V_i|/\sqrt{q_{v_iv_i}})$ 相应的观测值(设为 L_k)作为可能含有超限误差的观测值。

(3) 利用 B 检验法、τ 检验法或 t 检验法对原假设进行统计检验。当原假设被接受时，则认为监测网观测值中未包含超限误差。否则，观测值 L_k 被认为受到超限误差的影响，应予以剔除。

(4) 当原假设被拒绝时，剔除观测值 L_k，重复步骤(1)～(3)，直至没有超限误差存在的可能(即接受原假设)。

5.3.4　剔除一个观测值后前后平差成果之间的转换

由上述可知，当观测值中包含具有超限误差的观测值时，我们必须逐一将它们剔除。每剔除一个观测值后，需要重新进行平差计算，为了简化计算，Heck 推证了剔除一个观测值后前后平差成果之间的转换关系式。其内容如下。

设所剔除的观测值为 L_k，则剔除 L_k 之前的误差方程为：

$$\boldsymbol{V}=\begin{bmatrix}A_1\\ \alpha_k\end{bmatrix}\boldsymbol{X}+\begin{bmatrix}L_1\\ L_k\end{bmatrix} \tag{5-32}$$

且有

$$\boldsymbol{Q}_{LL}=\begin{bmatrix}Q_{11} & Q_{1k}\\ Q_{k1} & Q_{kk}\end{bmatrix},\boldsymbol{P}_{LL}=\begin{bmatrix}P_{11} & P_{1k}\\ P_{k1} & P_{kk}\end{bmatrix}$$

平差值与协因数矩阵等以 $\hat{\boldsymbol{X}}$、$\boldsymbol{Q}_{XX}$、$\boldsymbol{V}$、$\boldsymbol{Q}_{VV}$、$\boldsymbol{V}^{\mathrm{T}}\boldsymbol{PV}$ 表示，当剔除观测值 L_k 后，相应的值分别为 $\hat{\boldsymbol{X}}^{(k)}$、$\boldsymbol{Q}_{XX}^{(k)}$、$\boldsymbol{V}^{(k)}$、$\boldsymbol{Q}_{VV}^{(k)}$、$(\boldsymbol{V}^{\mathrm{T}}\boldsymbol{PV})^{(k)}$。它们之间的转换关系式为：

$$\hat{\boldsymbol{X}}^{(k)}=\hat{\boldsymbol{X}}+\frac{\bar{\boldsymbol{V}}^{(k)}}{q_{\bar{v}_k\bar{v}_k}}\boldsymbol{Q}_{XX}\bar{\boldsymbol{a}}_k^{\mathrm{T}} \tag{5-33}$$

$$\boldsymbol{Q}_{XX}^{(k)}=\boldsymbol{Q}_{XX}+\frac{1}{q_{\bar{v}_k\bar{v}_k}}\boldsymbol{Q}_{XX}\bar{\boldsymbol{a}}_k^{\mathrm{T}}\bar{\boldsymbol{a}}_k\boldsymbol{Q}_{XX} \tag{5-34}$$

$$\boldsymbol{V}_1^{(k)}=\boldsymbol{V}_1+\frac{\bar{\boldsymbol{V}}^{(k)}}{q_{\bar{v}_k\bar{v}_k}}\boldsymbol{A}_1\boldsymbol{Q}_{XX}\bar{\boldsymbol{a}}_k^{\mathrm{T}} \tag{5-35}$$

$$\boldsymbol{Q}_{V_1V_1}^{(k)}=\boldsymbol{Q}_{V_1V_1}-\frac{1}{q_{\bar{v}_k\bar{v}_k}}\boldsymbol{A}_1\boldsymbol{Q}_{XX}\bar{\boldsymbol{a}}_k^{\mathrm{T}}\bar{\boldsymbol{a}}_k\boldsymbol{Q}_{XX}\boldsymbol{A}_1^{\mathrm{T}} \tag{5-36}$$

$$(\boldsymbol{V}^{\mathrm{T}}\boldsymbol{PV})^{(k)}=\boldsymbol{V}_1^{(k)\mathrm{T}}\bar{P}_{11}\boldsymbol{V}_1^{(k)}=\boldsymbol{V}^{\mathrm{T}}\boldsymbol{PV}-\frac{\bar{\boldsymbol{V}}_k^2}{q_{\bar{v}_k\bar{v}_k}} \tag{5-37}$$

式中，$\bar{\boldsymbol{a}}_k=\boldsymbol{a}_k+\boldsymbol{P}_{kk}^{-1}\boldsymbol{P}_{k1}\boldsymbol{A}_1$，$\bar{\boldsymbol{V}}_k=\boldsymbol{V}_k+\boldsymbol{P}_{kk}^{-1}\boldsymbol{P}_{k1}\boldsymbol{V}_1$，$q_{\bar{v}_k\bar{v}_k}=\dfrac{1}{\boldsymbol{P}_{kk}}-\bar{\boldsymbol{a}}_k\boldsymbol{Q}_{XX}\bar{\boldsymbol{a}}_k^{\mathrm{T}}$。当观测值之间相互独立时，也就是

$$\boldsymbol{Q}_{LL}=\begin{bmatrix}Q_{11} & 0\\ 0 & Q_{kk}\end{bmatrix},\quad \boldsymbol{P}_{LL}=\begin{bmatrix}P_{11} & 0\\ 0 & P_{kk}\end{bmatrix}$$

时，有 $\bar{\boldsymbol{a}}_k=\boldsymbol{a}_k$，$\bar{\boldsymbol{V}}_k=\boldsymbol{V}_k$，$q_{\bar{v}_k\bar{v}_k}=\dfrac{1}{\boldsymbol{P}_{kk}}-\boldsymbol{a}_k\boldsymbol{Q}_{XX}\boldsymbol{a}_k^{\mathrm{T}}=\boldsymbol{q}_{v_kv_k}$。

5.4 监测资料奇异值的检验与插补

5.4.1 监测自动化系统中观测数据序列的奇异值检验

对于任何一个监测系统，其观测数据中都或多或少会存在奇异值(异常值)，在变形分析开始前有必要将该奇异值剔除。考虑系统的连续、实时和自动化，最简便的方法是用极限误差的定义，即“3σ 准则”来剔除奇异值。其中，观测数据的中误差 σ 既可以用观测值序列本身直接进行估计，也可根据长期观测的统计结果确定，或取经验数值。通常有两种常用的奇异值检验方法。

第一，对于观测数据序列 $\{x_1,x_2,\cdots,x_N\}$，描述该观测数据序列的变化特征为：

$$d_j=2x_j-(x_{j+1}+x_{j-1}),\quad j=2,3,\cdots,N-1 \tag{5-38}$$

这样，由 N 个观测数据可得 $N-2$ 个 d_j。这时，由 d_j 值可计算观测数据序列变化的统计均值 $\bar{d}$ 和均方差 $\hat{\sigma}_d$：

$$\bar{d}=\sum_{j=2}^{N-1}\frac{d_j}{N-2} \tag{5-39}$$

$$\hat{\sigma}_d=\sqrt{\sum_{j=2}^{N-1}\frac{(d_j-\bar{d})^2}{N-3}} \tag{5-40}$$

则 d_j 偏差的绝对值与均方差的比值为：

$$q_j = \frac{|d_j - \bar{d}|}{\hat{\sigma}_d} \tag{5-41}$$

当 $q_j > 3$ 时，则认为 x_j 是奇异值，应予以舍弃。

第二，对于观测数据序列 $\{x_1, x_2, \cdots, x_N\}$，也可用一级差分方程进行预测，其表达式为：

$$\hat{X}_j = x_{j-1} + (x_{j-1} - x_{j-2}), \quad j = 3,4,5,\cdots,N \tag{5-42}$$

实际值与预测值之差为：

$$d_j = x_j - \hat{X}_j \tag{5-43}$$

设观测数据的中误差为 m（m 的数值可根据长期观测资料计算得到，也可取经验数值），那么，由式(5-42)和式(5-43)，可计算出实际值与预测值之差 d_j 的均方差 $\hat{\sigma}_d = \sqrt{6}m$。实际值与预测值之差的绝对值为 $|d_j|$，当 $|d_j| > 3\hat{\sigma}_d$ 时，则认为 x_j 为奇异值，予以舍弃。另外，对于舍弃的奇异值，可用一个与前一点数值相等的数据补上，或用预测值代替，以保持数据序列的连续性。

5.4.2　监测资料的插补

受各种条件的限制，变形监测往往会出现漏测的现象。在进行数据处理时，需要利用等间隔观测值或利用已有的相邻测次或相邻测点的可靠资料进行插补，一般利用内在物理联系或数值分析中的插值方法。

按照内在物理联系进行插补，是指根据对已有资料的逻辑分析，找出主要原因量之间的函数关系，再利用这种关系，将缺漏值插补出来。数值分析中的插值方法主要有如下几种。

5.4.2.1　线性内插法

由某两个实测值内插此两值之间的观测值时，可按式(5-44)计算：

$$y = y_i + \frac{t - t_i}{t_{i+1} - t_i}(y_{i+1} - y_i) \tag{5-44}$$

式中，y, y_i, y_{i+1} 为效应量；t, t_i, t_{i+1} 为时间。

5.4.2.2　拉格朗日插值法

若已知 $n+1$ 个互不相同的点 (x_i, y_i)，$i = 0, 1, \cdots, n$，如果要构造一个通过这 $n+1$ 个点的次数不超过 n 的多项式，则可以采用如下的 Lagrange（拉格朗日）多项式：

$$y = \sum_{i=0}^{n} y_i \prod_{i=0, i \neq j}^{n} \left(\frac{x - x_j}{x_i - x_j}\right) \tag{5-45}$$

式中，y 为效应量，x 为自变量。

5.4.2.3　用多项式函数进行曲线拟合

多项式函数的表达式为：

$$y = f(x) = a_0 + a_1 x + a_2 x^2 + \cdots + a_n x^n \tag{5-46}$$

若已知 n 个互不相同的点 (x_i, y_i)，$i = 1, \cdots, n$，可根据实际情况选择多项式函数的次数和所用点的个数 n，将各点坐标代入多项式函数，采用最小二乘法拟合多项式函数的系数。

5.4.2.4 周期函数的曲线拟合

周期函数的表达式为：

$$
\begin{aligned}
y_t = a_0 + a_1\cos wt + b_1\sin wt + a_2\cos 2wt + b_2\sin 2wt + \cdots + \\
a_n\cos nwt + b_n\sin nwt
\end{aligned}
\tag{5-47}
$$

式中，y_t 为时刻 t 的期望值；w 为频率，$w=2\pi/M$，其中，M 为在一个季节性周期中所包含的时段数，如以一年为周期，每月观测一次，则 $M=12$。

5.4.2.5 多面函数拟合法

多面函数拟合法是 Hardy(哈迪)教授于 1977 年提出的用于地壳形变分析的一种方法。这种方法的观念为，任何一个圆滑的数学表面总可用一系列有规则的数学表面的总和以任意的精度逼近，某个数学表面上的点(x,y)处的速率 $s(x,y)$可表示为：

$$s(x,y)=\sum_{j=1}^{u}\alpha_j Q(x,y,x_j,y_j) \tag{5-48}$$

式中，u 为所取节点的个数，$Q(x,y,x_j,y_j)$为核函数，α 为待定参数。核函数可以任意选用，为了简单起见，一般采用具有对称性的距离型，即

$$Q(x,y,x_j,y_j)=[(x-x_j)^2+(y-y_j)^2+\delta^2]^{\frac{1}{2}} \tag{5-49}$$

式中，δ^2 为光滑因子，$Q(x,y,x_j,y_j)$称为正双曲面型函数。式(5-49)的矩阵形式为：

$$\boldsymbol{s}=\boldsymbol{Q\alpha} \tag{5-50}$$

设有 m 个已知高程速率，$\boldsymbol{s}$ 为 $m\times1$ 向量，选择 u 个节点，其坐标为(x_j,y_j)，则 $\boldsymbol{Q}$ 为 $m\times u$矩阵，待定系数 $\boldsymbol{\alpha}$ 为 $u\times1$ 向量。当 $m=u$ 时，有：

$$\boldsymbol{\alpha}=\boldsymbol{Q}^{-1}\boldsymbol{s} \tag{5-51}$$

当 $m>u$ 时，则有：

$$\boldsymbol{V}=\boldsymbol{Q\alpha}-\boldsymbol{s} \tag{5-52}$$

$$\boldsymbol{\alpha}=(\boldsymbol{Q}^{\mathrm{T}}\boldsymbol{Q})^{-1}\boldsymbol{Q}^{\mathrm{T}}\boldsymbol{s} \tag{5-53}$$

推算点 P 的未知速率可由式(5-54)确定：

$$\boldsymbol{s}_p=\boldsymbol{Q}_p\boldsymbol{Q}^{-1}\boldsymbol{s} \tag{5-54}$$

或

$$\boldsymbol{s}_p=\boldsymbol{Q}_p(\boldsymbol{Q}^{\mathrm{T}}\boldsymbol{Q})^{-1}\boldsymbol{Q}^{\mathrm{T}}\boldsymbol{s} \tag{5-55}$$

式中，$\boldsymbol{Q}_p$ 为 $1\times u$ 向量。

式(5-55)的协因数矩阵为：

$$\boldsymbol{Q}_{s_p s_p}=\boldsymbol{Q}_p(\boldsymbol{Q}^{\mathrm{T}}\boldsymbol{Q})^{-1}\boldsymbol{Q}_p^{\mathrm{T}} \tag{5-56}$$

5.5 小波变换

小波分析(wavelet analysis)是 20 世纪 80 年代发展起来的一个应用数学分支，是传统傅里叶分析的改进与发展，在信号分析、数字图像处理、大地测量等领域都有广泛而有效的应用。小波就是小的波形。所谓“小”是指它具有衰减性，即局部非零，“波”是指它的波动性，即振幅呈正负相间的振荡形式。与傅里叶变换相比，小波变换是时间(空间)频率的局部化分析，它通过伸缩平移运算对信号(函数)逐步进行多尺度细化，最终达到高频处的细节细分，低频处的频率细分，能自动达到时间频率信号分析的要求，从而可聚焦

信号的任意细节，解决了傅里叶变换的难题，成为继傅里叶变换以来在科学方法上的重大突破。

变形体的变形可以描述为随时间或空间变化的信号，变形监测所获取的变形信号包含有用信号和误差（噪声）两部分。如何有效地消除误差并提取变形特征是变形分析研究的重要内容。例如，对于大坝GNSS监测系统的观测数据序列，监测点的短时间变形是微小的，表现为一种弱信号，而误差却表现为强噪声，如何从受强噪声干扰的观测数据序列中提取微弱的特征信息，提高变形监测的精度是GNSS监测系统所涉及的关键技术问题之一。目前，一般采用数据平滑或卡尔曼滤波的方法在时域内进行处理。又如，对于动态变形监测（如桥梁、高层建筑等工程的监测），变形的频率和幅值是其主要特征，我们通常采用频谱分析方法将时域内的数据序列通过傅里叶级数转换到频域内进行分析。由于这些方法的本身所限，对于非平稳、非等时间间隔观测信号，其变形特征的提取存在局限性。

为了克服经典傅里叶分析不能描述信号时频局部特征的缺陷，1946年Gabor（加博尔）引入窗口傅里叶变换的概念，试图通过选取适当的窗口函数来分析信号的局部性质，该概念在当时起到了一定的作用。但是，窗口函数一经选定，其窗口大小和形状也随之固定，频率增高，相应的窗口却不能变窄，因此，窗口傅里叶变换不能敏感地反映信号的突变。为了克服这一缺陷，很好地解决视频局部化问题，即希望在低频段用高的频率分辨率和低的时间分辨率，而在高频段用低的频率分辨率和高的时间分辨率，寻找一种窗口大小固定而形状可变的时频局部化分析方法，法国科学家J.Morlet（摩雷特）在分析、处理地球物理勘探资料时首次提出了小波变换的概念。

与傅里叶变换、窗口傅里叶变换相比，小波变换是一个时间和频率的局域变换，因而能有效地从信号中提取信息，通过伸缩和平移等运算，可对函数或信号进行多尺度的细化分析，从而解决了傅里叶变换不能解决的许多难题，被誉为“数学显微镜”。它的出现是调和分析发展史上的里程碑。下面将简要介绍小波变换的基本理论和方法以及小波变换在变形分析中的应用。

5.5.1　小波变换的基本理论和方法

小波变换的基本思想是用一族函数去表示或逼近一信号或函数。这一族函数是由基本小波函数通过平移和伸缩构成的。设 $\psi(t)$ 为一平方可积函数，即 $\psi(t)\in L^2(R)$，若其傅里叶变换 $\psi(\omega)$ 满足条件

$$C_\psi=\int_R \frac{|\psi(\omega)|^2}{|\omega|}\mathrm{d}\omega<\infty \tag{5-57}$$

则称 $\psi(t)$ 为一个基本小波或小波母函数，并称式(5-57)为小波的可容许性条件。将任意 $L^2(R)$ 空间中的函数 $f(t)$ 在小波母函数下展开，我们称这种展开式为函数 $f(t)$ 的连续小波变换，其数学表达式为：

$$\psi_{a,b}(t)=|a|^{-1/2}\psi\left(\frac{t-b}{a}\right)\quad(a,b\in R,a\neq 0) \tag{5-58}$$

$$W_f(a,b)=\langle f(t),\psi_{a,b}(t)\rangle=|a|^{-1/2}\int_R f(t)\bar{\psi}\left(\frac{t-b}{a}\right)\mathrm{d}t \tag{5-59}$$

式中，a 为尺度收缩因子，b 为时间平移因子，$\psi_{a,b}(t)$ 为小波母函数进行伸缩平移得到的小波基函数，$\bar{\psi}_{a,b}(t)$ 为 $\psi_{a,b}(t)$ 的共轭函数。为方便理论分析，在实际应用中，需要将连续小波 $\psi_{a,b}(t)$ 及其变换 $W_f(a,b)$ 离散化。取 $a=a_0^j, b=kb_0a_0^j(a>1, b_0\in R, j、k\in Z)$，将其代入式(5-58)，得离散小波的函数为：

$$\psi_{j,k}(t)=a_0^{-j/2}\psi(\frac{t-kb_0a_0^j}{a_0^j})=a_0^{-j/2}\psi(a_0^{-j}t-kb_0) \tag{5-60}$$

实值函数的小波变换为：

$$D_f(j,k)=\langle f(t),\psi_{j,k}(t)\rangle=a_0^{-j/2}\int_R f(t)\psi(a_0^{-j}t-kb_0)\mathrm{d}t \tag{5-61}$$

当 $a_0=2, b_0=1$ 时，式(5-60)和式(5-61)就变为离散的二进小波及其变换，此时

$$\psi_{j,k}(t)=2^{-j/2}\psi(2^{-j}t-k) \tag{5-62}$$

$$D_f(j,k)=2^{-j/2}\int_R f(t)\psi(2^{-j}t-k)\mathrm{d}t \tag{5-63}$$

由式(5-62)可知，小波函数 $\psi(t)$ 的平移和伸缩 $\{2^{-j/2}\psi(2^{-j}t-k)\mid j,k\in Z\}$ 构成 $L^2(R)$ 的一组正交小波基，选择了小波函数就等于选择了一组小波基。小波函数 $\psi(t)$ 不是唯一的，因此，在实际的工程问题中，选择一个恰当的小波基尤为重要。目前往往是通过经验或不断地试验来选择小波函数的。

在多分辨率分析的框架出现以前，比较常见的正交小波基有 Haar(哈尔)小波、Meyer(迈耶)小波、Battle-Lemarie(正交样条)小波等。多分辨率分析理论的提出，不仅统一了正交小波基的构造方法，而且为正交小波变换的快速算法提供了理论依据。由 S.Mallat(马勒特)建立的快速小波变换(FWT)算法可以快速简便地进行小波变换和逆小波变换。

设信号 $f(t)$ 的离散采样数据序列为 $f(k), k=0,1,2,\cdots,N-1$，小波分解算法规则为：

$$\begin{cases} c_{j,k}=\sum_{n\in Z}c_{j-1,n}\bar{h}_{n-2k} \\ d_{j,k}=\sum_{n\in Z}c_{j-1,n}\bar{g}_{n-2k} \end{cases} \tag{5-64}$$

式中，$c_{0,k}=f(k)$ 为原始数据；$h(n)$ 和 $g(n)$ 为一对共轭镜像滤波器的脉冲响应，分别是低通滤波器 H 和高通滤波器 G 的滤波器系数，且 $g(n)=(-1)^{1-n}h(1-n)$；j 为小波分解的层数。信号的重构算法为：

$$c_{j-1,n}=\sum_{n\in Z}(c_{j,k}h_{k-2k}+d_{j,k}g_{k-2k}) \tag{5-65}$$

实际应用时，可根据信号特征提取的需要，有目的地重构需要频段，以有效提取所需的特征信息。

在 Mallat 算法中，信号的小波变换不涉及小波函数的具体形式，仅通过一对共轭镜像滤波器卷积而得到，为此，构造具有紧支集的正交小波基低通滤波系数 $h(n)$ 和高通滤波系数 $g(n)$ 成为关键。由于 $g(n)=(-1)^{1-n}h(1-n)$，因此，只需要知道 $h(n)$ 就行了。I. Daubechies(德比契斯)首先构造了这样一种小波滤波器，为了说明问题，取其最简单的一类，记为 $db4$，该类仅有 h_0、h_1、h_2 和 h_3 4 个系数，所构造的小波系数矩阵为：

$$\boldsymbol{W}=\begin{bmatrix} h_0 & h_1 & h_2 & h_3 & 0 & 0 & \cdots & 0 & 0 & 0 & 0 \\ h_3 & -h_2 & h_1 & -h_0 & 0 & 0 & \cdots & 0 & 0 & 0 & 0 \\ 0 & 0 & h_0 & h_1 & h_2 & h_3 & \cdots & 0 & 0 & 0 & 0 \\ 0 & 0 & h_3 & -h_2 & h_1 & -h_0 & \cdots & 0 & 0 & 0 & 0 \\ \vdots & \vdots & \vdots & \vdots & \vdots & \vdots & \ddots & \vdots & \vdots & \vdots & \vdots \\ 0 & 0 & 0 & 0 & 0 & 0 & \cdots & h_0 & h_1 & h_2 & h_3 \\ 0 & 0 & 0 & 0 & 0 & 0 & \cdots & h_3 & -h_2 & h_1 & -h_0 \\ h_2 & h_3 & 0 & 0 & 0 & 0 & \cdots & 0 & 0 & h_0 & h_1 \\ h_1 & -h_0 & 0 & 0 & 0 & 0 & \cdots & 0 & 0 & h_3 & -h_2 \end{bmatrix} \tag{5-66}$$

式中，h_0、h_1、h_2 和 h_3 为低通滤波系数，h_3、$-h_2$、h_1 和 $-h_0$ 为高通滤波系数。相应的低通滤波器 H 和高通滤波器 G 的矩阵形式为：

$$\underset{N/2\times N}{\boldsymbol{H}}=\begin{bmatrix} h_0 & h_1 & h_2 & h_3 & 0 & 0 & \cdots & 0 & 0 & 0 & 0 \\ 0 & 0 & h_0 & h_1 & h_2 & h_3 & \cdots & 0 & 0 & 0 & 0 \\ \vdots & \vdots & \vdots & \vdots & \vdots & \vdots & \ddots & \vdots & \vdots & \vdots & \vdots \\ 0 & 0 & 0 & 0 & 0 & 0 & \cdots & h_0 & h_1 & h_2 & h_3 \\ h_2 & h_3 & 0 & 0 & 0 & 0 & \cdots & 0 & 0 & h_0 & h_1 \end{bmatrix} \tag{5-67}$$

$$\underset{N/2\times N}{\boldsymbol{G}}=\begin{bmatrix} h_3 & -h_2 & h_1 & -h_0 & 0 & 0 & \cdots & 0 & 0 & 0 & 0 \\ 0 & 0 & h_3 & -h_2 & h_1 & -h_0 & \cdots & 0 & 0 & 0 & 0 \\ \vdots & \vdots & \vdots & \vdots & \vdots & \vdots & \ddots & \vdots & \vdots & \vdots & \vdots \\ 0 & 0 & 0 & 0 & 0 & 0 & \cdots & h_3 & -h_2 & h_1 & -h_0 \\ h_1 & -h_0 & 0 & 0 & 0 & 0 & \cdots & 0 & 0 & h_3 & -h_2 \end{bmatrix} \tag{5-68}$$

对于正交矩阵 $\boldsymbol{W}$，应满足 $\boldsymbol{W}\boldsymbol{W}^{\mathrm{T}}=\boldsymbol{W}^{\mathrm{T}}\boldsymbol{W}=\boldsymbol{I}$，因此有条件式：

$$\begin{cases} h_0^2+h_1^2+h_2^2+h_3^2=1 \\ h_2h_0+h_3h_1=0 \end{cases} \tag{5-69}$$

同时，为满足阶数 $p=2$ 的近似条件，则还有两个附加条件：

$$\begin{cases} h_3-h_2+h_1-h_0=0 \\ 0h_3-1h_2+2h_1-3h_0=0 \end{cases} \tag{5-70}$$

联合式(5-69)和式(5-70)进行求解，可得小波滤波系数：

$$h_0=(1+\sqrt{3})/(4\sqrt{2}),h_1=(3+\sqrt{3})/(4\sqrt{2})$$

$$h_2=(3-\sqrt{3})/(4\sqrt{2}),h_3=(1-\sqrt{3})/(4\sqrt{2})$$

对于 $db6$ 的情形，则在式(5-69)中有 3 个正交条件，在式(5-70)中有 3 个附加条件($p=3$)，所解得的小波滤波系数为：

$$h_0=(1+\sqrt{10}+\sqrt{5+2\sqrt{10}})/(16\sqrt{2}),h_1=(5+\sqrt{10}+3\sqrt{5+2\sqrt{10}})/(16\sqrt{2})$$

$$h_2=(10-2\sqrt{10}+2\sqrt{5+2\sqrt{10}})/(16\sqrt{2}),h_3=(10-2\sqrt{10}-2\sqrt{5+2\sqrt{10}})/(16\sqrt{2})$$

$$h_4=(5+\sqrt{10}-3\sqrt{5+2\sqrt{10}})/(16\sqrt{2}),h_5=(1+\sqrt{10}-\sqrt{5+2\sqrt{10}})/(16\sqrt{2})$$

对于更高阶的 p(直至 10)，Daubechies(多贝西)已列表给出了其小波滤波系数的数值，p 每增加 1，系数的数目将增加 2 倍。

上述所提到的阶数 p 指的是 p 阶消失矩，其作用是使函数在小波展开时消去其高阶平滑部分。为此，小波变换将仅仅反映函数的高阶变化部分，可帮助我们研究函数的高阶变化和某些高阶导数中可能的奇异性。

设原始信号 $f(t)$ 的离散采样数据序列长度为 N，将变换矩阵 $\boldsymbol{W}$ 作用于该列数据向量的左边，便可实现第一层离散小波变换，即

$$\tilde{\boldsymbol{f}} = \boldsymbol{W}\boldsymbol{f} \tag{5-71}$$

式中，$\tilde{\boldsymbol{f}}$ 为 f 的小波变换。同时，对原始信号的恢复（即逆变换）为：

$$\boldsymbol{f} = \boldsymbol{W}^{\mathrm{T}}\tilde{\boldsymbol{f}} \tag{5-72}$$

离散小波变换就是逐层地应用式(5-71)对信号进行分解的过程。首先，对长度为 N 的数据序列进行第1层分解，可得长度为 $N/2$ 的第1层低频系数（即光滑部分）和长度为 $N/2$ 的第1层高频系数（即细节部分）；其次，对长度为 $N/2$ 的光滑部分进行第2层分解，可得到长度为 $N/4$ 的第2层低频系数（即光滑部分）和长度为 $N/4$ 的第2层高频系数（即细节部分）；这样一直进行下去，直到一个数目较小的光滑部分被保留下来。这一过程又被称为角锥形算法，可用式(5-73)进行描述。离散小波变换的输出由最后一层留下的光滑部分和各层的细节部分构成。

$$\boldsymbol{f} = \begin{bmatrix} x_1 \\ x_2 \\ x_3 \\ x_4 \\ x_5 \\ x_6 \\ x_7 \\ x_8 \end{bmatrix} \to \begin{bmatrix} s_1 \\ d_1 \\ s_2 \\ d_2 \\ s_3 \\ d_3 \\ s_4 \\ d_4 \end{bmatrix} \to \begin{bmatrix} s_1 \\ s_2 \\ s_3 \\ s_4 \\ d_1 \\ d_2 \\ d_3 \\ d_4 \end{bmatrix} \to \begin{bmatrix} S_1 \\ D_1 \\ S_2 \\ D_2 \\ d_1 \\ d_2 \\ d_3 \\ d_4 \end{bmatrix} \to \begin{bmatrix} S_1 \\ S_2 \\ D_1 \\ D_2 \\ d_1 \\ d_2 \\ d_3 \\ d_4 \end{bmatrix} \tag{5-73}$$

式(5-77)中，第1个、第3个箭头表示 $\boldsymbol{W}$ 变换过程，第2个、第4个箭头表示排列过程。离散小波变换的重构只需要简单地颠倒上述整个过程，按式(5-77)从右向左进行，此时的变换矩阵要用 $\boldsymbol{W}$ 的逆矩阵，即用变换矩阵 $\boldsymbol{W}^{\mathrm{T}}$。具有紧支集正交小波基的 Daubechies 小波是计算机时代的产物，它具有良好的时频分析性能，目前已在大地测量领域得到成功应用。

5.5.2 小波变换在变形分析中的应用

设变形监测数据由如下两部分组成，即

$$x(t) = s(t) + n(t) \tag{5-74}$$

式中，$x(t)$ 为观测数据；$s(t)$ 为有用信号；$n(t)$ 为随机噪声，即 $n(t) \sim N(0, \sigma^2)$。有用信号 $s(t)$ 既有可能是实际变形信号 $s_d(t)$ 或确定性噪声 $s_n(t)$，也有可能是两者的混合，即

$$s(t) = s_d(t) + s_n(t) \tag{5-75}$$

小波分析理论表明，小波变换具有带通滤波的功能，可将信号划分成不同的频带。若设原始信号的分析频率为 f，在尺度参数 $j = 1, 2, \cdots, J$ 下，应用小波包分解，其结果所对应的频带数为 2^J，相应的频率范围为：

$$2^{-J}(i-1)f \sim 2^{-J}if \tag{5-76}$$

式中，$i=1,2,\cdots,2^J$，表示分解信号的频带序列。式(5-76)包含整个频率从高频到低频的不同频带的信息，且各频带互不重叠。如果有目的地对某频带的分解结果进行重构，则可实现将该频带的信号从原信号中分离。因此，根据小波变换的多分辨率特性，由式(5-74)和式(5-75)可知，小波变换在变形分析中将发挥如下作用。

(1) 观测数据滤波。对于变形体的变形监测，观测数据序列中的有用信号和噪声的时频特性通常是不一样的。有用信号在时域和频域上是局部化的，表现为低频特性；而噪声在时频空间中的分布是全局性的，它在整个观测的时域内处处存在，在频域上表现为高频特性。因此，小波滤波可有效地分离有用信号 $s(t)$ 和噪声 $n(t)$，实现消噪的目的。

(2) 变形特征提取。借助小波变换的局部时频分析特征，可以聚焦信号的任意细节，在很强的噪声背景下，可有效地提取变形的特征信息。尤其对于非平稳突变(或非线性)变形，非同等时间间隔观测以及弱信号等特征提取，小波变换是一种很好的方法。在高层和高耸建筑的动态监测中，小波变换可以实现高精度的振动特征提取。

(3) 不同变形频率的分离。对于复杂周期或多种频率混杂的变形特征，小波变换可进行有效分离，这对变形的物理解释是十分有用的。

(4) 观测精度估计。对模型式(5-74)进行小波滤波，一方面可实现消噪的目的，另一方面其分离出来的噪声实质上反映了变形监测系统的观测精度，通过噪声量可以更加客观地评定监测系统的精度。

一般来说，对观测数据序列进行消噪的基本步骤可以概括如下。

(1) 小波分解。根据问题的性质，选择一组 Daubechies 小波滤波系数构造变换矩阵 $\boldsymbol{W}$，并确定其分解层次 J，然后对观测数据 $x(t)$ 进行 J 层小波分解。

(2) 小波分解高频系数的阈值量化处理。选择阈值的规则有很多种，其意义在于从高频信息中提取弱小的有用信号，而不至于在消噪过程中将有用的高频特征信号当作噪声信号而消除。一般可设置阈值为：

$$\lambda=\sigma\sqrt{2\lg n} \tag{5-77}$$

式中，n 为对应分解层次的高频系数个数。由于实际噪声系数的标准偏差 σ 一般是未知的，因此，可用小波分解的第 1 层(即最细尺度)上高频系数的绝对标准偏差作为 σ 的估计值。

对各层小波分解的高频系数 $d_{j,k}$ 应用式(5-78)

$$\eta_\lambda(d)=\begin{cases}\operatorname{sgn}(d)(|d|-\lambda), & |d|\geqslant\lambda\\ 0, & |d|<\lambda\end{cases} \tag{5-78}$$

进行阈值量化处理，将小于阈值 λ 的系数置为 0，大于或等于阈值 λ 的系数均减少 λ。这样可以将集中于高频系数的噪声成分舍去。实际中，也可对小波分解的高频系数 $d_{j,k}$ 进行硬阈值处理，即将大于阈值的高频系数完全保留。硬阈值处理后的信号比软阈值处理后的信号粗糙。

(3) 小波重构。将用小波分解后的第 J 层的低频系数和经过阈值量化处理后的第 1 层至第 J 层的高频系数进行重构，便可得到消噪后的观测数据序列估计值。若将阈值量化处理后的小波分解高频系数进行重构，则可得到观测精度的估计值。

对于复杂变形信息的分离，可以采用小波进行分解和重构，以得到各个相应频段的变形信息。

5.6 变形监测成果的整理

为了使变形监测资料能够起到监视建筑物安全和充分发挥工程效益的作用，除了进行现场观测取得第一手资料外，还必须对监测资料进行整理分析，即对变形监测资料做出正确的分析处理。变形监测资料处理工作主要包括两个方面：监测资料整编和监测资料分析。

监测资料整编是指对监测资料进行汇集、审核、整理、编排，使之集中化、系统化、规格化和图表化，并刊印成册，以便于应用分析，向需用单位提供资料和归档保存。监测资料整编，通常是在平时对资料已进行计算、校核甚至分析的基础上，按规定及时对整编年份内的所有监测资料进行的整编。

监测资料分析是指对工程及有关的各项监测资料进行综合性的定性和定量分析，找出变化规律及发展趋势。其目的是对建筑物的工作状态做出评估、判断和预测，有效地监视建筑物的安全运行。监测资料应随时观测随时分析，以便发现问题，及时处理。监测资料分析是根据建筑物设计理论、施工经验和有关的基本理论和专业知识进行的。监测资料分析成果可指导施工和运行，同时也是进行科学研究、验证和提高建筑物设计理论和施工技术的基本资料。

监测资料整编包括平时资料整理与定期资料编印。平时资料整理工作的主要内容如下。

(1) 适时检查各观测项目原始观测数据和巡视检查记录的正确性、准确性和完整性。如有漏测、误读(记)或异常，应及时补(复)测、确认或更正。

(2) 及时进行各观测物理量的计(换)算，填写数据记录表格。

(3) 随时点绘观测物理量过程线图，考察和判断测值的变化趋势。如有异常，应及时分析原因，并备注文字说明。原因不详或影响工程安全时，应及时上报主管部门。

(4) 随时整理巡视检查记录(含摄像资料)，补充或修正有关监测系统及观测设施的变动或检验情况，校(引)测情况，以及各种考证图、考证表等，以确保资料的衔接与连续性。

定期资料编印工作的主要内容如下。

(1) 汇集工程的基本概况、监测系统布置和各项考证资料，以及各次巡检资料和有关报告、文件等。表 5-2 为水平位移观测工作基点考证表。

表 5-2 水平位移观测工作基点考证表

编号	形式规格	埋设日期			埋设位置		基础情况	测定日期			高程/m	备注
		年	月	日	X/m	Y/m		年	月	日		

(2) 在平时资料整理的基础上，对整编时段内的各项观测物理量按时序进行列表统计和校对。表 5-3 为水平位移量统计表。此时如发现可疑数据，一般不宜删改，应加注说明，提醒使用者注意。

表 5-3　水平位移量统计表

观测日期	历时/d	测点编号及其累积水平位移量						
		P_1	P_2		…			P_n
…								
本年总量								
本年内特征值统计	最大值	测点号	日期	最小值	测点号	日期	水平位移量较差	

注：1. 水平位移正负号规定：向下游、向左岸为正，反之为负。2. 本年总量为代数和。

(3) 绘制能表示各观测物理量在时间和空间上的分布特征图，以及有关因素的相关关系图。

(4) 分析各观测物理量的变化规律及其对工程安全的影响，并对影响工程安全的问题提出运行和处理意见。

(5) 对上述资料进行全面复核、汇编，并附以整编说明后，刊印成册，建档保存。采用计算机数据库系统进行资料存储和整编，整编软件应具有数据录入、修改、查询，以及图表的输出打印等功能。整编后的资料还应复制软盘备份。

整编后的资料应包含如下内容：封面、目录、整编说明、工程概况、考证资料、巡视检查资料、观测资料、资料分析成果和封底。封面内容应包括：工程名称、整编时段、卷册名称与编号、整编单位、刊印日期等。整编说明应包括：本时段内的工程变化和运行概况，巡视检查和观测工作概况，资料的可信程度，观测设备的维修、检验、校测及更新改造情况，监测中发现的问题及其分析、处理情况（含有关报告、文件的引述），对工程管理运行的建议，以及整编工作的组织、人员等。观测资料的内容和编排顺序，一般可根据本工程的实有观测项目编印，每一项目中，统计表在前，整编图在后。资料分析成果，主要是整编单位对本时段内各观测资料进行的常规性简单分析结果，包括分析内容和方法，得出的图、表和简要结论及建议。委托其他单位进行的专门研究和分析、论证，仅简要引用其中已被采纳的、与工程安全监测和运行管理有关的内容及建议，并注明出处备查。

整编资料在交印前需经整编单位技术主管全面审查，审查工作主要包括以下内容。

(1) 完整性审查：整编资料的内容、项目、测次等是否齐全，各类图表的内容、规格、符号、单位，以及标注方式和编排顺序是否符合规定要求等。

(2) 连续型审查：各项观测资料整编的时间与前次整编是否衔接，整编图所选工程部位、测点及坐标系统等与历次整编是否一致。

(3) 合理性审查：各观测物理量的计（换）算和统计是否正确、合理，特征值数据有无遗漏、谬误，有关图件是否准确、清晰，以及工程性态变化是否符合一般规律等。

(4) 整编说明的审查：整编说明是否符合有关规定内容，尤其注意工程存在的问题、分析意见和处理措施等是否正确，以及需要说明的其他事项有无疏漏等。

正式刊印的整编资料应体例统一，图表完整，线条清晰，装帧美观，查阅方便。不应有印刷错误。如发现印刷错误，必须补印勘误表装于印册目录后。

5.7 监测资料管理

监测资料的管理方式可分为人工管理和计算机管理。人工管理是指利用人工量测效应量,将每个测次采集到的原始资料按规定格式记录在一定的记簿中。在处理监测资料时,应对这些观测值进行可靠性检验,按时序制表或点绘过程线图与相关图。然后,依靠监测人员的经验和直觉进行原因量与效应量的相关分析和对过程线的观察,据此作出判断,最后整理归档。

变形监测资料需要保存的时间长、数据量大且使用频繁,尤其为了满足监测自动化和适时监测分析预报的要求,采用上述人工管理方式时不仅难度大,而且容易出错。随着计算机电子技术的发展,变形监测的自动化水平有了很大提高。数据库管理系统(data base management system,DBMS)已经发展成为一种较为成熟的技术,在变形监测资料管理中已得到应用,并将成为监测数据管理的主要方式。

数据库管理系统是用户的应用程序和数据库中的数据间的一个接口。数据库管理系统包括描述数据库、建立数据库、使用数据库、对数据库进行维护的语言,系统运行、控制程序对数据库的运行进行的管理和调度,以及对数据库生成、原始装入、统计、维护、故障排除等一系列的服务程序。利用数据库管理系统技术建立的监测资料管理系统,由资料处理和资料解释两个既有继承关系又有一定独立性的子系统组成,并有与资料库结合的成套的应用软件系统。图 5-1 所示为监测资料管理系统的逻辑结构。

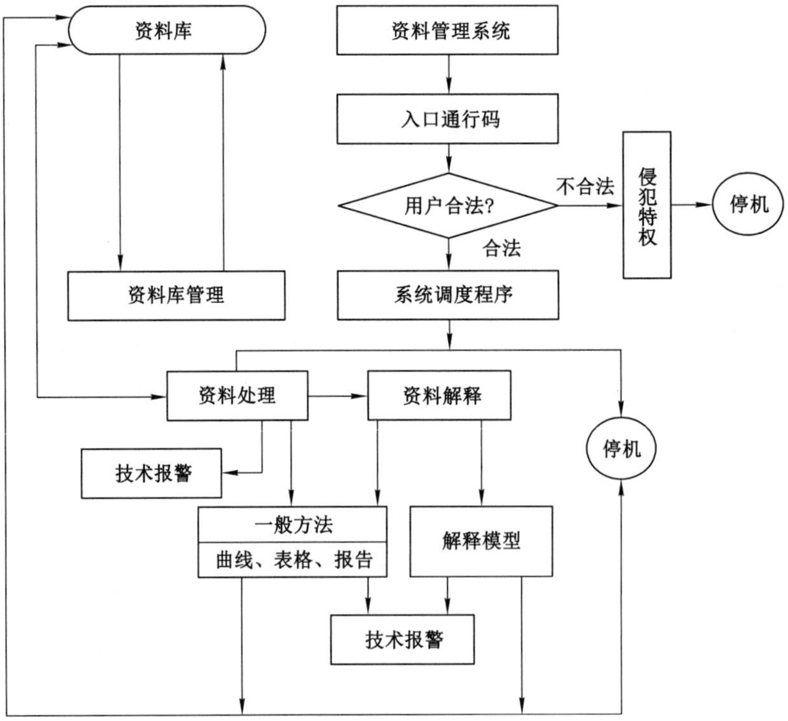

图 5-1 监测资料管理系统的逻辑结构

一般而言，数据库管理系统具有以下功能：① 各种监测资料以及有关文件资料的存储、更新、增删、更改、检索和管理功能；② 监测资料的处理功能；③ 监测资料的解释功能。目前，我国不少单位已开始大坝安全监测资料管理系统的开发工作，对系统的要求有如下两个方面：① 系统功能全面，运行可靠，使用简便，易于维护，有利于高效率地进行安全监测工作。② 使用合理的机型和软、硬件配置，便于推广、扩展，在将来必要时，可与自动采集系统连接，实现联机实时的安全监测。

思 考 题

1. 简述采用一元线性回归方法进行监测资料检核的显著性检验方法。
2. 超限误差检验的方法有哪些？各种方法有哪些区别和联系？
3. 监测资料的插补有哪些方法？简述多面函数拟合法插补的基本原理。
4. 小波变换在变形分析中有哪些作用？简述采用小波变换处理变形数据的基本流程。
5. 数据库管理系统是目前监测资料管理的主要方式，它具有哪些功能？

第 6 章　变形监测网稳定性分析与预测

6.1　绝对网和相对网

在变形监测中,获取变形信息的基本方法是建立变形控制网。通过在不同时刻对变形控制网进行重复观测,来获取布设在变形体上的目标控制点的位移情况。根据测量观测值的不同,常规的控制网分为水准网、测边网、测角网、边角网和 GPS 网。然而,上述控制网中的高差值、边长值、角度值和 GPS 基线观测值都是坐标的相对观测量,需要通过一定的参考系推算目标控制点的高程或坐标值。以水准网为例,需要一个已知点的高程,这个已知点就是水准网的基准。在平面测角网中,需要两个已知点的坐标,或者一个已知点的坐标、一条边的方位角和长度。在平面测边网中,则需要一个已知点的坐标和一条边的方位角。这些高程已知点和坐标已知点称为控制网的基准点,已知方位角称为控制网的方位基准,已知边长称为控制网的尺度基准。必要的基准约束参数构成了变形控制网的参考系。因此,在进行变形监测时,我们需要对控制网进行精确地建立和维护,以确保获得准确可靠的变形信息。

对于绝对网而言,其测量和计算的参考对象是那些位于变形体外的全部或部分点。如果这些参考点是稳定不动的,那么变形监测网所测量的目标点的位移就是真实的位移,也称为绝对位移。为了保持绝对网的这一优势,需要经常检测参考点的稳定性,以避免将不稳定的点作为参考点而影响结果的真实性。

相对网没有参考点,因此以坐标或高程为参数的间接平差模型的系数矩阵出现秩亏。这类网被称为自由网,根据残差平方和最小的平差准则,自由网无法得到唯一的解。E.Mittermayer(米特马伊尔)于 1971 年提出了秩亏自由网平差方法。该方法的主要特点为:不预设假定固定点,所有网点等同看待,即所有网点坐标都视为待定量。自由网以网的重心为基准,即各点坐标均值、各点方向角的均值和各点矢距均值分别作为网的位置、方向和尺度基准。相对单独固定某一个点的坐标、某一条边的方位角或边长,自由网的基准参数在各期的实际变化量更为稳定,因此其适用范围更广。

周江文教授在重心基准的基础上,提出了自由网的拟稳平差方法。与重心基准法相比,该方法不是将网中的全部点作为参考点,而是选取相对稳定的部分点来定义基准。这些相对稳定的点可以是变形体外围的点,也可以是断层的下边或上边的外围点,但一般需要通过统计检验来进行选择。

因此,自由网平差的研究和它所给出的参考系定义方式,使人们注意到网的参考系定义这一原本要由与观测无关的外部信息提供支持的事情,变成了一个平差模型问题。这使得参考系的选择变成了平差模型的选择,不同的参考系可以用相应的参考系方程的约束来表达。

6.2　监测网的参考基准及平差方法

6.2.1　经典自由网平差方法

经典的控制网平差应具备必要的起算数据，以这些必要的起算数据为基准，可以确定其他网点的坐标。绝对变形网一般以变形区外的不动点为基准，采用经典自由网平差方法。考虑变形网图形复杂、多余观测数较多的特点，变形网的平差一般采用间接平差模型。

设实际观测值组成的向量为 $\boldsymbol{L}$，未知数为 $\boldsymbol{X}_L$，改正数为 $\boldsymbol{V}$，则观测方程为：

$$\boldsymbol{L}+\boldsymbol{V}=f(\boldsymbol{X}_L) \tag{6-1}$$

式中，$\boldsymbol{L}=(L_1,L_2,\cdots,L_n)^{\mathrm{T}}$，$\boldsymbol{V}=(V_1,V_2,\cdots,V_n)^{\mathrm{T}}$，$f(X_L)=(f_1(X_L),f_2(X_L),\cdots,f_n(X_L))^{\mathrm{T}}$。

一般直接观测值和未知量之间存在非线性函数关系，如三角网中边长和坐标的关系为：

$$S_{12}=\sqrt{(X_{2L}-X_{1L})^2+(Y_{2L}-Y_{1L})^2} \tag{6-2}$$

方向与坐标的关系为：

$$\alpha_{12}=\arctan\frac{Y_{2L}-Y_{1L}}{X_{2L}-X_{1L}} \tag{6-3}$$

对于这种非线性的函数关系，给定未知数近似值 $\boldsymbol{X}_0$，即令 $\boldsymbol{X}_L=\boldsymbol{X}_0+\boldsymbol{X}$，则线性化后的观测方程为：

$$\boldsymbol{l}+\boldsymbol{V}=\boldsymbol{AX} \tag{6-4}$$

式中，$l_i=L_i-L_{i0}$；$L_{i0}=f_i(X_0)$；$\boldsymbol{l}=[l_1,l_2,\cdots,l_n]^{\mathrm{T}}$；$\boldsymbol{A}$ 为线性化时，由近似坐标 $\boldsymbol{X}_0$ 计算得出的误差方程系数，为近似坐标的改正数。$\boldsymbol{l}$ 实际上由直接观测值 $\boldsymbol{L}$ 计算所得，不是直接观测值，但为了方便，习惯上称 $\boldsymbol{l}$ 为观测值。

设观测值权矩阵为 $\boldsymbol{P}$，根据最小二乘原理

$$\boldsymbol{V}^{\mathrm{T}}\boldsymbol{PV}=\min \tag{6-5}$$

对目标函数求极值，可以得到间接平差模型的法方程，即

$$\boldsymbol{NX}=\boldsymbol{A}^{\mathrm{T}}\boldsymbol{Pl} \tag{6-6}$$

式中，$\boldsymbol{N}=\boldsymbol{A}^{\mathrm{T}}\boldsymbol{PA}$ 为法方程的系数矩阵。经典的控制网具有必要的起算数据，所以 $\boldsymbol{N}$ 是满秩的，按矩阵求逆的方法，未知数的值为：

$$\boldsymbol{X}=\boldsymbol{N}^{-1}\boldsymbol{A}^{\mathrm{T}}\boldsymbol{Pl} \tag{6-7}$$

其他平差值分别为：

$$\boldsymbol{V}=\boldsymbol{AX}-\boldsymbol{l}=(\boldsymbol{AN}^{-1}\boldsymbol{A}^{\mathrm{T}}\boldsymbol{P}-\boldsymbol{I})\boldsymbol{l} \tag{6-8}$$

$$\hat{\boldsymbol{l}}=\boldsymbol{l}+\boldsymbol{V}=\boldsymbol{AX}=\boldsymbol{AN}^{-1}\boldsymbol{A}^{\mathrm{T}}\boldsymbol{Pl} \tag{6-9}$$

单位权方差的估值为：

$$\hat{\sigma}_0^2=(\boldsymbol{V}^{\mathrm{T}}\boldsymbol{PV})/(n-t) \tag{6-10}$$

式中，n 为观测值个数，t 为未知数个数。已知观测值权矩阵为 $\boldsymbol{P}$，则观测值协因数矩阵 $Q_{ll}=\boldsymbol{P}^{-1}$。根据误差传播定律，可以得到：

$$\boldsymbol{Q}_{XX}=(\boldsymbol{N}^{-1}\boldsymbol{A}^{\mathrm{T}}\boldsymbol{P})\boldsymbol{Q}_{ll}(\boldsymbol{N}^{-1}\boldsymbol{A}^{\mathrm{T}}\boldsymbol{P})^{\mathrm{T}}=\boldsymbol{N}^{-1} \tag{6-11}$$

$$\boldsymbol{Q}_{\hat{l}\hat{l}}=\boldsymbol{AQ}_{XX}\boldsymbol{A}^{\mathrm{T}}=\boldsymbol{AN}^{-1}\boldsymbol{A}^{\mathrm{T}} \tag{6-12}$$

$$\boldsymbol{Q}_{VV}=(\boldsymbol{AN}^{-1}\boldsymbol{A}^{\mathrm{T}}\boldsymbol{P}-\boldsymbol{I})\boldsymbol{Q}_{ll}(\boldsymbol{AN}^{-1}\boldsymbol{A}^{\mathrm{T}}\boldsymbol{P}-\boldsymbol{I})^{\mathrm{T}}=\boldsymbol{Q}_{ll}-\boldsymbol{Q}_{\hat{l}\hat{l}} \tag{6-13}$$

$$Q_{XV}=(N^{-1}A^{T}P)Q_{ll}(AN^{-1}A^{T}P-I)^{T}=0 \tag{6-14}$$

$$Q_{\hat{l}V}=(AN^{-1}A^{T}P)Q_{ll}(AN^{-1}A^{T}P-I)^{T}=0 \tag{6-15}$$

由式(6-14)和式(6-15)可以看出，$Q_{XV}=0$，$Q_{\hat{l}V}=0$。这说明平差后，观测值改正数 $\boldsymbol{V}$ 与未知数 $\boldsymbol{X}$ 及观测值平差值是相互独立的，这一性质对变形分析与变形检验有着十分重要的意义。由式(6-13)可知，$Q_{ll}=Q_{\hat{l}\hat{l}}+Q_{VV}$，由协因数矩阵本身的性质有 $Q_{ll}, Q_{VV}, Q_{\hat{l}\hat{l}}\geqslant 0$，所以有 $Q_{ll}\geqslant Q_{VV}$，$Q_{ll}\geqslant Q_{\hat{l}\hat{l}}$。这表明观测值的平差值的精度要比平差前高，观测值改正数的精度要比观测值精度高。

当变形网分别为水准网、测角网、测边网或边角网时，首先应选择稳定可靠的点作为已知点，稳定可靠的方向作为已知方向，以此作为平差的基准点。然后分别建立误差方程式，组成法方程，求出各点坐标及有关平差值。最后根据不同时期两次观测的平差值坐标，计算控制点的变形值。

6.2.2 秩亏自由网平差方法

当变形观测网缺乏必要的基准时，由间接平差模型组成的法方程系数矩阵是秩亏的，得不到唯一解。若秩亏数为 d，为了获得未知数的唯一解，一般是对间接平差模型附加 d 个基准约束条件：

$$S^{T}P_{x}X=0 \tag{6-16}$$

式中，矩阵 $\boldsymbol{S}$ 的秩，$\mathrm{rank}(\boldsymbol{S})=d$。由于增加的 d 个基准约束条件应与误差方程相互独立，所以应满足：

$$AS=0 \tag{6-17}$$

上式左乘 $A^{T}P$，可以得到：

$$NS=0 \tag{6-18}$$

式(6-18)表明，$\boldsymbol{S}$ 是法方程系数矩阵 $\boldsymbol{N}$ 的 d 个零特征值所对应的 d 个互不相关的特征向量所构成的矩阵，可由 $\boldsymbol{N}$ 的特征方程求出。P_x 称为基准权矩阵，P_x 不同的取值反映不同的基准约束条件。将式(6-4)和式(6-16)联立，在最小二乘准则下组成拉格朗日目标函数：

$$\varphi=V^{T}PV+2K^{T}(S^{T}P_{x}X)=\min \tag{6-19}$$

分别对 $\boldsymbol{X}$ 和联系数向量 $\boldsymbol{K}$ 求偏导数，并令其值等于 0，得到法方程组：

$$\begin{cases} N\hat{X}+P_{x}SK=A^{T}Pl \\ S^{T}P_{x}X=0 \end{cases} \tag{6-20}$$

解上述法方程组，得秩亏自由网平差的解为：

$$\hat{X}_{P}=(N+P_{x}SS^{T}P_{x})^{-1}A^{T}Pl \tag{6-21}$$

令 $Q_P=(N+P_xSS^{T}P_x)^{-1}$，根据协因数传播律，得未知数的协因数矩阵为：

$$Q_{\hat{X}_P}=Q_{P}NQ_{P} \tag{6-22}$$

由于 $Q_P(N+P_xSS^{T}P_x)=I$，式(6-22)也可写成：

$$Q_{\hat{X}_P}=Q_{P}-Q_{P}P_{x}SS^{T}P_{x}Q_{P} \tag{6-23}$$

在实际计算时，可将 $\boldsymbol{S}$ 标准化为 $\boldsymbol{G}$，使其满足

$$G^{T}P_{x}G=I \tag{6-24}$$

易知 $\boldsymbol{Q}_P\boldsymbol{P}_x\boldsymbol{S}=\boldsymbol{S}(\boldsymbol{S}^{\mathrm{T}}\boldsymbol{P}_x\boldsymbol{S})^{-1}$，将其代入式(6-23)，结合式(6-24)，可得：

$$\boldsymbol{Q}_{\hat{X}_P}=\boldsymbol{Q}_P-\boldsymbol{G}\boldsymbol{G}^{\mathrm{T}} \tag{6-25}$$

单位权方差的估值为：

$$\hat{\sigma}_0^2=(\boldsymbol{V}^{\mathrm{T}}\boldsymbol{P}\boldsymbol{V})/(n-\mathrm{rank}(\boldsymbol{A})) \tag{6-26}$$

由式(6-18)确定的 S，其具体形式如下。

对于一维水准网，秩亏数 $d=1$，即

$$\boldsymbol{S}^{\mathrm{T}}=[1 \quad 1 \quad \cdots \quad 1]$$

对于二维边角网或测边网，秩亏数 $d=3$，即

$$\boldsymbol{S}^{\mathrm{T}}=\begin{bmatrix}1 & 0 & 1 & 0 & \cdots & 1 & 0\\ 0 & 1 & 0 & 1 & \cdots & 0 & 1\\ -y_1^0 & x_1^0 & -y_2^0 & x_2^0 & \cdots & -y_m^0 & x_m^0\end{bmatrix}$$

对于二维测角网，秩亏数 $d=4$，即

$$\boldsymbol{S}^{\mathrm{T}}=\begin{bmatrix}1 & 0 & 1 & 0 & \cdots & 1 & 0\\ 0 & 1 & 0 & 1 & \cdots & 0 & 1\\ -y_1^0 & x_1^0 & -y_2^0 & x_2^0 & \cdots & -y_m^0 & x_m^0\\ x_1^0 & y_1^0 & x_2^0 & y_2^0 & \cdots & x_m^0 & y_m^0\end{bmatrix}$$

对于三维控制网，秩亏数 $d=7$，即

$$\boldsymbol{S}^{\mathrm{T}}=\begin{bmatrix}1 & 0 & 0 & 1 & 0 & 0 & \cdots & 1 & 0 & 0\\ 0 & 1 & 0 & 0 & 1 & 0 & \cdots & 0 & 1 & 0\\ 0 & 0 & 1 & 0 & 0 & 1 & \cdots & 0 & 0 & 1\\ 0 & -z_1^0 & y_1^0 & 0 & -z_2^0 & y_2^0 & \cdots & 0 & -z_m^0 & y_m^0\\ z_1^0 & 0 & -x_1^0 & z_2^0 & 0 & -x_2^0 & \cdots & z_m^0 & 0 & -x_m^0\\ -y_1^0 & x_1^0 & 0 & -y_2^0 & x_2^0 & 0 & \cdots & -y_m^0 & x_m^0 & 0\\ x_1^0 & y_1^0 & z_1^0 & x_2^0 & y_2^0 & z_2^0 & \cdots & x_m^0 & y_m^0 & z_m^0\end{bmatrix}$$

对于三维 GPS 网，秩亏数 $d=3$，即

$$\boldsymbol{S}^{\mathrm{T}}=\begin{bmatrix}1 & 0 & 0 & 1 & 0 & 0 & \cdots & 1 & 0 & 0\\ 0 & 1 & 0 & 0 & 1 & 0 & \cdots & 0 & 1 & 0\\ 0 & 0 & 1 & 0 & 0 & 1 & \cdots & 0 & 0 & 1\end{bmatrix}$$

以上假设控制网总点数为 m。

采用重心基准，基准权矩阵设为单位矩阵，即 $\boldsymbol{P}_x=\boldsymbol{I}$，一般称其为普通秩亏自由网平差。在水准网中，基准约束条件 $\boldsymbol{S}^{\mathrm{T}}\hat{\boldsymbol{X}}=0$ 的具体形式为：

$$\hat{X}_1+\hat{X}_2+\cdots+\hat{X}_n=0 \tag{6-27}$$

平差后各点高程的平均值为：

$$\bar{H}=\frac{1}{m}\sum_{i=1}^{m}\hat{H}_i=\frac{1}{m}\sum_{i=1}^{m}(H_i^0+\hat{X}_i)=\frac{1}{m}\sum_{i=1}^{m}H_i^0=\bar{H}^0 \tag{6-28}$$

即平差后各点高程的平均值 $\bar{H}$ 等于平差前各点高程近似值的平均值 $\bar{H}^0$，水准网的重心高程不变。故称其为重心基准，这也说明普通秩亏自由网平差基准取决于所取的坐标近似值系统。

拟稳平差：将平差计算中的待定点分为非稳定点和相对稳定的拟稳点两类，求解最佳估值的方法。拟稳平差将网中参数分为两类，设

$$\underset{1\times u}{\boldsymbol{X}^{\mathrm{T}}}=\left(\underset{1\times u_1}{\boldsymbol{X}_1^{\mathrm{T}}}\quad \underset{1\times u_2}{\boldsymbol{X}_2^{\mathrm{T}}}\right)$$

其基准权矩阵为：

$$\boldsymbol{P}_x=\begin{bmatrix}\underset{u_1\times u_1}{0} & \underset{u_1\times u_2}{0}\\ \underset{u_2\times u_1}{0} & \underset{u_2\times u_2}{\boldsymbol{I}}\end{bmatrix}$$

式中，$u_1+u_2=u$，且 $u_2>d$。令 $\underset{d\times u}{\boldsymbol{S}^{\mathrm{T}}}=\left(\underset{d\times u_1}{\boldsymbol{S}_1^{\mathrm{T}}}\quad \underset{d\times u_2}{\boldsymbol{S}_2^{\mathrm{T}}}\right)$，则拟稳平差的基准约束条件为：

$$\boldsymbol{S}_2^{\mathrm{T}}\hat{\boldsymbol{X}}_2=0$$

可见，拟稳平差是将全部网点分为两部分，$\boldsymbol{X}_2$ 是拟稳点组的坐标参数。基准约束条件仅包含参数 $\boldsymbol{X}_2$，所以拟稳基准实质是拟稳点组的重心基准。

当所取的 $u_2=d$ 时，拟稳平差转化为经典自由网平差。

以上所述的秩亏自由网平差方法，一般称为附加(基准)条件法。其他的平差方法还有广义逆法、伪观测法、直接法以及消去条件法等。

6.2.3 不同参考基准下的坐标变换法

经典自由网平差、秩亏自由网平差和拟稳平差，虽然各自具有不同的基准条件，但并不影响其各自满足最小二乘准则 $\boldsymbol{V}^{\mathrm{T}}\boldsymbol{PV}=\min$，所以各种平差模型的参数估计都是一种最小二乘解。具体地说，经典自由网平差的解和其他类自由网平差的解都满足法方程 $\boldsymbol{NX}=\boldsymbol{A}^{\mathrm{T}}\boldsymbol{Pl}$，而且各自求得的改正数 $\boldsymbol{V}$ 也不因所选的不同基准而异，其相对网形相似，故可采用相似变换法进行基准变换。

设有满足法方程的不同基准的两个最小二乘解，即式(6-29)和式(6-30)成立：

$$\boldsymbol{N}\hat{\boldsymbol{X}}_1=\boldsymbol{A}^{\mathrm{T}}\boldsymbol{Pl} \tag{6-29}$$

$$\boldsymbol{N}\hat{\boldsymbol{X}}_2=\boldsymbol{A}^{\mathrm{T}}\boldsymbol{Pl} \tag{6-30}$$

两式相减，得：

$$\boldsymbol{N}(\hat{\boldsymbol{X}}_2-\hat{\boldsymbol{X}}_1)=0 \tag{6-31}$$

已知 $\boldsymbol{NS}=0$，$\boldsymbol{S}$ 为 $\mathrm{rank}(\boldsymbol{S})=d$ 的 $u\times d$ 矩阵，故有：

$$(\hat{\boldsymbol{X}}_2-\hat{\boldsymbol{X}}_1)=\boldsymbol{SD}\ \text{或}\ \hat{\boldsymbol{X}}_2=\hat{\boldsymbol{X}}_1+\boldsymbol{SD} \tag{6-32}$$

式中，$\boldsymbol{D}$ 为 d 维向量。如 $d=4$，则为二维平面坐标相似变换。$\boldsymbol{D}$ 中元素为纵横坐标平移量、坐标轴旋转因子和尺度缩放因子。

设已知一个最小二乘解 $\hat{\boldsymbol{X}}$，协因数为 $\boldsymbol{Q}_{\hat{X}\hat{X}}$，现要求变换 $\hat{\boldsymbol{X}}_P^{\mathrm{T}}\boldsymbol{P}_x\hat{\boldsymbol{X}}_P=\min$ 具有基准的最小二乘解 $\hat{\boldsymbol{X}}_P$。利用式(6-32)，写成

$$\hat{\boldsymbol{X}}_P=\hat{\boldsymbol{X}}+\boldsymbol{SD} \tag{6-33}$$

$\boldsymbol{D}$ 是由 $\hat{\boldsymbol{X}}$ 变换成 $\hat{\boldsymbol{X}}_P$ 时的转换因子向量，为此要求：

$$\frac{\partial \hat{\boldsymbol{X}}_P^{\mathrm{T}} \boldsymbol{P}_x \hat{\boldsymbol{X}}_P}{\partial \boldsymbol{D}} = 2\hat{\boldsymbol{X}}_P^{\mathrm{T}} \boldsymbol{P}_x \boldsymbol{S} = 0 \tag{6-34}$$

于是有：

$$\boldsymbol{S}^{\mathrm{T}} \boldsymbol{P}_x \hat{\boldsymbol{X}}_P = \boldsymbol{S}^{\mathrm{T}} \boldsymbol{P}_x (\hat{\boldsymbol{X}} + \boldsymbol{SD}) = 0 \tag{6-35}$$

得：

$$\boldsymbol{D} = -(\boldsymbol{S}^{\mathrm{T}} \boldsymbol{P}_x \boldsymbol{S})^{-1} \boldsymbol{S}^{\mathrm{T}} \boldsymbol{P}_x \hat{\boldsymbol{X}} \tag{6-36}$$

这是由 $\hat{\boldsymbol{X}}$ 变换成 $\hat{\boldsymbol{X}}_P$ 的转换因子计算公式。

将式(6-36)代入式(6-33)得：

$$\hat{\boldsymbol{X}}_P = (\boldsymbol{I} - \boldsymbol{S}\,(\boldsymbol{S}^{\mathrm{T}} \boldsymbol{P}_x \boldsymbol{S})^{-1} \boldsymbol{S}^{\mathrm{T}} \boldsymbol{P}_x)\hat{\boldsymbol{X}} = \boldsymbol{H}_P \hat{\boldsymbol{X}} \tag{6-37}$$

其中，令变换矩阵 $\boldsymbol{H}_P = \boldsymbol{I} - \boldsymbol{S}\,(\boldsymbol{S}^{\mathrm{T}} \boldsymbol{P}_x \boldsymbol{S})^{-1} \boldsymbol{S}^{\mathrm{T}} \boldsymbol{P}_x$，于是 $\hat{\boldsymbol{X}}_P$ 的协因数可写为：

$$\boldsymbol{Q}_{\hat{X}_P \hat{X}_P} = \boldsymbol{H}_P \boldsymbol{Q}_{\hat{X}\hat{X}} \boldsymbol{H}_P^{\mathrm{T}} \tag{6-38}$$

式(6-37)和式(6-38)就是基准变换公式。

当 $P_x = \boldsymbol{I}$ 时，由 $\hat{\boldsymbol{X}}$ 变换成 $\hat{\boldsymbol{X}}_P$ 的计算公式为：

$$\begin{cases} \hat{\boldsymbol{X}}_P = (\boldsymbol{I} - \boldsymbol{S}\,(\boldsymbol{S}^{\mathrm{T}} \boldsymbol{S})^{-1} \boldsymbol{S}^{\mathrm{T}})\hat{\boldsymbol{X}} = \boldsymbol{H}_r \hat{\boldsymbol{X}} \\ \boldsymbol{Q}_{\hat{X}_P \hat{X}_P} = \boldsymbol{H}_r \boldsymbol{Q}_{\hat{X}\hat{X}} \boldsymbol{H}_r^{\mathrm{T}} \end{cases} \tag{6-39}$$

这是重心基准下的参数估计公式。

当 $P_x = \begin{bmatrix} \underset{u_1 \times u_1}{0} & \underset{u_1 \times u_2}{0} \\ \underset{u_2 \times u_1}{0} & \underset{u_2 \times u_2}{\boldsymbol{I}} \end{bmatrix}$ 时，则有：

$$\begin{cases} \hat{\boldsymbol{X}}_P = (\boldsymbol{I} - \boldsymbol{S}\,(\boldsymbol{S}_2^{\mathrm{T}} \boldsymbol{S}_2)^{-1} \boldsymbol{S}_2^{\mathrm{T}})\hat{X} = \boldsymbol{H}_S \hat{\boldsymbol{X}} \\ \boldsymbol{Q}_{\hat{X}_P \hat{X}_P} = \boldsymbol{H}_S \boldsymbol{Q}_{\hat{X}\hat{X}} \boldsymbol{H}_S^{\mathrm{T}} \end{cases} \tag{6-40}$$

这是拟稳基准下的参数估计公式。顺便指出，当 $u_2 = d$ 时，式(6-40)为由任一最小二乘解转换成经典自由网平差的公式。

6.3　平均间隙法

经过平差计算，我们可以得到各点在两个观测时刻之间的坐标差。产生这种坐标差的产生主要有两个原因：一是点位在两个观测时刻之间的移动所造成的影响；二是两个观测时刻之间的观测误差所造成的影响。因此，在判断点位是否发生移动时，必须综合考虑这两个方面的影响。当移动量较大，比观测误差要大得多时，我们可以比较容易地得出点位发生移动的结论。但是，如果移动量不是很大，则很难判断点位是否发生了移动，这时我们只能借助数理统计中的假设检验方法。在很多变形测量问题中，通常需要尽可能早地发现点位的移动，以便在移动量较小时及时采取相应的措施。为了达到这个目的，一方面，我们需要尽可能提高观测精度；另一方面，在成果处理上，我们要尽可能准确地区分观测误差和点位移动。变形分析主要包括两个方面：一是采用适当的方法尽可能排除或减少测量误差的干扰，计算不同时间网点位置的差异量;二是分析这些差异量属于误差干扰还是坐标位移。前者与平差方法密切相关,后者则常用数理统计方法进行分析。下面将介绍一些变形分析的具体方法。

通过两期观测,可分别进行平差,得出各点两期的坐标值,而且这些点的坐标值对同名点都各不相同(这时两期的近似坐标应相同)。如果各点(包括原来认为不动的基点和可能动的移动物体上的点)在两期观测期间没有移动,则同名点间的坐标差只反映观测误差,因此通过这种坐标差即可得出观测值的一个经验方差 $\bar{S}_0^2$,这个方差可由两期观测值改正数得到,即通常使用经验方差 S_0^2 进行比较和检验。由于观测值改正数(残差)与未知数及观测值平差值是相互独立的,因此用这两个方差的比构成的统计量服从 F 分布。用此量进行检验,看这两个方差是否相等,即是否出自同一统计总体,如果是,则表示坐标值的差完全是由观测误差引起的,据此可判断点位确实没有移动,否则点位产生了移动。

进行上述两期平差时,可假定必要的固定点(有固定点时),即令和 d 个秩亏数相同数目的未知数为 0,进行经典平差;也可不要起始数据进行秩亏自由网平差,检验的具体方法如下。首先,根据每一周期观测的成果,由观测值改正数(残差)求得经验方差:

$$S_0^2=\frac{(\boldsymbol{V}^{\mathrm{T}}\boldsymbol{P}\boldsymbol{V})_{\mathrm{I}}+(\boldsymbol{V}^{\mathrm{T}}\boldsymbol{P}\boldsymbol{V})_{\mathrm{II}}}{f} \tag{6-41}$$

式中,f 为两期自由度之和,即

$$f=n-u+d=n_1-u_1+d_1+n_2-u_2+d_2$$

如果假设两观测期间点位没有移动,则由两期的坐标差(即间隙)$d_i(i=1,2,\cdots,t)$的加权平方平均值可构成单位权经验方差 $\bar{S}_0^2$:

$$\bar{S}_0^2=\frac{\boldsymbol{d}^{\mathrm{T}}\boldsymbol{P}_d\boldsymbol{d}}{h} \tag{6-42}$$

式中,h 为 $\boldsymbol{d}$ 中的独立分量个数;$\boldsymbol{d}=\boldsymbol{X}_{\mathrm{II}}-\boldsymbol{X}_{\mathrm{I}}$,表示两个未知数向量之差,即同名点第Ⅰ期坐标和第Ⅱ期坐标向量之差,也可写成:

$$\boldsymbol{d}=(-\boldsymbol{I}_1\quad \boldsymbol{I}_2)\begin{pmatrix}\boldsymbol{X}_{\mathrm{I}}\\ \boldsymbol{X}_{\mathrm{II}}\end{pmatrix} \tag{6-43}$$

$\boldsymbol{P}_d$ 为 $\boldsymbol{d}$ 的权矩阵,即

$$\boldsymbol{P}_d=\boldsymbol{Q}_d^{+} \tag{6-44}$$

此处 $\boldsymbol{Q}_d$ 由式(6-43)根据协方差传播定律求得:

$$\boldsymbol{Q}_d=[-\boldsymbol{I}_1\quad \boldsymbol{I}_2]\begin{bmatrix}\boldsymbol{Q}_{X_{\mathrm{I}}X_{\mathrm{I}}} & \boldsymbol{Q}_{X_{\mathrm{I}}X_{\mathrm{II}}}\\ \boldsymbol{Q}_{X_{\mathrm{II}}X_{\mathrm{I}}} & \boldsymbol{Q}_{X_{\mathrm{II}}X_{\mathrm{II}}}\end{bmatrix}\begin{bmatrix}-\boldsymbol{I}_1\\ \boldsymbol{I}_2\end{bmatrix}=\boldsymbol{Q}_{X_{\mathrm{I}}X_{\mathrm{I}}}+\boldsymbol{Q}_{X_{\mathrm{II}}X_{\mathrm{II}}}-2\boldsymbol{Q}_{X_{\mathrm{I}}X_{\mathrm{II}}} \tag{6-45}$$

式(6-45)中,当第Ⅰ期和第Ⅱ期分开平差时,$\boldsymbol{Q}_{X_{\mathrm{I}}X_{\mathrm{II}}}=0$。

如果两期观测的设计矩阵和观测方法相同,则有:

$$\boldsymbol{Q}_d=2\boldsymbol{Q}_{XX} \tag{6-46}$$

当采用经典平差时,$\boldsymbol{Q}_d$ 满秩,即

$$\boldsymbol{P}_d^{\mathrm{I}}=\boldsymbol{Q}_d^{+}=\boldsymbol{Q}_d^{-1}=\frac{1}{2}\boldsymbol{Q}_{XX}^{-1}=\frac{\boldsymbol{A}^{\mathrm{T}}\boldsymbol{A}}{2} \tag{6-47}$$

式中,$\boldsymbol{A}$ 为经典平差时的误差方程系数矩阵。

由式(6-47)可知,两期坐标间隙的权矩阵是法方程系数矩阵的一半。当采用秩亏自由

网平差时，因 $\boldsymbol{Q}_d$ 秩亏，故应采用其零特征值的特征向量使其正交化。实际上，秩亏自由网平差后，未知数协因数矩阵 $\boldsymbol{Q}_{XX}$ 的零特征值的特征向量就是 $\boldsymbol{G}$，因为：

$$\boldsymbol{Q}_{XX}\boldsymbol{G}=(\boldsymbol{A}^{\mathrm{T}}\boldsymbol{A}+\boldsymbol{G}\boldsymbol{G}^{\mathrm{T}})^{-1}\boldsymbol{G}-\boldsymbol{G}\boldsymbol{G}^{\mathrm{T}}\boldsymbol{G}=\boldsymbol{G}-\boldsymbol{G}=0$$

于是有：

$$\begin{aligned}\boldsymbol{P}_d&=\frac{1}{2}\boldsymbol{Q}^{+}=\frac{1}{2}\{[(\boldsymbol{A}^{\mathrm{T}}\boldsymbol{A}+\boldsymbol{G}\boldsymbol{G}^{\mathrm{T}})^{-1}-\boldsymbol{G}\boldsymbol{G}^{\mathrm{T}}]^{-1}-\boldsymbol{G}\boldsymbol{G}^{\mathrm{T}}\}\\&=\frac{1}{2}[(\boldsymbol{A}^{\mathrm{T}}\boldsymbol{A}+\boldsymbol{G}\boldsymbol{G}^{\mathrm{T}})^{-1}-\boldsymbol{G}\boldsymbol{G}^{\mathrm{T}}]=\frac{1}{2}\boldsymbol{A}^{\mathrm{T}}\boldsymbol{A}\end{aligned}\tag{6-48}$$

因此，秩亏自由网平差时，与两期坐标间隙的权矩阵相对应的是自由网平差时法方程系数矩阵的一半。由于

$$F_{h,f}=\frac{\bar{S}_0^2}{S_0^2}=\frac{\boldsymbol{d}^{\mathrm{T}}\boldsymbol{P}_d\boldsymbol{d}}{hS_0^2}\tag{6-49}$$

此统计量服从 F 分布，它的自由度分别为 $\bar{S}_0^2$ 的自由度 h 和 S_0^2 的自由度 f。

选用显著性水平 α（一般 $\alpha=0.05$ 或 0.01）进行检验。由上述问题的检验性质可知，主要判断 $\bar{S}_0^2$ 是否大于 S_0^2，因此属于右尾检验，即对计算出来 $F_{h,f}$ 的和由 F 分布表查出的 $F_\alpha(h,f)$ 分位值进行比较，如果

$$F_{h,f}>F_\alpha(h,f)\tag{6-50}$$

则表明 $\bar{S}_0^2$ 比 S_0^2 大，即

$$P\{F_{h,f}>F_\alpha(h,f)\}=\alpha$$

说明整个网中有移动发生，否则，没有发生移动。上述检验属于整体检验，它只能判断整个网中有无移动发生，而不能判断移动发生的具体位置。进行整体检验时可用经典平差，也可用秩亏自由网平差，既可以考虑有必要数目固定点的情况，也可以考虑没有固定点的情况。

对于同一变形网的观测结果，用这两种平差法检验的结果是否相同？要解决这个问题，需要根据式(6-49)进行判断，由于两种平差法的 h 和 S_0^2 是相同的，因此，主要看分子是否相同，下面以水准网为例进行研究。

令秩亏自由网平差的误差方程系数矩阵为 $\boldsymbol{A}$，未知数为 $\boldsymbol{X}$，t 为未知数个数，n 为观测值个数，并设

$$\underset{n,t}{\boldsymbol{A}}=\begin{pmatrix}\underset{n,1}{\boldsymbol{a}} & \underset{n,t-1}{\boldsymbol{A}_0}\end{pmatrix},\quad \underset{1,t}{\boldsymbol{X}^{\mathrm{T}}}=\begin{pmatrix}\underset{1,1}{\boldsymbol{X}_1} & \underset{1,t-1}{\boldsymbol{X}_2^{\mathrm{T}}}\end{pmatrix}$$

式中，$\boldsymbol{a}$ 为某个观测值的特定参数或条件，$\boldsymbol{A}_0$ 和 $\boldsymbol{X}$ 分别为经典平差时的误差方程系数矩阵及未知数矢量，这里假定第一点（未知数）为固定点（起始点）。令 L_1、L_2 分别表示两期的观测值与近似值之差（常数项）。对于经典平差，设两期平差设计矩阵 $\boldsymbol{A}_0$ 相同，并设两期平差未知数矢量为 $\boldsymbol{X}_{01}$ 和 $\boldsymbol{X}_{02}$，两期未知数的数值变化为 $\boldsymbol{d}^1=\boldsymbol{X}_{02}-\boldsymbol{X}_{01}$，则式(6-49)中的分子项为：

$$\begin{aligned}\boldsymbol{R}_0&=\boldsymbol{d}^{1\mathrm{T}}\boldsymbol{P}_d^1\boldsymbol{d}^1=(\boldsymbol{X}_{01}-\boldsymbol{X}_{02})^{\mathrm{T}}\left(\frac{\boldsymbol{A}_0^{\mathrm{T}}\boldsymbol{A}_0}{2}\right)(\boldsymbol{X}_{01}-\boldsymbol{X}_{02})\\&=\frac{1}{2}(\boldsymbol{L}_1^{\mathrm{T}}-\boldsymbol{L}_2^{\mathrm{T}})\boldsymbol{A}_0(\boldsymbol{A}_0^{\mathrm{T}}\boldsymbol{A}_0)^{-1}(\boldsymbol{A}_0^{\mathrm{T}}\boldsymbol{A}_0)(\boldsymbol{X}_{01}-\boldsymbol{X}_{02})\\&=\frac{1}{2}(\boldsymbol{L}_1^{\mathrm{T}}-\boldsymbol{L}_2^{\mathrm{T}})\boldsymbol{A}_0(\boldsymbol{X}_{01}-\boldsymbol{X}_{02})\end{aligned}\tag{6-51}$$

对于秩亏自由网平差，有：

$$(\boldsymbol{A}^{\mathrm{T}}\boldsymbol{A}+\boldsymbol{G}\boldsymbol{G}^{\mathrm{T}})^{-1}\boldsymbol{A}^{\mathrm{T}}\boldsymbol{A}=\boldsymbol{I}-\boldsymbol{G}\boldsymbol{G}^{\mathrm{T}}$$

可得：

$$\begin{aligned}\boldsymbol{R}=\boldsymbol{d}^{\mathrm{T}}\boldsymbol{P}_d\boldsymbol{d}&=\frac{1}{2}(\boldsymbol{L}_1^{\mathrm{T}}-\boldsymbol{L}_2^{\mathrm{T}})\boldsymbol{A}\ (\boldsymbol{A}^{\mathrm{T}}\boldsymbol{A})^{-1}(\boldsymbol{A}^{\mathrm{T}}\boldsymbol{A})(\boldsymbol{X}_1-\boldsymbol{X}_2)\\&=\frac{1}{2}(\boldsymbol{L}_1^{\mathrm{T}}-\boldsymbol{L}_2^{\mathrm{T}})\boldsymbol{A}(\boldsymbol{X}_1-\boldsymbol{X}_2)\end{aligned}$$

由于秩亏自由网平差和经典自由网平差的坐标之间存在关系式 $\boldsymbol{X}=(\boldsymbol{I}-\boldsymbol{G}\boldsymbol{G}^{\mathrm{T}})\hat{\boldsymbol{X}}$，因此有：

$$\boldsymbol{X}=(\boldsymbol{I}-\boldsymbol{G}\boldsymbol{G}^{\mathrm{T}})\begin{pmatrix}0\\\boldsymbol{X}_0\end{pmatrix}$$

故

$$\begin{aligned}\boldsymbol{R}&=\frac{1}{2}(\boldsymbol{L}_1^{\mathrm{T}}-\boldsymbol{L}_2^{\mathrm{T}})\boldsymbol{A}(\boldsymbol{I}-\boldsymbol{G}\boldsymbol{G}^{\mathrm{T}})\left[\begin{pmatrix}0\\\boldsymbol{X}_{01}\end{pmatrix}-\begin{pmatrix}0\\\boldsymbol{X}_{02}\end{pmatrix}\right]\\&=\frac{1}{2}(\boldsymbol{L}_1^{\mathrm{T}}-\boldsymbol{L}_2^{\mathrm{T}})(\boldsymbol{a}\quad\boldsymbol{A}_0)\left[\begin{pmatrix}0\\\boldsymbol{X}_{01}\end{pmatrix}-\begin{pmatrix}0\\\boldsymbol{X}_{02}\end{pmatrix}\right]\\&=\frac{1}{2}(\boldsymbol{L}_1^{\mathrm{T}}-\boldsymbol{L}_2^{\mathrm{T}})\boldsymbol{A}_0(\boldsymbol{X}_{01}-\boldsymbol{X}_{02})\end{aligned}\tag{6-52}$$

比较式(6-51)和式(6-52)可知 $\boldsymbol{R}=\boldsymbol{R}_0$，因此经典自由网平差和秩亏自由网平差所得的检验量[式(6-49)]是相同的，因此稳定性检验的结论也相同。经典自由网平差时，所假定的起始点即使已发生移动，两者的检验结果仍然相同。

整体检验只能判断网中有无移动发生，而不能判断发生移动的具体位置。如对于一变形测量网(包括基点和可能移动的点)，为了检验整个网中有无移动发生，可用上述平均间隙法进行检验。如发现整个网中已发生移动，则将间隙较大的一点或数点(可能已移动)作为一组，其余可能是稳定的点作为一组，采用间隙分块法进行检验，从而确定可能移动的点是否已真正移动。这一方法对变形测量中的基点稳定性的检验也很有用。

所谓间隙分块法就是将观测点分成可能稳定的点组，用下标 F 表示，以及可能移动的点组，用下标 M 表示，则坐标差(间隙)矢量为：

$$\boldsymbol{d}^{\mathrm{T}}=(\boldsymbol{d}_F^{\mathrm{T}}\quad\boldsymbol{d}_M^{\mathrm{T}})$$

而相应的权矩阵分块为：

$$\boldsymbol{P}_d=\begin{pmatrix}\boldsymbol{P}_{FF}&\boldsymbol{P}_{FM}\\\boldsymbol{P}_{MF}&\boldsymbol{P}_{MM}\end{pmatrix}$$

则有：

$$\boldsymbol{d}^{\mathrm{T}}\boldsymbol{P}_d\boldsymbol{d}=\boldsymbol{d}_F^{\mathrm{T}}\boldsymbol{P}_{FF}\boldsymbol{d}_F+2\boldsymbol{d}_F^{\mathrm{T}}\boldsymbol{P}_{FM}\boldsymbol{d}_M+\boldsymbol{d}_M^{\mathrm{T}}\boldsymbol{P}_{MM}\boldsymbol{d}_M\tag{6-53}$$

为了使式(6-53)分成属于动点和基点的两个独立的部分，令

$$\bar{\boldsymbol{d}}_M=\boldsymbol{d}_M+\boldsymbol{P}_{MM}^{-1}\boldsymbol{P}_{MF}\boldsymbol{d}_F\tag{6-54}$$

$$\bar{\boldsymbol{P}}_{FF}=\boldsymbol{P}_{FF}-\boldsymbol{P}_{FM}\boldsymbol{P}_{MM}^{-1}\boldsymbol{P}_{MF}\tag{6-55}$$

计算

$$\boldsymbol{d}_F^{\mathrm{T}}\bar{\boldsymbol{P}}_{FF}\boldsymbol{d}_F+\bar{\boldsymbol{d}}_M^{\mathrm{T}}\boldsymbol{P}_{MM}\bar{\boldsymbol{d}}_M=\boldsymbol{d}_F^{\mathrm{T}}(\boldsymbol{P}_{FF}-\boldsymbol{P}_{FM}\boldsymbol{P}_{MM}^{-1}\boldsymbol{P}_{MF})\boldsymbol{d}_F+$$

$$
\begin{aligned}
&(\boldsymbol{d}_M+\boldsymbol{P}_{MM}^{-1}\boldsymbol{P}_{MF}\boldsymbol{d}_F)^{\mathrm{T}}\boldsymbol{P}_{MM}(\boldsymbol{d}_M+\boldsymbol{P}_{MM}^{-1}\boldsymbol{P}_{MF}\boldsymbol{d}_F)\\
=&\boldsymbol{d}_F^{\mathrm{T}}\boldsymbol{P}_{FF}\boldsymbol{d}_F-\boldsymbol{d}_F^{\mathrm{T}}\boldsymbol{P}_{FM}\boldsymbol{P}_{MM}^{-1}\boldsymbol{P}_{MF}\boldsymbol{d}_F+\boldsymbol{d}_F^{\mathrm{T}}\boldsymbol{P}_{FM}\boldsymbol{d}_M+\boldsymbol{d}_M^{\mathrm{T}}\boldsymbol{P}_{MM}\boldsymbol{P}_{MM}^{-1}\boldsymbol{P}_{MF}\boldsymbol{d}_F+\\
&\boldsymbol{d}_F^{\mathrm{T}}\boldsymbol{P}_{FM}\boldsymbol{P}_{MM}^{-1}\boldsymbol{P}_{MM}\boldsymbol{d}_M+\boldsymbol{d}_F^{\mathrm{T}}\boldsymbol{P}_{FM}\boldsymbol{P}_{MM}^{-1}\boldsymbol{P}_{MM}\boldsymbol{P}_{MM}^{-1}\boldsymbol{P}_{MF}\boldsymbol{d}_F\\
=&\boldsymbol{d}_F^{\mathrm{T}}\boldsymbol{P}_{FF}\boldsymbol{d}_F+\boldsymbol{d}_M^{\mathrm{T}}\boldsymbol{P}_{MM}\boldsymbol{d}_M+2\boldsymbol{d}_F^{\mathrm{T}}\boldsymbol{P}_{FM}\boldsymbol{d}_M=\boldsymbol{d}^{\mathrm{T}}\boldsymbol{P}_d\boldsymbol{d}
\end{aligned}
$$

即

$$
\boldsymbol{d}^{\mathrm{T}}\boldsymbol{P}_d\boldsymbol{d}=\boldsymbol{d}_F^{\mathrm{T}}\bar{\boldsymbol{P}}_{FF}\boldsymbol{d}_F+\bar{\boldsymbol{d}}_M^{\mathrm{T}}\boldsymbol{P}_{MM}\bar{\boldsymbol{d}}_M \tag{6-56}
$$

由式(6-56)可知，其右边第一项可用来检验 F 点组的稳定性，第二项可用来检验 M 点组的稳定性。

实际工作中，一般通过平均间隙法进行检验，证实网已发生移动后，把间隙最大的点作为动点，把余下的点作为稳定点，然后计算：

$$
\bar{\boldsymbol{S}}_F^2=\frac{\boldsymbol{d}_F^{\mathrm{T}}\bar{\boldsymbol{P}}_{FF}\boldsymbol{d}_F}{h_f} \tag{6-57}
$$

式中，h_f 为 F 点组中独立的未知量个数。再计算统计量：

$$
F_{h_f,f}=\frac{\bar{\boldsymbol{S}}_F^2}{S_0^2}=\frac{\boldsymbol{d}_F^{\mathrm{T}}\bar{\boldsymbol{P}}_{FF}\boldsymbol{d}_F}{h_f S_0^2} \tag{6-58}
$$

将此计算值和 F 分布表中的分位值 $F_\alpha(h_f,f)$ 进行比较，如果

$$
F_{h_f,f}<F_\alpha(h_f,f) \tag{6-59}
$$

则表明 F 点组是稳定的，也就是说，所剔除的 M 点组确实为动点。

6.4　回归分析法

几何分析仅能对变形体的形状大小的变化进行几何描述，还不能对变形的原因作出解释。确定变形体的变形和变形原因之间的关系，是变形测量物理解释的任务。变形体的变形往往是由多方面因素引起的，需要结合地质、力学、水文等学科知识，引入数学、系统科学以及非线性科学的理论，采用数学模型来逼近、模拟和揭示变形体的变形规律和动态特征。

6.4.1　建立多元线性回归方程

多元线性回归方法是研究一个变量（因变量）与多个因子（自变量）之间的非确定关系（相关关系）的基本方法。

多元线性回归数学模型用矩阵表示为：

$$
\boldsymbol{y}=\boldsymbol{x\beta}+\boldsymbol{\varepsilon} \tag{6-60}
$$

式中，$\boldsymbol{y}$ 为 n 维变形量的观测向量（因变量），$\boldsymbol{y}=(y_1,y_2,\cdots,y_n)^{\mathrm{T}}$；$\boldsymbol{x}$ 是一个 $n\times(p+1)$ 矩阵，它的元素是可以精确测量或可控制的观测值或它们的函数（自变量），其形式为：

$$
\boldsymbol{x}=\begin{bmatrix}1 & x_{11} & x_{12} & \cdots & x_{1p}\\ 1 & x_{21} & x_{22} & \cdots & x_{2p}\\ \vdots & \vdots & \vdots & \ddots & \vdots\\ 1 & x_{n1} & x_{n2} & \cdots & x_{np}\end{bmatrix}
$$

$\boldsymbol{\beta}$ 是待估计参数向量（回归系数向量），$\boldsymbol{\beta}=(\beta_1,\beta_2,\cdots,\beta_p)^{\mathrm{T}}$；$\boldsymbol{\varepsilon}$ 是服从同一正态分布 $N(0,\sigma^2)$

的 n 维随机向量，$\boldsymbol{\varepsilon}=(\varepsilon_1,\varepsilon_2,\cdots,\varepsilon_n)^{\mathrm{T}}$。

由最小二乘原理可得 $\boldsymbol{\beta}$ 的估值 $\hat{\boldsymbol{\beta}}$ 为：

$$\hat{\boldsymbol{\beta}}=(\boldsymbol{x}^{\mathrm{T}}\boldsymbol{x})^{-1}\boldsymbol{x}^{\mathrm{T}}\boldsymbol{y} \tag{6-61}$$

事实上，该模型[式(6-60)]只是对问题初步分析所得的一种假设，故在求得多元线性回归方程后，还需要对其进行统计检验。

6.4.2 回归方程显著性检验

在实际问题中，事先并不能断定因变量 y 与自变量 $x_1,x_2,\cdots,x_p$ 之间存在线性关系。在求线性回归方程之前，线性回归模型只是一种假设。尽管这种假设常常不是没有根据的，但在求得线性回归方程后，还是需要对回归方程进行统计检验，以给出肯定或者否定的结论。如果因变量 y 与自变量 $x_1,x_2,\cdots,x_p$ 之间不存在线性关系，即有原假设：

$$\mathrm{H}_0:\beta_1,\beta_2,\cdots,\beta_p=0$$

将此原假设作为模型[式(6-60)]的约束条件，求得统计量

$$F=\frac{S_r/p}{S_l/(n-p-1)} \tag{6-62}$$

式中，$S_r=\sum\limits_{i=1}^{n}(\hat{y}_i-\bar{y})^2$，称为回归平方和；$S_l=\sum\limits_{i=1}^{n}(y_i-\hat{y}_i)^2$，称为剩余平方和或者残差平方和。其中，$\bar{y}=\frac{1}{n}\sum\limits_{i=1}^{n}y_i$，是因变量 y 的平均值。

当原假设成立时，统计量 F 应服从 $F(p,n-p-1)$ 分布，故在选择显著水平 α 后，可用式(6-63)检验原假设：

$$P\{|F|\geqslant F_{1-\alpha,p,n-p-1}\mid\mathrm{H}_0\}=\alpha \tag{6-63}$$

对回归方程的有效性(显著性)进行检验，若式(6-63)成立，则认为在显著水平 α 下，y 对 $x_1,x_2,\cdots,x_p$ 有显著的线性关系，回归方程是显著的。

6.4.3 回归系数显著性检验

回归方程显著，并不意味着每个自变量 $x_1,x_2,\cdots,x_p$ 对因变量 y 的影响都显著，为此，有必要从回归方程中剔除那些可有可无的变量，重新建立更为简单的线性回归方程。如果某个变量 x_j 对 y 的作用不显著，则模型[式(6-60)]中该变量前面的系数就应该取 0，因此，检验变量 x_j 是否显著的原假设应为：

$$\mathrm{H}_0:\beta_j=0$$

由模型[式(6-60)]可估算求得：

$$E(\hat{\beta}_j)=\beta_j$$

$$D(\hat{\beta}_j)=c_{jj}\sigma^2$$

式中，c_{jj} 为矩阵 $(\boldsymbol{x}^{\mathrm{T}}\boldsymbol{x})^{-1}$ 中主对角线上的第 j 个元素。

在进行回归系数显著性检验时，由于各因子之间的相关性，当从原回归方程中剔除一个变量时，其他变量的回归系数将会发生变化，有时甚至会引起符号的变化，因此，对回归系数进行一次检验后，只能剔除其中的一个因子，然后重新建立新的回归方程，再对新的回归系数逐个进行检验，重复以上过程，直到余下的回归系数都显著。

6.4.4　逐步回归计算

逐步回归计算是建立在 F 检验的基础上逐个接纳显著因子进入回归方程的。当回归方程接纳一个因子后，由于因子之间的相关性，原先已在回归方程中的其他因子可能会变得不显著，这就需要从回归方程中剔除该因子。所以在接纳一个因子，必须对已在回归方程中的所有因子的显著性进行 F 检验，剔除不显著的因子，直到没有不显著的因子，再对未选入回归方程的其他因子用 F 检验来考虑是否接纳进入回归方程（一次只能接纳一个）。反复运用 F 检验进行回归因子的剔除和接纳，直到得到所需要的最佳回归方程。

逐步回归的计算过程可概括如下：

(1) 由定性分析得到对因变量 y 的影响因子有 t 个，则分别由每一因子建立 t 个一元线性回归方程，并计算每一方程相应的残差平方和 S_l，与最小的 S_l 对应的因子可作为第一个因子入选回归方程。对该因子进行 F 检验，若其影响显著，则接纳该因子进入回归方程。

(2) 对于余下的 $t-1$ 个因子，再选一个因子，建立二元线性方程（共有 $t-1$ 个），然后计算它们的残差平方和及各因子的偏回归平方和，选择与 $\max(\hat{\beta}_j^2/c_{jj})$ 对应的因子作为预选因子。对该因子进行 F 检验，若影响显著，则接纳此因子进入回归方程。

(3) 选第三个因子，方法同(2)，则共可建立 $t-2$ 个三元线性回归方程，分别计算它们的残差平方和及各因子的偏回归平方和，同样，选择与 $\max(\hat{\beta}_j^2/c_{jj})$ 对应的因子作为预选因子。对该因子进行 F 检验，若影响显著，则接纳此因子进入回归方程。在选入第三个因子后，对原先已入选的回归方程的因子应重新进行显著性检验，在检验出不显著因子后，应将它从回归方程中剔除，然后继续检验已入选的回归方程因子的显著性。

(4) 在确认选入回归方程的因子均为显著因子后，则继续开始从未选入方程的因子中挑选显著因子进入回归方程，其方法与步骤(3)相同。

反复运用 F 检验进行回归因子的剔除与接纳，直至得到所需要的回归方程。

6.5　时间序列分析模型

时间序列是指按照时间顺序排列的一列观测数据。对时间序列数据进行观测、记录、分析，寻找它发展变化的规律，预测它将来的趋势，就是时间序列分析。时间序列分析在生产生活中十分常见。最早的时间序列分析可以追溯到 7 000 年前的古埃及，古埃及人为了发展农业，逐天记录尼罗河的涨落数据并进行简单的分析，从而掌握了尼罗河泛滥的规律，进而促进了古埃及农业的迅速发展，创建了古埃及的灿烂文明。在大地测量领域，分析一系列按照一定的时间间隔，采用经典边角网测量或者 GNSS 测量手段获得的变形点，得出变形规律并对变形趋势进行预报的工作，就是时间序列分析问题。

在统计分析中，常用按照时间顺序排列的一组随机变量：

$$X_1, X_2, \cdots, X_t, \cdots$$

来表示一个随机事件的时间序列，简记为 $\{X_t, t\in T\}$ 或 $\{X_t\}$。用 $x_1, x_2, \cdots, x_n$ 或 $\{x_t, t=1,2,\cdots,n\}$ 表示该随机序列的 n 个有序观测值，称之为序列长度为 n 的观测值序列。时间序列分析的主要任务就是对时间序列的观测样本建立尽可能合理的统计模型。早期的时间序列分析通常通过比较直观的数据或绘图观测，寻找序列中蕴含的发展规律，这种分析方法称为描述性时序分析，它具有操作简单、直观有效的特点。它通常是进行时间序列分析的第一步，即通过收集数据绘制时序图，直观地反映序列的波动特征。对于复杂的随机序列，上述方法难以总结出随机变量发展变化的规律，准确预测它们将来的趋势。为了更准确地估计随机序列发展变化的规律，应以数理统计学为基础，分析序列值内在的相关关系。时间序列分析主要有两种方法。

(1) 频域分析方法

频域分析方法也称为频谱分析或谱分析方法。早期的频域分析方法假设任何一种无趋势的时间序列都可以分解成若干个不同频率的周期波动，它是从频率的角度来揭示时间序列规律的。主要的频域分析方法是傅里叶变换，这一变换的基本思想是任意函数都可以用正弦和余弦函数的级数求和来无限逼近。20 世纪 60 年代，Burg(伯格)在地震信号分析中提出的最大熵谱估计理论，克服了传统谱分析所固有的分辨率不高和频率域泄漏等缺点，使谱分析进入一个新阶段(现代谱分析阶段)。

(2) 时域分析方法

时域分析方法主要从序列自相关的角度揭示时间序列的发展规律。它具有理论基础扎实、操作步骤规范、分析结果易于解释等优点。时域分析方法具有固定的分析流程，其分析步骤为：① 考察观测值序列的特征；② 根据特征选择适当的拟合模型；③ 根据序列的观察数据确定模型的口径；④ 检验模型，优化模型；⑤ 利用拟合好的模型来推断序列其他的统计性质或预测序列将来的发展。

时间序列分析的基本思想：对于平稳、正态、零均值的时间序列$\{x_t\}$，若x_t的取值不仅与其前n步的取值$x_{t-1},x_{t-2},\cdots,x_{t-n}$有关，而且还与前$m$步的各个干扰$a_{t-1},a_{t-2},\cdots,a_{t-m}$有关，则按多元线性回归的思想，可得到最一般的自回归滑动平均(auto regressive moving average model，ARMA)模型。ARMA(m,n)模型为：

$$x_t=\varphi_1 x_{t-1}+\varphi_2 x_{t-2}+\cdots+\varphi_n x_{t-n}-\theta_1 a_{t-1}-\theta_2 a_{t-2}-\cdots-\theta_m a_{t-m}+a_t \tag{6-64}$$

式中，$a_t\sim N(0,\sigma_a^2)$。当$\theta_i=0$时，式(6-64)变为：

$$x_t=\varphi_1 x_{t-1}+\varphi_2 x_{t-2}+\cdots+\varphi_n x_{t-n}+a_t \tag{6-65}$$

式(6-65)称为n阶自回归模型，记为AR(n)。当$\varphi_i=0$时，式(6-64)变为：

$$x_t=a_t-\theta_1 a_{t-1}-\theta_2 a_{t-2}-\cdots-\theta_m a_{t-m} \tag{6-66}$$

式(6-66)称为阶滑动平均模型，记为MA(m)。

ARMA 模型建立的一般步骤为：数据处理与预处理，模型结构选择，模型结构调整，模型参数估计，模型适用性检验，选择合适的模型。

6.5.1 自相关分析与 ARMA 模型识别

自相关分析：对时间序列求其本期与不同滞后期的一系列自相关函数和偏相关函数，以此来识别时间序列的特性。一个平稳、正态、零均值的随机过程$\{x_t\}$的自协方差函数为：

$$R_k=E((x_t-E(x_t))(x_{t-k}-E(x_{t-k})))=E(x_t x_{t-k})\quad(k=0,1,2,\cdots) \tag{6-67}$$

当$k=0$时，得到$\{x_t\}$的方差函数σ_x^2：

$$\sigma_x^2=R_0=E(x_t^2) \tag{6-68}$$

则自相关函数定义为：

$$\rho_k=R_k/R_0 \tag{6-69}$$

容易得到，$0\leqslant\rho_k\leqslant1$。

自相关函数对滑动平均(MA)模型具有截尾性，对自回归(AR)模型具有拖尾性。对于平稳时间序列$\{x_t\}$，若能选择适当的 k 个系数 $\varphi_{k1},\varphi_{k2},\cdots,\varphi_{kk}$，则可将 x_t 表示为 x_{t-i} 的线性组合：

$$x_t=\sum_{i=1}^{k}\varphi_{ki}x_{t-i} \tag{6-70}$$

当这种表示的误差方差

$$J=E\left[\left(x_t-\sum_{i=1}^{k}\varphi_{ki}x_{t-i}\right)^2\right] \tag{6-71}$$

为极小时，则定义最后一个系数 φ_{kk} 为偏自相关系数。φ_{ki} 的第一个下标 k 表示能满足定义的系数共有 k 个，第二个下标 i 表示是这 k 个系数中的第 i 个。

在实际中，我们所获得的观测数据只是一个有限长度为 N 的样本值，设有限长度的样本值为$\{x_t\}(t=1,2,\cdots,N)$，其自协方差函数的估计值 $\hat{R}_k$ 和 $\hat{R}_0$ 的计算公式为：

$$\hat{R}_k=\frac{1}{N}\sum_{t=k+1}^{N}x_tx_{t-k}\quad k=0,1,2,\cdots,N-1 \tag{6-72}$$

$$\sigma_x^2=\hat{R}_0=\frac{1}{N}\sum_{t=1}^{N}x_t^2 \tag{6-73}$$

于是

$$\rho_k=\hat{R}_k/\hat{R}_0 \tag{6-74}$$

$\hat{R}_k$ 可以构成非负定序列，它是 R_k 的渐近无偏估计，具有相容性、渐近正态分布等特点。将式(6-71)分别对 φ_{ki} 求偏导数，并令其等于0，可得到：

$$\rho_i-\sum_{j=1}^{k}\varphi_{kj}\rho_{j-t}=0 \tag{6-75}$$

在式(6-75)中，分别取 $i=1,2,\cdots,k$，共得到 k 个关于 φ_{kj} 的线性方程。考虑 $\rho_i=\rho_{-i}$ 的性质，对这些方程进行整理并写成矩阵形式：

$$\begin{bmatrix}\rho_0 & \rho_1 & \cdots & \rho_{k-1}\\ \rho_1 & \rho_0 & \cdots & \rho_{k-2}\\ \vdots & \vdots & \ddots & \vdots\\ \rho_{k-1} & \rho_{k-2} & \cdots & \rho_0\end{bmatrix}\begin{bmatrix}\varphi_{k1}\\ \varphi_{k2}\\ \vdots\\ \varphi_{kk}\end{bmatrix}=\begin{bmatrix}\rho_1\\ \rho_2\\ \vdots\\ \rho_k\end{bmatrix} \tag{6-76}$$

利用式(6-76)可解得所有系数 $\varphi_{k1},\varphi_{k2},\cdots,\varphi_{kk-1}$ 和偏自相关系数 φ_{kk}。偏自相关系数对AR模型的截尾特性可用来判断是否可对给定时间序列$\{x_t\}$拟合AR模型，并确定AR模型的阶数。

样本自相关函数 $\hat{\rho}_k$ 和样本偏相关函数 $\hat{\varphi}_{kk}$ 是 ρ_k 和 φ_{kk} 的估计值，我们可以根据$\{\hat{\rho}_k\}$和$\{\hat{\varphi}_{kk}\}$的渐近分布来进行模型阶数的判断。

(1) 设$\{x_t\}$是正态的零均值平稳MA(m)序列，则对于充分大的 N，$\hat{\rho}_k$ 的分布接近正态分布 $N(0,(1/\sqrt{N})^2)$，于是有：

$$p\left\{|\hat{\rho}_k|\leqslant\frac{1}{\sqrt{N}}\right\}\approx68.3\% \tag{6-77}$$

或

$$p\left\{|\hat{\rho}_k| \leqslant \frac{2}{\sqrt{N}}\right\} \approx 95.5\% \tag{6-78}$$

于是，$\hat{\rho}_k$ 的截尾性判断如下：首先计算 $\hat{\rho}_1, \cdots, \hat{\rho}_M$（一般 $M<N/4$，常取 $M=N/10$），因为 m 的值未知，故令 m 从小到大取值，分别检验 $\hat{\rho}_{m+1}, \hat{\rho}_{m+2}, \cdots, \hat{\rho}_M$ 满足

$$|\hat{\rho}_k| \leqslant \frac{1}{\sqrt{N}} \quad \text{或} \quad |\hat{\rho}_k| \leqslant \frac{2}{\sqrt{N}}$$

的比例是否占总个数 M 的 68.3%或 95.5%。第一个满足上述条件的 m 就是 $\hat{\rho}_k$ 的截尾处，即 MA(m)模型的阶数。

(2) 设 $\{x_t\}$ 是正态的零均值平稳 AR(n)序列，则对于充分大的 N，$\hat{\varphi}_{kk}$ 的分布也接近正态分布 $N(0, (1/\sqrt{N})^2)$，所以，可类似步骤(1)对 $\hat{\varphi}_{kk}$ 的截尾性进行判断。

(3) 若 $\hat{\rho}_k$ 和 $\hat{\varphi}_{kk}$ 均不截尾，但收敛于 0 的速度较快，则 $\{x_t\}$ 可能是 ARMA(n,m)序列，此时阶数 n 和 m 较难确定，一般采用由低阶向高阶逐个试探的方法，如取(n,m)为(1,1)，(1,2)，(2,1)等，直到经检验认为模型合适。

由相关分析识别出模型类型后，若是 AR(n)或 MA(m)模型，此时模型阶数 n 或 m 已经确定，则可以直接运用时间序列分析中的参数估计方法求出模型参数。但若是 ARMA(n,m)模型，此时模型阶数 n,m 未定，我们只能从 $n=1, m=1$ 开始采用某一参数估计方法对 $\{x_t\}$ 拟合 ARMA(n,m)，并进行模型适用性检验，如果检验通过，则确定 ARMA(n,m)为适用模型；否则，令 $n=n+1$ 或 $m=m+1$ 继续拟合，直至搜索到适用模型。

6.5.2 ARMA 模型参数的初步估计

(1) p 阶自回归模型参数的初步估计

p 阶自回归模型 AR(p)的公式为：

$$x_t = \varphi_1 x_{t-1} + \varphi_2 x_{t-2} + \cdots + \varphi_p x_{t-p} + a_t \tag{6-79}$$

方程式(6-79)两边同乘 x_{t-k}($k=1,2,3,\cdots,p$)，可得：

$$x_t x_{t-k} = \varphi_1 x_{t-1} x_{t-k} + \varphi_2 x_{t-k} x_{t-k} + \cdots + \varphi_p x_{t-p} x_{t-k} + a_t x_{t-k} \tag{6-80}$$

两边同时取数学期望得：

$$E(x_t x_{t-k}) = \varphi_1 E(x_{t-1} x_{t-k}) + \varphi_2 E(x_{t-k} x_{t-k}) + \cdots + \varphi_p E(x_{t-p} x_{t-k}) + a_t E(x_{t-k}) \tag{6-81}$$

即

$$R_k = \varphi_1 R_{k-1} + \varphi_2 R_{k-2} + \cdots + \varphi_p R_{p-k} \tag{6-82}$$

分别令 $k=1,2,3,\cdots,p$，可以得到方程组

$$\begin{cases} R_1 = \varphi_1 + \varphi_2 R_1 + \cdots + \varphi_p R_{p-1} \\ R_2 = \varphi_1 R_1 + \varphi_2 + \cdots + \varphi_p R_{p-2} \\ \qquad \vdots \\ R_p = \varphi_1 R_{p-1} + \varphi_2 R_{p-2} + \cdots + \varphi_p \end{cases} \tag{6-83}$$

或者

$$\begin{cases}\rho_1=\varphi_1\rho_0+\varphi_2\rho_1+\cdots+\varphi_p\rho_{p-1}\\ \rho_2=\varphi_1\rho_1+\varphi_2\rho_0+\cdots+\varphi_p\rho_{p-2}\\ \quad\vdots\\ \rho_p=\varphi_1\rho_{p-1}+\varphi_2\rho_{p-2}+\cdots+\varphi_p\rho_0\end{cases} \tag{6-84}$$

式(6-83)或式(6-84)称为 Yule-Walker(尤尔-沃克)方程，根据 Yule-Walker 方程可求得 $\varphi_1,\varphi_2,\cdots,\varphi_p$。

(2) q 阶滑动平均模型参数的初步估计

q 阶滑动平均模型 MA(q)的公式为：

$$x_t=a_t-\theta_1 a_{t-1}-\theta_2 a_{t-2}-\cdots-\theta_q a_{t-q} \tag{6-85}$$

对于时滞 $t-k$，有

$$x_{t-k}=a_{t-k}-\theta_1 a_{t-k-1}-\theta_2 a_{t-k-2}-\cdots-\theta_q a_{t-k-q} \tag{6-86}$$

式(6-85)和式(6-86)相乘得：

$$x_t x_{t-k}=(a_t-\theta_1 a_{t-1}-\theta_2 a_{t-2}-\cdots-\theta_q a_{t-q})(a_{t-k}-\theta_1 a_{t-k-1}-\theta_2 a_{t-k-2}-\cdots-\theta_q a_{t-k-q}) \tag{6-87}$$

与 p 阶自回归模型的初步估计公式的推导类似，可得：

$$r_k=\frac{-\theta_k+\theta_1\theta_{k+1}+\theta_2\theta_{k+2}+\cdots+\theta_{q-k}\theta_q}{1+\theta_1^2+\theta_2^2+\cdots+\theta_q^2} \tag{6-88}$$

6.5.3　ARMA 模型的检验

对 ARMA 模型优劣的检验，是通过对原始时间序列与所建立的 ARMA 模型之间的误差序列 a_t 进行检验来实现的。若误差序列 a_t 具有随机性，这就意味着所建立的模型已包含原始时间序列的所有趋势(包括周期性变动)，说明将所建立的模型用于预测是合适的；若误差序列 a_t 不具有随机性，说明所建模型不合适，应重新建模。博克斯和皮尔斯于 1970 年提出了一种简单且精度较高的模型检验方法，这种方法称为 Q 统计量法。Q 统计量可按下式计算：

$$Q=n\sum_{k=1}^{m}r_k^2 \tag{6-89}$$

其中，m 为 ARMA 模型中所含的最大的时滞；n 为时间序列的观测值的个数。

对于指定的置信概率 $1-\alpha$，可查 χ^2(卡方)分布表中自由度为 m 的 χ^2 值 $\chi_\alpha^2(m)$，将 Q 与 $\chi_\alpha^2(m)$进行比较。若 $Q\leqslant\chi_\alpha^2(m)$，则判定所选用的 ARMA 模型是合适的，可以用于预测；若 $Q>\chi_\alpha^2(m)$，则判定所选用的 ARMA 模型不适用于预测的时间序列数据，应进一步改进模型。

6.5.4　ARMA 模型的预测

(1) p 阶自回归模型 AR(p)的递推预测

对于时间序列 x_t，可以选定一个适用的 p 阶自回归模型 AR(p)：

$$x_t=\varphi_1 x_{t-1}+\varphi_2 x_{t-2}+\cdots+\varphi_p x_{t-p}+a_t \tag{6-90}$$

记 $\hat{\varphi}_1,\hat{\varphi}_2,\cdots,\hat{\varphi}_p$ 分别为 AR(p)模型中相应系数的估计值，则 AR(p)模型预测的递推公式为：

$$
\begin{cases}
\hat{x}_t(1)=\hat{\varphi}_1 x_t+\hat{\varphi}_2 x_{t-1}+\cdots+\hat{\varphi}_p x_{t-p+1}\\
\hat{x}_t(2)=\hat{\varphi}_1 x_t(1)+\hat{\varphi}_2 x_t+\cdots+\hat{\varphi}_p x_{t-p+2}\\
\qquad\vdots\\
\hat{x}_t(p)=\hat{\varphi}_1 \hat{x}_t(p-1)+\hat{\varphi}_2 \hat{x}_t(p-2)+\cdots+\hat{\varphi}_{p-1}\hat{x}_t(1)+\hat{\varphi}_p\hat{x}(t)\\
\hat{x}_t(L)=\hat{\varphi}_1 \hat{x}_t(L-1)+\hat{\varphi}_2 \hat{x}_t(L-2)+\cdots+\hat{\varphi}_{p-1}\hat{x}_t(L-p+1)+\hat{\varphi}_p\hat{x}_t(L-p)
\end{cases}
\tag{6-91}
$$

(2) q 阶滑动平均模型 MA(q)的递推预测

对于时间序列 x_t，可以选定一个适用的 q 阶滑动平均模型 MA(q)：

$$
x_t=a_t-\theta_1 a_{t-1}-\theta_2 a_{t-2}-\cdots-\theta_q a_{t-q} \tag{6-92}
$$

记 $\hat{\theta}_1,\hat{\theta}_2,\cdots,\hat{\theta}_q$ 分别为 MA(q)模型中相应系数的估计值，则 MA(q)模型预测的递推公式为：

$$
\begin{pmatrix}\hat{w}_k(1)\\ \hat{w}_k(2)\\ \vdots\\ \hat{w}_k(q)\end{pmatrix}=
\begin{pmatrix}\hat{\theta}_1 & 1 & 0 & \cdots & 0\\ \hat{\theta}_2 & 0 & 1 & \cdots & 0\\ \vdots & \vdots & \vdots & \ddots & \vdots\\ \hat{\theta}_q & 0 & 0 & \cdots & 1\end{pmatrix}
\begin{pmatrix}\hat{w}_{k-1}(1)\\ \hat{w}_{k-1}(2)\\ \vdots\\ \hat{w}_{k-1}(q)\end{pmatrix}-
\begin{pmatrix}\hat{\theta}_1\\ \hat{\theta}_2\\ \vdots\\ \hat{\theta}_q\end{pmatrix} w_k \tag{6-93}
$$

$$
\hat{w}_k(L)=0 \tag{6-94}
$$

式(6-93)和式(6-94)描述了 MA(q)模型以时刻 k 为起点，对未来进行任意 L 步预测应该具有的全部结果。

6.6 卡尔曼滤波模型

6.6.1 卡尔曼滤波的基本原理和公式

卡尔曼滤波是 Kalman(卡尔曼)等于 20 世纪 60 年代提出的一种对动态系统进行实时数据处理的有效方法。它利用观测向量来估计随时间不断变化的状态向量。卡尔曼滤波方程是一组递推计算公式，其计算过程是一个不断预报又不断修正的过程，因此其便于实时处理多期复测数据，这一特点正是动态测量和变形监测数据处理所期望的。动态系统一般用状态方程和观测方程描述，若以监测点的位置、速率和加速度等参数为状态向量，便可构造一个典型的运动模型。在动态变形监测中，观测值本身是带有随机噪声的，而且这些噪声都是平稳随机序列，如果能在这个系统中分别找出表示它们的状态参数与其观测值之间的函数关系，那么就可以利用卡尔曼滤波来减弱随机噪声的干扰，达到提高变形监测数据精度的目的。

卡尔曼滤波基于一组观测序列 $L_1,L_2,\cdots,L_k$ 及系统的动力学模型信息来求解状态向量估值。状态向量一般由系统的必要参数组成，它是动态系统过去所有信息的浓缩，并作为未来状态预测的基础。

系统的动力学模型一般用微分方程描述，即

$$\frac{\mathrm{d}\boldsymbol{X}_k}{\mathrm{d}t_k}=\boldsymbol{\Phi}_k\boldsymbol{X}_k+\boldsymbol{B}_k\boldsymbol{u}_k \tag{6-95}$$

式中，下标 k 表示对应于 t_k 时刻，$\boldsymbol{X}_k$ 为 n 维状态向量，$\boldsymbol{u}_k$ 为 r 维系统输入向量，$\boldsymbol{\Phi}_k$ 为 $n\times n$ 阶系数矩阵，$\boldsymbol{B}_k$ 为 $n\times r$ 阶矩阵。通过解微分方程，并离散化可得到如下线性向量差分方程：

$$\boldsymbol{X}_k=\boldsymbol{\Phi}_{k/k-1}\boldsymbol{X}_{k-1}+\boldsymbol{\Psi}_{k/k-1}\boldsymbol{u}_{k-1}+\boldsymbol{\Gamma}_{k-1}\boldsymbol{W}_{k-1} \tag{6-96}$$

式中，$\boldsymbol{X}_k$ 为 t_k 时刻的状态向量；$\boldsymbol{\Phi}_{k/k-1}$ 为 $n\times n$ 阶状态转移矩阵；$\boldsymbol{u}_{k-1}$ 为 t_{k-1} 至 t_k 时间间隔内取常量的 r 维控制向量；$\boldsymbol{\Psi}_{k/k-1}$ 为 $n\times r$ 维矩阵，称为灵敏系数矩阵；$\boldsymbol{\Gamma}_{k-1}$ 为过程噪声驱动矩阵；$\boldsymbol{W}_{k-1}$ 为高斯白噪声过程误差向量。

一般情况下，由于 $\boldsymbol{u}_{k-1}$ 相当困难，$\boldsymbol{\Psi}_{k/k-1}$ 的设计也不容易，于是系统的状态方程常简化为：

$$\boldsymbol{X}_k=\boldsymbol{\Phi}_{k/k-1}\boldsymbol{X}_{k-1}+\boldsymbol{\Gamma}_{k-1}\boldsymbol{W}_{k-1} \tag{6-97}$$

在讨论卡尔曼滤波时，除必须知道系统的状态方程（动力学模型）外，还必须有观测序列的支持。假定有随机观测向量 $\boldsymbol{L}_1,\boldsymbol{L}_2,\cdots,\boldsymbol{L}_{k-1}$，由前 $k-1$ 步滤波已求得 t_{k-1}时刻的状态参数最优估值 $\hat{\boldsymbol{X}}_{k-1}$，又在 t_k 时刻得到观测向量 $\boldsymbol{L}_k$，该观测向量与 t_k 时刻的系统状态参数向量 $\boldsymbol{X}_k$ 的关系为：

$$\boldsymbol{L}_k=\boldsymbol{H}_k\boldsymbol{X}_k+\boldsymbol{V}_k \tag{6-98}$$

式中，$\boldsymbol{H}_k$ 为 $m\times n$ 阶设计矩阵，也称为观测矩阵；$\boldsymbol{V}_k$ 为 m 阶观测噪声向量。

将式(6-97)和式(6-98)联立，得到卡尔曼滤波的状态方程和观测方程的离散化形式。相应的随机模型可以表示为：

$$E(\boldsymbol{W}_k)=0,\quad E(\boldsymbol{V}_k)=0 \tag{6-99}$$

$$\mathrm{cov}(\boldsymbol{W}_k,\boldsymbol{W}_j)=\boldsymbol{Q}_k\delta_{kj},\quad \mathrm{cov}(\boldsymbol{V}_k,\boldsymbol{V}_j)=\boldsymbol{R}_k\delta_{kj},\quad \mathrm{cov}(\boldsymbol{W}_k,\boldsymbol{V}_j)=0 \tag{6-100}$$

式中，$\boldsymbol{Q}_k$ 和 $\boldsymbol{R}_k$ 分别为动态噪声和观测噪声的方差阵，δ_{kj} 是 Kronecker（克罗内克）函数，即

$$\delta_{kj}=\begin{cases}1,\ k=j\\0,\ k\neq j\end{cases}$$

根据广义最小二乘原理，可以得到卡尔曼滤波递推公式。

(1) 计算预测状态向量：

$$\hat{\boldsymbol{X}}_{k/k-1}=\boldsymbol{\Phi}_{k/k-1}\hat{\boldsymbol{X}}_{k-1} \tag{6-101}$$

(2) 计算预测状态协方差矩阵：

$$\boldsymbol{P}_{k/k-1}=\boldsymbol{\Phi}_{k/k-1}\boldsymbol{P}_{k-1}\boldsymbol{\Phi}_{k/k-1}^{\mathrm{T}}+\boldsymbol{\Gamma}_{k-1}\boldsymbol{Q}_{k-1}\boldsymbol{\Gamma}_{k-1}^{\mathrm{T}} \tag{6-102}$$

(3) 计算新息向量及其协方差矩阵：

$$\hat{\boldsymbol{V}}_k=\boldsymbol{L}_k-\boldsymbol{H}_k\hat{\boldsymbol{X}}_{k/k-1} \tag{6-103}$$

$$\boldsymbol{P}_{\hat{V}_k}=\boldsymbol{H}_k\boldsymbol{P}_{k/k-1}\boldsymbol{H}_k^{\mathrm{T}}+\boldsymbol{R}_k \tag{6-104}$$

(4) 计算增益矩阵：

$$\boldsymbol{K}_k=\boldsymbol{P}_{k/k-1}\boldsymbol{H}_k^{\mathrm{T}}\boldsymbol{P}_{\hat{V}_k}^{-1} \tag{6-105}$$

(5) 求解新的状态估值：

$$\hat{\boldsymbol{X}}_k=\hat{\boldsymbol{X}}_{k/k-1}+\boldsymbol{K}_k\hat{\boldsymbol{V}}_k \tag{6-106}$$

(6) 计算状态新的协方差矩阵：

$$\boldsymbol{P}_{\hat{X}_k}=(\boldsymbol{I}-\boldsymbol{K}_k\boldsymbol{H}_k)\boldsymbol{P}_{\hat{X}_{k-1}}(\boldsymbol{I}-\boldsymbol{K}_k^{\mathrm{T}}\boldsymbol{H}_k^{\mathrm{T}})+\boldsymbol{K}_k\boldsymbol{R}_k\boldsymbol{K}_k^{\mathrm{T}} \tag{6-107}$$

(7) 令 $k=k+1$,回到第(1)步。

初始状态条件为：$\hat{X}_0=E(X_0)=\mu_0$，$\hat{P}_0=\mathrm{Var}(X_0)$。

由式(6-101)可知，当已知 t_{k-1} 时刻动态系统的状态 $\hat{\boldsymbol{X}}_{k-1}$ 时，令 $\boldsymbol{W}_{k-1}=0$，即可得到下一时刻 t_k 的状态预报值 $\hat{\boldsymbol{X}}_{k/k-1}$。而由式(6-106)可知，当获取到观测系统在 t_k 时刻的观测值 $\boldsymbol{L}_k$ 后，就可以利用该观测量对预报值进行修正，得到 t_k 时刻动态系统的状态估计(滤波值)$\hat{\boldsymbol{X}}_k$，如此反复进行递推式预报与滤波。因此，在给定了初始值 $\hat{\boldsymbol{X}}_0$、$\hat{\boldsymbol{P}}_0$ 后，就可以依据上述步骤进行递推计算，实现滤波的目的。

由此可见，卡尔曼滤波的计算步骤是首先根据前一时刻的状态估计，由状态方程求出观测时刻的一步预测值；然后，根据当前时刻的实时观测值和验前信息，计算预测值的修正值，从而求出最优估计。卡尔曼滤波算法具有如下特点：

(1) 卡尔曼滤波不仅适用于平稳序列的滤波，而且适用于非平稳或平稳马尔科夫序列或高斯-马尔科夫序列的滤波，其应用范围十分广泛。

(2) 卡尔曼滤波的基本方程是时间域内的递推形式，其计算过程是一个不断的“预测-修正”过程，在求解时不要求存储大量数据，并且一旦观测到了新的数据，随时可以算得新的滤波值，因此，这种滤波方法非常有利于实时处理，便于计算机实现。

(3) 由于滤波器的增益矩阵与观测无关，因此它可预先离线算出，从而可以减少实时在线计算量。

(4) 增益矩阵与初始方差阵和系统噪声方差阵呈正比关系，与观测噪声方差阵呈反比关系。

6.6.2 变形监测自动化系统中卡尔曼滤波的应用

由上述的卡尔曼滤波原理可知，对动态系统应用卡尔曼滤波技术可以进行滤波和预报，而这正是变形监测工作所需要的。

目前，三维变形监测自动化系统中的典型工具是 GPS 和自动跟踪全站仪。采用 GPS 监测工程变形时，其监测点的位置可以是 GPS 的空间三维坐标(X,Y,Z)或大地坐标(B,L,H)，也可以是工程本身独立坐标系中的坐标(x,y,h)。为方便起见，本书以工程独立坐标系中的某一测点为例，来列出变形系统的状态方程和观测方程。该测点的位置 $\boldsymbol{X}=(x,y,h)^{\mathrm{T}}$、变形速率 $\dot{\boldsymbol{X}}=(\dot{x},\dot{y},\dot{h})^{\mathrm{T}}$ 和加速度 $\ddot{\boldsymbol{X}}=(\ddot{x},\ddot{y},\ddot{h})^{\mathrm{T}}$ 为状态参数，则其状态方程为：

$$\begin{bmatrix}\boldsymbol{X}\\ \dot{\boldsymbol{X}}\\ \ddot{\boldsymbol{X}}\end{bmatrix}_k=\begin{bmatrix}\boldsymbol{I} & \Delta t_k\boldsymbol{I} & \frac{1}{2}\Delta t_k^2\boldsymbol{I}\\ \boldsymbol{O} & \boldsymbol{I} & \Delta t_k\boldsymbol{I}\\ \boldsymbol{O} & \boldsymbol{O} & \boldsymbol{I}\end{bmatrix}\begin{bmatrix}\boldsymbol{X}\\ \dot{\boldsymbol{X}}\\ \ddot{\boldsymbol{X}}\end{bmatrix}_{k-1}+\begin{bmatrix}\frac{1}{6}\Delta t_k^3\boldsymbol{I}\\ \frac{1}{2}\Delta t_k^2\boldsymbol{I}\\ \Delta t_k\boldsymbol{I}\end{bmatrix}\boldsymbol{W}_{k-1} \tag{6-108}$$

式中，$\boldsymbol{O}$ 和 $\boldsymbol{I}$ 分别为三阶零矩阵和三阶单位矩阵；$\Delta t_k=t_k-t_{k-1}$，为相邻观测时刻之差。

如果以测点的三维坐标结果作为观测量，则观测方程为：

$$\begin{bmatrix} x \\ y \\ h \end{bmatrix}_k = [\boldsymbol{I} \quad 0 \quad 0] \begin{bmatrix} \boldsymbol{X} \\ \dot{\boldsymbol{X}} \\ \ddot{\boldsymbol{X}} \end{bmatrix}_k + \boldsymbol{V}_k \tag{6-109}$$

式(6-108)、式(6-109)构成了变形监测系统中单一测点的卡尔曼滤波基本数学模型。

变形监测系统的状态参数选择与所监测的对象和观测频率有关，如果监测对象的动态性强，变化速度较快，就有必要考虑测点的变化速率和加速度。如果监测对象的动态性不强，变形趋势缓慢，并且观测频率较高，可仅考虑测点的变化速率，而将速率的瞬间变化视为随机干扰。此时，单一测点的状态方程和观测方程为：

$$\begin{bmatrix} \boldsymbol{X} \\ \dot{\boldsymbol{X}} \end{bmatrix}_k = \begin{bmatrix} \boldsymbol{I} & \Delta t_k \boldsymbol{I} \\ 0 & \boldsymbol{I} \end{bmatrix} \begin{bmatrix} \boldsymbol{X} \\ \dot{\boldsymbol{X}} \end{bmatrix}_{k-1} + \begin{bmatrix} \frac{1}{2}\Delta t_k^2 \boldsymbol{I} \\ \Delta t_k \boldsymbol{I} \end{bmatrix} \boldsymbol{W}_{k-1} \tag{6-110}$$

$$\begin{bmatrix} x \\ y \\ h \end{bmatrix}_k = [\boldsymbol{I} \quad 0] \begin{bmatrix} \boldsymbol{X} \\ \dot{\boldsymbol{X}} \end{bmatrix}_k + \boldsymbol{V}_k \tag{6-111}$$

如果将变形系统看成离散随机线性系统，且观测数据采样较密，则短时间内完全可以忽略其位置的变化，即将位置的瞬间变化视为随机干扰，此时，可以采用数据窗口定长的递推式卡尔曼滤波，即定长递推算法进行。其单一测点的状态方程和观测方程为：

$$\begin{bmatrix} x \\ y \\ h \end{bmatrix}_k = \begin{bmatrix} 1 & 0 & 0 \\ 0 & 1 & 0 \\ 0 & 0 & 1 \end{bmatrix} \begin{bmatrix} x \\ y \\ h \end{bmatrix}_{k-1} + \boldsymbol{W}_{k-1} \tag{6-112}$$

$$\begin{bmatrix} x \\ y \\ h \end{bmatrix}_k = \begin{bmatrix} 1 & 0 & 0 \\ 0 & 1 & 0 \\ 0 & 0 & 1 \end{bmatrix} \begin{bmatrix} x \\ y \\ h \end{bmatrix}_k + \boldsymbol{V}_k \tag{6-113}$$

从卡尔曼滤波递推公式中可以看出，要确定系统在 t_k 时刻的状态，首先必须知道系统的初始状态，即应了解系统的初值。对于实际问题，滤波前系统的初始状态是难以精确确定的，一般只能近似给定。但是，如果给定的初值偏差较大，则可能导致滤波结果中含有较大的误差，由此得到的测点变形是不真实的，甚至还会引起发散。因此，合理地确定系统的初值十分重要，系统滤波的初值包括初始状态向量 $\boldsymbol{X}_0$ 及其相应的方差阵 $\boldsymbol{P}_0$、动态噪声的方差阵 $\boldsymbol{Q}_k$ 和观测噪声的方差阵 $\boldsymbol{R}_k$。

目前，对于 GPS 变形监测系统，可概括为两种情形来讨论变形系统中滤波初值的确定问题。

(1) 将测点的位置 $\boldsymbol{X}$ 和变形速率 $\dot{\boldsymbol{X}}$ 作为状态参数，它适合变形观测时间间隔相对较长的周期性观测情形。其初始状态向量及其方差阵可由 GPS 监测网的前两期观测成果确定。此时，可取第二期平差后的测点位置 $\boldsymbol{X}^{\mathrm{II}}$ 为初始位置参数 $\boldsymbol{X}_0$，相应的方差阵为初始位置方差阵。取两期的平均变形速率 $\Delta t^{-1}(\boldsymbol{X}^{\mathrm{II}} - \boldsymbol{X}^{\mathrm{I}})$ 为初始变形速率参数 $\dot{\boldsymbol{X}}_0$，其相应的方差阵初值取为 $\Delta t^{-2}(\boldsymbol{P}_X^{\mathrm{I}} + \boldsymbol{P}_X^{\mathrm{II}})$。观测噪声的方差阵 $\boldsymbol{R}_k$，可由观测量的数据处理方法直接确定。动态噪声的方差阵 $\boldsymbol{Q}_k$，可取 $\boldsymbol{Q}_k = 4\Delta t_k^{-4}\boldsymbol{R}_k$，因为此时测点的瞬时加速度为动态噪声。

（2）仅考虑测点的位置 $\boldsymbol{X}$ 作为状态参数，它适合变形观测时间间隔相对较短的连续性自动观测情形。其初始状态向量 $\boldsymbol{X}_0$ 可取定长观测数据序列的均值 $\bar{\boldsymbol{X}}$，相应的方差阵可取数据序列中第一组观测向量所对应的方差阵。观测噪声的方差阵 $\boldsymbol{R}_k$，取第一组观测向量所对应的方差阵。动态噪声的方差阵 $\boldsymbol{Q}_k$，根据滤波误差序列的经验值确定，它是滤波初值确定过程的关键。

递推式滤波是对定长的活动窗口数据进行处理，应用时，不仅要达到滤波自动化的目的，而且要确保系统的高度稳定性与安全性，计算速度要快。递推式卡尔曼滤波的实施步骤为：

（1）由变形系统的数学模型关系式（状态方程和观测方程），确定系统状态转移矩阵 $\boldsymbol{\Phi}_{k/k-1}$、动态噪声矩阵 $\boldsymbol{\Gamma}_{k-1}$ 和观测矩阵 $\boldsymbol{H}_k$。

（2）利用 m 组观测数据中的第一组观测数据，确定滤波的初值，包括状态向量的初值 $\boldsymbol{X}_0$ 及其相应的协方差阵、观测噪声的协方差阵和动态噪声的协方差阵。

（3）读取 m 组观测数据，实施卡尔曼滤波。

（4）存储滤波结果中最后一组的状态向量估计 $\boldsymbol{X}$ 和相应的协方差阵。

（5）等待当前观测时段的数据。

（6）将上述 m 组观测数据中的第一组观测数据去掉，把当前新的一组观测数据放在其最后位置，重新构成 m 组观测数据，回到步骤（1），重新进行卡尔曼滤波。如此递推下去，以达到自动滤波的目的。

6.7 人工神经网络

6.7.1 人工神经网络的基本概念

人的思维主要包括逻辑思维和形象思维，前者由左脑主管，后者由右脑主管。人脑是由大约10^{11}个神经元和 10^{14}～10^{15}个突触组成的巨大系统，神经元则是由细胞体、轴突、树突和突触构成的。其中，细胞体由细胞核、细胞质和细胞膜等组成。轴突是细胞体向外伸出的最长的一条分支，即神经纤维。它的功能是传出由细胞体传来的信息，相当于细胞的输出端。树突是细胞体向外伸出的许多较短的分支，它们的作用是接收来自四面八方的神经冲击信息，相当于细胞的输入端，信息流从树突出发，经过细胞体，然后由轴突传出。突触是连接两个神经元之间的接口，每个细胞一般有 100～1 000 个突触，突触有兴奋型和抑制型两种。一个细胞内传送的冲击信息，通过突触将在第二个细胞内引起冲击响应，这种冲击信号只能沿一个方向传送。每个神经元可以看作一个小的处理单元，这些神经元按照一定的方式互相连接起来，构成了大脑内部的生理神经元网络。在生理神经元网络中，各种神经元之间连接的强弱，按照外部的激励信号做自适应变化，而每个神经元又随着接收到的多个激励信号的综合大小呈现兴奋或抑制状态。大脑的学习过程就是神经元之间的连接强度随外部激励信息做自适应变化的过程，大脑处理信息的结果由各神经元状态的整体效果确定。大脑就是靠复杂的大规模并行处理算法，及时地对外界事务作出整体判断与决策的。

人工神经网络是对人脑神经网络的结构和功能以及若干基本特性进行理论抽象、简化和模拟而构成的一种信息处理系统。从系统的观点来看，人工神经网络是由大量神经元通过极其丰富和完善的连接构成的自适应非线性动态系统，是一种模仿、延伸人脑认知功能的新型信息处理系统。神经网络是一种可计算的模型，神经元是神经网络的一个基本组成单位和计算单元，也称为节点。它由输入端和输出端组成，前者相当于神经细胞的树突，后者相当于神经细胞的轴突。输入端既可以作为原始输入端，又可以作为别的神经元的输出端，它如同一个独立完整的信息处理机，不仅可以接收和处理信息，而且还可以存储信息。神经网络通过自学习算法获取信息来自动修改系统的网络结构及其连接强度，以适应知识推广和知识分类。

人工神经元模拟了生物神经元的三个功能：① 对每个输入信号进行处理，以确定其强度（权值）；② 确定所有输入信号组合的效果（加权和）；③ 确定其输出（转移特性）。

图 6-1 为处理单元的示意图，输入信号来自外部或其他处理单元的输出，分别为：

$$x_1, x_2, \cdots, x_n$$

其中，n 为输入的数目。连接到节点 j 的权值相应为：

$$w_{1j}, w_{2j}, \cdots, w_{nj}$$

其中，w_{ij} 表示从节点 i 到节点 j 的权值，即节点 i 和节点 j 间的连接强度。w_{ij} 可以为正，也可以为负，分别表示兴奋型突触或抑制型突触。

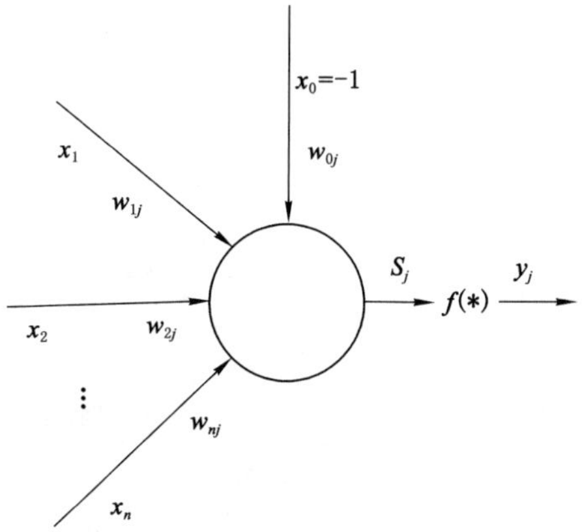

图 6-1　处理单元示意图

处理单元的内部门限为 Q_j，若用 $x_0=-1$ 的固定偏量输入表示，其连接强度取 $w_{0j}=Q_j$，于是，输入的加权总和可表示为：

$$\boldsymbol{S}_j = \sum_{i=1}^{n} w_{ij} \cdot x_i - Q_j = \sum_{i=0}^{n} w_{ij} \cdot x_i \tag{6-114}$$

如果用向量表示，若 $\boldsymbol{X}=(x_0, x_1, x_2, \cdots, x_n)^{\mathrm{T}}$，$\boldsymbol{W}_j=(w_{0j}, w_{1j}, w_{2j}, \cdots, w_{nj})^{\mathrm{T}}$，则有：

$$\boldsymbol{S}_j = \boldsymbol{W}_j^{\mathrm{T}} \cdot \boldsymbol{X} \tag{6-115}$$

通过转移函数 $f(0)$ 的处理，得到处理单元的输出：

$$y_j = f(\boldsymbol{S}_j) = f\left(\sum_{i=0}^{n} w_{ij} \cdot x_i\right) = f(\boldsymbol{W}_j^{\mathrm{T}} \cdot \boldsymbol{X}) \tag{6-116}$$

转移函数又称为激励函数，它描述了生物神经元的转移特性。在神经网络中，处理单元常用的转移函数有如下两类。

(1) 符号函数：

$$y=f(s)=\begin{cases}1, & s\geqslant 0\\-1, & s<0\end{cases} \tag{6-117}$$

(2) S 型函数，常表示为对数函数：

$$y=f(s)=\frac{1}{1+e^{-s}}, \quad -\infty<s<\infty \tag{6-118}$$

6.7.2 BP 网络结构及算法

神经网络有多种不同类型，其中前馈型神经网络在人工神经网络发展史上产生过重大影响，是目前流行的神经网络模型之一，所以，以下仅介绍最常用的误差反向传播(error back propagation，BP)神经网络，通常称为 BP 网络。

BP 网络结构一般由输入层、隐含层和输出层 3 部分组成。在 BP 网络中，层与层之间多采用全互连方式，但同一层的节点之间不存在相互连接。隐含层可以是一层，也可以是多层。

图 6-2 所示是一个 3 层 BP 网络结构。图 6-2 中，x_i 表示输入层的输入，w_{ik} 表示从输入层节点到隐含层节点的连接权值，v_k 表示隐含层的输出，w_{kj} 表示从隐含层节点到输出层节点的连接权值，y_j 表示输出层的输出。其中，下标 i、k、j 分别表示输入节点、隐含节点和输出节点，下标 n、l、m 分别表示输入节点、隐含节点和输出节点的数量。

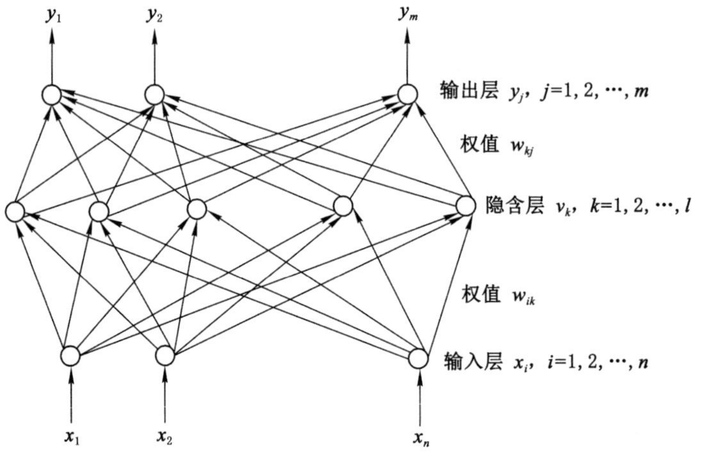

图 6-2 BP 网络结构

由 BP 网络的拓扑结构可知，为了最终确定神经网络的输入、输出关系，首先需要选定神经网络的层次数、各层的节点数和转移函数，然后还要确定各层之间节点的连接权值。通常，网络的层次数和不同层中神经元(节点)的个数根据实际需要由设计者选定，转移函数一般采用式(6-118)的 S 型函数，而连接权值则由输入、输出的观测数据通过网络的学习过程进行估计。

BP 网络的学习过程是由正向传播和误差反向传播组成的。当给定一组网络输入模式时，BP 网络将依次对这组输入模式中的每个输入模式按如下方式进行学习：把输入模式从输入层传到隐含层节点，经隐含层节点逐层处理后，产生一个输出模式传至输出层，这一过程称为正向传播；如果经正向传播在输出层没有得到所期望的输出模式，则转为误差反向传播过程，即把误差信号沿原连接路径返回，并通过修改各层神经元的连接权值使误差信号达到最小；重复正向传播和误差反向传播过程，直至得到所期望的输出模式。

参照图 6-2 所示的 BP 网络结构，设网络的输入为 $X=(x_1,x_2,\cdots,x_n)$，目标输出为 $D=(d_1,d_2,\cdots,d_m)$，而实际输出为 $Y=(y_1,y_2,\cdots,y_m)$，依据上述 BP 网络的学习过程，其网络的一般学习步骤如下。

(1) 用均匀分布随机数将各权值设定为一个小的随机数，作为节点间连接权的初值和阈值。

(2) 计算网络的实际输出 Y。

① 对于输入层节点，其输出 O_i^{I} 与输入数据 x_i 相等，即 $O_i^{\mathrm{I}}=x_i,i=1,2,\cdots,n$。

② 对于隐含层节点，其输入为：

$$\mathrm{net}_k^{\mathrm{H}}=\sum_{i=1}^{n}w_{ki}^{\mathrm{HI}}O_i^{\mathrm{I}},\quad k=1,2,\cdots,l \tag{6-119}$$

输出为：

$$O_k^{\mathrm{H}}=f(\mathrm{net}_k^{\mathrm{H}}-\theta_k^{\mathrm{H}}) \tag{6-120}$$

式(6-119)、式(6-120)中，w_{ki}^{HI}为隐含层节点 k 与输入层节点 i 的连接权值；θ_k^{H} 为隐含层节点 k 的阈值；l 为隐含层节点个数；O_i^{I} 为输入层节点 i 的输出，即 x_i；f 为 S 型函数。

③ 对于输出层节点，其输入为：

$$\mathrm{net}_j^{0}=\sum_{k=1}^{l}w_{jk}^{\mathrm{OH}}O_k^{\mathrm{H}},\quad j=1,2,\cdots,m \tag{6-121}$$

输出为：

$$y_j=f(\mathrm{net}_j^{0}-\theta_j^{0}) \tag{6-122}$$

式中，w_{jk}^{OH}为输出层节点 j 与隐含层节点 k 的连接权值，θ_j^{0} 为输出层节点 j 的阈值。

(3) 由输入节点 j 的误差

$$e_j=d_j-y_j \tag{6-123}$$

计算所有输出节点的误差平方总和，得能量函数：

$$E=\frac{1}{2}\sum_{j=1}^{m}(d_j-y_j)^2 \tag{6-124}$$

如果 E 小于规定的值，转步骤(5)，否则继续步骤(4)。

(4) 调整权值。

① 输出层节点与隐含层节点的权 w_{jk}^{OH}调整为：

$$\bar{w}_{jk}^{\mathrm{OH}}=w_{jk}^{\mathrm{OH}}+\Delta w_{jk}^{\mathrm{OH}} \tag{6-125}$$

$$\Delta w_{jk}^{\mathrm{OH}}=\eta\delta_j^{0}\cdot O_k^{\mathrm{H}} \tag{6-126}$$

$$\delta_j^{0}=(d_j-d_y)\cdot y_j(1-y_j) \tag{6-127}$$

式中，η 为训练速率，一般 $\eta=0.01\sim1$。

② 隐含层节点与输入层节点的权 w_{ki}^{HI}调整为：

$$\bar{w}_{ki}^{\mathrm{HI}}=w_{ki}^{\mathrm{HI}}+\Delta w_{ki}^{\mathrm{HI}} \tag{6-128}$$

$$\Delta w_{ki}^{\mathrm{HI}} = \eta \delta_k^{\mathrm{H}} \cdot O_i^{\mathrm{I}} \tag{6-129}$$

$$\delta_k^{\mathrm{H}} = O_k^{\mathrm{H}}(1 - O_k^{\mathrm{H}}) \sum_{j=1}^{m} \delta_j^0 w_{jk}^{\mathrm{OH}} \tag{6-130}$$

(5) 进行下一个训练样本，直至训练样本集合中的每一个训练样本都满足目标输出要求，此时 BP 网络学习完成。

6.8 频谱分析及应用

按照时间特性，变形模式可以分为静态模式、运动模式和动态模式。动态模式的显著特点是周期性，例如，高层建筑物在风力、温度作用下的摆动，桥梁在动荷载作用下的振动，地壳在引潮力、温度、气压作用下的变形等。监测这类变形时，一般采用连续的、自动的记录装置，所得到的是一组与时间相关联的观测数据序列。分析这类观测数据时，变形的频率和幅度是主要参数。

动态变形分析分为几何分析和物理解释两部分。几何分析的目的是找出变形的频率和振幅，而物理解释的目的是找出变形体对作用荷载（动荷载）的幅度响应和相位响应，即动态响应。这里主要介绍动态变形分析中的频谱分析原理和方法。

前面所述的时间序列分析方法，卡尔曼滤波方法，以及变形分析中常见的有限元法、灰色理论等均属于时域内的变形分析方法。对于变形的物理解释，包括探讨变形的成因和给出变形值与荷载（引起变形的有关因素）之间的函数关系，谱分析方法是一个有效的手段。根据傅里叶变换，时域内的信号可以转换到频域内进行分析，在时域内看不清楚的特性，在频域内可以很容易地反映出来。谱分析有助于确定时间序列的准确周期以及判别隐蔽性和复杂性的周期数据，在变形分析中具有重要的应用价值。

傅里叶变换能将满足一定条件的某个函数表示成三角函数（正弦或余弦函数）或者它们的积分的线性组合。适用于傅里叶变换的函数定义为：设 $f(t)$ 是关于 t 的周期函数，且 t 满足狄利克雷条件，函数 $f(t)$ 在任意有限区间内连续，或只有有限个第一类间断点，在一个周期内，函数 $f(x)$ 有有限个极大值或极小值，且 $f(t)$ 在单个周期内绝对可积，即 $\int_0^T |f(t)|\,\mathrm{d}t < \infty$。满足上述条件的时域中的函数 $f(t)$ 可以通过傅里叶变换转换到频域内进行分析，其变换公式为：

$$F(\omega) = \int_{-\infty}^{\infty} f(t)\mathrm{e}^{-\mathrm{i}\omega t}\,\mathrm{d}t \tag{6-131}$$

$$F(\omega) = a(\omega) - \mathrm{i}b(\omega) = |F(\omega)|\mathrm{e}^{\mathrm{i}\Phi(\omega)} \tag{6-132}$$

其中，$|F(\omega)|$ 称为幅度谱，即

$$|F(\omega)| = [a^2(\omega) + b^2(\omega)]^{\frac{1}{2}} \tag{6-133}$$

$\Phi(\omega)$ 称为相位谱，其定义为：

$$\Phi(\omega) = \arctan^{-1}[-b(\omega)/a(\omega)] + 2n\pi \tag{6-134}$$

式中，$a(\omega) = \int_{-\infty}^{\infty} f(t)\cos\omega t\,\mathrm{d}t$，$b(\omega) = \int_{-\infty}^{\infty} f(t)\sin\omega t\,\mathrm{d}t$。$F(\omega)$ 是 $f(t)$ 中具有频率 ω 的那些分量的平均值，因为 $F(\omega)$ 指的是单位频率区间，故称其为谱密度，而 $|F(\omega)|$ 则为振幅密度。谱分析中的重要函数如下。

功率谱：一般意义上，功率与幅度的平方成正比，相应的谱称为功率谱。在时间域中，任何函数 $f(t)$ 的平均功率由式(6-135)定义：

$$S(t)=\lim_{T\to\infty}\frac{1}{T}\int_{-T/2}^{T/2}|f(t)|^2\mathrm{d}t \tag{6-135}$$

互功率谱：两个信号在频域内的相关性的度量。

根据功率谱和互功率谱，相干性定义如下。对于 $S_{11}(\omega)S_{22}(\omega)>0$，有：

$$|r_{12}(\omega)|=\frac{|S_{12}(\omega)|}{[S_{11}(\omega)S_{22}(\omega)]^{1/2}}=\left[\frac{P_{12}^2(\omega)+Q_{12}^2(\omega)}{P_{11}(\omega)P_{22}(\omega)}\right]^{1/2} \tag{6-136}$$

对于 $S_{11}(\omega)S_{22}(\omega)=0$，有 $|r_{12}(\omega)|=0$。由定义可知，$0\leqslant|r_{12}(\omega)|\leqslant1$。

频响函数：系统脉冲相应函数的傅里叶变换，即

$$H(\omega)=\int_{-\infty}^{\infty}h(\tau)\mathrm{e}^{-\mathrm{i}2\pi\omega\tau}\mathrm{d}\tau \tag{6-137}$$

上述傅里叶变换是在连续域内定义的。在变形分析中，为了便于计算机进行傅里叶变换，必须将函数定义在离散点上，且函数须满足有限性或周期性条件。这种情况下，时间序列 $x(t)$ 的傅里叶级数展开式为：

$$x(t)=A_0+\sum_{n=1}^{\infty}(a_n\cos2\pi nft+b_n\sin2\pi nft) \tag{6-138}$$

式中，$f=1/T$，为 $x(t)$ 的基本频率；$A_0=\frac{1}{T}\int_0^T x(t)\mathrm{d}t$；$a_n=\frac{2}{T}\int_0^T x(t)\cos\ 2\pi nft\mathrm{d}t$；$b_n=\frac{2}{T}\int_0^T x(t)\sin2\pi nft\mathrm{d}t$。式(6-138)还可以写成如下形式：

$$x(t)=A_0+\sum_{n=1}^{\infty}A_n\sin(2\pi nft+\varphi_n) \tag{6-139}$$

式中，$A_n=\sqrt{a_n^2+b_n^2}$，为傅里叶级数的频谱值；φ_n 为傅里叶级数的相位角，即相位谱值，$\varphi_n=\arctan(a_n/b_n)$。式(6-139)表明，复杂周期数据由一个静态分量 A_0 和无限个不同频率的谐波分量组成。实际上，对于离散的有限时间序列，应用频谱分析方法求频率谱值(A_n,φ_n)实际上就是求式(6-138)中的傅里叶系数。设观测时间 T 内的采样数为 N，采样间隔 $\Delta t=T/N$，t_i 时刻的观测值为 $x(t_i)$，$i=0,1,2,\cdots,N-1$，则

$$A_0=\frac{1}{N}\sum_{i=0}^{N-1}x(t_i) \tag{6-140}$$

$$a_n=\frac{2}{N}\sum_{i=0}^{N-1}x(t_i)\cos2\pi ni/N \tag{6-141}$$

$$b_n=\frac{2}{N}\sum_{i=0}^{N-1}x(t_i)\sin2\pi ni/N \tag{6-142}$$

式中 $n=1,2,\cdots,M$，M 满足条件 $N\geqslant2M+1$。

式(6-140)、式(6-141)和式(6-142)就是离散有限傅里叶级数的计算公式。

最小二乘响应分析：首先应用上述的频谱分析方法，分析输入信号 $x(t)$ 中所包含的谐波分量，并确定其主频率，设其主频率为 $f(s)(s=1,2,\cdots,k)$，然后根据这些频率利用式(6-139)来模拟输入和输出信号。

对于 N 个观测值$(N>2k+1)$，可写出输入和输出信号中每一观测值的误差方程：

$$x(t_i)+v_{x_i}=A_0+\sum_{s=1}^{k}A_s\sin(2\pi f_s\cdot t_i+\varphi_s) \tag{6-143}$$

$$y(t_i)+v_{y_i}=B_0+\sum_{s=1}^{k}B_s\sin(2\pi f_s\cdot t_i+\psi_s) \tag{6-144}$$

或写成矩阵形式：

$$x(t)+v_x=\boldsymbol{A}\cdot\boldsymbol{\lambda}_x \tag{6-145}$$

$$y(t)+v_y=\boldsymbol{B}\cdot\boldsymbol{\lambda}_y \tag{6-146}$$

式中，v_x 和 v_y 为测量误差。

利用最小二乘原理，可以估计式(6-145)和式(6-146)中的振幅参数 A_s、B_s 和初相位 ψ_s、φ_s。对于每一个频率 f_s，系统的幅度和相位响应分别计算如下：

$$\|W(f_s)\|=\frac{B_s}{A_s},\quad s=1,2,\cdots,k \tag{6-147}$$

$$\theta(f_s)=\psi_s-\varphi_s \tag{6-148}$$

当有多个输入信号时，最小二乘响应分析方法可以做如下扩展：设 l 个输入信号为 $x_1(t)$，$x_2(t)$，…，$x_l(t)$，先用频谱分析确定每一个输入信号所包含的主频率，并估计相应的振幅和初相位。然后在模拟输出信号时，使所有输入信号的主频率都包括在式(6-146)中，估计相应的振幅和初相位，最后用式(6-147)和式(6-148)求系统的响应。

对所选频率在模拟输出信号中是否重要的判断，可以用回归分析中因子显著性检验的类似方法。现简述如下。

设由 k 个所选频率对输出信号 $y(t)$进行模拟，求得

$$\hat{y}(t_i)=B_0+\sum_{s=1}^{k}B_s\sin(2\pi f_s\cdot t_i+\psi_s') \tag{6-149}$$

为了检验频率 f_j 是否显著，可去除 f_j，由 $k-1$ 个频率对输出信号 $y(t)$进行模拟，则可求得

$$\hat{y}_{(t_i)}^{(j)}=B'_0+\sum_{s=1}^{k-1}B'_s\sin(2\pi f_s\cdot t_i+\psi'_s) \tag{6-150}$$

根据模拟值与实测值 $y(t)$之差 $\|y(t)-\hat{y}(t)\|$ 与 $\|y(t)-\hat{y}_{(t)}^{(j)}\|$，若有 $\|y(t)-\hat{y}(t)\|\ll\|y(t)-\hat{y}_{(t)}^{(j)}\|$，则说明频率 f_j 对模拟 $y(t)$来说是很重要的。

关于 f_j 的显著性，也可用回归分析中的 F 检验进行验证。应当指出，如果几个输入信号中含有共同的频率，对于这些频率，最小二乘响应分析方法将不能分解出各因子的单独作用。

思 考 题

1. 变形监测网的平差参考基准有哪些？不同参考基准下的平差成果如何互相转换？

2. 简述采用平均间隙法检验不同时期观测点是否发生位移的整体检验方法和局部检验方法。

3. 如何根据样本自相关函数和偏相关函数的性质，选择阶数适当的 ARMA 模型进行拟合？

4. 在三维变形监测自动化系统中，当采用卡尔曼滤波估计变形参数时，其观测方程和状态方程是怎样建立的？简述递推式卡尔曼滤波的实施步骤。

5. BP 网络由哪几部分组成？网络的一般学习步骤有哪些？

6. 和时间域内的变形分析方法相比，谱分析方法有哪些优点？在变形监测中，如何应用频谱分析方法进行最小二乘响应分析？

第二篇
应用与实践

第7章　大坝变形监测方法及应用

7.1　大坝变形监测特点与主要内容

7.1.1　大坝变形监测概述

大坝是河流、水源的屏障建筑，主要由主坝、副坝、重力坝、正常溢洪道、非常溢洪道、新增非常溢洪道及电站等组成。按筑坝材料，大坝主要分为土石坝和混凝土坝。不同种类和库容量的坝工工程在我国洪水防治、农业灌溉、水力发电、城市供水、工业用水、通货航运、水产养殖及旅游资源开发利用等方面作出了巨大贡献，对我国的社会经济发展起着巨大的推动作用。同时，大坝的水文和地质等条件比较复杂，且经受着巨大的水压力、较大的水库表层与库底水温落差、泥沙压力、扬压力、渗流量等多种荷载影响。除了以上自然因素外，如理论设计不周、建设施工把关不严、管理松懈或不当、材料老化变质、人为蓄意破坏等外在因素也对大坝的安全造成很大的威胁。特别值得注意的是，中国当前处于社会经济急剧发展的时期，大型基础设施的建设和运营已经相当普及。一方面，我国目前拥有的大坝数量已居世界前列，包括具有代表性的三峡大坝和小湾大坝。另一方面，我国的病险大坝多达3万多座，约占总数的35%。这些病险大坝存在安全度和防洪标准偏低、异常渗流、裂缝、抗震能力不足、金属结构和机电设备不安全等威胁大坝安全的问题。如果这些隐患未能及时发现和消除，就可能发生大坝坍塌、溃坝等事故。我国曾发生过多起大坝溃坝事件，比较典型的有板桥土坝和石漫滩土坝等；国外的大坝溃坝事件也时有发生，如法国的马尔巴塞拱坝、巴西的奥罗斯水库、意大利的瓦伊昂拱坝等。

因此，为提高大坝安全管控能力，确保其保持安全的运营状态，必须对大型水利设施进行监测，高山深切割地区的高坝更是重点监测的对象。根据大型水利设施变形监测结果，可以对其进行健康分析、风险评估和应急预警，从而能最大限度地避免和减轻大坝事故对人民生命安全和财产造成的威胁。因此，大型水利设施变形监测技术的研究具有十分重要的现实意义和巨大的社会经济效益。

7.1.2　大坝变形监测的主要内容

大坝的变形监测是借助一些传统或现代的大地测量仪器，遵循一定的测量方法和测量技术规范，获取反映大坝安全性态的实时动态的数据资料，并进行变形分析、模型预测和安全评价的工作。其监测内容包括外部观测和内部观测。外部观测：对大坝所处环境、大坝坝体物理性态及大坝的局部位置形变进行观测，以掌握监测点坐标的时序变化和径向、切向的位移情况。外部观测的内容包括大坝变形监测网的周期监测，基准线监测，坝内各高程面上的垂直位移观测，典型项目观测，挠度、倾斜量观测。内部观测：利用预先安装在坝体内某些重要应变部位的测量仪器，实时记录坝体内部的应力应变、裂缝深度、渗流渗压及坝体温度等信息。这些仪器包括应变计、测缝计、裂缝仪、渗压计、温度计等。除了对大坝外部和内部进行观测外，还需要对大坝上下游水位、溢流堰水位、降雨量、大气干湿程度和温度等进行观测记录。总体来说，从变形监测的项目进行分类，大坝变形监测主要分为水平位移监测，垂直位移（沉陷）监测，挠度监测，界面及接（裂）缝变形监测等。

7.1.2.1 水平位移监测

在自身重力和外界力的作用下，大坝将产生水平位移。水平位移的大小及其变化规律在分析大坝是否安全运行以及论证坝工设计理论的合理性等方面均有重要作用。因此，水平位移监测是大坝变形监测中的重要观测项目之一。水平位移监测常用的方法如表 7-1 所示。

表 7-1　水平位移监测方法

方法	适用范围
引张线法	监测坝体、坝基直线段的水平位移
视准线法	监测大坝表面的水平位移，视线不宜过长
真空激光准直法	监测坝体、坝体内部直线段的水平位移
交会法	监测大坝（滑坡体）表面的水平位移
GNSS 观测法	监测大坝（滑坡体）表面的水平位移
正倒垂线法	监测坝体内部和表面的水平位移
钢丝位移计观测法	监测土石坝内部的水平位移
测斜仪观测法	监测基岩、滑坡体内部的水平位移
多点位移计法	监测基岩、滑坡体内部沿埋设方向的水平位移
边角网法	监测工作基点的稳定性

7.1.2.2 垂直位移（沉陷）监测

大坝及其基础在外界因素的影响下，沿铅垂方向会产生位移。例如，基坑开挖时，由于表面荷载卸除，基础会回弹上升；施工时，随着建筑物荷载的增加，基础又会发生沉降。对于混凝土大坝，随着气温的升降或水压力等的变化，大坝也会上升或下降。垂直位移监测综合反映了在各种因素作用下，大坝及其基础在铅直面上的工作性态。因此，垂直位移监测是大坝外部观测的重要内容之一。垂直位移（沉陷）监测常用的方法如表 7-2 所示。

表 7-2　垂直位移（沉陷）监测方法

方法	适用范围
精密水准测量方法	一般用于坝面、廊道、边坡等，方法精度高，但较烦琐
三角高程方法	一般用于精度要求不高的坝体表面、边坡等
真空激光准直法	监测坝体、坝基直线段的垂直位移
静力水准方法	监测坝面、廊道内的相对垂直位移
水管式沉降仪法	监测土石坝内部的垂直位移
GNSS 观测法	监测大坝（滑坡体）表面的垂直位移
电磁式或干簧管式沉降仪法	监测基岩或边坡内部的垂直位移

7.1.2.3　挠度监测

挠度(deflection)用于衡量结构单元受外力作用下的相对位置变化量(或称为变形量),可以用角度量或位移量的方式表示。挠度监测主要采用垂线进行监测,分正垂线和倒垂线两种方法。

(1) 正垂线:在坝体的观测井上部悬挂带重锤的不锈钢丝,在重力作用下,钢丝稳定时正好处于铅垂状态,此时获得正垂线。将正垂线作为基准线,沿正垂线设置测点,观测坝体不同高程处相对正垂线的水平位移,即坝体的挠度。

(2) 倒垂线:将不锈钢丝的下端锚固在坝基深处,上端连接在坝顶支架上的油箱浮筒处,在浮力作用下,钢丝稳定时正好处于铅垂状态,此时获得倒垂线。采用与正垂线相同的观测方法监测坝体挠度。

7.1.2.4　界面及接(裂)缝变形监测

界面及接(裂)缝变形监测是指监测两个已有接触面或新产生的接触面(裂缝)之间的相对位置变化,其常用方法如表 7-3 所示。

表 7-3　界面及接(裂)缝变形监测方法

方法	适用范围
测微器、卡尺	用于观测表面裂缝、接缝宽度
单(双或三)向测缝计	用于监测指定方向的缝宽
探地雷达	观测接(裂)缝的具体形态

7.2　大坝变形监测技术与方案

7.2.1　传统监测方案

水平位移的大小及其变化规律在分析大坝是否安全运行及论证坝工设计理论的合理性等方面均有重要作用。目前,大坝水平位移监测的传统方法主要有视准线法、引张线法、钢丝位移计观测法、前方交会观测法等。

7.2.1.1　视准线法

视准线法是以两固定点间的连线为基准线,通过测量变形观测点到基准线的距离来确定偏离值的方法。即建立一条通过或平行于坝轴线的固定视准线,定期观测各位移标点至视准线的距离,计算其偏离值,借以确定各位移标点的位移量和其变化规律。视准线法包括活动觇牌法和小角度法。具体操作方法如下:

(1) 在两岸坝坡稳固的基岩上设置两个工作基点,其连线平行于坝轴线。

(2) 在坝面沿坝轴线方向设置若干个水平位移标点。

(3) 如果将全站仪安置在其中一个工作基点上,照准另一个工作基点,就构成了一条视准线,该视准线可以作为基准线观测坝体各位移标点的位移量。

(4) 将第一次测定的各位移标点至视准线的垂直距离作为起始数据,一段时间后,按照同样方式布设仪器进行观测,获得第二次观测数据。将第二次观测数据与起始数据进行比较，即可求得偏离值。

7.2.1.2　引张线法

引张线法是观测建筑物水平位移的一种重要方法，在我国已经得到广泛的应用，具有观测精度高、投资小、受外界影响小、速度快、重复性好、对观测条件要求较低、操作简便等特点，可实现遥测、自记、数字显示等，适合大坝不同高程处的水平位移监测。端点和正、倒垂线相结合，可观测各坝段的绝对位移。依测量方向不同，引张线可分为单向引张线和双向引张线，单向引张线用于测量水平位移，双向引张线既可以测量水平位移，也可以测量竖直位移。具体操作方法如下：

（1）在两岸坝坡设置两个稳固的工作基点，在两个工作基点之间张紧一根高强度不锈钢丝作为基准线。

（2）用布设在建筑物各个观测点上的引张线仪或人工光学测量装置，测定各测点偏离基准线的变化量，即各点的水平位移量。

7.2.1.3　钢丝位移计观测法

钢丝位移计（又名引张线式水平位移计）是由受张拉的因瓦合金钢丝构成的机械式测量水平位移的装置。一般与水管式沉降仪联合使用，二者组成水平垂直位移计，并安置于土石坝内部（图7-1）。具体操作方法如下：

在测点高程水平铺设能自由伸缩且经防锈处理的保护钢管，通过保护钢管从测点引出线膨胀系数很小的不锈因瓦合金钢丝，至观测房固定标点，经过导向滑轮，在其终端挂一定重量的砝码。当坝体内各测点移动时，钢丝会在砝码的作用下发生移动，用游标卡尺或传感器量出钢丝上测点的读数，减去初始读数即可算出测点相对观测房的水平位移量，加上相应观测房内固定标点的绝对水平位移量，便可得出测点的绝对水平位移量。

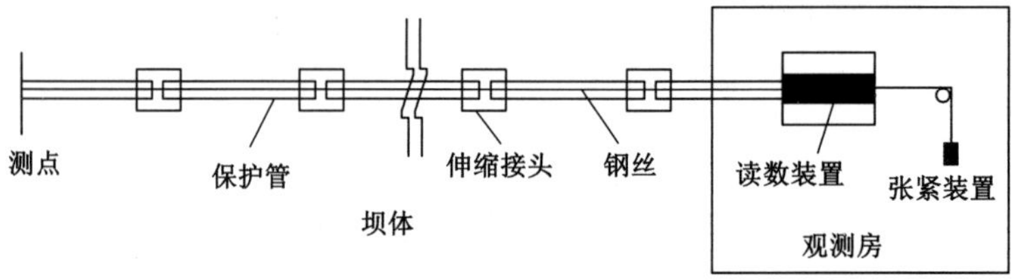

图7-1　钢丝位移计结构示意图

除了上述方法外，还有前方交会观测法、测斜仪观测法等。这类传统逐点测量方式已相对成熟，具有较高的测量精度。为了保证数据的空间分辨率，需要在坝体和周边区域布设和维护大量的地面监测点，而地面监测点的分布和库区的环境相关，局限性较大。此外，传统的变形监测方法，如垂直位移（沉陷）监测中常用的精密水准测量方法，需要花费大量的作业时间来获取观测数据，且难以实现实时监测。综合来看，传统的变形监测方法需要耗费大量的人力和物力，虽然能够在离散的地面观测点上获取高精度的变形监测结果，但难以达到实时动态监测的目标。

7.2.2　自动化变形监测方案

传统变形监测方案多需要人工参与作业，耗时费力，作业周期长且时效性差。为了满足大坝变形实时监测及灾害预警的需要，发展了自动化程度较高的变形监测系统。

7.2.2.1　激光准直变形监测系统

大坝激光准直变形监测系统是利用激光方向性强、亮度高、单色性和相干性好等特点以及波带板激光衍射原理进行设计的。激光源和光电探测器分别安装在大坝的两端作为发射端和接收端（大坝两端的安装位置可由正倒垂线法进行测量获得），波带板安装在坝体变形观测点处。当需要测量大坝某变形点时，将该点的波带板调节到工作位置，此时从激光源发射的激光束照满波带板后在接收端形成干涉图像。根据三点准直方法，测定图像在接收端的中心位置，求出变形点的水平位移和垂直位移（沉陷）。

随着对激光准直技术研究的深入，大坝激光准直变形监测系统已取得了巨大的进步，克服了以前的真空管道随坝体长度、位移大小变化而变化，以及波带板通光孔径随坝长不同、测点至发射和接收端距离变化而异的不足，具有安装调试方便、工期短、成本低等优点。激光准直大坝变形监测系统分为大气激光准直系统和真空激光准直系统两种。大气激光准直系统设置在不需要真空管道的自然环境中，价格相对便宜，常用于坝长不超过 300 m 的中小型大坝的变形监测。其布设于坝体廊道内效果更佳，已成功应用于刘家峡大坝等工程项目。真空激光准直系统将激光传播的路径改为真空管道，避免了大气湍流和折射等因素对激光传播的影响，从而可提高测量精度。该系统已在我国太平哨大坝、丰满大坝、龚嘴大坝、桓仁大坝、云峰大坝、宝珠寺大坝等工程中得到成功应用。

7.2.2.2　多传感器变形监测系统

应用于大坝自动化变形监测系统的传感器主要有电气式传感器和光纤传感器两种类型。电气式传感器是把垂线法、引张线法、连通管法等方法观测到的几何量转换成与之成比例的电压、电容、电感、电阻等电气量，该系统已在我国新丰江大坝等工程中成功应用。光纤传感器则利用大坝变形的几何量来调制光纤的光参数，然后将这些光参数的变化转换成电信号进行测量，从而获得变形值。该系统具有防潮、不锈蚀和抗电磁干扰能力强的优点，已在葛洲坝大坝、隔河岩大坝等工程中成功采用。

7.2.2.3　全站仪 TPS 变形观测系统

高精度的全站仪，如测角精度为 1″或 0.5″，测距精度为 1 mm+1 ppm（$1\ \text{ppm}=10^6$）$\times D$ 或更高精度的全站仪，可以监测大坝的微小变形。TPS（事务处理系统）测量机器人除了具备高精度全站仪的功能外，还具有自动瞄准功能，从而为大坝的微小变形自动化监测提供了良好的测量条件。

采用 TPS 测量机器人监测大坝的步骤为：首先在大坝周围通视条件良好且稳定的地方设置基准站并架设测量机器人；其次在大坝两端稳定的地方设置基准点，并在坝体上合理地布置位移监测点，架设反射棱镜；然后开始测量，通过自动化控制测量机器人自动照准目标棱镜，采集基准点、变形监测点的水平角、垂直角和距离数据；最后通过全自动实时平差得到变形监测点的三维坐标，对比多期观测的监测点坐标成果便可获得监测点处大坝的相对水平位移、垂直位移（沉陷）。该方法依靠光的反射进行工作，自动化程度高，但容易受到仪器和棱镜之间的通视条件以及观测时的天气条件等环境因素的影响，使用范围受到一定程度的限制。该方法已在我国小浪底大坝等工程中得到成功应用。

7.2.3 GNSS 变形监测技术

近年来，随着 GNSS 技术的完善，其在大坝等变形监测中的应用也日趋普及。相对基于经纬仪、水准仪和全站仪的测量方法，GNSS 技术除了具备实时连续观测、站点间不需要通视等优点外，还能更好地融合计算机网络通信技术、数据挖掘分析技术，实现数据采集、传输、分析及预测的全自动化。GNSS 技术是实现高精度自动化变形监测的有效手段之一。

在对位于深山峡谷中的水库大坝进行变形监测时，受地形影响，早期的 GNSS 大坝监测系统可能由于接收到的卫星数目少而导致定位精度低，通常需要采用伪卫星来增强 GNSS 大坝监测系统的定位精度。随着 GNSS 技术的发展，卫星的数量及分布变得更加合理，融合北斗定位技术的 GNSS 大坝变形监测系统变得更加成熟。目前，GNSS 实时自动化变形监测系统主要分为两大类。

(1) 第一类是分别在每个监测点上安置 GNSS 接收机，对其进行高频率的观测并将数据实时传输至后台数据处理中心。数据处理中心实时解算监测点的三维坐标，分析三维坐标的变化梯度、变化速率等形变信息，然后通过数据传输网络进行发布，从而可实现对大坝不同部位变形监测点的连续跟踪观测，实时分析不同水位等条件下的大坝变形情况，开展风险评估和预报等。该方法的特点是数据连续性好，信噪比高，解算精度高，可满足高精度的大坝变形监测需求(如隔河岩大坝 GNSS 自动化监测系统)。该方法的不足之处是每个监测点均需架设 GNSS 天线和接收机，增加了成本。

(2) 第二类是一机多天线 GNSS 监测系统，即在不同的变形监测点上只架设 GNSS 天线，这些天线同时连接到一台 GNSS 接收机。GNSS 接收机依次采集各天线的观测数据并传输至后台数据处理中心，采用与第一类相同的方法解算监测点的三维坐标并开展变形分析和预报。一机多天线 GNSS 监测系统的优点是减少了接收机的台数，可节约监测成本，不足之处是数据的连续性差，信噪比低，监测精度没有第一类监测系统的精度高。

因此，在实际工程应用中，需要根据大坝的监测精度要求及经济状况，综合分析采用合适的 GNSS 实时变形监测系统进行大坝的变形监测。

国内最早的大坝变形监测系统是原武汉测绘科技大学开发研制的清江隔河岩大坝变形监测系统，其在 1998 年长江流域特大洪水期间的监控为水库超量拦洪蓄水提供了科学依据，从而让水库减轻了中下游的防汛抗洪压力，避免了荆江分洪，产生了巨大的经济和社会效益。此外深圳市在茜坑、西丽、松子坑、炳坑等水库建设的北斗监测系统，在 GNSS 变形监测系统领域形成了很好的应用示范。图 7-2 为茜坑水库基准站与监测站分布图，其中基准站位于坝体西侧山体顶部，坝体表面共布置 12 个变形监测点，分 4 个纵断面进行布设。图 7-3 显示了茜坑水库主坝体表面监测点 XK01 的变形过程和水位变化曲线。由图 7-3 可知，监测点的变形与水位变化有较强的相关性，在对监测点变形数据序列与水位变化曲线进行线性拟合后发现：水位高度变化 1 m，XK01 点在上下游方向出现大约 1 mm 的变形。其余监测点也有类似的变形数据序列与水位变化曲线明显相关的情况。因此，GNSS 技术具有较高的监测精度和可靠性，能够获取水库坝体表面的微小变形。

图 7-2　茜坑水库基准站与监测站分布图

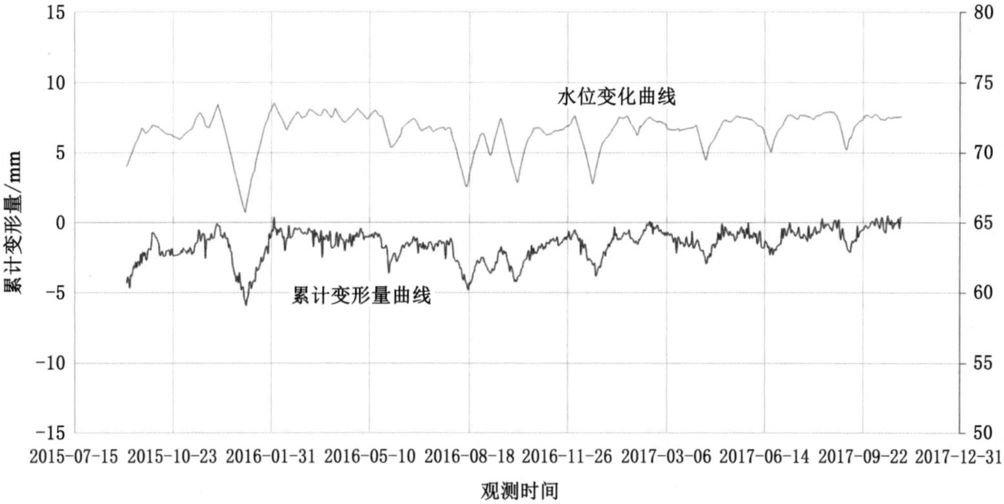

图 7-3　监测点 XK01 的变形过程和水位变化曲线

7.2.4　InSAR 变形监测技术

合成孔径雷达干涉测量(InSAR)是最近几十年才发展起来的一种基于面状测量的大地测量技术，是获取大范围、高精度形变场的有效手段。目前，基于 InSAR 的大坝变形监测主要分为两类：地基 InSAR 大坝监测方案和星载 InSAR 大坝监测方案。

7.2.4.1　地基 InSAR 大坝监测方案

地基合成孔径雷达干涉测量(GB-InSAR)技术是近些年发展起来的一种基于地面平台的微波遥感变形探测技术。其基本原理是通过 SAR 技术来提高 GB-SAR 系统的方位向分辨率，通过脉冲匹配滤波技术来提高 GB-InSAR 系统的距离向分辨率，通过干涉测量技术来获取 GB-InSAR 系统的高精度视线向的变形信息。GB-InSAR 技术具有高精度、高空间分辨率、高采样频率和多角度观测等突出优势。对于小范围的变形监测，地基 InSAR 大坝监测方案可以专门为目标监测区域建立特定的几何场景，得到该区域的变形趋势和总体变形特征。GB-InSAR 技术是星载 SAR 技术的有效补充。

对于大坝的健康监测，需要一个无损、精确、稳定、可靠、长期而又实时的安全监测系统。深切割地区高坝事故的发生具有不确定性及瞬时突发性，要想达到对高坝预警的目的，需要及时探测异常变形并实时自动分析监测结果。对于传统的仪器设备或监测方法，其数据获取及分析存在一定的局限性和滞后性，难以满足实时的要求；地面摄影测量技术对光线要求较高，且易受天气因素影响，无法实现全天候监测。而 GB-InSAR 技术强大的变形监测能力，为实现这样一个监测系统提供了可能。现阶段，GB-InSAR 技术在变形监测应用中仍存在地基 SAR 坐标系统与传统测量设备坐标系统不统一、监测过程中易受大气影响等一些亟待解决的问题。

7.2.4.2 星载 InSAR 大坝监测方案

星载 InSAR 技术利用卫星重复轨道的多景 SAR 影像进行干涉，通过几何关系运算来获取大面积的地表变形信息，可实现较低成本的大面积同步观测以及获取高空间分辨率、高精度的变形信息。在地震、火山、冰川漂移、滑坡、地裂缝、地面沉降、板块位移等领域取得的一系列成果，证明了该技术的可靠性。与光学遥感相比，星载 InSAR 技术为主动式遥感，采用雷达波成像，具有可穿透云雾，甚至穿透地表植被的能力。星载 InSAR 技术昼夜均可获取影像，能够实现全天时全天候观测。近年来，随着高分辨率雷达卫星的相继升空，可用的 SAR 数据愈加丰富，出现了小基线集（SBAS）、永久散射体合成孔径雷达干涉测量（PS-InSAR）等时序 InSAR 技术。这些技术在解决 InSAR 失相干问题的同时，获得了更精细的时序变形量，使得星载 InSAR 技术的使用范畴不再局限于大范围的地表变形监测，更具备了对桥梁、轨道、大坝等大型人工建（构）筑物开展毫米级变形监测的能力。

国内外已有诸多利用星载 InSAR 技术进行水利工程变形监测的案例，例如，基于 PS-InSAR 技术的三峡大坝和三峡库区滑坡体的稳定性监测，基于 SBAS 技术的挪威斯瓦特湖坝体的局部变形监测，基于时序 InSAR 技术的伊拉克摩苏尔大坝的变形监测等。图 7-4 为利用（3 m 分辨率）SAR 影像获取的公明水库 5# 坝体 InSAR 变形监测结果，监测时间段为 2015 年 1 月至 2016 年 10 月。由图 7-4 可知，坝体主要的沉降区域在坝顶及上坡面位置，结合坝体结构进行分析可知沉降量主要来自回填黏土的收缩。由此可见，InSAR 技术可在水库坝体表面变形监测方面获取高分辨率的形变场，具有获取更多变形空间分布细节的独特优势。

此外，混凝土浇筑的大坝、防潮堤等水工建筑物干涉条件较好，为星载 InSAR 技术的利用提供了有利条件。随着雷达卫星遥感进入大数据时代，免费和高分辨率的数据源在不断增加。InSAR 为面状观测，能够获取监测区域内密集目标点的变形信息以及直观反映变形的关键部位。其获取的监测资料与地质、力学、环境信息的融合，促进了对变形体深层次的分析及对变形趋势的精确预报。但星载 InSAR 技术也存在受大气干扰，重返周期长，连续监测能力差，只能获取雷达视线方向的变形信息等不足。因此，星载 InSAR 技术目前难以完成实时监测，多在水库大范围安全状况普查和隐患识别时使用。通过星载大范围高精度形变场的获取，可以精准识别变形的关键部位和重点隐患区域，然后在这些区域布设高精度的自动监测仪器或 GB-InSAR，便可实现多尺度、全范围、多技术融合的大坝变形监测。

图 7-4　公明水库 5# 坝体 InSAR 变形监测结果

7.3　大坝变形监测流程与数据处理

7.3.1　大坝变形监测的基本流程

大坝作为一种调节水利资源、发电、防洪抗旱的水利枢纽工程，对社会的经济发展和民生保障具有积极的意义。从 20 世纪开始，伴随着经济建设的大规模开展，全国各地相应出现了众多规模不等的大坝建设工程。如今，国内的大坝不仅数量众多，形态各异，大坝监测的目标和任务也不尽相同。但不管什么形式的大坝，其监测的基本流程大致如下：① 现状与需求调查。通过对大坝的设计资料、施工资料、地质水文资料、历史病害及维护资料的分析和对大坝的现场调查，厘清大坝的现状、存在的问题以及大坝监测的必要性和紧迫性。② 明确大坝监测的目标与任务。在调查分析的基础上，确定大坝安全监测的总体目标。大坝安全监测的目的是掌握大坝的实时运行信息，及时发现安全隐患，确保大坝安全。大坝监测的任务主要包括三方面：一是实时反映大坝的整体变形情况，及时发现异常或隐患；二是掌握大坝的变形规律，指导大坝的蓄水和放水等生产活动；三是验证大坝的设计、施工和运行等相关理论和技术是否成熟合理，以促进相关理论和技术的发展。③ 确定大坝监测的依据和原则。确定大坝监测所依据的法律法规和工程技术规范，拟定大坝变形监测的内容，论证各监测内容所需要满足的精度指标。④ 制定大坝的具体监测方案。其内容包括优化设计和布设监测点，选择和调试、安装监测仪器设备，制定科学的观测方法和数据处理方案，论证监测方案对精度指标的响应程度。⑤ 建设大坝变形监测系统。该系统应具有监测数据传输、处理、分析和显示，大坝变形的风险分级及阈值设定，风险预报等功能。⑥ 大坝变形监测系统的运营管理。其包括系统的日常运行管理、日常维护等工作。大坝变形监测的基本流程见图 7-5。

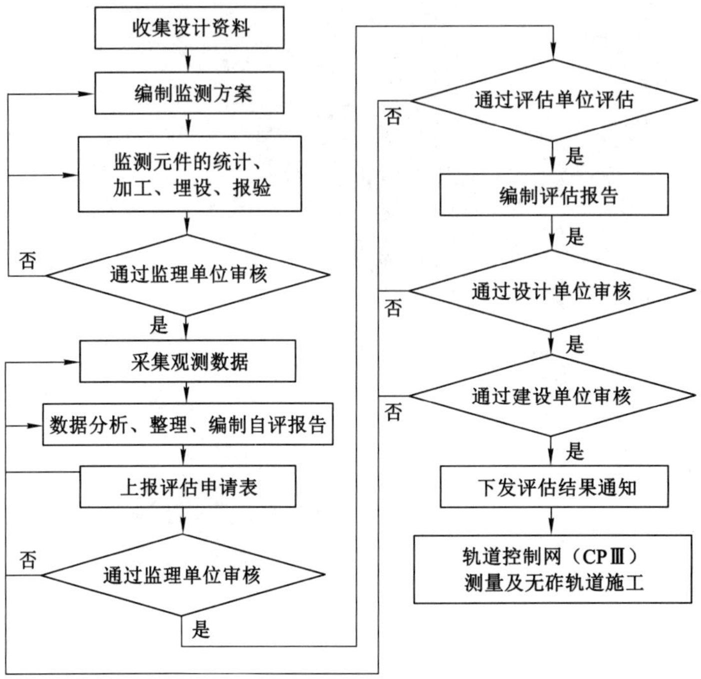

图 7-5　大坝变形监测的基本流程

7.3.2　大坝变形监测的数据处理

7.3.2.1　大坝变形监测数据处理的基本流程

大坝的规模、形式及环境不同，其变形监测的目标、内容、采用的仪器和方法均有区别，数据处理方法自然也不同。其数据处理的基本流程如下。

(1) 变形监测控制网的测量数据处理。其具体内容为：对控制网的测量数据进行必要的改正和平差计算，获取高精度的变形监测控制点坐标。大坝变形监测控制网的形状通常随大坝的空间布局而呈狭长状，且各个观测点的高差比较大。大坝变形监测控制网的精度要求较高，野外观测数据受观测环境、仪器设备等因素影响，首先需进行气象改正、加常数改正、乘常数改正等一系列必要的改正，然后才能对转化到同一投影面上的平距进行最终的平差计算，获取各控制点的精密坐标。

(2) 监测资料的预处理。其具体内容为：① 数据的检核，通过测站检核、计算检核和成果检核等，逐项检查所有原始记录是否有误。② 通过原始资料的统计分析和逻辑性分析，检查监测数据的质量和可靠性；根据误差理论计算观测数据的中误差，检查其是否满足变形监测的精度指标要求；结合原始观测值的逻辑分析，根据监测点的内在物理意义来分析原始观测值的可靠性。③ 监测网监测资料的数据筛选，包括超限误差的整体检验、超限误差的局部检验等工作。④ 监测资料奇异值的检验与插补等工作。

(3) 变形量的解算和精度评定。变形量解算的内容包括每一期观测的监测点三维坐标解算、每个监测点在关键方向的位移变化分析，以及每个监测时间点距离初始监测时间点的累积位移和变形速率等参数的解算。精度评定即通过误差理论开展变形结果的精度评定工作。

(4) 开展变形规律分析及预测预报研究。其具体内容为：建立变形随大坝库容等相关因子变化的模型，分析变形的变化规律，为开展大坝变形的预测预报提供服务。

7.3.2.2　大坝变形监测的数据处理案例

本小节以红雁池水库为例介绍大坝平面位移数据的处理工作。红雁池水库位于乌鲁木齐市南郊 6 km 处，是中华人民共和国成立前新疆第一座以灌溉为主，兼顾防洪、发电、旅游、养殖等综合效益的引水注入式水库。其主要包括主坝、副坝、引水渠三部分。红雁池水库大坝为刚性心墙均质土坝，坝长约 440 m，坝高 22 m，坝顶宽 7 m，水库设计库容为 5 300 万 m^3，死库容量为 700 万 m^3。由于建设年代久远，其被列为重点病险水库之一，存在一定安全隐患。为了获取大坝的变形信息，最大限度地减少灾害，需要对大坝开展变形监测工作，其具体内容如下。

(1) 平面坐标系统的设置

本案例根据红雁池水库大坝的地理位置和历史资料，以 1954 北京坐标系的 3°带投影建立高斯平面直角坐标系，选择的投影面高程为 1 009 m(1985 国家高程基准)，红雁池水库位于第 29 带，中央子午线为 87°，则由 1980 西安坐标系下的坐标归化到抵偿面坐标的计算公式如式(7-1)所示：

$$\begin{cases} X = X_i + (X_i - X_o) \times H/R \\ Y = Y_i + (Y_i - Y_o) \times H/R \end{cases} \tag{7-1}$$

其中，X、Y 为抵偿面坐标；X_i、Y_i 为 1980 西安坐标系下的坐标；X_o、Y_o 为测段区域的原点坐标；H 为抵偿面的高程；R 为测区的平均曲率半径。

(2) 点位精度分析及观测方案拟定

依据《土石坝安全监测技术规范》(SL 551—2012)，监测点精度(水平位移监测点和垂直位移监测点)相对邻近工作基点的中误差应不大于±3.5 mm，水平位移监测精度等级应满足三等要求。采用 GNSS 静态相对定位方法监测红雁池水库大坝的水平位移，监测点由 3 个监测基准点和 10 个监测点组成，其中监测基准点分布于坝体两侧，监测点分布在坝顶上。观测设备为 10 台 Trimble(天宝)双频 GNSS 接收机(标称精度：5 mm+1 ppm×D)，观测方法采用边连式构网，每个监测点观测 2 个时段以上，每个时段的观测时间为 60～90 min。观测前做好星历预报工作，并根据测区的地形和交通情况编制观测计划表，按观测计划表对野外作业进行调度，采用三等 GNSS 控制网的(表 7-4)精度要求开展观测。

表 7-4　GPS 静态测量的基本技术要求

等级	接收机类型	仪器标称精度	卫星截止高度角/(°)	有效观测卫星数	观测时段长度/min	数据采样间隔/s	PDOP(位置精度衰减因子)
三等	双频	5 mm+1 ppm×D	≥15	≥4	15～45	10～30	≤6

(3) 变形量计算及精度评定

利用 GNSS 接收机记录的静态观测数据和广播星历，采用双差固定解计算 GNSS 网基线，具体包括基线比率、RMS(均方根误差)值的计算，复测基线较差的计算和限差的检核，同步环和异步环闭合差的检验，闭合差的数值要满足《水利水电工程测量规范》(SL 197—

2013)中的相关规定(见表 7-5)。

表 7-5　闭合差相关规定

闭合环	闭合差限差			
	W_x	W_y	W_z	W
异步环	$3\sqrt{n}\sigma$	$3\sqrt{n}\sigma$	$3\sqrt{n}\sigma$	$3\sqrt{3n}\sigma$
同步环	$1.5\sqrt{n}\sigma$	$1.5\sqrt{n}\sigma$	$1.5\sqrt{n}\sigma$	$1.5\sqrt{3n}\sigma$

表 7-5 中,n 为组成闭合环的边数;W_x、W_y、W_z 为闭合环坐标分量闭合差;W 为闭合环全长闭合差;σ 为基线向量的弦长中误差,$\sigma=\pm\sqrt{a^2+(b+D)^2}$,其中,$a$、$b$ 为相应等级的 GPS 网精度,D 为控制网平均边长(单位:km)。计算闭合差时,σ 按实际控制网的平均边长计算;计算复测基线较差时,σ 按相应 GPS 网精度和重复基线基线长计算。

剔除观测质量不好的基线,开展平差工作,获取平差后的大地坐标、高斯平面坐标和点位中误差。

(4) 变形分析

结合多期观测成果,计算当期观测相对初期及前一期各监测点的水平位移量(见图 7-6 和表 7-6)。

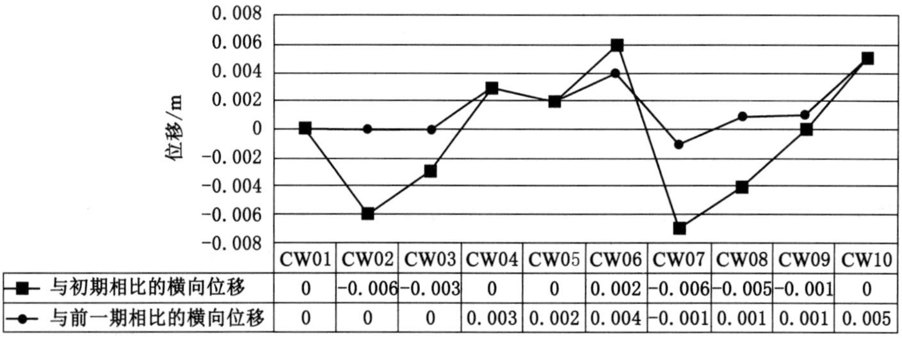

图 7-6　坝顶上各监测点横向位移变化分布图

表 7-6　监测点位移比较结果

点名	与前一期的差值/m		与初期的差值/m	
	Δx	Δy	Δx	Δy
CW01	0	0.001	0	0.004
CW02	0	0.001	−0.006	0.004
CW03	0	0	−0.003	0.008
CW04	0.003	0	0	0.002
CW05	0.002	0.001	0	0.003
CW06	0.004	−0.006	0.002	−0.002
CW07	−0.001	0.003	−0.006	0.002

表7-6(续)

点名	与前一期的差值/m		与初期的差值/m	
	Δx	Δy	Δx	Δy
CW08	0.001	−0.002	−0.005	0.004
CW09	0.001	−0.008	−0.001	−0.006
CW10	0.005	0.007	0	0.008

综合各次测量成果来看，红雁池水库大坝的总体位移变化趋于稳定，整体运行安全。

7.4　大坝变形监测阶段划分与发展趋势

我国大坝数量庞大，根据《2023 年全国水利发展统计公报》，我国已建成各类水库 94 877座，水库总库容达 9 999 亿 m^3。其中，大型水库 836 座，总库容 8 077 亿 m^3；中型水库 4 230 座，总库容 1 210 亿 m^3。此外我国高坝技术引领全球，坝高 305 m 的锦屏一级混凝土双曲拱坝，位列同类坝型之冠。经过大规模水利建设后，大型水坝的健康诊断必将成为下一阶段的工作重点。

大坝安全监测在全球范围内都是一项重要的研究课题，国外在该方面的研究和应用可追溯到 19 世纪 90 年代。1891 年德国埃施巴赫重力坝的大坝位移观测，1903 年美国新泽西州布恩顿重力坝的温度观测，1908 年澳大利亚新南威尔士州巴伦杰克溪薄拱坝的变形观测，是最早开展大坝安全监测的实例。此后观测技术发展比较缓慢，直至 20 世纪 50 年代，随着建坝数量逐渐增多，坝高加大，坝基条件日益复杂，观测技术也逐步得到发展。特别是 1959 年 12 月 2 日法国高度为 66.5 m 的马尔巴塞拱坝因左岸基岩破坏而失事，1976 年 6 月 5 日美国高度为 124 m 的提堂土坝因坝基管涌失事等，引起了世界各国对大坝安全监测的重视，对坝体的监测也扩展到坝基和库岸。可见，大坝安全监测技术是随着大坝数量的增加以及科学技术的进步而不断发展的。

在近一个多世纪的水利工程发展史中，大坝变形监测大致可归纳为以下 3 个阶段。

(1) 大坝基础观测阶段(19 世纪末期到 20 世纪中期)。这一阶段的大坝监测主要服务于大坝设计的理论研究，即通过观测大坝的变形和应力状态以及其他相关因素，如温度、水位等，探索和改善大坝设计的工程理论。

(2) 拓展监测阶段(20 世纪中期到 20 世纪末期)。在经历多次严重的大坝运行安全事故后，人们意识到，保证大坝的安全不仅应该重视大坝的初始设计，更应该在使用过程中随时关注其健康状态，防患于未然。自此，针对大坝的安全性监测被提上日程。

(3) 安全监测阶段(20 世纪末期至今)。随着大坝在全球范围内的普遍修建和应用，大坝安全监测逐渐得到长足发展，各项技术也被纷纷引入这一领域并逐渐成熟，与之相关的科学研究也越来越深入和广泛。针对大坝的安全监测，目前已形成了一整套的理论和方法体系，并逐渐细分。其中主要的监测项目有：库区环境监测、坝体的应力应变监测、水位监测、温度监测、渗流监测等。

当前，随着新技术的应用，国内外的大坝变形监测领域出现了不错的发展势头，简单归纳如下。

（1）基于GNSS技术的大坝变形监测：随着GNSS技术在定位精度上的不断提高，其在大坝变形监测领域的应用也越来越多。单一的GPS监测数据不可避免地会产生误差，伴随着我国北斗系统的发展成熟，可结合北斗卫星的接收机和天线，与GPS共同监测。最终成果也可融合解算，从而可提高监测数据的可靠性，保证大坝监测的精度。此外，欧洲的伽利略导航卫星系统（Galileo）和俄罗斯的格洛纳斯导航系统（GLONASS）也可纳入大坝变形监测系统进行联合监测。融合多种卫星的大坝变形监测系统正逐步形成。

（2）多种传感器的融合监测：大坝的变形通常受到多种因素的影响，其变形的模型也较为复杂。在利用卫星定位系统进行大坝监测时，由于监测点密度不足等条件限制，无法全方位地了解大坝的真实变形特征。因此，还需要在坝体上布设更加灵敏、直观的传感器，如现有的电容、电阻式传感器以及光纤传感器等。采用不同的传感器配合卫星定位监测点、全站仪监测点等进行实时或周期监测，可全方位地对大坝的变形进行监测和机理反演。

综上所述，大坝变形监测手段丰富多样，而且正在朝着全数字化的方向发展。未来的大坝变形监测中，人力消耗会逐渐降低，甚至可以实现全智能化操作。在此基础上，大坝变形监测可实时展示成果，从而可提高监测的时效性，进一步保证大坝的安全运行。

思　考　题

1. 简述大坝变形监测的目的和意义。
2. 简述大坝变形监测的内容和要求。
3. 大坝变形监测有哪些技术和方法？分别说明各种方法的优缺点。
4. 简述大坝变形监测的基本流程。

第 8 章 基坑工程变形监测方法及应用

随着经济的发展，城市化步伐的加快，为满足日益增长的市民出行、轨道交通换乘、商业、停车等功能的需要，在用地愈发紧张的密集城市中心，结合城市建设和改造开发大型地下空间已成为一种必然，诸如高层建筑多层地下室、地下铁道及地下车站、地下道路、地下停车库、地下街道、地下商场、地下医院、地下变电站、地下仓库、地下民防工程以及多种地下民用和工业设施等。

地下空间开发规模越来越大，如上海市地下空间开发面积在 10 万～30 万 m^2 的地下综合体项目已多达几十个。大型地下空间的基坑开挖面积一般可达 2 万～6 万 m^2，如上海仲盛广场基坑开挖面积为 5 万 m^2，天津市 117 大厦基坑开挖面积为 12.41 万 m^2，上海虹桥综合交通枢纽工程开挖面积达 35 万 m^2。基坑的深度也越来越深，一般基坑深度为 16 m 以上，如天津津塔挖深（开挖深度）为 23.5 m，苏州东方之门最大挖深为 22 m，上海世博 500 kV地下变电站挖深（开挖深度）为 34 m，上海轨道交通 4 号线董家渡修复工程基坑则深达 41 m。这些深大基坑通常都位于密集城市中心，基坑工程周围密布着各种地下管线、各类建筑物、交通干道、地铁隧道等。基坑工程具有施工场地紧张、工期紧、地质条件和施工条件复杂、周边设施环境保护要求高等特点。

8.1 基坑工程变形监测特点与主要内容

8.1.1 基坑工程变形监测特点

（1）安全储备小、风险大

基坑工程作为临时性措施，其围护体系在设计计算时有些荷载（如地震荷载）不加以考虑。与永久性结构相比，基坑工程在强度、变形、防渗、耐久性等方面的要求较低，安全储备小。加上建设方对基坑工程认识上的偏差，可能存在为降低工程费用，对设计提出一些不合理要求的行为，从而进一步降低了基坑工程实际的安全储备。因此，基坑工程具有较大的风险，必须有合理的应对措施。

（2）制约因素多

基坑工程与自然条件的关系较为密切，设计、施工过程中必须全面考虑气象、工程地质和水文地质条件及其在施工中的变化，充分了解工程所处的工程地质及水文地质条件、周围环境与基坑开挖间的关系及相互影响。基坑工程作为一种岩土工程，受工程地质和水文地质条件的影响很大，区域性强。另外，基坑工程所采用的围护结构体系除受地质条件制约以外，还会受到相邻建筑物、地下构筑物和地下管线等的影响，周边环境的容许变形量、重要性等也会成为基坑工程设计和施工的制约因素。

(3) 计算理论不完善

基坑工程作为地下工程,所处的地质条件复杂,影响因素众多。目前,人们对岩土力学性质的了解还不深入,土压力理论还不够完善,实际设计计算中往往采用经验值,或者按照朗肯土压力理论或库仑土压力理论计算,然后根据经验进行修正。在考虑地下水对土压力的影响时,水土压力合算和水土压力分算哪一种更符合实际情况,学术界和工程界对其的认识仍未统一,各地制定的技术规程或规范也不尽相同。至于时间对土压力的影响,即土体的蠕变性,目前在实际应用中较少考虑。岩土的本构模型目前已多达数百种,但真正能获得实际应用的模型却寥寥无几,即使获得了实际应用,其和实际情况相比仍存在较大偏差。

(4) 综合性知识、经验要求高

基坑工程的设计和施工不仅需要岩土工程方面的知识,还需要结构工程方面的知识。同时,基坑工程的设计和施工是密不可分的,设计计算的工况必须和实际施工工况一致才能确保设计的可靠性。所有设计人员必须了解施工,施工人员也必须了解设计。设计计算理论的不完善和施工中的不确定因素均会增加基坑工程失效的风险,因此,基坑工程的设计和施工人员需要具有丰富的现场实践经验。

(5) 要考虑环境效应

基坑开挖必将引起基坑周围地基中地下水位的变化和应力场的改变,导致基坑周围土体的变形,进而对基坑邻近的建筑物、地下构筑物和地下管线等产生影响,影响严重的将危及相邻建(构)筑物及地下管线的安全和正常使用,必须引起足够的重视。另外,基坑工程施工过程中产生的噪声、粉尘、废弃的泥浆、渣土等也会对周围环境产生影响,大量的土方运输也会对交通产生影响,因此,必须考虑基坑工程的环境效应。

8.1.2 基坑工程变形监测内容

基坑工程变形监测的内容分为两大部分,即基坑本体监测和相邻环境监测。基坑本体监测涉及围护(桩)墙、支撑、锚杆、土钉、坑内立柱、坑内土层、地下水等;相邻环境监测涉及周围地层、地下管线、相邻建(构)筑物、相邻道路等。基坑工程的监测项目应与基坑工程设计、施工方案相匹配。应针对监测对象的关键部位,做到重点观测、项目配套并形成有效的、完整的监测系统。根据《建筑基坑工程监测技术标准》(GB 50497—2019),基坑工程仪器监测项目应根据表 8-1 进行选择。

表 8-1 基坑工程仪器监测项目

监测项目	基坑工程安全等级		
	一级	二级	三级
围护墙(边坡)顶部水平位移	应测	应测	应测
围护墙(边坡)顶部竖向位移	应测	应测	应测
深层水平位移	应测	应测	宜测
立柱竖向位移	应测	应测	宜测
围护墙内力	宜测	可测	可测
支撑轴力	应测	应测	宜测

表8-1(续)

监测项目		基坑工程安全等级		
		一级	二级	三级
立柱内力		可测	可测	可测
锚杆轴力		应测	宜测	可测
坑底隆起		可测	可测	可测
围护墙侧向土压力		可测	可测	可测
孔隙水压力		可测	可测	可测
地下水位		应测	应测	应测
土层分层竖向位移		可测	可测	可测
周边地表竖向位移		应测	应测	宜测
周围建筑	竖向位移	应测	应测	应测
	倾斜	应测	宜测	可测
	水平位移	宜测	可测	可测
周边建筑裂缝、地表裂缝		应测	应测	应测
周围管线	竖向位移	应测	应测	应测
	水平位移	可测	可测	可测
周边道路竖向位移		应测	宜测	可测

基坑工程的监测应覆盖整个施工期，其中，每天均应进行巡视检查。如发现异常情况，需加密巡查频率；如发生突发事件，必须立即依据预警程序上报，不得瞒报、漏报。主体结构完成后方可结束巡视检查。

巡视检查以目测为主，可辅以锤、钎、量尺、放大镜等工具以及摄像、摄影等设备进行。巡视检查时，应对自然条件、支护结构、施工工况、周边环境、监测设施等的检查情况进行详细记录，具体的巡视内容包括：① 开挖面的地质状况，如土层性质及稳定性、地下水控制效果等；② 支护结构体系，如渗漏水情况、支护体系开裂情况、变形变化情况等；③ 周边环境，如坑边超载情况，地表积水及截排水措施，建(构)筑物变形及开裂情况，地表变形及开裂情况，管线沿线地面开裂、渗水、塌陷情况，管线检查井开裂及积水变化情况等。同时需要及时整理巡视记录，结合仪器监测数据开展综合分析，如发现异常情况，应及时通知建设方及其他相关单位。

8.2　基坑工程变形监测技术与方案

8.2.1　监测技术要求

(1) 工程应实行信息化施工，施工期间应根据监测资料及时控制和调整施工进度及施工方法，对施工全过程进行动态控制。

(2) 在选择监测仪器时，需考虑所需的最大量程和最高精度要求，并根据基坑工程地下施工期间的环境条件和使用性质，选用满足安全监测要求的监测仪器。

(3) 制定埋设安装仪器的详细方案，埋设安装前应对仪器进行检验和标定，仪器埋设时需核定传感器的位置、方向等是否正确，埋设工作是否符合技术要求。调试仪器设备，以检查其能否正常工作。

(4) 所有监测点安装埋设完成后，应及时绘制监测点位置图，并加强对监测点和监测设施的保护，以防监测点被破坏导致监测记录中断。

(5) 原始监测数据必须准确和完整，应及时对其进行处理，以对基坑施工形成反馈。对发现的异常变形现象应加强分析和监测。监测数据未达到警戒值时，应向设计单位每周提交一次书面监测结果(包括每天的监测数据及周报)，监测材料上应注明对应的施工工况及平面分布图等施工信息，以便于相关人员分析监测结果所反映的信息。监测数据如达到或超过警戒值，应及时通知有关人员，以期尽快采取有效措施保证工程顺利进行。

(6) 对原始数据要进行深度分析，去除粗差并进行必要的误差补偿后方可进行计算，并绘制观测读数与时间、深度及开挖过程的曲线，按施工阶段提出简报。监测工作应贯穿基坑工程的始终，待全部资料齐备后，应提供完整的电子版监测数据、监测时间曲线图及监测报告予围护设计单位及相关单位。

8.2.2 监测精度、频率及警戒值

基坑工程监测中，监测精度、频率及其警戒值通常与基坑的规模、深度、岩土体结构、地下水等基坑本体特征，以及邻近建(构)筑物、管线设施等相邻环境有关。表 8-2 以某高铁测站周边的基坑工程监测为例，列举了基坑工程监测中不同监测项目的监测精度、频率及其警戒值，需要注意的是表 8-2 中给出的频率为正常情况下的监测频率，如出现变化量或累计变化量超过警戒值的情况，需进一步提高监测频率。表 8-3 给出了不同基坑工程安全等级所对应的基坑支护体系监测项目，而不同等级基坑施工进程所对应的监测频率以及不同基坑工程安全等级所对应的各监测项目警戒值分别在表 8-4 和表 8-5 中进行说明。

表 8-2 主体结构各监测项目及警戒值

	序号	监测项目	监测位置和对象	仪器监测精度	监测频率	监测项目警戒值	监测项目控制值	测点布置
必测项目	1	围护结构水平位移	围护结构上端	±1 mm	开挖及回筑过程中一天两次	0.20%基坑开挖深度	0.25%基坑开挖深度	沿车站纵向 10～15 m 布置 1 个
	2	围护结构变形	围护结构内	±1 mm	开挖及回筑过程中一天两次	0.20%基坑开挖深度	0.25%基坑开挖深度	沿车站纵向 10～15 m 布置 1 个，竖向间距为 0.5 m
	3	地面沉降	围护结构周围土体	±1 mm	围护结构施工及基坑开挖期间每两天一次，主体结构施工期间每周两次	20 mm	30 mm	沿车站纵向 20 m 布置 1 个
	4	地下水位	基坑周围	±5 mm	围护结构施工及基坑开挖期间每两天一次，主体结构施工期间每两天一次	降水不大于 0.8 m	降水不大于 1 m	沿车站纵向 15～25 m 布置 1 个

表8-2(续)

	序号	监测项目	监测位置和对象	仪器监测精度	监测频率	监测项目警戒值	监测项目控制值	测点布置
必测项目	5	支撑轴力(含支撑变形)	钢支撑端部或混凝土支撑中部	≤1/100(F·S)	开挖及回筑过程中一天两次	按 80% 设计轴力值	按 100% 设计轴力值	每层布置 20 个
	6	地下连续墙钢筋应力	墙体主筋		基坑开挖及回筑过程中一天一次	按 80% 设计内力值	按 100% 设计内力值	水平间距为 30 m，竖向内、外各设 6～8 个
	7	基坑周边房屋基础监测	房屋基础周边	±1 mm	两天一次	按 80% 的规范规定的设计值控制	按规范规定的设计值控制	应布置在房屋四周
	8	支撑立柱沉降观测	支撑立柱顶上	±1 mm	两天一次	按 80% 的规范规定的设计值控制	按规范规定的设计值控制	应布置在支撑立柱顶上，按立柱数量的 20%布置
选测项目	9	孔隙水压力	围护结构周围土体	≤1Pa	围护结构施工及基坑开挖期间每两天一次，主体结构施工期间每两天一次			沿车站纵向每侧布置 3 个，竖向间距为 2～3 m
	10	围护结构侧向土压力	围护结构后和嵌固段围护结构前	≤1/100(F·S)	施工期间每两天一次			应布置在围护结构迎土侧及嵌固段基坑侧，沿车站纵向每侧布置 3 组，竖向间距为 2～3 m
	11	土体侧向变形	围护结构周边土体	±1 mm	围护结构施工及基坑开挖期间每五天一次，主体结构施工期间每两天一次			沿车站纵向每侧布置 3 个，竖向间距为 0.5 m

表 8-3　不同基坑工程安全等级所对应的基坑支护体系监测项目

序号	施工阶段	基坑开挖阶段						
	监测项目	支护形式和安全等级						
		放坡开挖	复合土钉支护	水泥土重力式围护墙		板式支护体系		
		三级	三级	二级	三级	一级	二级	三级
1	支护体系观察	√	√	√	√	√	√	√
2	围护墙(边坡)顶部竖向、水平位移	√	√	√	√	√	√	√
3	围护体系裂缝		√	√	√	√	√	√

表8-3(续)

序号	施工阶段	基坑开挖阶段						
	监测项目	支护形式和安全等级						
		放坡开挖	复合土钉支护	水泥土重力式围护墙		板式支护体系		
		三级	三级	二级	三级	一级	二级	三级
4	围护墙侧向变形(测斜)		○	√	○	√	√	√
5	围护墙侧向土压力					○	○	
6	围护墙内力					○	○	
7	冠梁及围檩内力					√	○	
8	支撑内力					√	√	○
9	锚杆拉力					√	√	○
10	立柱竖向位移					√	√	○
11	立柱内力					○	○	
12	坑底隆起(回弹)			○		√	○	
13	基坑内、外地下水位	√	√	√	√	√	√	√

注:1. "√"为应测项目;"○"为选测项目(视监测工程具体情况和相关单位要求确定)。

2. 逆作法基坑施工除应满足一级板式围护体系监测要求外,还应增加结构梁板体系内力监测和立柱、外墙垂直位移监测。

表 8-4 监测频率的确定

基坑类别	施工进程		基坑设计开挖深度/m			
			≤5	5~10	10~15	>15
一级	开挖深度/m	≤5	1 次/d	1 次/2 d	1 次/2 d	1 次/2 d
		5~10		1 次/d	1 次/d	1 次/d
		>10			2 次/d	2 次/d
	底板浇筑后时间/d	≤7	1 次/d	1 次/d	2 次/d	2 次/d
		7~14	1 次/3 d	1 次/2 d	1 次/d	1 次/d
		14~28	1 次/5 d	1 次/3 d	1 次/2 d	1 次/d
		>28	1 次/7 d	1 次/5 d	1 次/3 d	1 次/3 d
二级	开挖深度/m	≤5	1 次/2 d	1 次/2 d		
		5~10		1 次/d		
	底板浇筑后时间/d	≤7	1 次/2 d	1 次/2 d		
		7~14	1 次/3 d	1 次/3 d		
		14~28	1 次/7 d	1 次/5 d		
		>28	1 次/10 d	1 次/10 d		

注:1. 有支撑的围护结构各道支撑开始拆除到拆除完成后 3 d 内监测频率应为 1 次/d。

2. 基坑工程施工至开挖前的监测频率视具体情况而定。

3. 当基坑类别为三级时,监测频率可视具体情况适当降低。

4. 宜测、可测项目的仪器监测频率可视具体情况适当降低。

表 8-5 不同基坑工程安全等级所对应的各监测项目警戒值

监测项目	一级		二级		三级	
	变化速率 /(mm·d^{-1})	累计值 /mm	变化速率 /(mm·d^{-1})	累计值 /mm	变化速率 /(mm·d^{-1})	累计值 /mm
围护墙侧向最大位移	2～4	0.4%H	3～5	0.5%H	3～5	0.8%H
支撑轴力	设计控制值的 80%					
锚杆拉力	设计控制值的 80%					

注：警戒值可按基坑各边情况分别确定；H 为基坑设计开挖深度，m。

8.2.3 基坑工程变形监测方法

基坑工程变形监测是在基坑开挖过程中，用精密仪器和设备对基坑支护结构和周边环境，包括围岩、建(构)筑物、道路、地下管线等设施的位移、倾斜、沉降、应力、开裂、基底隆起、孔隙水压力以及地下水位的动态变化等开展的综合性监测。其具体内容如下。

8.2.3.1 围护结构内深层水平的变形监测

为获取基坑围护墙(桩)和土体在不同深度处的水平位移，通常借助测斜仪对基坑在开挖和结构施工过程中各围护墙(桩)和土体在不同深度处的水平位移进行监测。监测结果可用于评估工程开挖带来的影响，并可为相应的治理措施提供决策支持。其具体的实施过程如下。

(1) 埋设测斜管

测斜管的埋设分绑扎埋设和钻孔埋设两种。绑扎埋设是将测斜管在现场组装后绑扎在桩墙钢筋笼上，随钢筋笼一起下放到孔槽内，并将其浇筑在混凝土中。浇筑前应封好管底底盖并在测斜管内注满清水，以防止测斜管在浇筑混凝土时浮起，防止水泥砂浆渗入管内。钻孔埋设是预先在土层中打出直径略大于测斜管外径的钻孔，将测斜管封好底盖后逐节组装逐节下放到钻孔内，同时在测斜管内注满清水，直到放到预定的标高，随后在测斜管与钻孔之间回填细砂和水泥与黏土拌和的材料固定测斜管，用清水将测斜管冲洗干净。测斜管和测斜仪分别如图 8-1 和图 8-2 所示。

(2) 深层水平位移监测

测斜管埋设后，在基坑开挖前的 3～5 d 内应用测斜仪对同一测斜管做 3 次重复测量。判明其处于稳定状态后，选取收敛值最小的一次观测数据作为该孔的初始值。采用测斜仪进行观测时，一般将测斜管口作为测点位置的基准点，每次测试时管口基准点必须是同一位置，按探头电缆上的刻度分划，匀速提升，每隔 500 mm 读一次数并做好记录。待探头提升至管口处，对其旋转 180°，再按上述方法进行测量，以消除测斜仪自身的误差。每次测试均用经纬仪或全站仪测量测斜管口的偏移量，然后利用测得的孔口位移对测斜成果进行修正，最终计算所有观测数据，生成报表及测斜曲线。施工过程中的日常监测值与初始值的差值为其累计水平位移量，本次值与前次值的差值为其本次位移量。频率读数仪和测斜原理分别如图 8-3 和图 8-4 所示。

(3) 水平位移计算方法

根据测斜仪的读数，用式(8-1)和式(8-2)计算不同深度处的水平位移：

图 8-1　测斜管

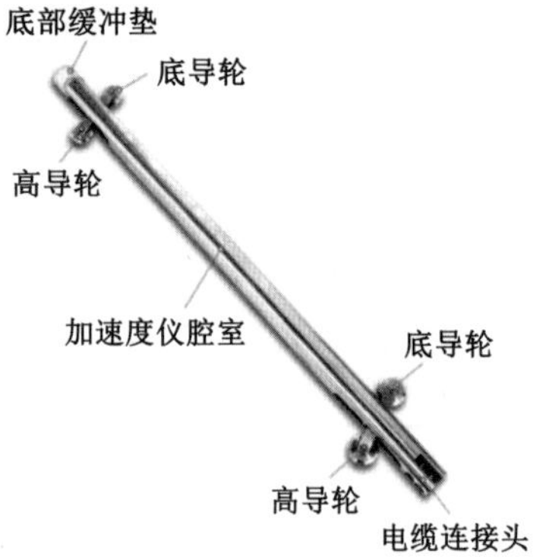

图 8-2　测斜仪

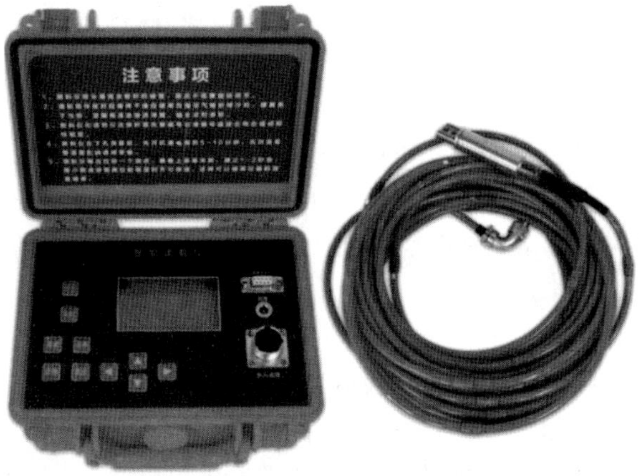

图 8-3　频率读数仪

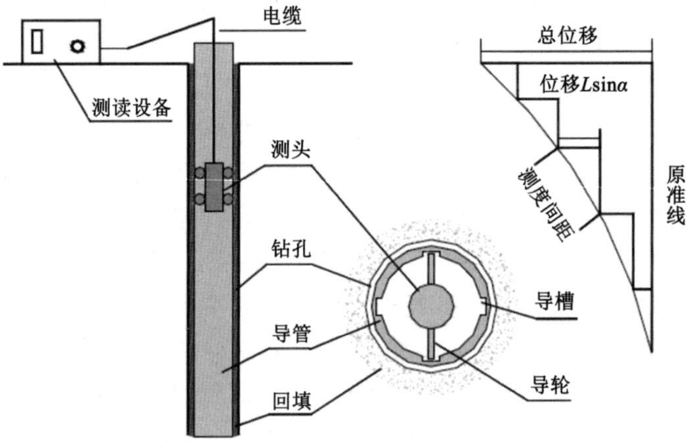

图 8-4　测斜原理

$$X_i = \sum_{j=0}^{i} L \sin \alpha_j = C \sum_{j=0}^{i} (A_j - B_j) \tag{8-1}$$

$$\Delta X_i = X_i - X_{io} \tag{8-2}$$

式中，ΔX_i 为 i 深度的累计位移量(计算结果精确至 0.01 mm)；X_i 为 i 深度的本次位移量，mm；X_{io} 为 i 深度的初始位移量，mm；A_j 为仪器在 0°方向的读数；B_j 为仪器在 180°方向的读数；C 为探头的标定系数，1.0 m 点距情况下，$C=0.02$；L 为探头的长度，mm；a_j 为倾角。

最终将位移结果绘制成如图 8-5 所示的位移-深度曲线。

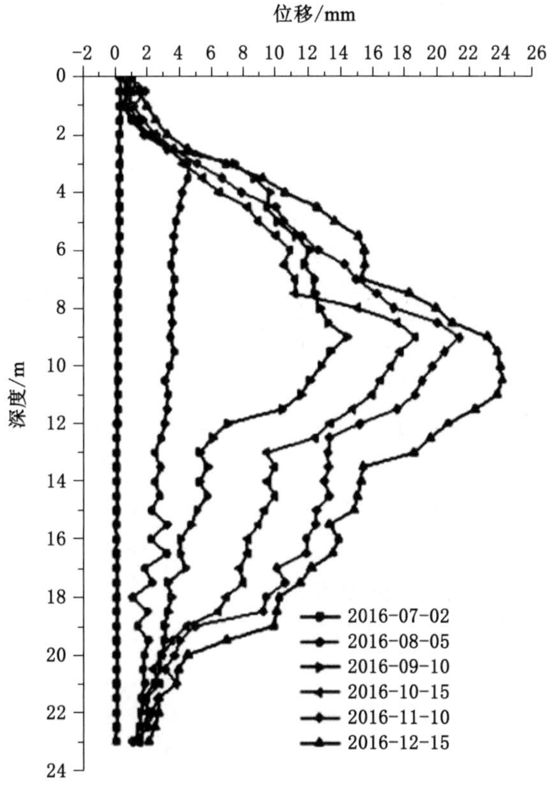

图 8-5　基坑监测点的位移-深度曲线

8.2.3.2　围护结构顶的水平位移监测

为获取围护结构顶的水平位移，通常借助大地测量仪器，对布设在围护结构顶的监测点的平面坐标进行监测，再将监测点的坐标变化量转化到目标方向上，获得围护结构顶监测点目标方向上的水平位移。其具体的实施过程如下。

(1) 埋设水平位移监测点

采用埋设观测墩等形式，在基坑支护结构的冠顶梁上布设监测点。具体方法如下：首先在基坑围护连续墙的冠顶梁上钻孔，在孔内埋设 $\phi 25$ 钢筋，并在顶部刻上“+”标记作为监测点，采用三脚架对中测试。基准点及工作基点应按相关规范要求埋设于基坑影响范围之外的稳定可靠的地方，必要时须加盖保护，并设立明显标志。变形监测点的布设须避开基坑护栏等存在观测障碍的地方，以防止通视条件不好影响观测。

(2) 水平位移监测及数据处理

基坑开挖前一周内，采用极坐标法观测各监测点并计算其坐标，每个监测点观测 3 次以上，通过坐标比较检核后，取平均值作为其初始坐标。基坑开挖后，对比每次测量的坐标值与初始值，以获得监测点坐标差。通过极坐标法测量获得的是监测点坐标差在施工测量坐标系下的位移量，而基坑的水平位移量是位移点沿垂直于基坑边线方向的偏移值，因此，需将监测点坐标差转化到垂直于地墙方向的位移分量上。如图 8-6 所示，xOy 为施工测量坐标系，$x'Oy'$ 为与 xOy 共原点的参考坐标系。$P(x,y)$ 和 $P(x',y')$ 为位移点 P 分别在施工测量坐标系和参考坐标系中的坐标。α 为位移点 P 沿基坑边垂线(且指向基坑内)在施工测量坐标系中的坐标方位角，参考坐标系 x' 轴系施工测量坐标系 x 轴旋转 α 角且与 P 点基坑边的垂线平行。由坐标系旋转变换原理可得：

$$\begin{bmatrix} x' \\ y' \end{bmatrix} = \begin{bmatrix} \cos\alpha & \sin\alpha \\ -\sin\alpha & \cos\alpha \end{bmatrix} \begin{bmatrix} x \\ y \end{bmatrix} \tag{8-3}$$

即以施工测量坐标系中按极坐标法施测的位移点坐标 $P(x,y)$、位移点沿基坑边垂线在施工测量坐标系中的坐标方位角为基础，可由式(8-3)求得位移点在参考坐标系中的坐标值。设本次监测为第 $i+1$ 次，前次监测为第 i 次($i\geqslant 1$)，则位移量计算式可表达为：

$$\begin{bmatrix} x'_{i+1} \\ y'_{i+1} \end{bmatrix} - \begin{bmatrix} x'_i \\ y'_i \end{bmatrix} = \begin{bmatrix} \cos\alpha & \sin\alpha \\ -\sin\alpha & \cos\alpha \end{bmatrix} \begin{bmatrix} x_{i+1} \\ y_{i+1} \end{bmatrix} - \begin{bmatrix} \cos\alpha & \sin\alpha \\ -\sin\alpha & \cos\alpha \end{bmatrix} \begin{bmatrix} x_i \\ y_i \end{bmatrix} \tag{8-4}$$

如图 8-7 所示，通过全站仪测量角度、距离，计算监测点在施工测量坐标系中的坐标值，数据处理的计算式为：

$$\Delta x = x_i - x_A = D\cos(\alpha_{AB} + \beta) \tag{8-5}$$

$$\Delta y = y_i - y_A = D\sin(\alpha_{AB} + \beta) \tag{8-6}$$

式中，D 为所测得的平距；x_i，y_i 为待测点的坐标；x_A，y_A 为工作基点坐标；α_{AB} 为起始边 AB 的坐标方位角；β 为所测方向与起始方向间的左角值；Δx 为监测点沿 x 方向的偏移量；Δy 为监测点沿 y 方向的偏移量。

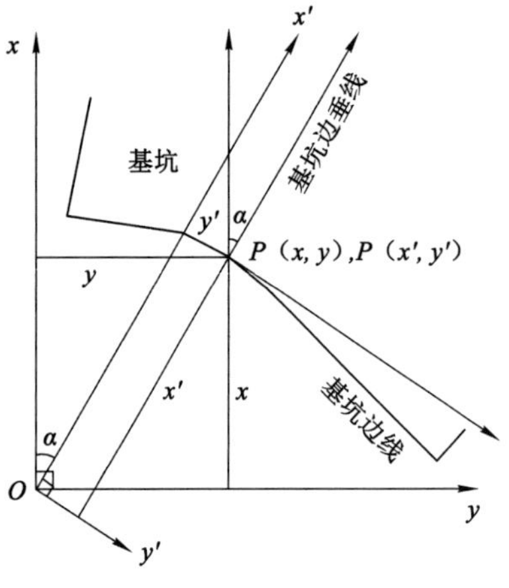

图 8-6 水平位移量计算示意图

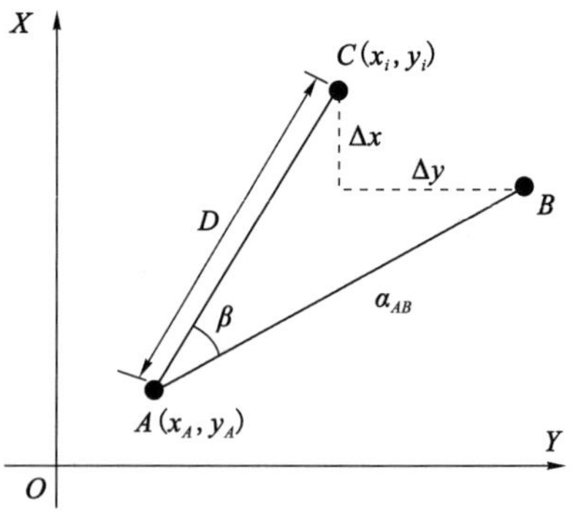

图 8-7 数据处理示意图

最后，将计算得到的围护结构顶水平位移绘制成如图 8-8 所示的时间-位移曲线。

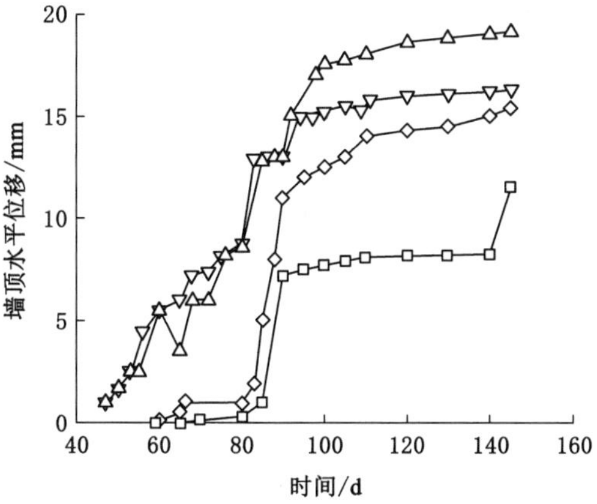

图 8-8　正常连续墙顶的时间-位移曲线

8.2.3.3　地下水位监测

基坑工程地下水位监测包含坑内、坑外水位监测。在基坑开挖、结构施工过程中，通过坑外水位观测可以了解坑内降水对周围地下水位的影响范围和影响程度，防止基坑工程施工中坑外水土流失。其具体监测方法如下。

(1) 埋设水位管

选用直径为 50 mm 的硬质 PVC(聚氯乙烯)塑料管(图 8-9)作为水位管，管底加盖密封，防止泥沙进入管中。下部留出 0.5～1 m 的沉淀段(不打孔)，用来沉积滤水段带入的少量泥沙。中部管壁周围钻出 6～8 列直径为 6 mm 的滤水孔，纵向孔距为 50～100 mm。相邻两列的孔交错排列，呈梅花状布置。管壁外部包扎过滤层，过滤层可选用土工织物或网纱。上部管口段不打孔，以保证封孔质量。

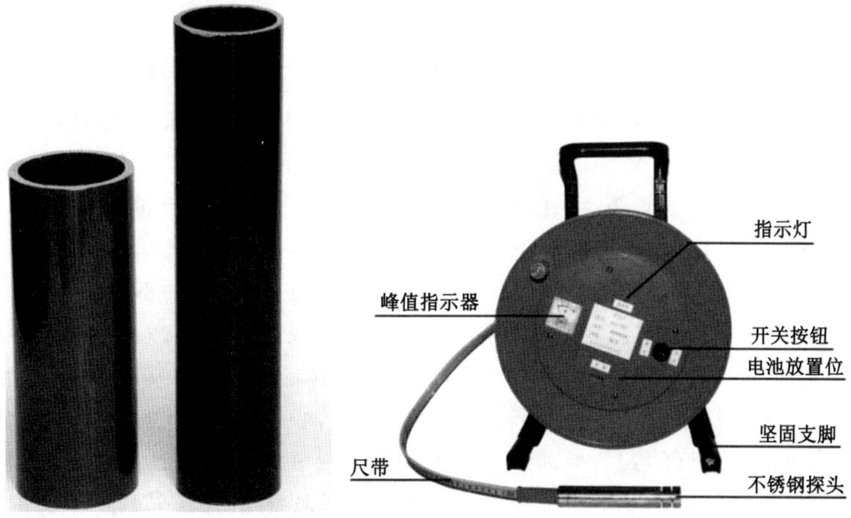

(a)　　(b)

图 8-9　水位管及钢尺水位计

（2）地下水位监测及数据处理

地下水位监测设备为观测精度为 5 mm 的电测水位计。当测头接触到地下水时，报警器发出信号，此时读取与测头连接的标尺刻度，此读数为水位与固定监测点的垂直距离。再通过固定监测点的标高换算出实际水位标高，并实时对监测结果进行整理，向业主、监理单位及其他相关单位提交报告。成果报告应提供观测点的位置、编号、观测时间及水位与时间的关系曲线（图 8-10）。水位观测的初始值以开始时的 3 次独立观测数据为基础，当 3 次观测数据的差值在精度范围内时，取其平均值作为初始值。水位管管口高程可用水准仪测得。日常监测值与初始值的差值为其累计变化量，本次与前次测得之值的差值为其本次变化量。

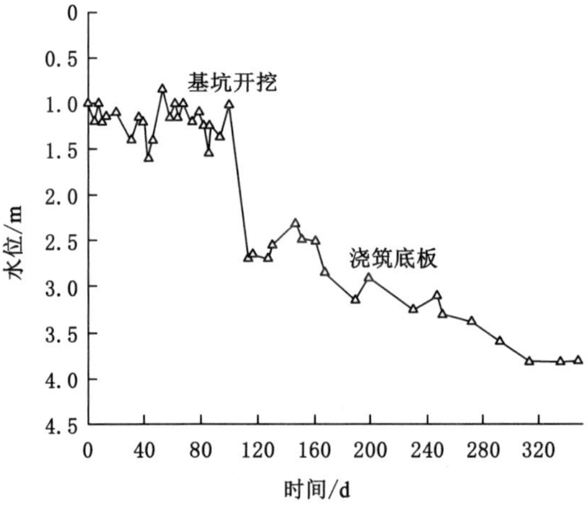

图 8-10　某潜水位变化曲线

8.2.3.4　支撑轴力监测

基坑工程支撑轴力监测的具体方法如下。

（1）埋设混凝土（钢）支撑

对于混凝土支撑和钢支撑，分别采用钢筋计和轴力计（图 8-11）对其进行监测。支撑轴力监测设备的布设方案如图 8-12 所示。根据相关规范及设计的要求，每道支撑各布设 1 组轴力计（或钢筋计），当选定监测断面后，将传感器布置在该断面的 4 个角上或 4 条边上，以便必要时可计算轴力的偏心距，且在求取平均值时更可靠。在安装钢筋计时，钢筋计与受力主筋需通过连杆以电焊的方式连接，钢筋计连杆应有足够的长度，以满足相关规范对搭接焊长度的要求。焊接时，为避免传感器受损，要在传感器上包上湿布并不断浇冷水，直到焊接完毕后钢筋冷却。在焊接过程中还应不断测试传感器，观察传感器是否处于正常状态。在安装轴力计时，将安装架圆形钢筒上没有开槽的一端与支撑的牛腿（从柱侧面伸出的悬臂短梁）上的钢板电焊焊接牢固，电焊时必须使钢支撑中心轴线与轴力计安装中心点对齐；待冷却后，把轴力计推入焊好的安装架圆形钢筒，并用钢筒上的螺丝把轴力计牢固地固定在安装架内；然后把轴力计的电缆妥善地绑在安装架内侧，以钢支撑在吊装过程中不会损伤电缆为标准；待钢支撑吊装到位后，对安装架空缺的那一端与围护墙体上的钢板进行对准，轴力计与墙体钢板间最好再增加一块钢板，以防止钢支撑受力后轴力计陷入墙体而导致测量不准。在施加钢支撑预应力前，应把轴力计的电缆引至观测台，并进行轴力计初始频率的测量。

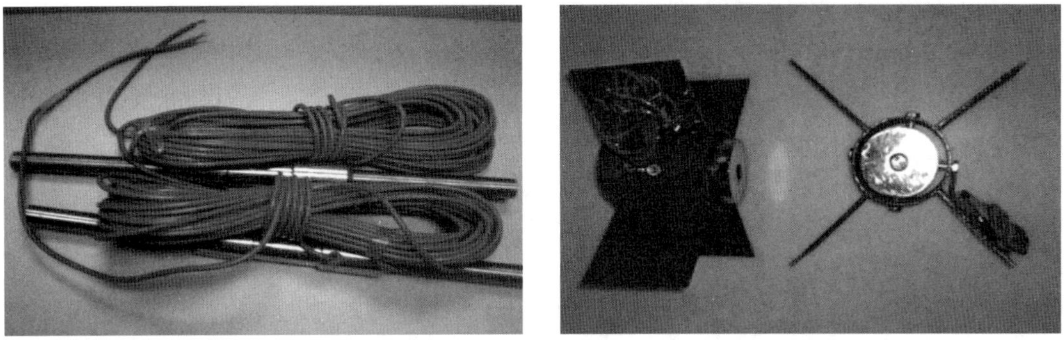

（a）钢筋计　　　　（b）轴力计

图 8-11　支撑轴力监测设备

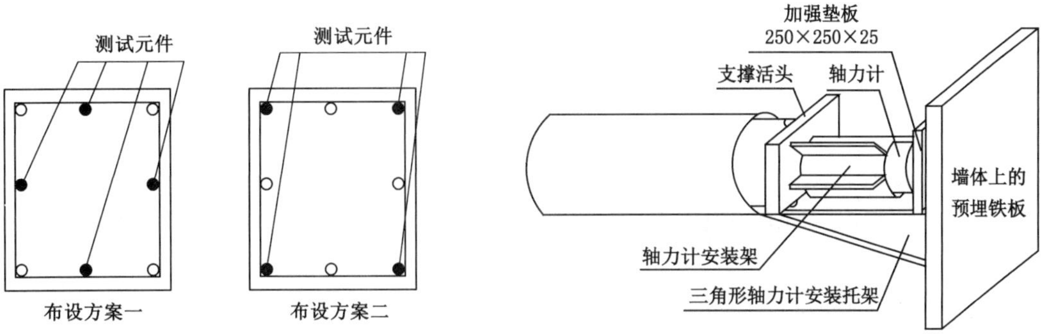

（a）混凝土支撑应力计布设方案　　　　（b）钢支撑轴力计布设方案

图 8-12　支撑轴力监测设备的布设方案

(2) 应力测量及数据处理

用频率接收仪测试各个轴力监测点的频率，计算其支撑轴力的本次变化量、累计变化量。其中，钢筋混凝土支撑内力根据式(8-7)和式(8-8)进行计算：

$$N_c=\sigma_s\left(\frac{E_c}{E_s}A_c+A_s\right)=\bar{\sigma}_{js}\left(\frac{E_c}{E_s}A_c+A_s\right) \tag{8-7}$$

$$\bar{\sigma}_{js}=\frac{1}{n}\sum_{j=1}^{n}\left[k_j(f_{ji}^2-f_{j0}^2)/A_{js}\right] \tag{8-8}$$

式中，N_c 为支撑内力，kN；σ_s 为钢筋应力，kN/mm^2；$\bar{\sigma}_{js}$ 为钢筋计监测平均应力，kN/mm^2；k_j 为第 j 个钢筋计标定系数，kN/Hz^2；f_{ji} 为第 j 个钢筋计的监测频率，Hz；f_{j0} 为第 j 个钢筋计安装后的初始频率，Hz；A_{js} 为第 j 个钢筋计的截面积，mm^2；E_c 为混凝土弹性模量，kN/mm^2；E_s 为钢筋弹性模量，kN/mm^2；A_c 为混凝土截面积，mm^2。其中，$A_c=A_b-A_s$，A_b 为支撑截面积，mm^2；A_s 为钢筋总截面积，mm^2。

钢支撑轴力根据式(8-9)进行计算：

$$N=k(f_i^2-f_0^2) \tag{8-9}$$

式中，N 为钢支撑轴力，kN；k 为轴力计标定系数，kN/Hz^2；f_i 为轴力计监测频率，Hz；

f_0 为轴力计安装后的初始频率,Hz。

最后,将计算得到的支撑轴力绘制成如图 8-13 所示的时间-轴力曲线。

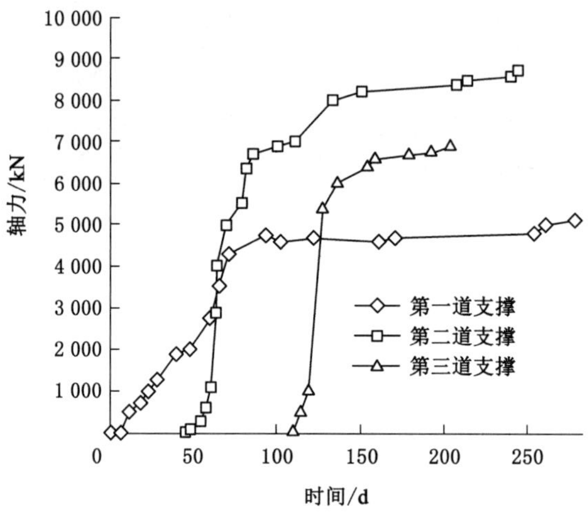

图 8-13　支撑轴力变化曲线

8.2.3.5　地表沉降监测

对于基坑本体及周边环境的沉降,应利用水准测量方法进行监测。其具体的监测方法如下。

(1) 埋设水准基准点及监测点

选择点位稳固,位于沉降变形区的水准点作为基准点,设置 2～3 个基准点,以便检核和避免个别基准点遭到破坏时地表沉降监测受影响。基准点和监测点距离不宜过远,以方便后续引测。基准点和监测点一般需要与国家水准点联测,以获得绝对高程。如在冻土地区,基准点和监测点应埋深至冻土线以下 0.5 m 处。各监测点与基准点或工作基点应组成闭合环路或附合水准路线。根据相关规范及设计的要求,在坑外对应墙体测斜位置及支护桩身测斜位置处各布设一组地表点,每组布设 4～5 个监测点,按监测点间距 5 m、10 m、15 m、20 m、25 m 布置监测断面,采用钻孔方法埋设,打破混凝土路面,将钢筋插入原状土 30 cm 以上,至硬化路面下,并加盖保护。实际监测点数可根据现场条件以及其他因素进行适当调整。埋设时用冲击钻在结构顶部钻孔,然后放入长为 500～800 mm,直径为 20～30 mm 的圆头钢筋,做上钢管护筒及盖板,四周用砂石、木屑填实(图 8-14)。

(2) 沉降监测及数据处理

借助一、二等精密水准仪进行沉降监测,按垂直位移监测网技术要求进行水准测量。观测前对所用仪器应按规定进行校验,同一监测项目用同一仪器,固定观测人员、观测路线和观测方法。在基本相同的环境和条件下开展工作,定期进行基准点校核,以确保测量数据的准确性和连续性。联测基准点和附近水准点取得初始高程。按城市轨道交通二等水准测量的技术要求进行水准测量(见表 8-6～表 8-8)。初始沉降值以 3 次独立观测值为基础,当 3 次观测值的差值在精度范围内时,求平均值作为其初始值,以后每月进行一次复测,按自由网平差计算,同时进行精度评定,计算每站高差中误差和相邻基准点高差中误差,并进行稳定性分析。

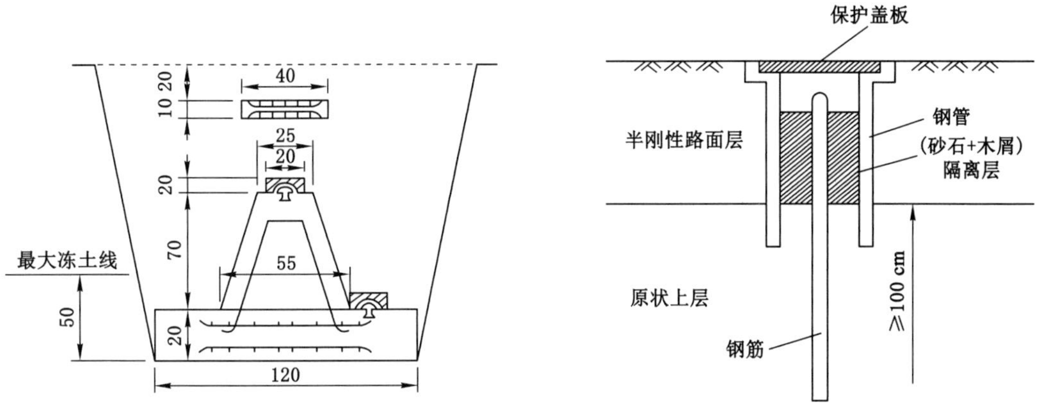

（a）混凝土基本水准标石（单位：cm）　　（b）沉降监测点布设方案

图 8-14　沉降基准点及监测点的布设方案

表 8-6　垂直沉降监测控制网主要技术要求

等级	变形观测点的高差中误差/mm	每站高差中误差/mm	往返较差、附和水准路线或环线闭合差/mm	检测已测高差较差/mm	备注
二等	0.5	0.15	$0.30\sqrt{n}$	$0.4\sqrt{n}$	n 为测站数

表 8-7　水准测量主要技术要求

等级	标尺类型	仪器型号	视线长度/m	前后视的距离较差/m	前后视的距离较差累积/m	视线离地面最低高度/m
二等	线条式因瓦尺	DS05	30	0.5	1.5	0.5

表 8-8　精密水准测量测站的观测限差　　单位：mm

等级	基、辅分划读数之差	基、辅分划所测高差之差	上下丝读数平均值与中丝读数之差
二等	0.3	0.4	3.0

8.2.3.6　周边建(构)筑物沉降、倾斜、裂缝监测

周边建(构)筑物沉降、倾斜、裂缝监测的具体方法详见第 13 章第 2 节，这里不再赘述。

8.2.3.7　地下管线沉降监测

（1）布设沉降点

按照监测设计图纸在受施工影响的管线上布设沉降监测点，布置时应遵循以下原则：① 地下管线监测点重点布设在煤气管线、给水管线、污水管线、大型的雨水管线上，监测点布置时要考虑地下管线与洞室的相对位置关系；② 监测点宜布置在管线的接头处和拐角处，或者对位移变化敏感的部位；③ 根据监测设计图纸，有特殊要求的管线须布置在管线顶点，无特殊要求的布置在管线上方对应地表处。

（2）埋设监测点

根据所监测的地下管线的重要程度及现场实际情况，地下管线的沉降监测方法可以分为直接法和间接法。直接法：通过埋设一些装置直接对管线本身的位移进行观测。常用的方法如下。① 抱箍法（图 8-15）：由扁铁做成的圆环（直径稍大于管线直径）将测杆与管线连接成一个整体，测杆伸至地面，地面处布置相应的窨井，保证道路正常通行。此法监测精度较高，其不足之处是必须凿开路面，并开挖至管线的底面，这对于城市主干路来说是很难实施的，但对于次干路和十分重要的地下管线，如高压煤气管线，按此方案设置监测点并予以严格监测，是必要和可行的。② 套管法：将一根硬塑料管或金属管埋设于所测管线顶面和地表之间，量测时将测杆放入埋管，再将标尺搁置在测杆顶端，只要测杆放置的位置固定不变，就能通过测试结果反映管线的沉降变化。该方法简单易行，可避免道路开挖，但监测精度较低。

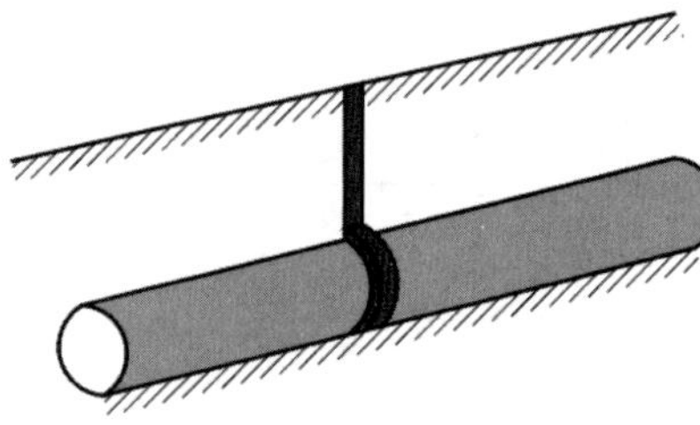

图 8-15　抱箍式埋设方案

间接法（图 8-16）：不直接观测管线本身，而通过观测管线周围的土体来分析管线的变形。其具体内容如下。① 底面观测：将监测点布设在靠近管线底面的土体中，观测底面的土体位移。此法常用于分析管道纵向弯曲受力状态或跟踪注浆、调整管道差异沉降的场合。② 顶面观测：将监测点布设在管线轴线相对应的地表或管线的窨井盖上进行观测。由于监测点与管线本身之间存在介质，因而该方法监测精度较差，但可避免破土开挖，一般只在设防标准较低的场合中采用，其他情况下不宜采用。

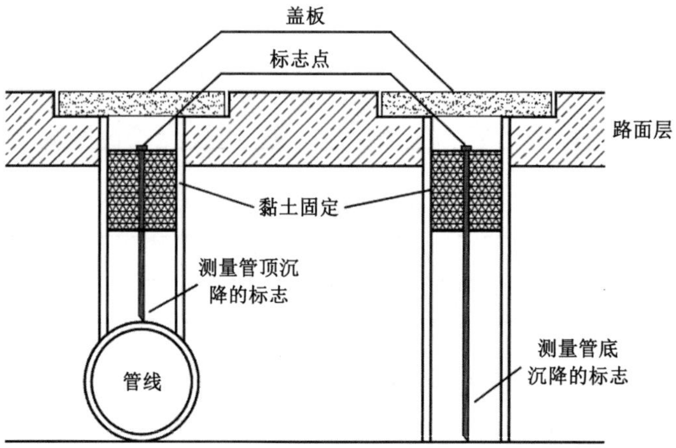

图 8-16　间接法

地下管线沉降监测点埋设时，应注意准确核实管线的埋设深度、位置，确保监测点能够准确反映管线变形，采用钻孔埋设方式埋设监测点前应探明有无其他管线，确保埋设安全。如不能在管线上直接设点，根据《城市轨道交通工程测量规范》（GB/T 50308—2017）中的规定，可在管线周围土体中埋设监测点，通过对周围土体的变形进行监测来确定管线变形情况。

（3）沉降监测及数据处理

沉降监测及数据处理方法同前“8.2.3.5 地表沉降监测”中的相关内容，这里不再赘述。

8.2.3.8　爆破振动速度监测

（1）爆破振动监测原理

由于炸药在岩石中的爆炸作用，安装布置在监测点上的传感器随着监测点振动而振动，使传感器内部的磁系统、空气隙、线圈之间做相对的运动，变成电动势信号。电动势信号通过导线输入可变增益放大器，将信号放大，进入 A/D(模数转换)转换，再通过时钟、触发电路，同时也通过掉电保护存储器，再通过 CPU(中央处理器)系统输入计算机，采用波形显示和数据处理软件进行波形分析和数据处理(图 8-17)。

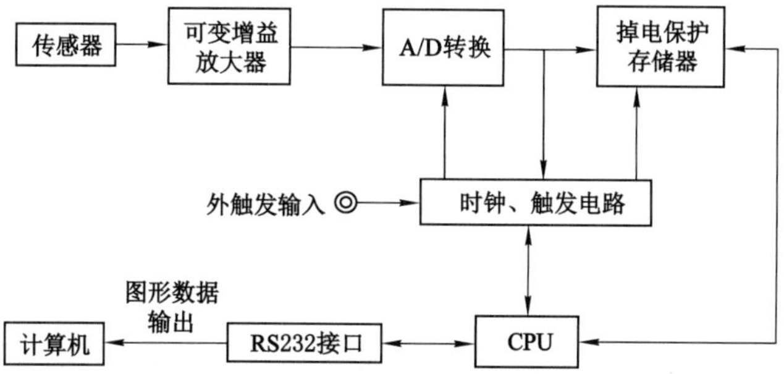

图 8-17　爆破振动监测原理

（2）埋设监测点

对爆破影响范围内需保护的建(构)筑物进行实时振动监测，确保振速控制在相关规范规定和建(构)筑物安全范围内。根据设计要求，将爆破振动监测点布置在所需监测的地表、建(构)筑物结构支撑柱、隧道侧壁上。传感器必须安装稳固，一般采用石膏固定传感器，以避免监测点的速度监测数据出现失真现象。此外，必须注意传感器的方向性，以监测最大振动断面发生的位置和方向。最后应注意对传感器的保护，避免其受到爆破碎石或其他物体的物理性损伤。

建(构)筑物的监测点布置在距爆破中心最近的建(构)筑物及其地表面上，若基础埋于土层下，则选择最靠近基础且坚实的散水[房屋外墙四周的勒脚处(室外地坪上)用片石砌筑或用混凝土浇筑的有一定坡度的散水坡]作为监测点，即靠近开挖基坑一侧(迎爆面)。爆破振动速度测量系统一般由拾振器(或测振仪配合传感器)和记录器(包括计时器)两个部分组成。地面建筑物的爆破振动判据，采用保护对象所在地监测点的峰值振动速度和主振频率，比照《爆破安全规程》(GB 6722—2014)中对爆破振动安全的规定来确定保护对象的安全状态。

（3）爆破振动速度测量

爆破振动速度测量包括对振动技术参数如频率、振幅、周期、振动时间、振动相位等的监测，还有对振动量即速度、加速度、位移等物理量的监测。Mini-Blast Ⅰ型爆破测振仪如图 8-18 所示。

（4）监测数据的处理分析

采用自动记录仪记录由速度传感器测得的监测点水平径向、水平切向和垂直方向上的振动速度。所记录的振动波形应有时间标尺，并标出最大振幅值和所处时刻。然后需对爆

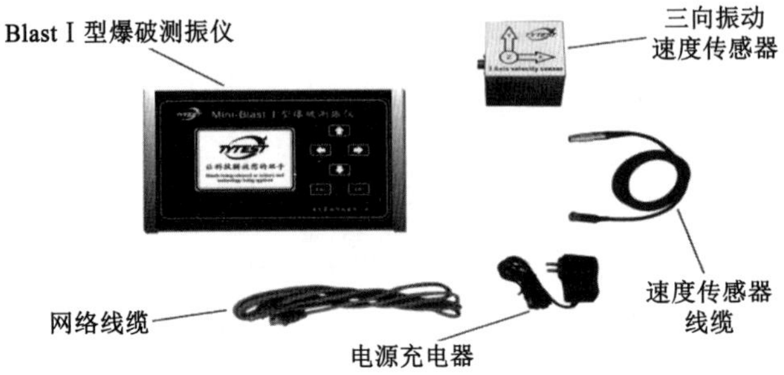

图 8-18　Mini-Blast Ⅰ型爆破测振仪

破振动监测点速度进行回归分析，模拟其传播规律。回归分析可根据监测点高程不同分组进行，将相互之间高差较小的监测点作为一组，采用萨道夫斯基公式进行回归分析：

$$v_{\max}=K\ (Q^{1/3}/R)^{\alpha} \tag{8-10}$$

式中，$v_{\max}$为监测点最大振动速度，应分三个方向进行统计分析；K、α 为衰减系数；Q 为爆破装药量，齐发爆破时为总装药量，延时爆破时为最大一段装药量；R 为监测点至爆源的距离。

按照最小二乘原理，根据爆破振动速度监测数据，可求出 K、α 值。K、α 值与爆破区地形、地质条件和爆破条件都相关，但 K 值更依赖爆破条件的变化，α 值主要取决于爆破区地形、地质条件的变化。爆破临空条件好、夹制作用小，K 值就小，反之 K 值大；爆破区地形平坦，岩体完整、坚硬，α 值就小，反之岩体破碎、软弱，地形起伏较大，α 值就大。根据已有的工程经验，K 取值范围为 50～1 000，α 取值范围为 1.3～3.0。近距离振动衰减规律和远距离振动衰减规律可分开考虑，当比例距离 $R'=R/Q\leqslant10$ 时为近距离，$R'=R/Q>10$ 时为远距离。近距离爆破振动时，K 值较大，可达 500 以上，α 值较大，可达 2.0～3.0；远距离爆破振动时，K 达 130～500，α 为 1.3～2.0。

8.3　基坑工程变形监测流程与数据处理

8.3.1　监测流程

基坑工程是建筑施工过程中的重要环节，因为它涉及建筑物基础的施工。然而，基坑工程的施工过程通常具有较高的风险，因此需要严格监测和管理。通过基坑工程监测，可以确保施工过程中重点区域的安全，同时可以提高工程质量和效率。本小节将重点介绍基坑工程监测的完整流程。

8.3.1.1　基坑工程监测的步骤

基坑工程监测主要包括四个步骤：前期调查、监测方案设计、实施监测和生成监测成果报告。

(1) 前期调查

前期调查是基坑工程监测的第一步。其目的是了解工程区域的环境和地质条件。前期调查的内容包括：查看工程区域的地质图、水文地质图、地形图、卫星图等相关资料；实地勘探工程区域，采集土壤样品、水样进行分析。通过前期调查，可以为监测方案的设计提供重要的依据和数据。

(2) 监测方案设计

监测方案设计是基坑工程监测的核心环节。监测方案的设计需要根据前期调查所收集的数据，综合考虑基坑的设计、地质条件、区域环境、施工方法等多个因素。监测方案设计需要根据施工区域的特点，确定监测参数和监测方法。监测参数包括但不限于：基坑深度、土体变形和沉降、地表沉降、地下水位变化等。监测方法包括但不限于：现场测量、地质雷达测量、数值模拟等。设计监测方案时，需要确保监测方案的准确性和有效性，同时需要考虑监测的成本和可操作性。

(3) 实施监测

实施监测是基坑工程监测的关键步骤。在该步骤中，需要按照监测方案进行操作，包括安装监测仪器、进行现场勘测、采集数据、分析监测数据等。需要在基坑工程施工的各个不同阶段进行监测，以便及时掌握工程变化情况。实施监测时需要专业技术团队进行操作，以保证监测数据的质量和准确性。此外还需要根据基坑监测实施过程中出现的新变化，修订监测方案，调整监测工作。

(4) 生成监测成果报告

生成监测成果报告是基坑工程监测的最后环节。在该步骤中，需要对监测数据进行分析、总结，找出变形规律，发现变形趋势，以指导基坑施工和工程管理。常见的监测成果报告如下。

① 基坑监测报表

基坑监测报表主要包括日报、周报、月报，其中，日报的内容有：a. 当日的天气情况和施工现场的工况；b. 仪器监测项目各监测点的本次测试值、单次变化值、变化速率以及累计值等，必要时绘制有关曲线图；c. 巡视检查记录；d. 关于监测项目正常或异常的判断性结论；e. 关于达到或超过监测警戒值的监测点的报警标示，以及原因分析及建议；f. 巡视检查时发现的异常情况的详细描述，危险情况的报警标示，以及原因分析及建议；g. 监测人员；h. 其他相关说明。周报和月报的内容有：a. 监测基坑的施工现状、施工进度等工程概况；b. 监测成果综述；c. 监测数据分析；d. 监测建议；e. 下周(月)监测计划。

② 阶段性监测报告

每完成一个基坑监测阶段，或到达关键环节，均需要提交阶段性监测报告，其主要内容有：a. 该监测期相应的工程、气象及周边环境概况；b. 该监测期的监测项目及监测点的布置图；c. 各项监测数据的整理、统计结果及监测成果的过程曲线；d. 各监测项目监测值的变化分析、评价报告及发展预测；e. 相关的设计和施工建议；f. 监测人员情况。

③ 总结报告

基坑监测项目完成后，应提交项目总结报告，其内容有：a. 工程概况；b. 监测依据；c. 监测项目；d. 监测点布置图；e. 监测设备和监测方法；f. 监测人员；g. 监测频率；h. 监测警戒值；i. 各监测项目全过程的发展变化分析报告及整体评述；j. 监测工作的结论与建议。

8.3.2　数据处理

基坑工程监测的数据处理流程大致分为数据采集、数据预处理、变形的估计及精度分析、变形建模与分析、变形阈值的确定和预警以及生成监测成果报告等环节。其中每个环节的具体内容、方法与具体的基坑工程及其采用的监测方法、监测仪器设备等条件相关。

8.3.2.1 数据采集

数据采集工作包括检查和记录通过各种监测仪器设备和传感器采集的基坑主体及其周边环境的几何变形量、应力和水文等物理量。数据采集工作要求能全面反映基坑工程施工对基坑本体及其周边环境的影响,这有助于识别基坑工程施工过程中不同区域的安全风险,提高基坑工程质量和施工效率。采集的数据要完整、准确和可靠。

8.3.2.2 数据预处理

数据预处理工作主要包括粗差的探测与剔除、系统误差的补偿和校正、多源数据的融合等。其中,探测和剔除粗差是为了避免存在严重偏差的监测数据误导监测结论;补偿和校正系统误差可进一步减弱或消除监测过程中的系统性误差;多源数据的融合包括数据格式的转换、不同监测数据的匹配等预处理工作。

8.3.2.3 变形的估计及精度分析

变形的估计及精度分析这一环节的工作包括从经过预处理后的数据中,估计不同监测对象在目标方向上的位移量和变形速率;通过统计模型和误差分析,估算变形结果的不确定性,对变形结果的可靠性进行定量评价。

8.3.2.4 变形建模与分析

变形建模与分析这一环节的工作包括分析与变形相关的因素,提取相关因子构建变形的物理或几何模型,通过历史观测数据求取模型参数,对模型开展假设检验以及利用模型开展变形量预测。

8.3.2.5 变形阈值的确定和预警

形变阈值的确定和预警这一环节的工作包括参照相关的国家与行业规范和相似工程案例,确定基坑工程监测中不同监测项目的变形阈值,以及根据阈值设置不同级别的预警。如发出黄色预警时,应加密监测频率,加强对地面和建(构)筑物沉降动态的观察,尤其应加强对警戒点附近的雨、污水管和压力管线的检查和处理;发出橙色预警时,除应继续加强上述监测、观察、检查和处理外,应根据预警状态的特点进一步完善针对该状态的预警方案,同时应对施工方案、开挖进度、支护参数、工艺方法等进行检查和完善,在获得设计和建设单位同意后执行;发出红色预警时,除应立即向上述单位报警外还应立即采取补强措施,并经设计、施工、监理和建设单位分析和认定后,改变施工程序或设计参数,必要时应立即停止开挖,进行施工处理。

8.3.2.6 生成监测成果报告

监测成果报告包括阶段性的报表和日报、周报、月报以及全部监测工作结束后的监测成果总报告。监测成果总报告的内容包括:① 各项监测成果汇总表;② 典型监测点的变化值-时间曲线图;③ 围护结构(或土体)测斜监测提供的测斜孔沿深度方向的水平位移变化值曲线;④ 沉降断面图;⑤ 监测点布置图;⑥ 结合工程实际情况提供的其他分析图表,如等沉降值曲线图、监测点的变化值随施工进展(或受力变化)的变化曲线等。生成监测成果总报告后,发布监测成果总报告和相关数据、图表至成果平台,各方均可以实时查询监测成果,与此同时,将监测成果总报告以书面形式另报送给各相关单位。

8.4　基坑工程变形监测特点与发展趋势

8.4.1　基坑工程变形监测愈发受重视

随着城市的发展，基坑工程施工的深度越来越深，从最初的 5～7 m 发展到 20 多米。由于地下土地性质、荷载条件、施工环境的复杂性，对施工过程中引发的土体性状、周边环境、邻近建(构)筑物和地下设施变化的监测已成为工程建设中必不可少的重要环节。此外，基坑监测是基坑动态设计的一部分，是基坑动态设计的完善和补充。通过监测收集各种数据，可以准确地掌握施工期间各部分结构的实际工作状况和相邻建(构)筑物的安全情况，以便及时地反馈信息，采取相应的工程措施，确保工程建设的安全可靠。因此，基坑监测对于复杂的大型工程或环境要求严格的项目而言具有重要意义。

随着建筑工程领域的发展和技术水平的提高，基坑监测的发展前景也变得非常广阔。当前我国城市化进程正在不断推进，基坑施工的数量和难度也在不断增加。特别是在城市中心区域，基坑周边环境复杂，对基坑监测的要求也更高。因此，未来基坑监测的市场需求将会不断增加。此外，建筑行业相关政策和规范的不断变化，也将促进基坑监测的发展。例如，随着政府对建筑工程安全管理的力度不断加强，其对基坑监测的要求也将会更加严格。这将有助于基坑监测市场的规范化、专业化发展。

8.4.2　基坑工程的变形非常复杂

对于基坑墙顶的水平位移和竖向位移，在架设支撑或锚杆之前，位移变化较快，在结构底板浇筑之后，位移趋于稳定。支护结构顶部水平位移过大，主要是超挖和支撑不及时导致的，严重者将导致支护结构顶部位移过大，坑外地表数十米范围内出现开裂现象，影响周围环境的安全。

对于多支撑体系的基坑支护结构而言，正常的测斜曲线有如下特点：① 发生测斜最大的深度随着开挖深度的加深逐步下移(一般呈大肚状)；② 已加支撑处的变形小；③ 开挖时变形速率增大，有支撑时，侧向变形速率小或测斜保持稳定不变；④ 支护结构的顶部可能会向基坑外侧移动。

立柱的竖向位移(沉降或隆起)对支撑轴力的影响很大。当基坑开挖后，坑底应力释放，坑内土体回弹，桩身上部承受向上的摩擦力作用，立柱桩被抬升；而基坑深层土体会对桩产生向下的摩擦阻力阻止桩的上抬。桩的上抬促使桩端土体应力释放，桩端土体产生隆起，但上部结构的不断加荷以及变异性较大的施工荷载也会引起立柱的沉降，可见立柱竖向位移的机理比较复杂。

支撑系统的受力极其复杂，支撑杆的截面弯矩方向可随开挖工况的进行而改变，而一般现场布置的监测截面和监测点数量较少，因此，只依据实测的“支撑轴力”有时不易判别清楚支撑系统的真实受力情况，甚至会导致相反的判断结果。建议的方法是选择有代表性的支撑杆，既监测其截面应力，又监测支撑杆在立柱处和内力监测截面处等若干点的竖向位移，此时便可以根据监测到的截面应力和竖向位移值由结构力学的方法对支撑系统的受力情况做出更加合理的综合判断。

基坑工程地下水位监测包含坑内、坑外水位监测。随着基坑开挖深度的加深，地下水位逐渐变深，这与基坑侧壁在开挖过程中有少量渗漏有一定的关系。对于地下水位的控制，可根据工程实际情况采用“按需降水”的原则，在不同开挖深度的工况阶段，合理地控制承压水头。

基坑工程的施工会引起周围地表的下沉，从而导致地面建筑物的沉降，这种沉降一般是不均匀的。受基坑工程施工影响，周围建筑物的沉降曲线可以分为四个阶段：围护施工阶段、开挖阶段、回筑阶段和后期沉降阶段。围护施工阶段引起的沉降量一般占总沉降量的10%～20%，开挖阶段引起的沉降量一般占总沉降量的80%左右。

8.4.3 基坑工程变形监测的发展趋势

随着科技的不断进步和发展，基坑监测的技术手段也在不断更新和升级。例如，物联网、智能感知、大数据等技术手段的应用，可以使基坑监测更加精准、智能化。未来，这些新技术手段的应用将会进一步提高基坑监测的效率和质量。基坑工程变形监测的发展趋势主要体现在以下几个方面。

(1) 基坑工程安全监测一体化

现阶段基坑工程施工阶段的监测设计往往忽视了运营阶段基坑工程安全监测的需要，后果是基坑工程施工阶段的监测所使用的技术手段、仪器设备以简单易行、成本低廉为原则，限制了新技术、新方法、新仪器设备在基坑工程监测中的开发和应用。随着对城市地下空间的不断利用以及社会对公共安全的重视，基坑工程安全监测一体化是必然的发展趋势。

(2) 基坑工程监测中的多传感器集成度更高

目前，在有支护的深基坑工程中，基坑开挖大多以人工挖土为主，效率不高，今后必须大力开发小型、灵活、专用的地下挖土机械，以提高工作效率，加快施工进度，减少时间效应的影响。为了减少基坑变形，将逐步推广提前施加预应力的方法，另外，采用深层搅拌或注浆技术对基坑底部或被动区土体进行加固，也将成为控制变形的有效手段。为减小基坑工程带来的环境效应(如降水引起的地面附加沉降)，或出于保护地下水资源的需要，有时基坑需要采用帷幕形式进行支护。除地下连续墙外，一般采用旋喷桩或深层搅拌桩等方法构筑止水帷幕。目前，有将水利工程中防渗墙的施工方法引入基坑工程的趋势。这一系列的新型施工方法将促进基坑监测技术的发展，未来将有越来越多的基于新原理的基坑采集传感设备应用于深基坑监测，如分布式光纤传感技术，基于 MEMS(微机电系统)倾角仪微机电系统原理的各类沉降传感器、倾角传感器等。物联网、移动终端与深基坑智能化监测的融合发展与应用，必将成为新的技术融合发展趋势。现阶段，一些企业的深基坑智能化监测软件，除实现 PC(个人计算机)端的登录、操作、可视化外，也实现了移动端的登录、可视化等功能，但限于监测软件采集项目多、数据量大、存储需求量大，移动端一般为 PC 端的简化版。随着 5G 技术的发展与普及，移动端监测软件的功能必将越来越丰富，数据传输与预测预警等功能将更为及时，并可实现软件之间的嵌套应用。

智能监测与无人机、三维扫描等技术也将会有更多的融合发展，以实现预警预测、实景可视化等管理功能。基于多算法融合、再学习系统等计算机技术，植入行业规范、专项方案、关键技术、应急措施，结合深基坑智能化监测软件的预警预测功能，可以建成深基坑智能化软件的专家库，该系统具有部分人工智能功能，当实测曲线、预警曲线数值接近预警值时，可以智能化地进行预警，并推送相关管理要求、关键技术、预防措施、应急抢险方法等内容。

思　考　题

1. 基坑工程变形监测的内容有哪些？
2. 简述基坑工程变形监测中的监测点布设原则。
3. 基坑工程变形监测的周期和警戒值一般怎样确定？
4. 在何种情况下应增加基坑工程变形监测的频率？
5. 如何设计基坑工程的监测方案？

第9章　边坡工程变形监测方法及应用

9.1　概述

随着经济的持续发展，我国大量的基础工程建设和矿产开采形成的露天边坡正在逐年增加。受自然风化和水蚀等因素的影响，这些边坡受力平衡的状态逐渐被破坏，因此便产生了边坡的不稳定现象，即边坡岩体移动的问题。如果未能对岩体的移动进行很好的防治和管理，由此所形成的地质灾害将会给人民的生命和财产安全带来严重威胁，甚至使国民经济遭到重大损失。

为了防止边坡地质灾害造成巨大损失，必须开展边坡工程变形监测，调查边坡的岩体移动量和移动速度等变形参数，并结合边坡的岩体力学、水文地质等方面的调查资料，对边坡地质灾害的孕育和发展情况进行全面的分析，从而达到以下目的：① 评价边坡在施工及使用过程中的稳定性。掌握已经或正在滑动的滑坡演变过程，及时捕捉崩塌等与滑坡灾害相关的特征信息，为滑坡的正确分析评价、预测预报及工程治理等工作提供可靠的资料和科学依据。② 通过边坡工程变形监测，为决策部门提供相应的参数依据，为有关部门提供包括滑坡的边界条件、规模、滑动方向、发生时间及危害程度等实时信息，以制定相应的防灾救灾对策。③ 为定量评估滑坡破坏程度和加固处理效果，开展滑坡数学和物理模型的构建和数值分析提供数据支撑。

9.2　边坡工程变形监测的内容和方法

9.2.1　边坡工程变形监测的内容

边坡工程变形监测的内容主要有：① 地表变形，包括边坡地表的二维或三维位移、危岩陡壁的裂缝等；② 地下变形，包括边坡地下的二维或三维位移，危岩界面裂缝等；③ 物理参数变化，包括应力、应变和地声变化等；④ 水文变化，包括河流或水库的水位、地下水位、孔隙水压力、泉流量、水温等；⑤ 环境因素，包括降雨量、地温、地震等。不同的监测内容通常需要借助不同的监测仪器，采用不同的监测方法，具体见表9-1。

9.2.2　边坡工程变形监测的方法

边坡的失稳通常伴有明显的变形迹象，因此，大多数边坡的监测系统均以变形为主要监测内容。由于边坡变形体的变形特征、大小和速度等因素各不相同，变形监测的方法也有所差异。目前常用的监测方法有简易监测法、仪器仪表测定法及远程自动化实时监测方法等。

表 9-1　边坡工程变形监测的内容

序号	监测内容	监测方法	监测仪器和仪表
1	地表位移、裂缝	前方交会法、视准线法、水准测量法、三角高程法等	经纬仪、水准仪、全站仪、自动全站仪等
		近景摄影测量法	陆摄经纬仪等
		测缝法	游标卡尺、测缝仪、伸缩自记仪等
		GPS 法	GPS 接收机等
2	抗滑桩位移	前方交会法、视准线法、水准测量法、三角高程法等	经纬仪、水准仪、全站仪、自动全站仪等
		GPS 法	GPS 接收机等
3	地下位移、裂缝	测斜法	测斜仪、多点倒锤仪、倾斜计等
		沉降法	下沉仪、收敛仪、水准仪等
		重锤法	重锤、坐标仪、水平位错计等
		测缝法	三向测缝仪、位移计、伸长仪等
4	地声	量测法	声发射检测仪、地震仪等
5	应变	应变计量测法	管式应变计、位移计、滑动测微计等
6	地下水位	水位自记仪法	地下水位自记仪等
	孔隙水压力	压力计量测法	孔隙水压力计等
	河流、水库水位	量测法	水位标尺等
	泉流量	量测法	三角形剖面堰、量杯等
7	降雨量	雨量计法	雨量计、雨量报警器等
	地温	记录仪法	温度记录仪等
	地震	地震仪法	地震仪等

9.2.2.1　简易监测法

简易监测法主要依靠经验丰富的技术人员采用一些简易的工具和装置，在可能发生滑坡的地方现场实测和记录边坡地表的裂缝、鼓胀、沉降、坍塌以及地下水位和地温等变化情况，同时记录监测的时间和监测点的位置、变形形态等信息(图 9-1)，再结合经验对边坡的稳定性进行评价。这种方法简单易行，适合滑坡已发生并进入加速阶段(末期)后的边坡监测，但无法提供确切的数据来对边坡的未来变形趋势进行预测，是一种较原始的方法。

9.2.2.2　仪器仪表测定法

仪器仪表测定法须借助各种仪器仪表设备对变形进行测定，从而获取边坡不同阶段的变形并进行预测预报。通过各种仪器对边坡进行变形监测，不仅可以得到边坡岩体变形的速度、位移大小和位移方向等直观资料，而且通过对监测资料的分析，还可以为深入认识边坡的变形机理、变形破坏的特征以及边坡的防治处理等提供实测数据。根据仪器仪表设备布设的位置，仪器仪表测定法又可进一步分为外部变形监测和内部变形监测，前者以大地测量法为主(包括传统的大地测量方法、GNSS 测量监测法以及近景摄影测量法)，其优点是可观测边坡的绝对变形，而且覆盖的范围广、精度高。其不足之处在于只能获取边坡上离散点

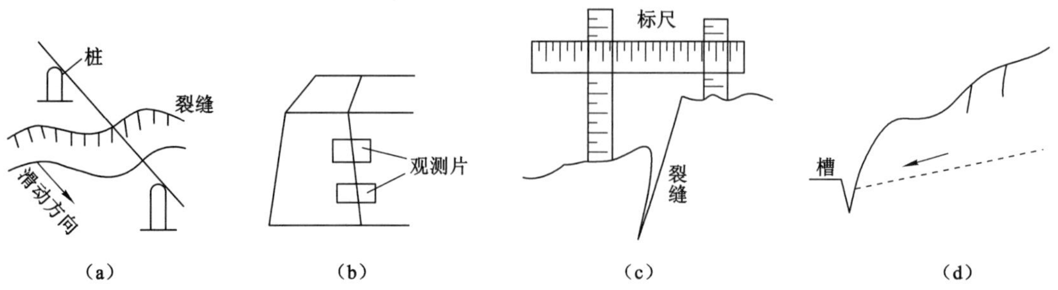

图 9-1　简易监测工具和装置

处的变形量，只能反映边坡外部的变形分布。后者主要以岩土工程监测仪器为主（如钻孔伸长仪、倾斜仪等），其优点是能监测岩体内部的变形分布，但测量范围小、代表性较差。对于重要的边坡，应集成应用这两种监测手段，以全面了解边（滑）坡变形的平面和空间分布。

（1）外部变形监测

① 传统的大地测量方法

边坡的外部变形监测方法以传统的大地测量方法为主，通过在变形区外稳定的控制点上安置监测仪器，定期观测边坡体上选埋的变形监测点，从而获得各监测点的变形信息。随着高精度全站仪的普及，高精度的测角测距变得更加便捷。地表水平位移监测可通过多种方法（如极坐标法、测角前方交会法、测边前方交会法、边角前方交会法、视准线法等）实现。地表垂直位移则可通过精密水准测量或精密三角高程测量方法实现。大地测量方法的优势是技术成熟，可进行大范围监测，精度高，获取的数据是监测点位的绝对位移量，是当前地表水平位移监测的主要手段。大地测量方法的不足是易受通视条件影响，获取的监测点密度较稀疏，对气象条件敏感。尤其是采用精密三角高程测量方法监测垂直位移时，如果测站点和监测点之间的高差较大或视线过长，大气折射的影响将比较显著，从而会影响垂直位移监测的精度。

② GNSS 监测法

GNSS 的基本原理是根据 GNSS 卫星发送的导航定位信号进行空间后方交会测量，确定地面待测点的三维坐标。该方法具有全天候、实时、连续进行三维位移高精度监测的特点，不受通视条件的限制，还可进行远距离无线数据传输和监控，特别适合地形条件复杂、监测点之间通视条件差的边坡监测。与传统的大地测量方法相比，GNSS 监测法具有以下优势：

a. GNSS 监测法不要求监测点和控制点之间通视，选点更灵活，可根据监测需要将监测点布设在反映变形体变形特征的位置上。此外，可将边坡监测控制网中的固定点、工作点和变形点的点位测量联成一体，减少布网层次及不必要的过渡点测量，既节省了人力、物力，又可保证观测精度的均匀可靠。

b. GNSS 边坡监测网可直接得到同一坡面上的不同点之间的基线数据，这有利于直接分析滑坡体的位移情况。

c. GNSS 监测法可获得滑坡体上各监测点的三维坐标和三维整体变形信息，可实现真正意义上的三维变形监测，从而更便于分析边坡的空间位移规律。

d. GNSS 监测法的自动化程度高。如 GNSS 连续运行参考站系统或 GNSS 一机多天线监测系统，在有电源补给及网络的条件下，均可做到无人值守情况下的连续自动观测和远程控制，从而可实现对边坡的连续自动监测。

e. GNSS 监测法不受气候条件的限制，刮风、下雨、下雪或雾天均可进行正常监测。其还可以实现长期的全天候监测，这一点符合滑坡、泥石流等地质灾害的监测需求。

f. GNSS 监测法的定位精度高。GNSS 静态相对定位的平面精度可达毫米和亚毫米级。

不过，GNSS 监测法也受到一些条件的制约，如连续观测需要电源补给，目前接收机的价格相对较高，存在多路径等观测误差，接收机天线在接收 GNSS 卫星信号时必须满足一定的高度角要求等。

③ 近景摄影测量法

近景摄影测量法是把近景摄影仪安置在两个不同位置的固定监测点上，同时对边坡范围内的观测点摄影以构成立体像片对，利用立体坐标仪量测像片上各观测点的三维坐标，通过周期性重复摄影观测像片上各观测点三维坐标的变化，从而获取变形量的一种方法。此法外业省时省力，可以同时测定大量观测点在某一瞬间的空间位置，所获得的像片资料是边坡地表变化的实况记录。目前，采用近景（一般指 100 m 以内的摄影测量距离）摄影方法进行滑坡变形监测时，其容易受边坡植被的影响，尤其是在植被茂密的边坡，其离绝对精度较高的大地测量方法还有一定差距，但其优点是面状的测量，可以获取边坡大范围高空间分辨率的形变场，便于对边坡的变形空间分布、滑动面和裂缝位置、滑坡的数字模型构建等展开分析。此外，其还可以满足崩塌体处于加速蠕变、剧变阶段的监测要求，即适合危岩、临空陡壁裂缝变化（如链子崖陡壁裂缝）或滑坡地表位移量速率较大时的监测。

（2）内部位移监测

测量边坡的内部变形时，可单独或联合使用钻孔伸长仪、剪切带和倾斜仪等岩土工程监测仪器。常见的几种岩土工程监测仪器如下。

① 钻孔伸长仪

测量边坡内部的岩体移动时，可采用钻孔伸长仪测量钻孔轴向不同深度处的位移量。以钻孔多点精密伸长仪为例（图 9-2），其工作原理为：打一钻孔穿过滑动面的上、下盘，把能传递岩体位移的若干条（一般为 6 条）金属丝的一端锚固在不同深度的孔壁上，上锚固点应选择在地质结构面的下盘；把金属丝的另一端固定在对变形敏感并贴有应变片的悬臂式薄片上，薄片如有微小的变形就可由电阻应变仪测出，如此便可获得钻孔内岩体移动的情况。钻孔多点精密伸长仪可探测出边坡岩体是否移动以及不同深度处岩体的位移量。

② 剪切带

剪切带用于探测滑动面的位置，其构造如图 9-3 所示。其中，衬带由柔软的酚质材料构成，衬带两侧有两条平行的铜质薄膜，铜质薄膜之间按一定距离并联若干电阻丝，电阻丝间距大小按测量要求确定，通常为 10～100 cm。剪切带外部包裹有橡胶保护层。

剪切带的监测原理为：在监测点打出深度穿过滑动面的钻孔，放入剪切带并用水泥砂浆将剪切带和岩体固结成整体，剪切带铜质薄膜的上、下两端各有导线穿过橡胶保护层引出地面，并能构成闭合回路，通过电表便可测出各个回路的电阻值。测量剪切带上、下端至断开处的长度，从而可确定破坏面的位置。剪切带可以测出已发生位移的边坡滑动面的确切位置，但不能确定滑动面的位移大小。

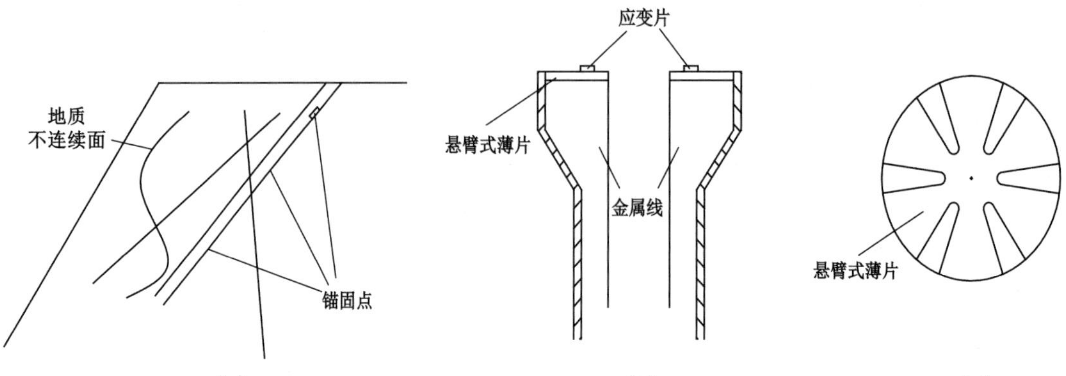

图 9-2　钻孔多点精密伸长仪示意图

③ 倾斜仪和斜度仪

倾斜仪和斜度仪均可用于监测滑坡的加速度和方向。它们的工作原理如图 9-4 所示，在电解泡中，导电液在三个电节点 A、B、C 间流动，其中 C 位于电解泡的底部且固定不动，A、B 固定在顶部且二者距 C 的间隔相等，通过测定 A、B、C 三个电节点的阻抗来计算倾斜度。当电节点通电后，可测出电解液的阻抗，顺时针倾斜时 A、B 的阻抗增加，B、C 间的阻抗减少；逆时针倾斜时，情况正好相反。由于阻抗变化正比于倾斜的角度，因此可由阻抗测出倾角的改变。倾斜仪使用时，加上保护壳后才能安放在孔内，并将配线埋入地下，用固定帽覆盖钻孔。

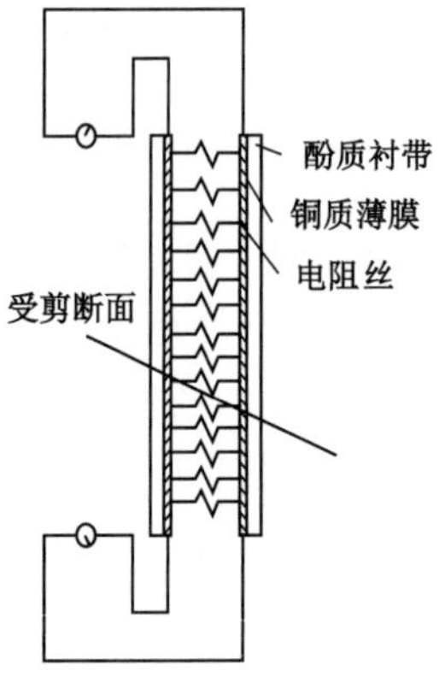

图 9-3　剪切带

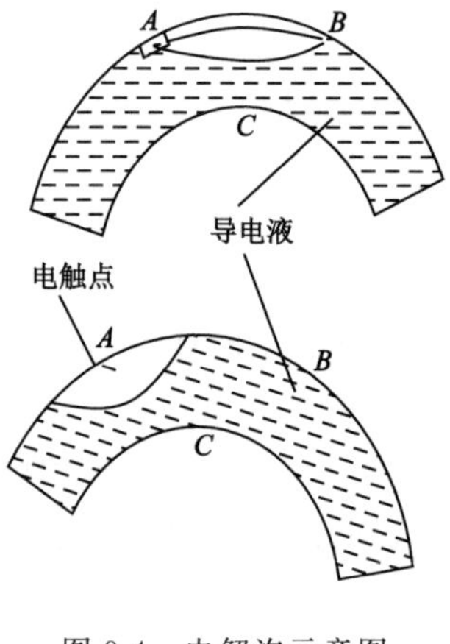

图 9-4　电解泡示意图

与置于钻孔内的倾斜仪不同的是，斜度仪一般放在地面上，它特别适用于坡度陡峭无法设立钻孔平台或出于成本考虑无法钻孔的情况。同倾斜仪一样，斜度仪也要加上保护外壳，并将配线埋入地下。

④ 沉降仪

沉降仪用来监测边坡的垂直位移，它通常埋设或安装在边坡及其支挡结构的内部或外表面。常用的沉降仪有横梁式沉降仪、电磁式沉降仪（图 9-5）、干簧管式沉降仪、水管式沉降仪(图 9-6)和钢弦式沉降仪等。以水管式沉降仪为例,它是利用液体在连通管内的两端处于同一水平面这一物理机制而制成的,在观测房内所测得的液面高程即沉降测头内溢流口液面的高程,液面读数可用目测或自动记录的方式读出。被测点的沉降量等于实时测量高程读数相对基准高程读数的变化量,其再加上观测房内固定标点的沉降量即被测点最终的绝对沉降量。其中,观测房内固定标点的沉降量可由视准线等方法测出。联合沉降仪观测的边坡垂直位移、其他观测手段获取的水平位移和转动位移,即可对边坡的变形情况进行全面的综合分析。

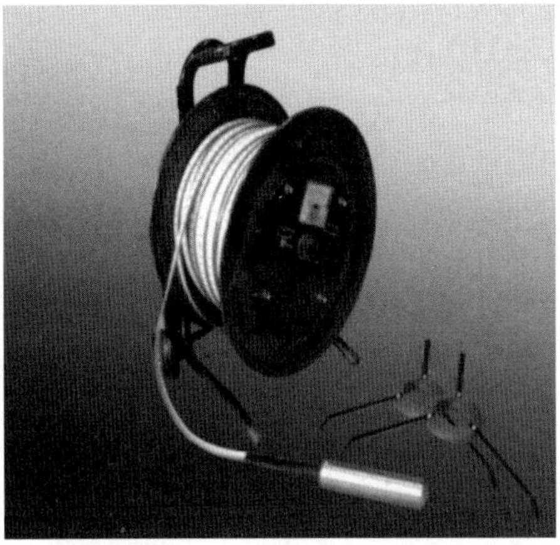

图 9-5　电磁式沉降仪

图 9-6　水管式沉降仪

9.2.2.3　*远程自动化实时监测方法*

为了更好地理解边坡变形的诱发因素和运动力学之间的复杂关系,需要对边坡变形进行连续记录。边坡变形监测往往有许多条件限制,包括缓慢微小变形的观测和瞬间快速滑动的记录,以及人力、财力和设备的耐用性等。近年来,随着自动化实时监测需求的增加,连续测量设备也在不断被开发和改进。

(1) 纤维-玻璃质钻孔伸长仪

纤维-玻璃质钻孔伸长仪一般布设于工程的支护结构(如边坡、大坝的大型挡土墙、护岸、控制围岩稳定的隧道衬砌等)中。其监测精度可达百分之几毫米,在细微位移监测方面具有独特优势,而且其使用寿命长达 10 年左右,符合工程监测连续性、可靠性的需求。纤维-玻璃质钻孔伸长仪主要由探头、电缆、带指示装置的卷缆轮、测管、感应环和基准架组成(图 9-7)。其中,探头内部有无线电频率振荡和电测器电路。电缆用于传递探头感应产生的电信号,其外表面每米有一刻度,用来计算测深。内芯有钢缆,保证在上提下放探头时长度不变化。带指示装置的卷缆轮用于上提下放探头并指示感应信号的强弱。当探头接近感应环时,先由蜂鸣器报警。测管用作感应环的载体使用时,先在测管上按一定间隔布置感应环,然后安置于钻孔中,用充填砂浆使其与孔壁胶结在一起,以保证感应环与围岩一起运动。观测时,通过探头在测管内上下提升,确定感应环的位置。下沉观测系统可用两种测管,一种是波纹软管，另一种是塑料硬管。软管一般为一节，节与节之间用尼龙绳或胶带夹连接。为防止砂浆进入测管，测管接头处还需用黏结剂和胶带密封。软管的末端应固定在带有重锤及注浆阀的刚性管上，同样，为防止砂浆进入测管应进行密封。感应环是由金属丝组成的闭合环，其与探头一起组成感应系统。基准架是一种活动的设备，使用时装在孔口上方。架子上有毫米刻划的标尺，用来测量深度不足 1 m 的尾数部分。架子上配置有手柄、滑轮等，可用来调整探头的深度。

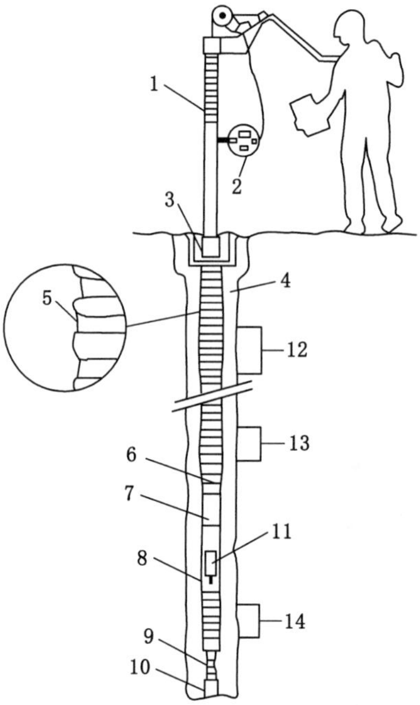

1—基准架；2—指示装置、卷缆轮；3—水泥浆；4—充填砂浆；5—感应环详图；6—感应环；7—钢管探头；8—倾斜管；9—阀门；10—锚块；11—探头；12—用黏结剂和胶带密封的钢管探头；13—用黏结剂和胶带密封的软管探头；14—用螺钉、螺栓或胶带固定在外壳管上的钢管夹头。

图 9-7　纤维-玻璃质钻孔伸长仪

纤维-玻璃质钻孔伸长仪的测量原理：当探头接近感应环时，探头内的感应电路将引起峰鸣器报警，并使指示器上的指针偏转。当指针达到峰值，即探头中心正好对准感应环时，利用电缆和标尺上的刻度，便可测得探头中心所在的深度。根据一定时间间隔内前后两次的测量结果，可算出不同深度处(感应环所在位置)岩层的垂直位移以及每一段内岩层的竖向伸长或压缩量。为获得绝对的位移值，至少应有一个感应环(如孔底附近)埋在稳定岩石中，或者有一个感应环(如孔口附近)能用其他方法测得绝对值。

(2) 时域反射(time domain reflectometry，TDR)系统

时域反射法是一种电磁脉冲技术，通过电缆测试仪的电缆线的反射特征来表征被测试物质的性质。如图 9-8 所示，在使用 TDR 系统进行滑坡监测时，首先需要在滑坡的某个位置钻孔，并将 TDR 同轴电缆安放在钻孔中，然后将 TDR 电缆与电缆测试仪相连。电缆测试仪作为信号源，发出步进的电压脉冲信号，通过电缆进行传输，数据记录仪连接到电缆测

试仪上，对其起控制作用，记录和存储从电缆中反射回来的脉冲信号供以后分析。当地下岩层发生移动变形时，沿着电缆进行传输的反射信号会随着电缆的变形而改变，根据采用专用软件解译接收到的反射信号，可推断出岩层移动变形的位置、类型和速度。此外，数据记录仪还可连接远程通信设备（如移动电话）或短波无线电装置等，将收集的数据发送到远处。TDR 系统还具备多路复用器，可同时对多点进行监测。

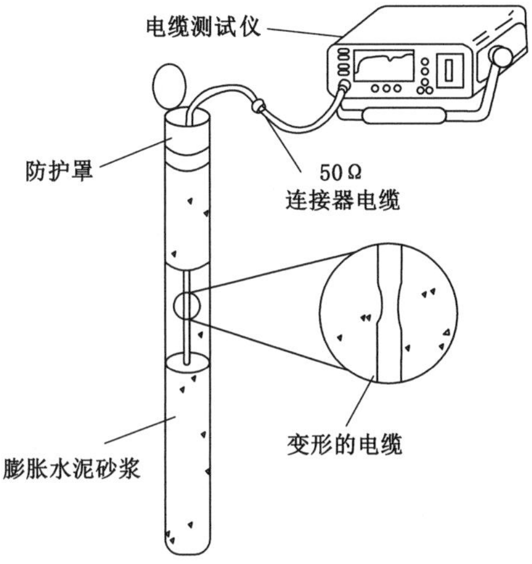

图 9-8　TDR 系统监测示意图

TDR 系统的原理和雷达相似。在 TDR 滑坡监测系统中，同轴电缆是直接与滑坡产生接触的部分，可将其看作一个特殊的传感器。同轴电缆的特性阻抗是由自身的材料组成和结构决定的。当同轴电缆发生变形时，内外导体间的距离也会发生改变，从而使电缆的阻抗和反射的电压脉冲信号发生改变。滑坡的发展将使电缆产生各种变形，如出现弯曲、扭折、裂纹或断裂，电缆的特性阻抗也会发生相应的变化，反射的电压脉冲波形也将发生改变。此时，将反射脉冲信号与发射脉冲信号进行对比即可确定电缆变形点的反射特性。具体来说，发送的脉冲信号以及从电缆变形处反射的脉冲之间的延时决定了损伤发生的位置；反射脉冲信号的波形、范围和强度则反映了电缆变形的类型和程度。通过读取电缆反射波的数据，就可监测地层的移动。如果反射波形强度的增加，就可预测某个区域的地层可能会发生断裂。

TDR 系统的优点是成本低廉、监测省时、定位准确、可远程访问、数据提供快捷、安全性高等。其不足之处是不能用于需要监测倾斜情况但不存在剪切作用的区域，如护堤等；而且它无法确定滑坡移动量和滑坡移动的方向。因此，在进行滑坡监测时，需要联合使用 TDR 系统和倾斜仪，以达到更好的监测效果。

（3）高精度测量机器人自动监测系统

高精度测量机器人是一种集自动目标识别、自动照准、自动测角与测距、自动目标跟踪、自动记录于一体的测量平台。边坡工程自动化变形监测系统包括监测站、控制机房、基准点、变形点等。该系统采用计算机程序控制高精度全自动全站仪，具有数据通信、数据采集、数据处理、数据组织管理等功能，高精度全自动全站仪每隔一定时间（如 10 min），会按极坐标的方式智能化、实时地采集所有基准点和变形点的水平角、垂直角和斜距等，并测量与仪器状态有关的信息，与此同时用频率校准仪定时测量全站仪的精测调制频率，用数字温度计、气压计、温度计测定气象元素。控制机房内的计算机会自动存储各类数据，并计算出经过多种改正(如气象改正、尺长改正、仪器常数改正、反光镜常数改正等)后的精确测量值，从而推算出各变形移动点的三维坐标。

(4) 基于 GNSS 一机多天线的无线远程自动化监测系统

基于 GNSS 一机多天线的无线远程自动化监测系统利用多天线控制器，使一台 GNSS 接收机能连接多个天线，可以监测多个点的变形，从而大大降低了设备投入。利用快速静态定位理论和滤波技术，能快速确定整周模糊度；采用专用天线可减弱多路径效应的影响，大大提高观测精度。该系统可以根据需要进行定时或实时监测，它综合了微波技术、计算机实时控制技术、大地测量数据处理和定位算法等，在保证每个 GNSS 天线能同时至少观测到 4 颗卫星的情况下，由计算机对数据进行自动采集，并基于快速静态定位理论和卡尔曼滤波技术进行数据处理，以实现实时监测的变形分析和预报。另外，考虑高边坡多属于危险地区，为了保证人身安全，需要实现无人值守的工作模式，对监测的原始数据采用无线数据链路进行传输，使系统从观测、采集、传输到解算分析都实现全自动化，从而快速准确地预报边坡的变形。

GNSS 一机多天线远程自动化监测系统由数据采集、数据通信、计算机网络、应用软件、趋势分析及预警 5 个子系统组成，如图 9-9 所示。

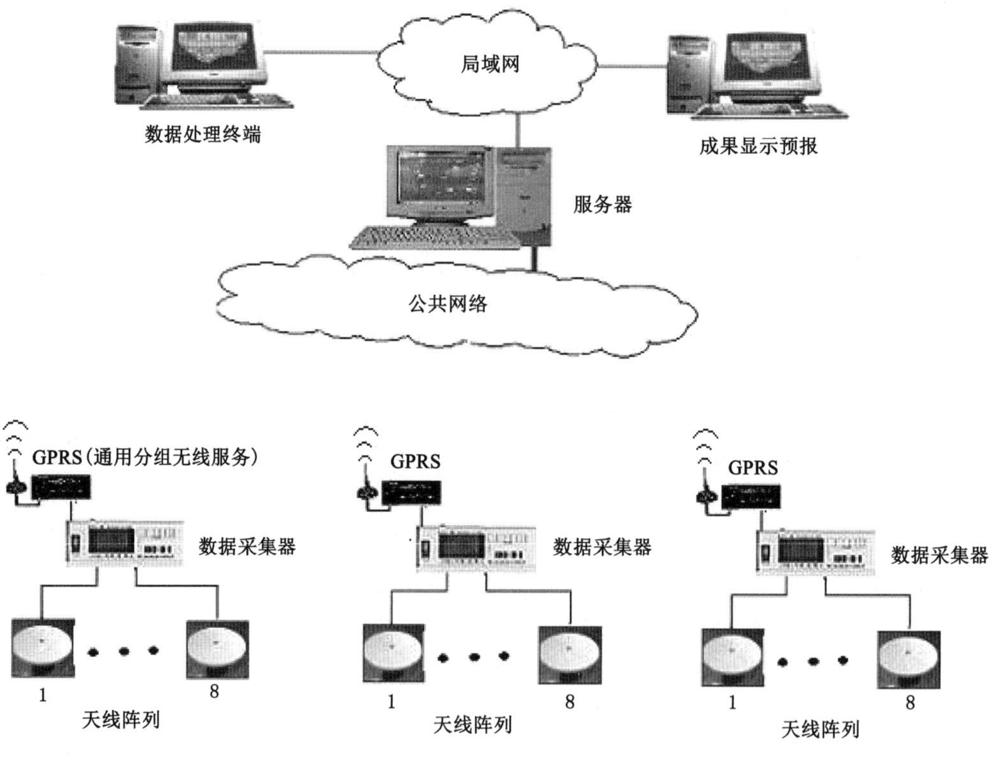

图 9-9　GNSS 一机多天线远程自动化监测系统示意图

(5) 基于传感器的自动变形监测系统

由于边坡的失稳往往具有突发性，而且边坡通常处于偏僻山区，环境条件恶劣，因此，传统监测手段的最大弊病是难以及时甚至无法捕捉到边坡临近失稳前的信息，而这些信息恰恰是开展灾害预测预报和研究变形规律的最宝贵的信息。自动化监测则弥补了传统监测手段的这一致命缺陷。

基于传感器的自动监测系统的整体结构包括传感器、数据采集系统和数据传输系统 3 个部分。其中，传感器是整个自动化监测系统的基础，数据采集系统是实现监测自动化的关键。较好的数据采集系统一般具有以下功能：

① 对传感器的供电和工作状态进行诊断以及系统自检。

② 对传感器的输出信号进行变换、放大和数据暂存。

③ 能够自动定时采集，可实现高效电源管理。

④ 具有传输数据和命令的接口以及人工读数适配器。

⑤ 具有适应恶劣气候环境和大幅度电源波动的能力。

数据传输系统包含两个层次的数据传输，一是传感器到数据采集系统之间的传输，通常采用连接电缆实现。二是数据采集系统到接收装置之间的传输，根据距离的远近可选择不同的传输方式。如近距离可采用有线传输，中远距离可采用无线电、微波、光纤、卫星等通信手段进行传输。

9.2.3　边坡应力、地下水、环境等的监测

边坡应力监测包括岩土体的地应力及其变化的监测。自然边坡的滑动，人工边坡的开挖施工、爆破等均会引起边坡的应力变化和围岩应力改变。为了维持边坡的稳定性，许多自然边坡和人工边坡设计了抗滑桩、锚杆等支挡结构物。边坡工程监测也包括对这些支挡结构物的变形及其应力的监测。

自然边坡的滑坡多出现在雨期或河流水位骤涨剧降时，水是诱发滑坡发生的最主要原因。人工边坡由于开挖会改变岩土体内原有的渗流场，一般会采取一些工程措施如地表截、排水工程等降低岩土体的水压力。边坡工程监测中应根据具体情况对地表(下)水的水质、水温、流量、孔隙水压力、水位的变化，以及排水设施的排水量等进行监测。为了全面地分析边坡状态受各种因素影响的程度，边坡工程还需要开展对环境条件的监测，如降雨量、降雨强度、温度、湿度、地震、风力、冰冻、气压等。边坡应力、地下水、环境因素监测仪器见表 9-2。

表 9-2　边坡应力、地下水、环境因素监测仪器

监测项目	主要监测内容	主要监测仪器	监测方法的特点	适用性评价
应力	土压力	应变式、钢弦式、差动电阻式应变计	精度高，长期稳定性好，可长期观测	适用于边坡的长期监测，可为边坡工程的稳定性分析提供基础资料
	岩体压力	钢弦式、电阻应变片式、电容式和压磁式传感器	精度高，可长期观测，稳定性较好	适用于边坡的长期监测，可为边坡工程的稳定性分析提供基础资料
	支护结构应力	钢筋应力计、锚杆测力计	精度高，可长期观测，稳定性较好	适用于边坡的加固效果监测，可为边坡防治工程的效果分析评价提供依据

表9-2(续)

监测项目	主要监测内容	主要监测仪器	监测方法的特点	适用性评价
地下水	地下水位	水位自动记录仪	精度高,可连续观测,直观、可靠	适用于坡体不同阶段的监测,其成果可作基础资料使用
	孔隙水压力	孔隙水压计、钻孔深压计		
	流量	三角形剖面堰、量杯等		
	水位	水位标尺等		
环境因素	降雨量	雨量计、雨量报警器	精度高,可连续观测,直观、可靠	适用于不同类型边坡及不同变形阶段的监测,可为边坡工程的稳定性分析提供基础资料
	地温	温度记录仪		
	地震	地震检测仪		

9.3 边坡工程监测方案的设计

在边坡工程监测实施前,应对边坡或滑坡进行必要的工程地质调查和科学分析,确定边坡处于的变形阶段,初步认识边坡的性质或边坡的变形范围、规模和可能破坏的方式,然后依据相应的规范要求,制定翔实可行的监测实施方案。

边坡工程监测方案设计的内容较多,有工程概况,监测内容的确定,监测点位的布设,监测仪器仪表的选择和监测方法、精度的确定,监测频率和周期的确定,预警值和预警制度的制定等。

9.3.1 设计原则

边坡工程监测方案应遵循工程需要,目的明确,按照整体控制、多层次布置、突出重点、关键部位优先的原则进行设计。边坡及边坡工程施工和运行期间的监测主要是确保边坡及相应工程的安全。其监测方案的设计原则如下。

(1) 边坡工程变形监测以边坡稳定性监测为主,兼顾局部滑动区域的稳定性监测。过大变形是边坡岩土体破坏的主要形式,也是地面和地下变形监测的重点。岩石边坡中存在的不利结构面常常是引起边坡破坏的主要内在因素,因此岩石边坡监测的重点监测对象是岩体的不利结构面,监测点应布设在这些监测对象上,或将测孔穿过这些监测对象。开挖、爆破和水的作用是影响边坡稳定的外因,因此,施工期监测点振动速度、加速度的监测,运行期地下水位、渗流、孔压及降雨入渗量等的监测是必要的。当边坡范围较大、需要布置多个监测断面时,重点断面的监测项目和监测仪器数量应多于一般断面的监测项目和监测仪器数量。

(2) 施工期、运行期监测相结合,全面监测边坡性状的全过程。监测工作应贯穿工程活动(开挖、加固、运行)的全过程,监测仪器的布设应统一规划、分期实施。施工期监测设施能保留做运行期监测的应尽量保留。

(3) 监测仪器选择应少而精。对于监测仪器的使用,应综合考虑变形监测的精度、可靠性和准确性等要求,做到简易工具和精密仪器相结合、机械仪器与电子仪器相结合、常规仪器与自动化仪器相结合。在边坡变形的不同时期、不同部位,变形监测的精度要求有所不同，监测仪器也需要做必要的调整。考虑监测成果的可靠程度，选用设备时，一般按照光学设备、机械设备、电子设备的先后顺序，优先考虑使用光学和机械设备，以提高测试精度和可靠程度。精度和量程根据边坡工程变形的阶段、岩体特性确定，对于变形大的边坡，仪器选择时量程应优于精度。对于专门用于施工监测的仪器，精度要求可稍低，也可采用简易仪器；而运行期仪器的安全性、可靠性则要求较高。坚硬岩体的变形小，可采用精度高、量程小的仪器；半坚硬、破碎软弱的岩土体则采用精度较低、量程较大的仪器。

(4) 边坡工程监测应减少和避免对施工的干扰，不影响正常施工和使用。监测点布设、监测仪器埋设时，应考虑施工的影响，且要便于保护。选择仪器时，应尽量采用抗干扰能力强的仪器。监测方案的设计应留有余地，对于监测过程中可能存在的一些不确定的因素，应根据实际需要补充设计。

(5) 边坡工程变形监测以仪器量测为主，人工巡视、宏观调查为辅。监测时应做到仪器量测与人工巡视相结合，确保重点，万无一失。

9.3.2　监测项目的选择

边坡工程变形监测的项目见表 9-1。对于具体的边坡工程，其监测项目应根据边坡的地质结构、空间形态和自然环境进行选择。监测项目应本着少而精的原则，选择若干关键监测部位，合理地布设监测网点和监测仪器，做到既突出重点，又兼顾整体，力求边坡外部监测和内部监测相结合，几何量测和有关物理参数监测相结合。

9.3.3　监测断面和监测网的布设

对于监测断面和监测网的布设，首先应确定主要监测范围，在该范围内按照监测方案的要求，确定主要滑动方向，然后按主要滑动方向及滑动面范围选取布置典型监测断面，最后按监测断面布置相应监测点。

(1) 监测断面的布置

边坡监测断面的选择应遵循以下要求：

① 监测断面通常选在地质条件差、变形量大、最有可能破坏的部位(如有断面、裂隙、危岩体存在的部位)；边坡坡度高、稳定性差的部位；结构上有代表性的部位；分析计算的典型部位；等等。

② 监测断面应有主次之分。根据地质条件的好坏、边坡坡度的大小、是否有结构上的代表性等选定主要断面和次要断面，主次断面可再分为 2～3 级等。

③ 重要断面布置的监测项目和仪器应比次要断面的多。在同一监测项目中宜平行布置，以保证成果的可靠性和能相互验证。考虑平面和空间的展布，各个测线应按一定规律形成监测网，监测网可一次也可分阶段按不同时期和不同要求形成，如图 9-10 所示。十字形布置方法对于主要滑动方向和变形范围明确的边坡来说较为合适和经济，它在与主要滑动方向垂直的方向布设若干测线，沿测线布设监测点，当滑坡为带状时，测站点和照准点也可以沿测线布设，相应地可采用视准线法和测线支距法进行监测。放射形布置方法主要适用于变形范围和主要滑动方向不够明确的边坡，它在两个测站上按放射状布设交会角为30°～150°的若干条测线，两条测线的交点即监测点。这种布设方法对面积不大、视野开阔的边坡

更适用。当监测面积较大时,可采用任意格网形布置方法,其布设和观测方法与放射形布置方法相同,但需要适当增加测站点与照准点。

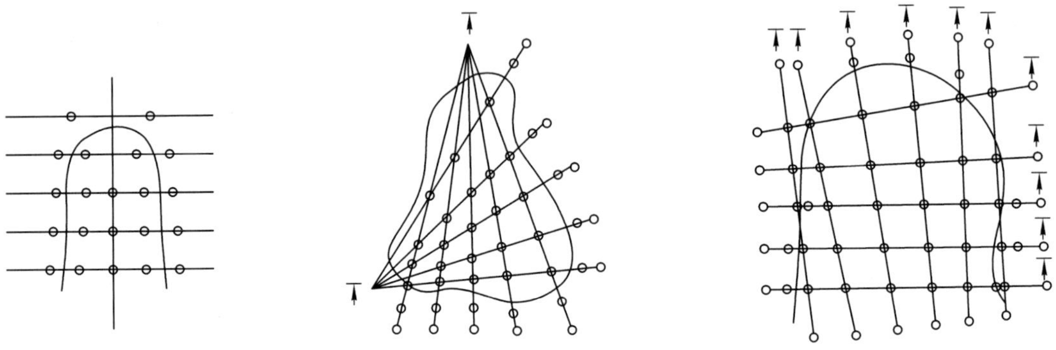

(a) 十字形　　(b) 放射形　　(c) 任意格网形

图 9-10　边坡表面位移监测网

(2) 监测网的布设

测站点和照准点是变形监测的基准点,一般建立在变形区以外的稳固基岩上,同时应建造具有强制归心装置的混凝土观测墩,在土质和地质条件不稳定的地区应进行加固处理。对于垂直位移监测基准点和水平位移监测基准点,至少要布设 3 个固定点。

监测点与边(滑)坡应牢固结合。对于土体,可以采用预制混凝土标石作为标志,标石埋深不宜小于 1 m。在冻土地区,应埋入标准冻土线以下 0.5 m,也可埋设管径与监测标志配套的钢管,以便插入具有强制对中装置的活动标志。对于岩体,可采用砂浆现场浇筑的钢筋标志,凿孔深度不宜小于 10 cm。对于人员不易接近的危险地段,可埋设长度为 1.2 m 的钢管,上端焊接简易的固定监测标志。对于监测周期不长、次数不多的小型滑坡监测点,可埋设硬质大木桩,但其顶部应设置照准标志,底部应埋入标准冻土线以下。

9.3.4　监测精度

监测精度应当参考国内外同类型边坡的监测精度要求以及相关的国家和行业规范的具体要求,并结合实地的勘查结果、边坡变形的形成机理、变形的趋势和监测仪器的精度指标来综合分析,按照误差理论(观测误差一般为变形量的 1/10～1/5)来确定。通过一段时间(1～2 年)的实地监测和监测资料的分析,对边坡的变形状态和变形趋势进行监测预报,然后再对监测方法、监测内容和精度进行适当的调整和完善。

9.3.5　监测频率和周期

对于不同类型、不同阶段的边坡工程,根据工程所处的阶段、工程规模以及边坡变形速率等因素的不同,它们的监测周期及监测频率也有所不同。

监测频率会受到边坡工程的范围和监测工作量的限制,对于具体工程而言,一般在施工的初期及大规模爆破阶段应提高监测频率,由于该阶段以监测爆破震动为主,所以该阶段的监测频率一般结合爆破工程确定。

对于处于初始蠕变和稳定蠕变状态的边坡，其应以地面及地下监测为主，一般在初始阶段时每日或每两日一次；在施工阶段3～7日一次；在施工完成后进入运营阶段且变形及变形速率在控制的允许范围之内时，一般以每一个水文年为一周期，每两个月左右监测一次，雨期加强到一个月一次。对于处于加速蠕变状态、变形量增大和变形速率加快的边坡，应加大监测频率，时刻注意其变形值。

9.3.6　预警值和报警制度的建立

预警值原则上应参照现行规范和规程的规定值、设计预估值和经验类比值，从变形总量和变形速率两方面加以控制，但现行规范和规程对规定值很少涉及。每次监测时，应密切观察边坡滑动出现前的征兆，监测结束后应及时整理有关数据，绘制监测点的滑动曲线。当发现异常时，应结合其他监测资料进行综合分析，必要时及时报警。报警可以采用在监测报表上做报警记号、口头报警与书面报告报警相结合的形式。

9.4　监测数据的整理与分析

9.4.1　监测资料的整理

边坡工程的监测资料包含监测日报表、阶段性报表、监测总表、相关图表以及阶段性的分析报告等。现以某高速公路高边坡表面部分监测点的位移监测为例，介绍监测资料的整理内容和流程，以供实际工程参考。

9.4.1.1　监测报表

对于不同的监测内容，当每完成一次量测或进行到关键阶段时，都应向委托方提供监测报表。

（1）监测日报表

监测日报表（表9-3）一般是最直接的原始监测资料，其既要体现当期的观测结果，还要体现当期与以往相关成果的关系，以方便相关人员更直观地理解和把握变形情况。

表9-3　监测点成果日报表（2010年7月31日）

点号	纵坐标/m	横坐标/m	高程/m	本次位移量/mm	本次沉降量/mm	累计位移量/mm	累计沉降量/mm
A_1	65 012.297 7	66 051.430 9	395.823 4	6.1	−2.6	3.1	3.6
A_2	65 056.788 1	66 051.985 9	391.738 5	5.6	−1.5	3.0	−3.5
A_3	65 115.290 8	66 053.674 2	385.787 0	6.2	−4.7	72.8	−46.0

（2）阶段性报表

对于监测周期较长的边坡，当监测工作进行到一定阶段后，监测人员应对原始数据加以处理，提供阶段性的数据、报表，以及相关的建议（表9-4）。

表 9-4　A_3 监测点成果阶段性报表

纵坐标 /m	横坐标 /m	高程 /m	本次位移量/mm	本次沉降量/mm	累计位移量 /mm	累计沉降量 /mm	监测日期
65 115.290 8	66 053.674 2	385.787 0	6.2	−4.7	72.8	−46.0	2010 年 7 月 31 日
65 115.289 2	66 053.673 9	385.785 6	1.6	−1.4	72.9	−47.4	2010 年 8 月 6 日
65 115.291 6	66 053.668 8	385.776 0	5.6	−9.6	78.3	−57.0	2010 年 8 月 14 日
65 115.289 5	66 053.663 5	385.776 0	5.7	0.0	83.1	−57.0	2010 年 8 月 20 日
65 115.293 3	66 053.657 5	385.770 2	7.2	−5.8	89.7	−62.8	2010 年 8 月 27 日
65 115.294 0	66 053.654 6	385.772 2	2.9	2.0	92.6	−60.8	2010 年 9 月 3 日
65 115.298 1	66 053.611 7	385.742 6	43.1	−29.6	135.7	−90.4	2010 年 9 月 16 日

对阶段性报表中的数据进行分析，识别出位移较大的监测点并加以提示，以对后续的监测工作提供相关建议。在表 9-4 中，最后一行的累计位移量和累计沉降量分别为 135.7 mm 和−90.4 mm，故可初步判断 A_3 为欠稳定点。

(3) 监测总表

监测总表是在工程的合同监测周期结束后，对该边坡工程的地表水平位移量、沉降位移量、地下变形量、降雨量等进行的统计汇总，用以发现沉降规律及其与有关环境因素的相关性(表 9-5)。

表 9-5　监测点成果汇总表

点号	最大位移累计量/mm	最大沉降累计量/mm
A_1	5.2	3.6
A_2	6.5	−3.5
A_3	150.8	−101.5

9.4.1.2　相关图表

为了使工程管理人员能够清楚地把握监测点的变化情况和变化趋势，在提交监测报表的同时，应提交监测点的位移变化图、沉降变化图、点位布置图、位移向量图、降雨量曲线图、加卸载与最大位移的关系等相关图表。

9.4.2　监测资料的分析

在监测分析报告中，应提供监测数据总表、相关图表和监测资料的分析及最终结论，根据监测数据还可进一步进行有关分析及其他数值计算方法的验证，以及理论与实际的对比，并提出建议及反馈意见。不同的边坡工程有不同的监测目的，在编制分析报告时应结合有关要求，对于利用监测数据进行超前预报工作的报告，应提前至每一次监测过程结束。对于滑坡工程，业主关心的是边坡的稳定性，因此，对监测资料的分析应及时、准确。一般监测分析报告应包括以下内容：① 工程地质背景；② 施工及工程进展情况；③ 监测目的、监测项目设计和工作量分布；④ 监测周期和频率；⑤ 各项资料的汇总情况；⑥ 曲线判断及结论；⑦ 数值计算及分析；⑧ 结论及建议。

9.5　矿山边坡变形监测

矿山边坡变形监测的主要作用有：① 评价边坡施工及其使用过程中边坡的稳定性，并做出有关预测预报；对于已经或正在滑动的滑坡体掌握其演变过程，及时捕捉崩塌、滑坡等灾害的特征信息，如为崩塌、滑坡的正确分析评价、预测预报及治理等，提供可靠的资料和科学依据。② 为防治滑坡及可能的滑动和蠕变变形提供技术支持，预测和预报滑坡的边界条件、规模、滑动方向、发生时间及危害程度，以便及时采取措施，尽量避免或减轻灾害带来的损失。③ 通过监测可为决策部门提供相应参数依据，为有关方面提供相关的信息，以便制定相对应的防灾救灾对策。④ 监测已发生滑动破坏和加固处理后的滑坡，其监测结果是评价滑坡处理效果的尺度。⑤为进行有关位移分析以及数值模拟计算提供参数。

9.5.1　矿山边坡变形监测的任务

边坡工程变形监测的目的是对可能发生滑坡的危险边坡进行观测，查明滑动性质、滑体规模和准确预报滑坡等，以确保生产安全，避免灾难性事故的发生。矿山边坡变形监测的任务包括：① 提供边坡发生恶性滑坡时的报警，以保证作业人员及设备的安全，且在变形趋于稳定时解除警报，以利于组织生产。② 提供可靠的监测资料，以识别不稳定边坡的变形和潜在的破坏机制及其影响范围，制定相应的防灾减灾措施。③ 提供矿山边坡信息，以便于矿山调整采掘计划，改进和优化设计方案。④ 服务于潜在滑坡体的处理方案设计，为处理方案的实施提供安全监测依据。

9.5.2　矿山边坡变形监测的内容

矿山边坡变形监测的内容包括边坡岩土体地表位移监测、地下位移监测、裂缝监测等。当边坡变形受外界环境影响严重时，需辅以环境监测。矿山边坡常见的监测内容见表 9-6。

表 9-6　矿山边坡常见的监测内容

序号	监测项目	监测内容
1	裂缝监测	地表裂缝
2	位移监测	地表位移、地下(深部)位移
3	滑动面监测	确定滑动面
4	地表水监测	河流、湖泊、水库水位
5	地下水监测	钻孔、井水位、泉水流量、孔隙水压力
6	应力监测	内部应力
7	声发射监测	岩石破裂现象
8	宏观变形迹象监测	裂缝扩展、建筑物变形、植被异常等现象

9.5.3 矿山边坡变形监测的实施

9.5.3.1 布置边坡位移监测点和监测线

边坡位移的监测点应布置在下列地段：① 工程地质条件较复杂的地段（如断层、破碎带、风化带、岩层节理发育等地段）；② 受地下水和地表水危害较大的地段；③ 运输枢纽等人类活动密集区；④ 较高边坡及边坡服务年限较长的地段；⑤ 正在进行边坡治理的地段。

监测线的条数取决于滑坡范围（监测范围）的大小、边坡岩石力学性质及地质条件的复杂程度。一般在滑坡体中央部分、沿预计的最大滑动速度方向（多数情况为垂直于露天矿边坡走向方向）布置一条，在其两侧再布置若干条。对于滑坡体上具有特征性的部位，应设专门的监测点进行监测，当发现某些监测点有移动时，可在这些监测点的上、下、左、右增设监测点，以便准确确定边坡移动范围。

对水准基点不要求建立严格的高程控制系统，可以每 2～3 个台阶在非移动区建立一组，每组不少于 3 个点。每次观测时，同级水准基点间应进行检测。为确定矿区工作点的统一高程值，可用等外水准测量或三角高程测量进行各组水准基点间的联测。

9.5.3.2 边坡位移的观测

观测工作需要在全部监测点埋设 10～15 天，监测点稳定之后开展。观测时首先将观测站的控制点与露天矿基本控制网点（平面与高程）进行联测。露天矿山边坡变形监测的内容如下。

（1）警戒观测。为确定边坡是否正常滑动，可根据季节及监测线的具体情况定期进行水准测量。当发现监测点累计下沉量达 20 mm 时，可认为边坡开始滑动，此时需要进行全面观测。全面观测包括监测点的平面位置和高程测量。

（2）滑动期观测。滑动期观测周期根据边坡活跃程度确定，一般每 1～3 个月进行一次水准测量，每 3～6 个月进行一次全面观测。在滑动速度快、变形大的情况下，应缩短观测周期以全面掌握和研究滑动规律。当发现滑坡体产生裂隙时，必须测量裂隙的长短、深浅和走向，并在裂隙的两侧设置监测点，每月或每周观测一次裂隙的变化情况。

（3）滑坡后观测。其观测内容包括记录监观测点的平面位置、高程及滑坡体的大小、滑落时间等，并在滑坡区平面图上表示出滑动面、裂缝位置、凸起、凹陷等变形发生的部位、时间及相关测量数据。得到观测成果后，可按平差解析方法计算各工作点的坐标，将其与首次观测成果比较求取位移量。外业观测结束后应整理观测成果，根据监测点的平面位置和高程，计算其移动和变形值，绘制相应的移动和变形曲线图，具体包括：① 测线剖面图，图上应表示出滑坡前后的边界外形、各台阶标高、地物、岩层、地质构造界线、各监测点及其移动量。如果滑动方向与监测线方向相差较大，应另绘滑动方向剖面图。② 滑坡区平面图，图上应表示出滑坡前后台阶或地形及其标高、地物、滑坡体边界、裂缝、监测线等，绘出各监测点的移动向量。③ 对于个别具有代表性的监测点，需要绘制位移或移动速度随时间的变化曲线。最后根据这些图纸及滑坡区的地质和采矿工程等条件，推测滑动面的形状和位置，分析滑动原因，进行滑坡预报。

9.6　工程实例

9.6.1　工程概况

双江口水电站位于四川省阿坝藏族羌族自治州马尔康市与金川县的交界处，是大渡河流域水电梯级开发的上游控制性水库工程。双江口水电站坝址位于大渡河上游东源足木足河与西源卓斯甲河汇合口以下 2～6 km 河段，距马尔康市、金川县的公路里程均约为 40 km。坝址附近 K7＋316.23—K7＋451.00 公路边坡（下称 R3 边坡）位于绰斯甲河左岸，紧临高速公路，坡脚有公路隧洞出口，边坡上山梁有高压电塔经过。高速公路是电站场内的主要交通干道，车流量较大。

9.6.2　工程地质和水文气象条件

四川省阿坝藏族羌族自治州地处青藏高原东南缘与四川盆地西部边缘山地交替地带，是我国新构造运动强烈的地区，也是地震、山崩、滑坡、泥石流等主要地质灾害的频发区。阿坝州境内的岷江、大渡河、涪江及其支流侵蚀、切割深度达 1 000～2 500 m，为滑坡和崩塌提供了高大临空面。坡体具有极大的位能，普遍存在卸荷位移情况。

工程所在地马尔康市中心处于Ⅶ度地震区，坝区多为冲积堆积阶地，内侧花岗岩裸露，地表横坡较陡，岩石表面强风化，地表破坏严重，边坡具有较强的地震敏感性。此外，该地属横断山脉北界一带，气候有明显的垂直变化。受高空西风环流、印度洋和太平洋季风环流的影响，马尔康市表现为冬干夏雨，干湿季节变化非常明显，其中，从 5 月中旬至 10 月中旬为湿季，降水量占全年的 85％以上，且主要集中在 6—8 月；从 10 月中旬至翌年 5 月中旬为干季，该时段降雨少，空气非常干燥。

R3 边坡的基本形态见图 9-11，其长度为 134.77 m，最大坡高达 53.88 m，边坡底部路面外侧为冲积堆积阶地，内侧花岗岩裸露，地表横坡较陡。靠近隧洞口的部分存在明显的裂隙，方向为从洞口斜向上约 45°，根据《水利水电工程边坡设计规范》（SL 386—2007），该边坡工程的重要性等级为Ⅱ级。

图 9-11　R3 边坡的基本形态

9.6.3　监测仪器布置

根据R3边坡的地质条件、开挖和支护状况，选择3个监测断面进行监测，这3个监测断面分别是开挖后的最高断面K7＋375.00 m、次高断面K7＋340.00 m和靠近隧洞进口的K7＋420.00 m断面。

每个断面原则上分3条测线布置监测点，即一级马道、二级马道和坡顶附近。其中最高断面K7＋375.00 m分别在一级马道、二级马道和二级马道以上10 m处布置三点式多点位移计一套、两点式锚杆应力计一组，另外在坡顶以下5 m附近布置锚索测力计一台。次高断面K7＋340.00 m分别在一级马道、二级马道和二级马道以上7 m处布置两点式锚杆应力计一组，另外在一级马道和二级马道之间布置锚索测力计一台。靠近隧洞进口的K7＋420.00 m断面以一级马道为中心沿洞口周围布置两点式锚杆应力计三组，在洞顶接近平齐的坡面附近布置锚索测力计一台。此外，为监测坡顶地锚梁的加固效果，在边坡顶部的地锚梁区布置一台锚索测力计。为了监测边坡整体变形的稳定性，在各级马道和坡顶布置若干水平、垂直位移监测点。R3边坡监测仪器布置见图9-12。

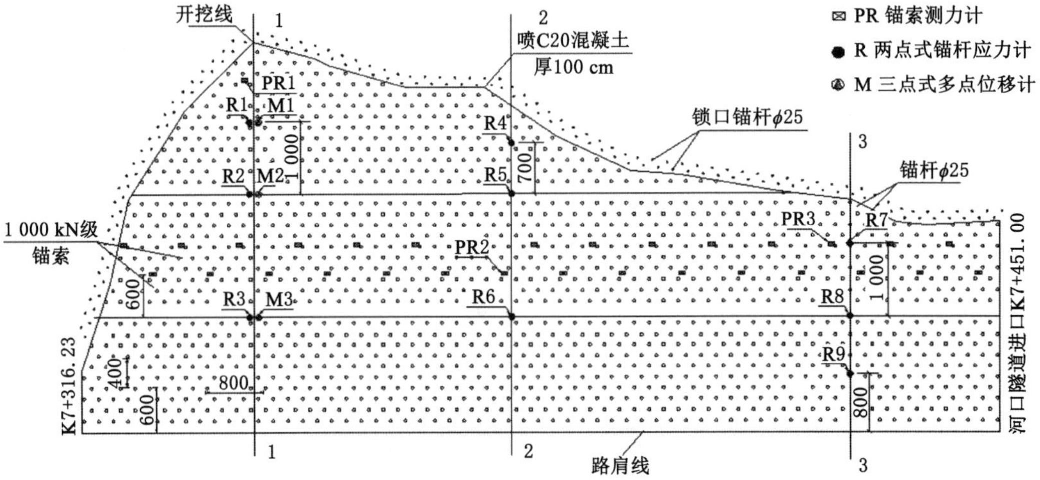

图9-12　R3边坡监测仪器布置图

施工过程中定期进行巡视检查，巡视检查的内容包括检查边坡有无裂缝、剥落、滑动、隆起、塌坑等现象。

9.6.4　边坡监测成果

9.6.4.1　边坡岩体深层位移

多点位移计用于监测边坡岩体深层位移，各监测点深度分别为5 m、15 m和35 m。多点位移计是在2008年5月2日安装完成并开始观测的，此时边坡开挖基本上已经完成，边坡开始实施喷锚支护，因此多点位移计未能监测到边坡岩体开挖过程中的卸荷回弹变形。截至2008年9月25日，其观测到的孔口最大绝对位移为0.25 mm。

从岩体内部位移的高程分布来看，位于坡脚的M3孔口位移主要表现为向山体外的拉伸变形，最大达0.11 mm；而位移边坡中部和上部的多点位移计M2、M1孔口位移则主要以向山体内的压缩变形为主。如图 9-13 所示为多点位移计 M1 各监测点位移历时曲线。2008 年 8 月边坡喷锚支护全部施工完毕后，多点位移计各监测点位移量都逐步减小，并表现为向山体内的压缩变形，这表明支护结构起到了应有的加固效果。

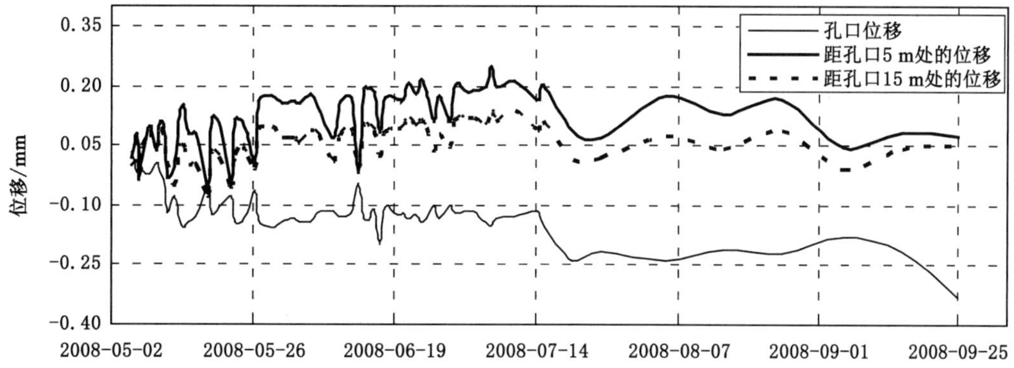

图 9-13　多点位移计 M1 各监测点位移历时曲线

如图 9-14 所示为多点位移计 M1 实测位移分布曲线，由图 9-14 可见，坡脚和坡顶的最大位移发生在距孔口约 5 m 处，随着深度增加，岩体位移量逐步减小，位移沿深度变化呈现单峰形式，因此，可以认为喷锚支护对边坡岩体变形有显著影响的深度大约为 5 m。而边坡中部在距孔口 5 m 和 20 m 处都发生了较大位移，位移沿深度变化呈现双峰形式，这与边坡岩体的地质结构有直接关系，因为边坡中部有水平分布的、约 20 m 深的强断裂带穿过。支护结构对强断裂带岩体位移也产生了显著影响，这说明边坡支护达到了预期目的和效果。

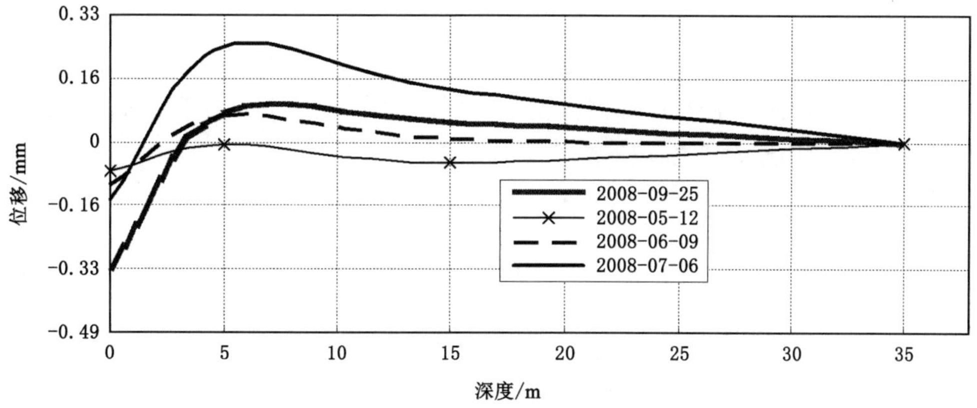

图 9-14　多点位移计 M1 实测位移分布曲线

工程所在地离“5・12”汶川特大地震震中映秀镇直线距离约为 200 km，地震当天的监测成果表明，地震对边坡岩体变形未造成影响。

9.6.4.2　锚杆应力监测

锚杆应力计的监测成果见表 9-7。由于在锚杆应力计安装时，边坡开挖已经结束，边坡因卸荷而产生的大部分变形已经释放，因此，锚杆应力计实测应力均较小，最大拉应力绝大部分为 1～5 MPa，个别点为 10～20 MPa，这表明边坡向外变形很小，与多点位移计的监测成果吻合。但仍然有个别监测点测出了较大的拉应力，这与局部岩石比较破碎，锚杆穿过了不连续面，在喷锚支护内力作用下，岩体产生了较大变形有关。锚杆应力监测的结果表明：在安装好锚杆并回填灌浆后，由于水泥砂浆凝固收缩，锚杆应力计产生拉应力，随着砂浆强度的逐步提高，锚杆承受砂浆和岩体的联合作用，在岩体压力和喷锚支护内力的共同作用下，锚杆受力开始随边坡岩体变形而发生变化。

表 9-7　锚杆应力计的监测成果　　单位：MPa

点 号	监测成果			
	最大值		最小值	
	1.35 m 处	3.15 m 处	1.35 m 处	3.15 m 处
R1	1.63	1.18	−2.81	−2.34
R2	1.88	1.20	−1.40	−1.11
R3	0.89	0.81	−1.28	−1.86
R4	1.99	3.92	−8.42	−3.02
R5	0.44	3.19	−46.01	−2.70
R6	0.89	3.30	−10.03	−5.51
R7	6.44	2.49	−1.51	−7.95
R8	18.43	10.70	0.00	0.00
R9	1.84	2.89	−7.76	−1.94

9.6.4.3　锚索锚固力监测

锚索张拉锁定后，锚固力都有不同程度的损失，边坡顶部锚索锚固力损失较小，在2.5%左右；坡脚和边坡中部锚索锚固力损失相对较大，一般在 5%左右，最大损失达 7.91%；地锚梁第 7 号锚墩锚索测力计测得的锚固力损失在 2%左右。锚索锚固力没有出现增加现象，表明边坡没有发生向外的变形，边坡整体处于稳定状态。

9.6.5　结论

（1）由于仪器安装时边坡开挖已经完成，因此未能取得边坡岩体开挖过程中的边坡卸荷变形监测成果，后期喷锚支护过程中的边坡实测变形量很小。边坡变形主要发生在边坡开挖过程中，边坡整体处于稳定状态。

（2）监测成果表明，地震对边坡岩体内部位移基本上没有影响。

（3）边坡安全监测重在监控边坡变形的性状和发展趋势，监测工作应贯穿工程活动（施工、加固、运行）的全过程。为此，在监测过程中要做到四个“及时”，即及时埋设监测传感器、及时观测、及时整理分析监测资料和及时反馈监测信息。利用四个“及时”来保障 R3 边坡工程的安全，以降低边坡地质灾害造成的人民生命财产损失。

（4）开挖卸荷是边坡变形的主要影响因素，监测仪器的埋设安装应在具备条件的第一时间内组织实施，以便掌握边坡卸荷变形情况，为施工安全和边坡稳定性分析提供科学依据。

思　考　题

1. 边坡工程变形监测的目的是什么？
2. 边坡工程变形监测的内容主要有哪些？主要利用哪些监测仪器和仪表？
3. 边坡工程监测方案的设计包括哪些内容？
4. 边坡工程变形监测点应如何选埋？
5. 边坡工程变形监测周期和预警值一般怎样确定？
6. 边坡工程变形监测分析时应结合哪些监测资料和图表？

第10章　桥梁工程变形监测方法及应用

10.1　桥梁工程变形监测的特点与内容

10.1.1　桥梁工程变形监测概述

如斜拉桥、悬索桥等大型桥梁自20世纪90年代初期以来在我国如雨后春笋般发展，数量上急剧增加。桥梁不仅为人们提供了交通便利，而且满足了国民经济和社会发展对交通系统的需求。然而，当前的许多超大型桥梁工程由于自重较大，在建设和运行过程中会遇到各种地质环境和外界因素的干扰，如：

（1）高速的潮汐以及风力等周边环境的影响；

（2）交通荷载及桥下航运等人类活动的影响；

（3）侵蚀和盐害等桥梁本体病害的影响；

（4）地震及洪水等各类自然灾害的影响；

（5）桥梁材料疲劳和结构损坏等自然老化的影响。

在这些内外因的共同作用下，桥梁工程容易发生混凝土炭化、钢筋锈蚀、预应力松弛、斜拉索锈蚀和墩台基础沉降等现象，从而增加了桥梁安全事故发生的风险。当前科技高速发展，桥梁形式愈发多样化，许多地区的桥梁已成为当地的标志性建筑，社会影响面广。桥梁一旦发生安全事故，不仅威胁人们的生命安全，还会造成一系列的社会反应，影响社会的稳定性。大型桥梁工程的应力非常复杂，在这些应力作用下，桥梁整体或局部不同程度的变形通常是其出现安全隐患的重要表征。因此，需要开展高效的桥梁工程变形监测工作，以全面了解和掌握桥梁工程的各种情况，对监测过程中发现的异常情况做出相应的处置方案，降低桥梁安全事故发生的风险。这其中包括针对桥梁施工过程的动态施工监测、竣工通车运营期间的桥梁实时动态健康监测以及建立“桥梁健康系统”诊断和评价桥梁的健康和安全情况。基于工程测量原理、大地测量技术和精密测量仪器对桥梁进行的变形监测，主要是对桥梁工程各种构件空间位置的变化以及桥梁基础的沉降等进行监测。其具体工作为：对桥梁垂直方向和水平方向的位移变化进行定期或实时监测，并绘制相应的位移变化影响线或影响面来监测桥梁各部位的变形状态，预测其变形规律，从而为桥梁的维修、养护和管理决策提供依据和指导。

10.1.2　桥梁工程变形监测的内容

桥梁变形按其类型可分为静态变形和动态变形。静态变形是指变形监测的结果只表示在某一期间内的变形值，它是时间的函数。动态变形是指在外力影响下而产生的变形，它表示桥梁在某个时刻的瞬间变形，是以外力为参量来表示其相对于时间的变化的。桥梁墩台的变形一般是静态变形，而桥梁结构的挠度变形则是动态变形。从变形时间尺度划分，桥梁变形可分为短期变形和长期变形。长期变形是由基础沉降、桥梁的断裂以及拉索松弛等造成的永久性变形，长期变形通常是不可恢复的。短期变形通常是由风、温度、潮汐、地震以及交通荷载等引起的短暂变形，在外力消失时桥梁可以恢复到施加外力以前的状态。当外力荷载超过了桥梁所能承受的荷载极限值时，短期变形可能转变为长期变形。短期变形也称为挠度变形，可分为静态（似静态）和动态两种成分，其中，静态成分是某个时间段的均值，是由温度、行车荷载及持续风力等因素引起的缓慢的接近静态的变化；动态成分是桥梁自身结构在地震、风力及行车荷载等环境因素的激发下产生的微小振动。

桥梁的类型有梁式桥、钢桥、拱桥、悬索桥和组合体系拱桥。因为每种桥梁的结构类型不同，所以它们的受力特点也不一样，其相应的变形监测内容也有所不同。《工程测量标准》（GB 50026—2020）中规定了不同桥梁在施工期和运营期的监测内容，如表 10-1 所示。

表 10-1　桥梁变形监测的内容

类型	施工期主要监测内容	运营期主要监测内容
梁式桥	桥墩垂直位移、梁体水平位移、徐变（垂直位移）、挠度（垂直位移）	桥墩垂直位移、桥面水平位移、挠度（垂直位移）
拱桥	桥墩垂直位移、装配式拱圈水平位移、垂直位移	桥墩垂直位移、桥面水平位移、垂直位移
悬索桥、斜拉桥	索塔倾斜、索塔摆动（塔顶水平位移）、塔基垂直位移、桥面线形（水平位移、垂直位移）、挠度（垂直位移）、锚碇水平位移、垂直位移	索塔倾斜、索塔摆动（塔顶水平位移）、塔基垂直位移、桥面水平线形（水平位移、垂直位移）、挠度（垂直位移）
桥梁两岸边坡	桥梁两岸边坡水平位移、垂直位移	桥梁两岸边坡水平位移、垂直位移

桥梁在施工以及运营中，无时无刻不受各种荷载的影响。桥梁工程变形监测主要监测桥梁的空间位置及内部形态随时间的变化，以为人们验证设计参数、反馈施工质量、研究和预报变形规律提供有效依据。变形监测是人们把握桥梁状况的主要方式之一，也是桥梁健康监测体系中最重要的组成环节。根据《工程测量标准》（GB 50026—2020），桥梁工程变形监测按阶段可分为施工期和运营期的监测；按变形类型可分为水平位移监测和垂直位移监测。总的来说，桥梁工程变形监测的内容包括桥梁空间变位监测、桥梁挠度监测、墩台变形监测、塔柱变形监测等。

（1）桥梁空间变位监测

桥梁工程的结构十分复杂，随着各种新型桥梁结构的不断出现，桥梁工程的复杂性愈加凸显，其结构内部的荷载也呈现多样化的特点，在多种力矩和荷载的作用下，桥梁的变形已经难以通过人力来计算。在变形监测过程中，必须使用相应的设备和技术，以有效监测桥梁的变形。在桥梁的变形中，由桥梁基础的位移、倾斜以及外界荷载（风、日照、车辆等）等引起的空间变位是其中的重要组成部分。对于大跨度的斜拉桥和悬索桥，风荷载可使桥面产生大幅度的摆动，这对桥梁的安全运营十分不利。

（2）桥梁挠度监测

桥梁的挠度是评价桥梁工程质量的重要指标之一。桥梁挠度变形的成因比较复杂，主要是桥梁在各种应力的作用下而产生的变形。正常情况下，桥梁工程的挠度变形在一定的范围内不属于质量问题，但是如果挠度变形过大，就会产生严重的桥面变形，对桥梁工程的安全产生一定的威胁。桥梁工程的挠度变形监测需要借助特定的设备，通过监测可以及时发现桥梁工程的异常情况，以便及时采取应对措施和避免桥梁在应力的作用下引发更严重的质量问题。

（3）墩台变形监测

在我国桥梁工程的发展过程中，出现了许多高架桥或者综合性桥梁，这些桥梁工程的结构更加复杂，对基础结构的要求非常高，尤其是基础结构的重合位置，其受力的情况非常难以掌控，容易在应力以及桥梁自重的作用下产生下沉，存在引发桥梁工程事故和对交通环境造成非常不利的影响的风险。在桥梁工程的设计以及施工过程中应充分考虑其沉降问题，通常桥墩的总体沉降值不能超过 20 mm，两个相邻桥墩之间出现的沉降差异不能超出 5 mm，如果沉降的数值超出这个范围，则视为质量问题。桥梁工程的施工具有动态性，即随着施工的不断深入，桥梁的自重也在不断增加，其很容易发生自重作用下的沉降。所以，在桥梁施工过程中需要加强对沉降的监测，我国对桥梁建设过程中的监测做出了明确的规定，要求监测工作由一个独立的机构承担，并且要遵循实时性和全程性的原则，以避免由沉降过量问题引发的工程事故发生。桥梁的基础变形监测主要包含以下内容。① 墩台的垂直位移监测：包括墩台特征位置的垂直位移和沿桥轴线方向（或垂直于桥轴线方向）的倾斜监测。② 墩台的水平位移监测：各墩台在上、下游的水平位移监测称为横向位移监测；各墩台沿桥轴线方向的水平位移监测称为纵向位移监测。两者中，横向位移监测更为重要。

（4）塔柱变形监测

塔柱在外界荷载的作用下会发生变形，及时而准确地观测塔柱的变形对分析塔柱的受力状态和评判桥梁的工作性态有十分重要的作用。塔柱变形监测的内容包括塔柱顶部水平位移监测、塔柱整体倾斜监测、塔柱体挠度监测、塔柱体伸缩量监测。

目前，桥梁工程变形监测主要沿用传统的大地测量方法和物理学传感器方法，常用的监测设备有位移传感器、加速度计、倾斜传感器、激光干涉仪、全站仪、精密水准仪等。这些方法都有一定的效果，但也存在许多不足。例如，加速度计对于高频动态变形的测定较为准确，而对温度变化等因素引起的桥梁徐缓位移和大风影响下的位移就无能为力；倾斜传感器必须与其他传感器配合使用，这就会带来不同传感器数据融合及时间同步的问题；激光干涉仪、全站仪和精密水准仪容易受气候的影响，存在时间采样频率低、难以满足动态测量要求等问题。

10.2 桥梁工程变形监测技术与方案

桥梁工程变形监测工作的落实，需要通过相应的技术。监测技术的合理性直接影响桥梁工程变形监测的效果。传统的桥梁工程变形监测技术主要有常规的大地测量法和物理学传感器两种方法。随着科学技术的进步和测量仪器的发展，涌现了如 GNSS 监测方法、光学三维测量方法等许多先进的桥梁工程变形监测技术。这些先进技术为实现自动化、数字化、高精度的桥梁工程变形监测提供了有利条件。

10.2.1　常规大地测量监测方法

常规的大地测量法是我国当前变形监测中应用较广泛的方法。该方法主要利用经纬仪、测距仪、水准仪和全站仪(图 10-1)等光学或电子测量设备，通过测角、测距、测高差等空间几何原理，获取地面点位的三维坐标及其变化量，从而获取被测物体在测点处的变形量。

(a) 全站仪　　(b) 经纬仪　　(c) 水准仪

图 10-1　传统的大地测量仪器

这种方法具有观测灵活、数据检核严格、测量精度高、资料可靠等特点，适用于不同结构的桥梁，可满足不同精度要求的变形监测。大地测量法能提供绝对的变形信息，而且其理论和方法成熟、观测数据可靠、费用相对较低，在保证工程正常运营方面优势明显。但其也存在以下不足：

(1) 多依赖人工进行观测，自动化程度低，工作强度大，容易受气候和其他外界条件的影响。

(2) 同一监测点的平面位移和垂直位移通常采用不同的方法进行观测，不同监测点的观测数据之间存在前后时间差，数据同步性不高。

(3) 观测的点位稀疏离散，不一定能正确反映桥梁的全部变形信息。

此外，受现场条件限制，大地测量法在某些空间狭小、光线不足的地方作业比较困难；利用全站仪开展高精度测量时需架设仪器和棱镜，对于人员难以到达的地方，则难以实现。计算机、空间技术和无线电技术的发展，推动了测量仪器的进一步革新，促生了一系列自动化、智能化的高新技术测量设备。如集全站仪、计算机和无线电技术于一体的测量机器人，突破了传统测量时对人工的依赖，通过马达驱动机器人自动依次瞄准各监测点进行观测，但它无法同时观测多个监测点目标；GNSS 则通过在监测点上架设天线接收卫星的测距信号进行监测点坐标及其变化量的计算，突破了传统测量对监测点间需要通视的严苛要求；三维激光扫描仪和雷达干涉测量等技术则突破了传统测量中基于点的观测要求，能快速同时获取大量的点云和高空间分辨率的形变场。这些技术在变形监测领域已取得一系列成果，伴随着研究的深入，这些技术会逐渐应用于桥梁工程监测，从而为桥梁的健康运营提供安全保障。

10.2.2　GNSS 监测方法

GNSS 测量方法是近几十年来兴起的新方法，它的应用给测量技术带来了一场深刻的革命。GNSS 技术不受气候条件的影响，可以实现全天候自动观测和各监测点的同步观测，从而可以减少中间过程中人为的误差，提高监测的精度。GNSS 测量方法的监测点布设灵活，不受通视条件影响；其数据处理的理论和方法成熟，能够快速解算监测点的三维坐标及其变化量，提供实时变形结果。以上特点使 GNSS 技术在变形监测领域得到广泛应用。

GNSS 高精度测量模式分为静态相对定位和动态相对定位。静态相对定位：利用长时间同步观测的多台接收机，通过观测值组合的方式消除或削弱观测过程中的各类误差，获取接收机间的高精度基线向量，并以此为观测量进行网平差获取监测点的三维坐标。静态相对定位的平面精度可达亚毫米级。动态相对定位主要采用 GPS-RTK（实时动态测量）模式，由基准站和监测站组成，首先根据已知的地面点坐标和卫星轨道信息估计 GNSS 观测误差，然后通过通信链路发送至监测站，对监测站的观测数据进行误差改正，从而提高监测站的坐标解算精度。

随着 GNSS 技术的发展，计算机软硬件系统的功能不断完善，性能不断提升，接收机采样率已普遍达 10～20 Hz，RTK 模式动态定位精度已达厘米级。与传统桥梁工程监测技术相比，GNSS 技术能以三维动态坐标的形式对大型桥梁的关键结构部位及控制断面进行动态位移连续实时监测，并且能根据位移信息通过统计分析方法对桥梁进行损伤预警。因此，GNSS 技术在桥梁工程变形监测领域具有重要的理论意义和实践价值。

早期采用 GNSS 桥梁工程变形监测系统成本较高，因为不管采用静态相对定位还是动态相对定位，均需要在各个监测点架设 GNSS 接收机。近年来发展的 GNSS 一机多天线技术，可以通过一台接收机连接各监测点架设的 GNSS 天线，同时随着 GNSS 接收机的价格大幅下降，GNSS 桥梁工程变形监测的成本进一步降低。图 10-2 为桥梁 GNSS 变形监测系统的基本构成，由于安置在监测点的接收机一般进行长时间观测，所以该系统的解算模式可以在静态相对定位模式和动态相对定位模式之间自由设置。

基准站将接收机接收到的卫星差分信息经过无线电传输设备（或光纤通信链路）实时传输至监测站，监测站接收卫星信号及基准站信息，然后进行实时差分，获取监测点的实时空间三维坐标（X,Y,Z）。解算模式可以是常规 RTK 模式，也可以是控制中心实时统一解算模式。数据处理中心可以对不同时间段的监测点的坐标信息进行处理和对比分析。获得监测点的变形量后，再建立一定的数学模型，对桥梁的变形进行分析和预测，以为桥梁结构的健康与安全状况评价提供资料。

10.2.3 InSAR 监测方法

与常规大地测量监测方法和 GNSS 监测方法相比，InSAR 监测方法具有高空间采样率的优势，可以从整体上监测桥梁变形。

InSAR 干涉测量利用主影像和由影像生产的相位干涉图，通过相位解缠恢复相位真值并从中解算变形量。为保证足够的采样率，相位解缠的时间维和空间维均要求干涉相位梯度值不能超过$\pm\pi$。而大跨度桥梁受风力、温度、车辆等因素的影响，其变形达到数十厘米或更高，会形成过密的雷达干涉条纹；桥梁特殊结构产生的雷达回波阴影、顶底位移等多种原因会造成去相干现象；雷达回波处理过程中会引入相干噪声、噪声和伪信号等，这些因素都会造成相位数据不连续，导致解缠相位的离散相位梯度估算值不能保持一致。目前，相位解缠依然是干涉处理面临的主要难题之一。通过子带干涉技术可以组合出一个较大的波

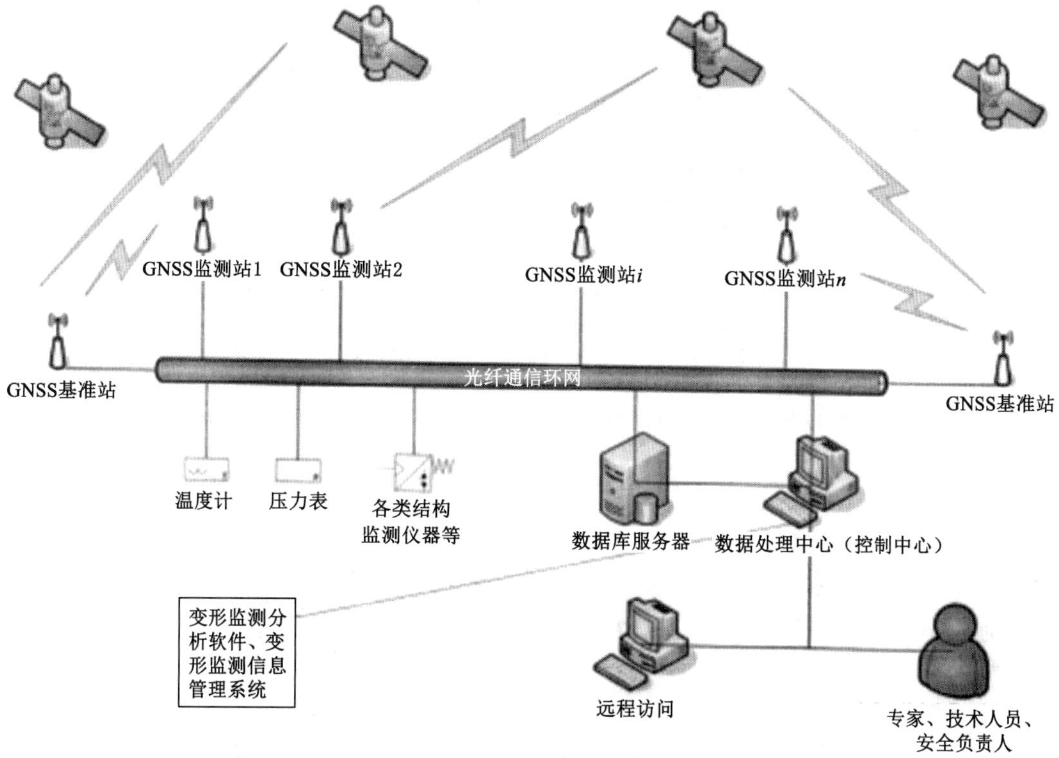

图 10-2　桥梁 GNSS 变形监测系统的构成

长，干涉对的高程模糊度以及探测变形速率的范围均会扩大数十倍，从而可省去相位解缠的过程，直接用于变形监测。

10.2.4　光学三维测量方法

光学三维测量方法是一种无损的非接触的三维测量法。根据测量原理，光学三维测量分为主动三维测量和被动三维测量，目前主要的光学三维测量方法有三维激光扫描法、近景摄影测量法、结构光法、工业 CT（计算机断层成像）、光学传感器法等。近年来，光学三维测量方法在隧道、桥梁、大坝、滑坡及高层建筑变形监测等领域得到广泛应用，其监测精度可达毫米级。它具有以下特性：

（1）可以在瞬间精确记录被摄物体的信息，即得到瞬间的点位关系，这是其他方法所不能办到的。视作业的目的不同，其作业方法有较大的灵活性。

（2）影像信息丰富，显示客观，适用于测量规则或不规则物体的外形。

（3）在具有同步装置的条件下可对动态目标进行测量。

（4）适用于对不可接触物体的测量，如电弧、燃烧、爆炸等。

（5）对控制点的布设及精度要求较高，但与传统的大地测量方法相比，其可减少大量外业工作。

（6）影像可以长期保存，有利于检查、分析及对比。

光学三维测量方法既可为静态目标提供三维空间坐标或等值线图，也可为动态目标提供运动轨迹及变化规律。因此,光学三维测量方法在桥梁工程变形监测工作中成效显著,并得到广泛应用。

10.2.4.1 三维激光扫描法

三维激光扫描技术是近年来发展起来的一项测绘技术,其又称为“实景复制技术”,该技术能够完整并高精度地重建扫描物体的空间三维形态,无须对扫描物体表面进行任何处理,可真正实现无接触测量。三维激光扫描技术被誉为继 GNSS 技术以来测绘领域的又一次技术革命。该技术作为获取空间数据的有效手段,以快速、精确、无接触测量等优势在众多领域发挥着越来越重要的作用。三维激光扫描技术的原理和免棱镜全站仪系统类似,即通过激光发射器周期性地驱动二极管脉冲信号到达被测物体,回波信号经漫反射返回,之后被接收器接收,计时器同步记录发射时刻和返回时刻,控制编码器同步测量激光脉冲水平角和垂直角,仪器自带的微电脑自动计算扫描点到仪器中心的斜距,进而按极坐标法求出被测物体表面扫描点的三维坐标。不同的是,免棱镜全站仪系统的工作方式是单点作业,而三维激光扫描技术基于的是对目标物体的全方位三维立体扫描,其获取的点更密集,这些点被称为点云。三维激光扫描仪采集到的点云数据通常以扫描坐标系为基准,一般以扫描仪的激光束发射处为原点,X 轴定义为三维激光扫描仪的水平转动轴的零方向,Z 轴定义为扫描仪水平时的天顶方向(理论竖直轴),Y 轴与 X 轴、Z 轴成右手坐标系。

随着我国城市现代化建设的加速推进,一些桥梁道路的运载能力已经超出极限,需要对其进行改造加固或者扩建。为此,首先需要获取这些桥梁道路的现状基础数据。利用三维激光扫描技术可生成桥梁道路的三维实景模型,从而可在真三维环境下对桥梁道路进行改造方案的设计,此外,还可以基于点云数据快速绘制二维结构图。同样,在道路测量中,利用三维激光扫描技术可快速获取现状道路的三维点云数据,再借助专业软件便可生成满足需求的道路纵、横断面图。

10.2.4.2 近景摄影测量法

与其他测量手段相比,近景摄影测量法是通过摄影测量的手段对监测目标进行摄像,并根据像片所提供的信息来判断监测目标是否发生变形的。相对其他的桥梁工程变形监测方法,近景摄影测量法具有以下优点:

(1) 可以在瞬间记录监测目标的信息,得到瞬时的相对点位信息。

(2) 对于不同的作业目的,可以采用不同的作业方法,具有很大的灵活性。

(3) 在具有同步装置的条件下可以对动态目标进行测量。

(4) 对控制点的布设和精度要求较高,但是和传统的大地测量方法相比,其外业工作量大大减小。

(5) 像片可以长期保存,有助于检查、分析和对比。

近景摄影测量一般需要借助摄像机来进行工作,目前,近景摄影测量使用的相机主要有两种:量测型摄像机和非量测型摄像机。其中,量测型像机比较笨重且价格昂贵,而非量测型摄像机具有调焦灵活、分辨率高、价格低等优点,在近景摄影测量中的应用范围越来越广。控制测量作为近景摄影测量的第一步,对于测量成果的质量有着很大的影响。对于控制点的选择,我们一般要求成像清晰、便于辨认。除此之外,控制点的材质选择也会影响观测的精度。因此,在进行近景摄影测量之前,我们需要对不同材质的控制点进行对比,以得到最佳的观测质量。

近景摄影测量分为交向摄影和正直摄影两种测量方式，具体采用哪种测量方式需要根据具体的工程做出最优选择。在近景摄影测量过程中，左片和右片的拍摄位置是固定的，这样能够保证每次都是在基本相同的外界条件下进行拍摄，为了达到这一目的，我们选择的两个拍摄位置应地形简单、无较大变形移动、外界干扰较少。

10.2.5　物理学传感器与光纤传感器技术

10.2.5.1　物理学传感器

物理学传感器法主要应用测力仪、应变计、位移计、加速度计、重量动态测量仪、锈蚀监测仪等仪器以及风力、振动、压力、温度、湿度等传感器来进行桥梁工程变形监测。这些原位监测手段一般只能监测桥梁的局部变形和相对变形情况，难以监测桥梁的整体变形情况，并且它们的精度和长期稳定性差，难以实现对桥梁结构受力状况的长期可靠监测。

目前，应变测量多采用贴应变片的方法，其工作原理是利用金属丝电阻的应变效应，即利用导体或半导体材料在外界力的作用下产生机械变形时，其电阻值会发生相应的变化这一物理现象来获取变形量。它具有灵敏度高、尺寸小、质量轻且粘贴牢靠等优点，但也存在以下不足：

(1) 工作难度大，经常要在几米甚至几十米的高空进行贴片、焊线及封片等工作，不仅质量难以保证，工作效率也不高。

(2) 环境的温度和湿度对测量值的影响比较大，会引起部分监测点的监测值产生漂移，从而会影响数据的可信度。

10.2.5.2　光纤传感器

光纤传感器利用了光纤特征参数对外界环境因素变化敏感的特性，能用来采集温度、应变(应力)、动态响应、腐蚀情况、裂缝状况以及交通情况等多种参数。其基本原理是通过监测光纤中的光波参数(如光强、波长、频率、相位等)随被测物理量的变化情况来检测被测的物理量。图 10-3 所示为光纤传感器在桥梁工程变形监测中的应用。

图 10-3　光纤传感器在桥梁工程变形监测中的应用

普通的电子类传感器具有传感元件寿命短、容易受环境影响、不能进行分布测量等缺点，难以实现对重大工程结构安全状态的长期监测。与普通的机械及电子类传感器相比，光纤传感器具有以下优势。

（1）抗电磁干扰：光信号在光纤中传输时，由于电磁辐射频率比光波低，不会和电磁场发生作用，所以其具有很强的抗电磁干扰能力。

（2）耐腐蚀：由高分子材料制成的光纤表面涂覆层能够抵抗环境中的化学物质产生的腐蚀，可用来对结构物进行长期监测。

（3）质量轻、体积小：其对所测对象的结构影响小，因而测得的参数更加真实可靠。光纤传感器可安装在结构表面或者埋入结构体内部，埋入安装时可监测到传统传感器很难或者无法监测的信号，如复合材料或者混凝土的内部应力和温度场分布等。

（4）光纤传感器兼备传感、传输功能，可复用，是传感器技术的新发展。

（5）光纤传感器寿命长，并且使用期限内维护费用低，可实现远距离的监测与传输。

近年来，虽然光纤传感器技术在土木工程应用中倍受重视，但其需要的外部设备比较复杂且昂贵，作为一种新技术还不够成熟，特别是在工程应用和传感器种类开发方面，还有许多课题有待研究和解决。

10.3 桥梁工程变形监测流程与数据处理

桥梁运营状态的数据可以用于评价桥梁的潜在风险以及完善和优化桥梁的设计理论。采集大量、实时、精确的桥梁几何变形和桥梁在变化荷载下的实时或准实时动态响应等运营状态数据，对于桥梁运营和管理等相关机构而言具有重大意义。

10.3.1 桥梁工程变形监测流程

10.3.1.1 确定桥梁工程变形监测内容

根据桥梁类型及其主要的变形问题，参照表 10-1 确定桥梁的监测对象（桥面板、墩台、悬索、塔柱等）和监测内容（如水平位移、挠度还是沉陷等）。

10.3.1.2 监测仪器、方法、精度和频率的确定

不同桥梁周边的地形和环境会存在差异，如建在山谷间、河面上以及城市公路上的桥梁。此外，桥梁的大小及跨度也有区别。这些因素都会影响监测方法和监测仪器的选择。例如，对于大跨度的桥梁，可以采用 GNS 静态相对定位模式进行监测；对于小跨度的桥梁，可以采用自动全站仪或者其他常规测量方法进行监测。

桥梁内部的变形信息可以利用应力计、应变计、倾斜仪等仪器进行监测。桥梁工程变形监测的精度一方面取决于变形监测的目的，如果实施桥梁工程变形监测的目的是防止变形值超过允许变形值而影响桥梁的安全，则测量的中误差通常小于允许变形值的 1/20～1/10，或者是 1 ～2 mm。如果监测的目的是研究桥梁的变形过程，那么测量的精度要求更高，测量的中误差要求更小。桥梁工程变形监测的精度另一方面取决于桥梁的结构、类型、用途等因素，特大型桥梁的监测精度则不宜低于二等，大型桥梁不宜低于三等，中小型桥梁可以采用四等。变形监测的频率指某一段时间内监测的次数。监测频率越高，获取的桥梁变形信息就越全面、越详细，对桥梁变形过程的了解也越细致精准。监测频率通常取决于变形的快慢和周期，对于比较缓慢且短期内不会对桥梁造成危害的变形，对应着较低的监测频率；对于较快且对桥梁可能造成影响的变形，则采用更高的监测频率。总之，监测频率要能

反映变形的时间变化特征，以便及时地对桥梁变形开展研究或进行处置。

10.3.1.3 监测点的布置

(1) 水平位移监测基准网的布置

水平位移监测基准网应结合桥梁两岸的地形地质条件、周边建筑物的分布状况、水平位移监测点的布置与监测方法以及基准网的监测方法等因素确定。水平位移监测基准网一般分两级布设，基准网布设在岸上稳定的地方并深埋钻孔桩标志；在桥面将桥墩水平位移监测点作为工作基点，用它们测定桥面监测点的水平位移。

(2) 垂直位移监测基准网的布置

为了便于观测和使用方便，一般将岸上的平面基准网点纳入垂直位移基准网，同时还应在较稳定的地方增加深埋水准点作为水准基点，因为它们是桥梁垂直位移监测的基准；为统一两岸的高程系统，在两岸的基准点之间应布置一条过江水准路线。

(3) 桥墩沉降监测点与桥面线形监测点的布置

桥墩沉降监测点一般布置在与墩顶面对应的桥面上，桥面线形与挠度监测点布置在主梁上。对于大跨度的斜拉段，线形监测点还应与斜拉索锚固着力点位置对应。桥面水平位移监测点与桥轴线一侧的桥面沉降和线形监测点应共点。

(4) 塔柱摆动监测点的布置

塔柱摆动监测点布置在主塔上塔柱的顶部、上横梁顶面以上约 1.5 m 的上塔柱侧壁上，每个塔柱设两个监测点。

10.3.1.4 水平位移控制网的布置

(1) 平面控制网点的布置要求

可以采用三边测量、导线测量、边角测量、三角测量和 GNSS 测量等方法来布设控制网，采用测边交会、测角交会、边角交会、附合导线和基准线的形式来布设单一层次的控制网和扩展网。布网时应顾及网形强度，长边和短边不宜相差过大。

对于基准点、工作基点、联系点、定向点和检核点，应根据不同的构型与布网形式，按《建筑变形测量规范》(JGJ 8—2016)中的有关规定进行布置。每一测区的基准点应不少于两个，工作基点也应不少于两个。

对于特级、一级、二级和有需要的三级位移监测控制点，应建造观测墩或埋设专门观测标石，并根据使用仪器和照准标志的类型以及监测精度的要求，配备强制对中装置。强制对中装置的对中误差不应超过±0.1 mm。

照准标志应具有明显的几何中心或轴线，并应符合图像反差大、图案对称、相位差小和本身不变形等要求。根据点位的不同情况可选用重力平衡球式标、旋入式杆状标、直插式觇牌、屋顶标和墙上标等形式的标志。

对于用作基准点的深埋式标志、兼作高程控制的标石和标志、特殊土地区或有特殊要求的标石和标志及其埋设，应另行设计。

(2) 平面控制网建网方法

大型桥梁平面控制网的建立常常用到 GNSS 技术，它具有精度高、建网成本低、建网速度快等特点。桥梁 GNSS 平面控制网的外业数据采集常使用双频 GNSS 接收机，仪器标称精度应优于±(5 mm+2 ppm * D)。使用前应该对仪器进行常规检测，结果正常后才能进行作业。在技术设计中应该使控制网的网形结构较强；在平差时，江河两岸的监测点的独立基线应该构成大地四边形,其他技术指标的精度应按照二等控制网的要求进行。

10.3.1.5　垂直位移控制网的布置

(1) 高程控制测量精度等级可以划分为二、三、四、五等。水准测量是各等级高程控制的首选方法,四等及以下等级的高程控制也可采用电磁波测距三角高程测量,五等还可采用卫星定位高程测量。

(2) 首级网应该设计成环形网,加密网应该设计成节点网或附合路线,首级高程控制网的等级应该根据控制网的用途、工程规模和精度要求选择。

(3) 特级沉降监测的高程基准点数应不少于 4 个;其他级别的高程基准点数应不少于 3 个。高程工作基点可根据需要布置。高程基准点应选在易于长期保存且稳定,在变形影响范围之外的地方。高程基准点、工作基点之间应方便进行水准测量。工作基点和基准点应形成由附合路线构成的节点网或闭合环。

(4) 使用静力水准测量方法进行监测时,沉降监测点应与用于联测监测点的工作基点布置在同一高程面上,偏差应控制在±1 cm 以内。如果不能满足要求,则设置辅助点传递高程。

10.3.2　桥梁工程变形监测数据处理

10.3.2.1　监测网平差理论

(1) 经典平差理论

在经典平差中,要求变形网有必要的起算数据,并以此为基础来确定其他点的坐标。对于观测值向量 $\boldsymbol{L}$,设其权矩阵为 $\boldsymbol{P}$,观测值的改正数向量为 $\boldsymbol{V}$,未知数向量为 $\boldsymbol{X}$,则平差方程为:

$$\boldsymbol{L}+\boldsymbol{V}=F(\boldsymbol{X})=(f_1(x),f_2(x),\cdots)^{\mathrm{T}},\quad \boldsymbol{V}=\boldsymbol{AX}-\boldsymbol{l},\quad \boldsymbol{l}=(l_1,l_2,\cdots,l_n)^{\mathrm{T}} \tag{10-1}$$

根据最小二乘原理,假设 $\boldsymbol{X}$ 与 $\boldsymbol{V}$,$\boldsymbol{l}$ 与 $\boldsymbol{V}$ 相互独立,则它们计算的方差组成的统计量服从 F 分布。用此量检验两个方差是否相等,是否属于一个统计总体,是的话,说明点位没有移动;不是的话,说明点位发生移动。具体检验公式为:

$$S_0^2=\frac{(\boldsymbol{V}^{\mathrm{T}}\boldsymbol{PV})_1+(\boldsymbol{V}^{\mathrm{T}}\boldsymbol{PV})_2}{f};\quad \bar{S}_0^2=\frac{\boldsymbol{d}^{\mathrm{T}}\boldsymbol{P}_d\boldsymbol{d}}{h} \tag{10-2}$$

式中,f 为两期自由度之和,S_0^2 为由观测值改正数(残差)求得的经验方差,$\bar{S}_0^2$ 为两期坐标差的加权平方和的平均值构成的单位权经验方差,$\boldsymbol{d}$ 表示两个未知数向量之差,n 为 $\boldsymbol{d}$ 中的独立分量个数。

$$f=(n-t)_{\mathrm{I}}+(n-t)_{\mathrm{II}};\quad h=R(\boldsymbol{A});\quad \boldsymbol{d}=\boldsymbol{X}_{\mathrm{II}}-\boldsymbol{X}_{\mathrm{I}};\quad F_{h,f}=\frac{\bar{S}_0^2}{S_0^2}=\frac{\boldsymbol{d}^{\mathrm{T}}\boldsymbol{P}_d\boldsymbol{d}}{hS_0^2} \tag{10-3}$$

式中,n 为总观测数,t 为多余观测数。

(2) 测边网和边角网经典平差步骤

① 选择可靠稳定的点作为已知点,选择可靠稳定的方向作为已知方向;

② 建立误差方程和法方程,求取平差值;

③ 计算网点的变形值,$\boldsymbol{d}=\boldsymbol{X}_{\mathrm{II}}-\boldsymbol{X}_{\mathrm{I}}$。

（3）测角网经典平差步骤

① 选择第一次观测时基线的两端点作为已知点或者其中一个端点作为已知点，选择任意方向作为已知方向，按照间接平差的方法求出各点坐标；

② 选择两个稳定点，其中的已知坐标选择以上步骤中间接平差计算出来的坐标，然后对整网重新进行平差；

③ 后面各期观测都用上述两个稳定点作为起始点进行平差计算；

④ 根据各期的观测结果计算出网点的移动变形值：$\boldsymbol{d}=\boldsymbol{X}_{\mathrm{II}}-\boldsymbol{X}_{\mathrm{I}}$。

（4）高程网经典平差步骤

① 如果网中只有一个稳定点，则可以用这个点作为起算点对高程网进行平差，确定各点的高程。依据各期观测网点的高程便可确定网点的变形值：$\boldsymbol{d}=\boldsymbol{H}_{\mathrm{II}}-\boldsymbol{H}_{\mathrm{I}}$。

② 如果网中存在多个稳定点，则可以按照以下步骤进行计算：

a. 任意选一点作为起算点进行平差计算，确定各点高程。

b. 分析并确定各个稳定点，用以上步骤平差过的高程作为稳定点的已知高程，然后把这些稳定点看成固定点对各期观测数据进行平差。

c. 根据各期监测网点的高程来确定网点的变形值。

10.3.2.2　各类数据处理的特点

（1）传统测量数据处理

近年来，许多大型桥梁由于使用过度而导致损坏，很明显，桥梁的运营时间和日益增加的交通量是主要的原因。桥梁工程变形监测涉及桥梁的运行、管理和维护，因此其在保证公共出行交通等方面具有重要的意义。因为桥梁的变形本身是很小的形变量，所以监测时除了要满足较高的监测精度要求外，对控制网的网形结构、仪器的精度、测量人员的观测技能也提出更高的要求。在目前的桥梁工程变形监测中，其基本理论已经成熟，但是针对不同的工程应用问题，变形监测内容及其控制网的布设，仍然有很大的灵活性。因此，需要根据不同的实地情况，做出具体的布设方案来解决实际问题。

（2）GNSS 数据处理

近年来，GNSS 技术不断发展，其定位精度已达到厘米甚至毫米级，这使得将其用于桥梁监测成为可能。GNSS 技术不受气候的影响，可以实现全天候自动测量、实时提供结果以及实现各监测点的时间同步。

但该技术也具有一定缺点，如采样率不够高，虽然已经有高采样率的接收机面世，但是还不够普遍；技术还不够成熟，尤其是高程的精度还不能完全达到桥梁工程变形监测的要求。此外，还有多路径效应的影响，这是 GNSS 技术应用于桥梁工程变形监测的主要限制因素之一。

（3）InSAR 数据处理

InSAR 技术在香港青马大桥等大型桥梁工程变形监测中得到应用，青马大桥柔度很大，对温度、风和车辆荷载非常敏感，易产生较大的变形和振动。利用时间跨度为 2008 年 10 月至 2009 年 12 月的 20 景 TerraSAR-X 卫星升轨数据监测青马大桥的变形情况，采用子带干涉处理流程（图 10-4），获得 2009 年 5 月 11 日和 2009 年 12 月 6 日拍摄的 TerraSAR-X 条带模式影像子带干涉结果。其中，影像干涉对基线为 123 m，高程模糊度约为 50 m。

（4）三维激光扫描数据处理

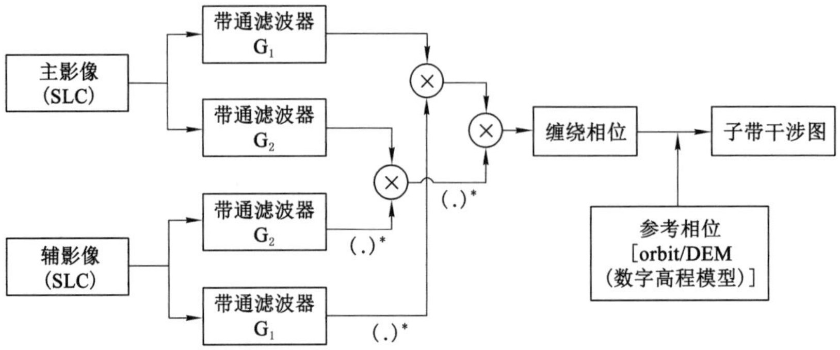

图 10-4　子带干涉流程

在 20 世纪 60 年代，欧美国家加大了对激光技术的研究力度，并于 80 年代首次在测距仪中使用激光代替普通光源，从而诞生了第一代激光测距仪。激光测距仪与电子经纬仪、雷达测距等技术结合在一起，成为激光扫描系统。三维激光扫描技术具有以下特点。

① 非接触式测量：在不接触被测物体表面的情况下，得到物体表面的参数信息。三维激光扫描技术不需要预设反射棱镜，而是仪器主动发射激光采集扫描物体的三维点云，可采集作业人员难以到达的复杂或不安全场地的数据。

② 数据密度大、精度高：脉冲式激光扫描技术的采样点速率可达每秒数千点，而相位式激光扫描技术的采样点速率可达每秒数十万点，从而可获得高分辨率的点云数据，点的间隔最小为 1 mm。三维点云的点位精度视外界因素而定，最高可达 2 mm。

④ 数字化：三维激光扫描仪可将扫描物体的空间坐标和反射强度转化为数字化信号，采集的数据具有全数字化特征，便于后期处理和输出；并且仪器配套的数据处理软件方便与其他点云处理软件进行数据交换和共享。

⑤ 配合性好：三维激光扫描仪可配合外置数码相机、GNSS 系统协同使用，一方面可以采集扫描物体的色彩，更全面地获取目标信息，另一方面使其应用范围更加广泛，并提高了数据的准确性。

基于上述特点，三维激光扫描技术已广泛应用于工业、医学等逆向工程和地质、地形的测绘与监测。同时，三维激光扫描技术能够以面代点，整体连续地反映扫描物体的空间拓扑关系，突破了传统变形监测中单点监测的障碍，从而为桥梁工程变形监测提供了新的手段，为老旧桥梁因缺乏相关设计资料而难以开展监测工作提供了新的技术路径。然而，大型桥梁由于其庞大的体量无法一次性完成测量，需要通过布设测量网完成路线的闭合。三维激光扫描技术同样需要多站点云数据的配准，这样才能将数据统一到一个坐标系，因此点云数据的配准效果对于数据精度而言至关重要。此外，三维激光扫描作为一种新兴的技术，目前在桥梁工程变形监测中还缺乏足够的案例进行检验，未形成通用的作业规范，因此，三维激光扫描技术在桥梁工程变形监测领域未能完全取代传统技术。

10.4 桥梁工程变形监测结果分析与应用前景

桥梁是重要的基础设施,作为交通网络的重要连接对象,其在经济建设中发挥着不可忽视的作用。桥梁运行期间存在的正常及非正常的荷载,可能导致桥梁出现不同程度的损坏。因此,桥梁的健康监测成为桥梁运营及管理阶段的主要任务。

传统的桥梁工程变形监测方法通过人工布置点位,采用全站仪、水准仪、GNSS技术等常规大地测量方法,获取监测点位的三维坐标及其变化量。传统方法的理论和技术都非常成熟,在实际生活中虽得到广泛应用,但同时存在一些不足:

(1) 属于接触式监测手段,野外工作量大、效率低,仪器安装、搬站费时费力;

(2) 属于基于点的监测手段,仅能获取稀疏监测点的变形特征,无法对桥梁整体进行大范围的面状采样,若监测点布设不合理,则无法描述桥梁整体的变形规律;

(3) 受制于天气和外部条件,难以满足全天候的连续、动态监测工作。

伴随着计算机技术和自动化设备的快速发展,测量机器人逐渐应用于桥梁工程的变形监测,测量机器人能完成识别、搜索、跟踪和照准目标的工作,代替了人工测量作业,并有较高的精度。除了智能高效、操作简单等优点外,测量机器人也存在需要长期固定,需采取特殊保护措施,测站与监测点间需要通视,不同监测点需要依次观测,观测数据难以同步等局限性。此外,地基雷达干涉测量等技术也在桥梁工程变形监测领域做了一些应用探索,包括我国钱塘江大桥、金沙江大桥、石崆山大桥的动态和静态监测。地基雷达干涉测量技术精度高,能获取高分辨率的形变场,但由于成本较高未能获得更广泛的推广。

综上所述,在现有的桥梁工程变形监测手段中,传统的大地测量方法理论成熟且应用最普遍;GNSS技术适合大体量、大范围的桥梁监测系统;测量机器人具备二次开发接口,能作深度定制用途。因此,它们各有优劣,应当根据不同的工程应用问题做出相应的选择。

10.4.1 北斗导航卫星系统

10.4.1.1 北斗导航卫星系统介绍

北斗导航卫星系统(BeiDou Navigation Satellite System,BDS)是中国自行研制的全球卫星定位与通信系统。该系统由空间端、地面端和用户端组成,可在全球范围内全天候、全天时为各类用户提供高精度、高可靠性的定位、导航、授时服务,并具备短报文通信能力。与其他卫星导航系统相比,北斗导航卫星系统具有以下七大技术优势:

(1) 导航定位与通信集成。定位和授时精度高,且系统具备双向报文通信功能。

(2) 覆盖的范围广。全面覆盖我国国土及周边区域,具备全球定位、导航、授时能力。

(3) 特别适合集团用户大范围、远程监控和管理以及远程数据采集与传输应用。

(4) 融合北斗导航定位系统和卫星增强系统两大核心资源。

(5) 采用混合星座定位模式。

(6) 兼容美国的GPS、俄罗斯的GLONASS、欧盟的Galileo,兼容性更强。

(7) 自行研制、自主控制、安全保密。

10.4.1.2 北斗导航卫星系统在桥梁工程变形监测中的应用

通过接收来自北斗卫星的信号和基准站的信息,对接收的数据进行实时差分处理,来计算监测点的三维坐标，从而实现实时厘米级甚至毫米级精度的动态测量和实时高精度连续静态测量。利用 BDS 进行变形监测具有如下显著的优势：

(1) 各监测站之间无须通视，观测值之间相互独立。

(2) 可以实现全天候定位，可以在台风、暴雨等恶劣天气环境中进行持续监测。

(3) 可高精度测定位移、自动化程度高，所测三维坐标可直接存入监控中心服务器，并能够进行安全性分析；延时短、实时性强，各监测点可实现同步测量，从而实现高度自动化的无人值守监控。

(4) 定位速度快、精度高、量程大，可满足道路、桥梁监测的需求。

(5) 基准站和监测点的距离几乎不受限制。

10.4.2 三维激光扫描系统

10.4.2.1 三维激光扫描系统介绍

作为一种新型的非接触型测量技术，三维激光扫描技术的应用，为测量行业发展注入新的活力。此项技术以点云形式采集、存储数据，改变了单点数据的量测模式，利用高密度的数据格网点进行被测物体空间坐标、表面信息的存储，在被测物体信息描述方面更精确、更细致。相比传统测量技术，三维激光扫描技术可大幅提升工作效率和质量，且具有较高精度。三维激光扫描系统按测距方式分为三大类，即干涉相位法、脉冲法与激光三角法。在变形监测应用中，多采用干涉相位法测距和激光三角法测距。如图 10-5 所示为激光扫描仪的三维坐标系。

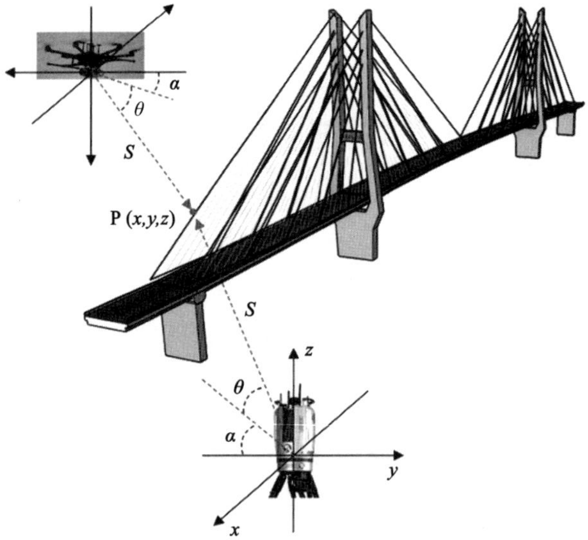

图 10-5 激光扫描仪三维坐标系示意图

三维激光扫描系统的三种测距原理如下。

(1) 干涉相位法测距：持续发射激光，利用光学原理中波的相互干涉来确定相位差，从而测量仪器和被测物体之间的距离。在中距离工程变形监测中，多采用干涉相位法，其精度较高，一般可达毫米级。

（2）脉冲法测距：脉冲测距法工作平台主要包括发射接收器、内部信号处理器、计时装置等。在信号器控制下，扫描仪发出脉冲激光，经目标表面反射，仪器可再次以电信号的形式存储反射信号，依托回波器处理获取的信号，计时器获取脉冲激光整个过程的时间，通过内部软件，可对被测物体和仪器之间的距离进行精准计算。在远距离工程变形监测中，多采用脉冲测距法。其最远距离可达几千米，但相比之下，监测精度会受到一定影响。

（3）激光三角法测距：依托仪器内部发射器在被测物体和接收器之间构建一个三角形，在激发发射器和接收器之间距离已知的情况下，准确测量入射角和反射角，最终测定距离。相比干涉相位法和脉冲法，激光三角法多用于精度要求较高的工业测量。

10.4.2.2　基于三维激光扫描技术的桥梁工程变形监测

三维激光扫描技术具有不需要合作目标，可自动、连续、快速获取数据，能将桥梁对象整体的结构、形态特性真实描述出来，准确、快速重建三维数据模型，有效预防因点数据分析而导致的片面性和局部性等特点。而且该技术可用于地面、车载或机载等多种方式进行数据采集。目前，三维激光扫描技术虽然具有传统方法不具有的优势，但其在桥梁工程变形监测中的应用还未普及，主要是目前仪器设备昂贵，数据处理专业性要求较高且数据处理的相关理论欠缺。三维激光扫描的点云数据精度始终是桥梁工程变形监测重点关注的问题。要想提高数据的实用性和可靠性，就必须建立完善的精度评估、误差分析方法，在此基础上减少数据误差，修正数据错误，提高数据精度。引起点云数据误差的原因有两个方面：一方面是扫描仪本身引起的误差，另一方面是外界因素的干扰。此外，目前仍缺乏三维激光扫描桥梁工程变形监测相关的标准和规范。未来，随着三维激光扫描技术数据处理理论和方法的成熟、仪器设备成本的降低，三维激光扫描技术在桥梁勘测设计、施工和运营维护阶段定将得到更广泛的应用。

10.4.3 近景摄影测量

10.4.3.1　近景摄影测量介绍

近景摄影测量主要指几十厘米到几十米范围内的摄影测量，现有的研究成果表明，利用近景摄影测量技术对钢结构进行监测，可以精确地反映钢结构的受力及变形。其对挠度的测定比普通测量方法实用，并可实现实时监测，成果处理迅速，对保证钢结构安全非常有利。近景摄影测量技术以非接触的方式对各种桥梁结构进行测量试验，并对这些结构进行后期建模，可用于对数字近景摄影测量技术的可行性进行科学性研究。数字近景摄影测量技术作为其他测量手段的替代对象具有良好的可行性。近景摄影测量高清图像采集平台如图10-6所示。

与传统测量方法相比，近景摄影测量技术具有显著的优越性：可精确记录桥梁结构的瞬时变形信息；监测结果以数字图像的形式表示，数据信息更全面；监测成本较低，测量成本不随测试次数增加而增加；非接触式测量方式可实现爆炸、燃烧等危险场景的拍摄；数据采集方便，对从业者的职业素养要求不高；数据存储方便，可重复利用，利于后期对结构进行对比分析及检查。

10.4.3.2　基于近景摄影测量的桥梁工程变形监测

近景摄影测量技术应用于桥梁等建筑物的变形监测时，就是定期或者不定期地拍摄影像，将拍摄影像作为数据源，通过解算获得不同时间点的各监测点的坐标变化情况，以此作

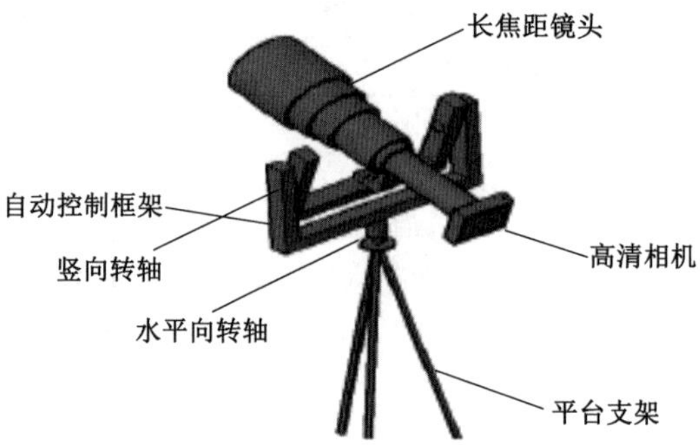

图 10-6 近景摄影测量高清图像采集平台

为桥梁工程变形监测分析的依据。桥梁工程的变形监测属于高精度的测量，如果要采用近景摄影测量技术进行桥梁工程的变形监测，就必须尽量削弱外部因素对精度的影响，否则无法达到变形监测的目的。为此必须进行摄影机检校工作，主要有：

(1) 主点与主距的测定；

(2) 光学畸变系数的测定；

(3) 相框坐标系的设定；

(4) 摄影机畸变差变化的测定；

(5) 摄影机内、外方位元素的测定。

试验方法包括选择摄影机、选取标志点、布置标志点、获取特征点的三维坐标、采集数码影像、重建三维模型以及进行点线测量等步骤。具体内容如下。

(1) 摄影机主要有量测型摄影机、非量测型摄影机两种。

(2) 对于标志的选取，多为平面和球形的标志。

(3) 对于标志点的布置，通常选择能反映变形的特征部位，例如，在桥墩侧面或者中心布置标志点。

(4) 可采用传统测量方法获取特征点的三维坐标。

(5) 采集数码影像，重建桥梁的三维模型，通过解算获得同名像点的物方三维坐标。

(6) 最后进行精度分析，将所测数据与传统测量点坐标进行对比，分析精度。

思 考 题

1. 桥梁变形可分为哪几类？
2. 引起桥梁变形的原因有哪些？
3. 简述桥梁工程变形监测中监测点的布置要求。
4. 桥梁墩台的变形监测包括哪两个方面？
5. 简述桥梁工程变形监测的目的与意义。
6. 桥梁工程变形监测的内容是什么？
7. 桥梁工程变形监测的技术和方法有哪些？分别说明各种方法的优缺点。

第11章 地下工程变形监测方法及应用

11.1 工程概述

随着经济的持续高速发展，我国在快速的交通基础工程建设过程中积累了大规模的地下工程基础设施资产。在大规模的运营和在建隧道中，部分隧道存在建设周期短、施工和运维人员素质参差不齐等情况，加上我国地质条件复杂，部分地下工程存在结构变形和病害的风险。为了防止事故发生，必须对地下工程结构进行定期全面检测和重点区段监测，依据隧道变形监测和病害检测的数据、成果，结合对岩土力学性质、水文地质等方面的调查，取得岩体移动的全面资料。其具体工作包括分析和评价地下工程结构的稳定性和安全性，预报和预测结构破坏的边界条件、规模、变形位置和方向、发生时间及危害程度，以为进行有关地下工程结构变形逆向分析及数值模拟计算提供可靠的参数和科学依据。

11.2 地下工程变形监测的内容和方法

11.2.1 地下工程变形监测的内容

地下工程变形监测的内容如表11-1所示，通常包括地表变形监测（如地表沉降、周边管线沉降等），地下变形监测（如隧道水平位移、隧道沉降、砌衬结构断面净空收敛、拱顶下沉、砌衬结构表面裂缝等），物理参数变化（如结构应力、应变等），水文变化（如地下水位、孔隙水压力、泉流量、水温等），以及环境因素变化（如降雨量、地温、地震影响等）等。不同地下工程地质条件不同，其所受的环境影响也会有差别，因此其监测内容、监测方法和所采用的监测仪器设备也会有所差异。

表11-1 地下工程变形监测的内容

序号	监测内容	监测方法	监测仪器和仪表
1	地表和周边管线沉降	(电子)光学水准仪法	(电子)光学水准仪和水准尺
		等高液位面法	液位式静力水准仪
		压力法	压力式静力水准仪
2	砌衬结构沉降	(电子)光学水准仪法	(电子)光学水准仪和水准尺
		等高液位面法	液位式静力水准仪
		压力法	压力式静力水准仪
		三角高程法	全站仪

表11-1(续)

序号	监测内容	监测方法	监测仪器和仪表
3	砌衬结构断面净空收敛	全站仪断面法	免棱镜全站仪
		设站三维激光扫描法	三维激光扫描仪
		移动式三维激光扫描法	轨道式扫描小车/轨道式扫描机车
		仪表法	收敛计
		横径法	全站仪和反射贴片
4	拱顶下沉	收敛计法	收敛计
5	水平位移	全站仪法	全站仪
6	围护墙(桩)顶水平位移、沉降	全站仪法	全站仪
7	围护墙(桩)体深部位移(测斜)	测斜法	测斜仪
8	支撑轴力	仪表法	轴力计
9	坑外地下水位	水压力法	渗压计
10	钢筋应力	仪表法	钢筋应力计
11	砌衬结构表面裂缝	仪表法	裂缝计

11.2.2 地下工程变形监测的方法

重大变形是地下工程围护墙(桩)、砌衬结构失效的重要预兆和表征。因此,变形监测成为大多数地下工程的重要工作内容之一。其具体工作为:通过位移监测获取地下工程的变形数据,发现地下工程主体及附件结构变形破坏的各种特征信息和动态变形的特性和规律,分析地下工程的变形机理,预测地下工程可能产生的破坏和影响,反馈地质灾害防治和工程治理的效果等,从而可以为防灾减灾提供科学依据。变形监测方法的选择取决于地下工程变形的特征、大小、速度以及工况和环境等因素,主要有简易监测法(方法同第 9.2.2 节)、仪器仪表测定法及远程自动化实时监测方法等。

11.2.2.1 仪器仪表测定法

仪器仪表测定法是一种借助专业的仪器仪表设备对不同阶段的地下工程结构进行变形监测,获取地下工程结构的位移大小、位移方向和变形速度等直观资料的监测方法。通过对监测资料进行分析,可为地下工程的预测预报和安全评估,深入认识地下工程结构的变形机理、变形破坏的特征以及变形及病害的防治处理等提供数据支撑。仪器仪表测定法通常分为大地测量仪表法和岩土工程仪表法两种,前者以大地测量仪器为主(如水准仪、全站仪、三维激光扫描仪等),观测的是几何变形量,该类方法精度高,覆盖范围广;后者主要采用岩土工程监测仪器(如测斜仪、渗压计、应变计、收敛计、裂缝计等),监测的是岩体和结构内部的变形分布,但测量范围小、代表性较差。重要的地下工程结构的变形监测通常结合这两种监测方法,全面获取地下工程的几何变形分布和应力、应变等内部物理量。

(1) 大地测量仪表法

常规的大地测量方法通常借助大地测量仪器,定期观测位于变形区以外的稳定的控制点和位于结构变形体的变形监测点之间的某个几何量(如距离、角度、高差等),从而获得监测点相对于控制点的某个方向上的位移量及其变化信息。根据采用的大地测量仪器的不同,常规的大地测量方法通常分为全站仪法、三维激光扫描法和近景摄影测量法等。

① 全站仪法

随着高精度全站仪的普及和应用,可以通过全站仪的角度和边长测量,求取监测点的二维或三维坐标,进而计算出监测点在不同方向上的位移量。具体的测量方法包括极坐标法、测角前方交会法、测边前方交会法、边角前方交会法、视准线法等。全站仪法技术成熟、监测范围广、监测精度高,且监测所得的是绝对位移量,目前在地表水平位移监测中仍然占据主导地位。但该方法容易受通视条件的影响,对气象条件比较敏感,当视线过长或高差显著时,大气折射对距离观测值和高差观测值的精度会产生一定的影响。

② 三维激光扫描法

三维激光扫描法利用可水平和垂直 360°旋转的测距头和反射镜,发射激光信号至物体表面并接收回波信号,从而获取被测物体的三维空间坐标和激光反射率。三维激光扫描法具有外业数据采集速度快、覆盖全、测点密度和几何精度高等特点。其测量一次便可获取大量的点云数据,通过实时或后续处理,可以得到具有等比例可量测特性的结构体的三维模型及其不同位置的变形信息,尤其适合地下工程结构断面净空收敛测量和结构表面病害检测。

三维激光扫描法有静态设站和移动扫描两种工作方式。静态设站法:将三维激光扫描仪架设在固定的参考测站上,通过可水平和垂直 360°旋转的测距头和反射镜的水平和垂直旋转来采集被测物体表面的激光反射点,从而计算被测物体表面的三维空间坐标和激光反射率。不同静态测站之间的数据,通过扫描布设在测站间的共同的标靶进行拼接。静态设站法的示意图见图 11-1。在作业过程中,扫描仪位置固定,距离扫描仪近的物体的激光入射角度大,回光信号强,监测点精度高,点云密集;而距离扫描仪远的物体表面的激光入射角度小,回光信号弱,点云稀疏。因此,采用静态设站法测量断面净空收敛时一定要注意扫描测站间距和激光入射角度的控制,以保证测量点的精度和密度。在长距离的扫描测量中,需要设置多个测站。测站间需要布设标靶进行传递,以便于不同测站数据之间的拼接处理。测站和标靶的布置如图 11-2 所示。经过多站拼接后,可以得到如图 11-3 所示的隧道的连续三维点云数据。

移动扫描法:将激光扫描仪安置在轨道小车或机车等运动载体上,首先同步采集移动载具的移动里程、姿态角和扫描断面,然后采用算法将扫描断面与小车的移动里程、姿态角融合成隧道表面的三维点云,最后根据隧道里程提取隧道断面测量点进行断面的净空收敛分析。惯导轨检扫描小车系统如图 11-4 所示。由于移动扫描法是沿着隧道轴线方向匀速前进的,因此其发射激光入射角始终垂直于隧道表面,故获得的三维点云密度均匀、精度高、回光强度均匀,适合同时需要测量断面净空收敛和结构表面正射灰度影像展开图的应用场景,惯导轨检扫描小车系统采集的隧道三维点云效果如图 11-5 所示。不过,移动扫描法的局限性也很明显,在有些施工环境下(如地铁铺设轨道之前),其无法开展稳定的高精度轨道式移动扫描数据的采集,此时的断面净空收敛测量手段还是以静态设站法为主。

③ 近景摄影测量法

近景摄影测量法是把近景摄影仪安置在两个不同位置的固定监测点上,同时对拍摄范围内的地下工程结构表面进行观测以构成立体像片对,利用立体摄影光束法测量原理将两

图 11-1　静态设站法

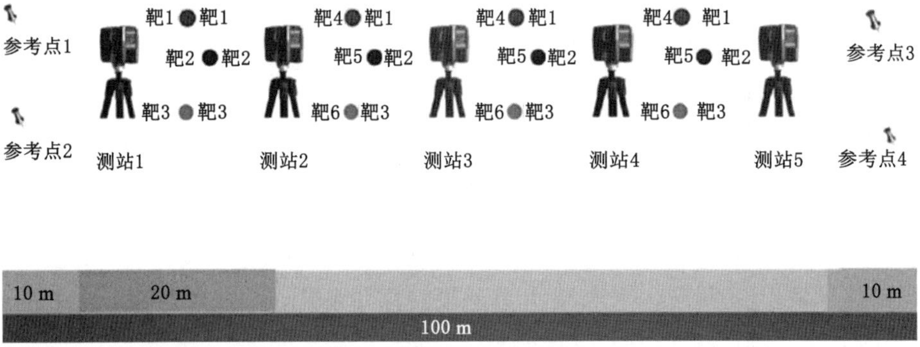

图 11-2　测站和标靶的布置示意图

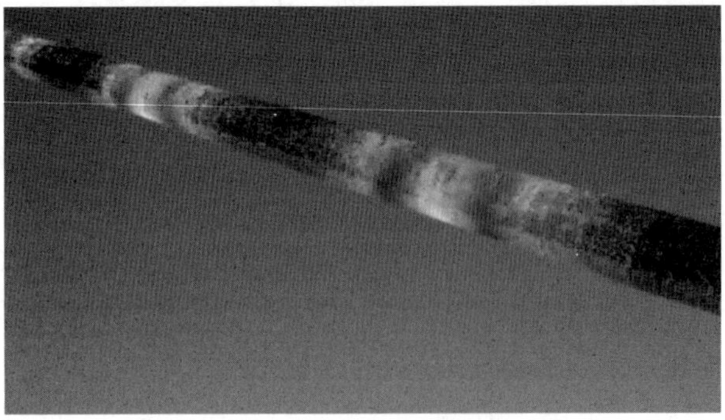

图 11-3　多站拼接后的静态设站法采集的隧道三维点云数据

图 11-4　惯导轨检扫描小车系统

图 11-5　惯导轨检扫描小车系统采集的隧道三维点云效果

张影像重叠区域内的像素转换成反映物体几何尺寸的三维点云，从而获取被摄物体表面的三维空间信息的一种方法。近景摄影测量法外业数据采集方便、作业效率高，但受限于地下工程的光照条件，测量有效距离短，测量点在垂直于像片方向上的定位精度低，目前通常用于对结构表面裂缝、病害等较小范围内的测量。

(2) 岩土工程仪表法

当记录地下工程土体深层位移、结构应力应变、表面裂缝长度、拱顶下沉量、管环沉降量、地下水位和支护结构轴力等监测量时，需单独或联合使用测斜仪、应力计、应变计、裂缝计、收敛计、静力水准仪、渗压计、轴力计等岩土工程监测仪器开展观测。岩土工程仪表法的优点是能监测结构内部的变形分布，但其测量的范围小，只能代表监测点附近的情况。

① 测斜仪

测斜仪是一种测定钻孔倾角和方位角的原位监测仪器，常用于钻孔、基坑、地基基础、墙体和坝体等工程构筑物的顶角、方位角的测量。其主要由测斜管和测斜仪套件组成(图 11-6)，具体测量方法如下：a. 布设测斜管，用模拟测头检查测斜管导槽，防止测斜仪被卡在导槽内造成不必要的经济损失。b. 使测斜仪测读器处于工作状态，将测头导轮插入测斜管导槽，缓慢下放至管底,然后由管底自下而上沿导槽全长每隔 0.5 m 读一次数据,记录监测点深度和读数。测读完毕后,将测头旋转 180°插入同一对导槽,按上述方法再测一次,底部监测点深度应与第一次相同。c. 每一深度的两次读数的绝对值宜相同,当读数有异常时应及时补测。d. 测斜管应在测试前 5 天布设完毕,在 3～5 天内用测斜仪对同一测斜管做 3 次重复测量,判明测斜管处于稳定状态后开始观测。观测时,应在基坑开挖前完成测斜数据初始值的测定,在多次重复观测的数据中,选取收敛值最小的一次观测数据作为该孔的初始值。此外,要将测斜探头放入测斜管底并等候一定时间,待探头适应管内水温后再进行观测,观测时应注意仪器探头和电缆线的密封性,以防止探头数据传输部分进水。记录时,每 0.5 m 的标记一定要卡在相同位置,一定要等到电压值稳定再读数,以确保读数的准确性。e. 进行测斜仪数据的处理。水平位移计算公式如下:

$$X_i = \sum_{j=0}^{i} L \sin \alpha_j = C \sum_{j=0}^{i} (A_j - B_j) \tag{11-1}$$

$$\Delta X_i = X_i - X_{i0} \tag{11-2}$$

式中,Δ_i为深度 i 的累计位移量(计算结果精确至 0.01 mm);X_i为深度 i 的本次位移量,mm;X_{i0}为 i 深度的初始位移量,mm;A_j 为仪器在 0°方向的读数;B_j 为仪器在 180°方向的读数;C 为探头的标定系数(1.0 m 点距的 C 值为 0.02);L 为探头的长度,mm;α_j 为倾角。

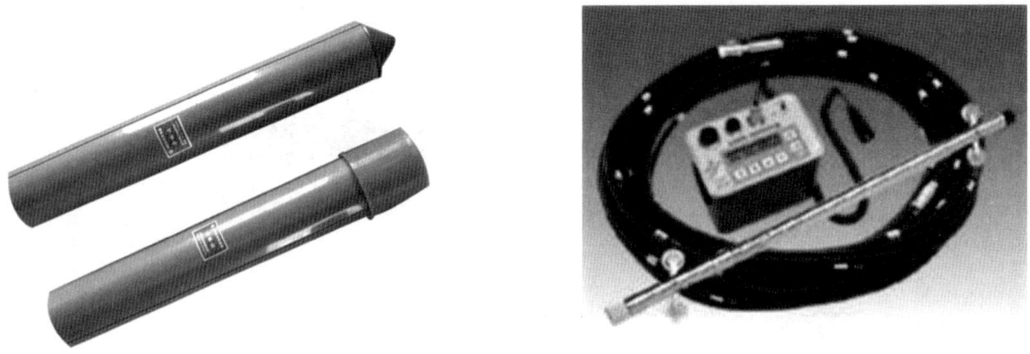

(a) 测斜管　　(b) 测斜仪套件

图 11-6　测斜仪的基本构造

当按照相关规范完成外业采集后,须通过严格的内业数据整理,得出相应的成果。测斜仪的内业数据整理步骤如下。

a. 初始值标定:基坑开挖前完成测斜数据初始值的测定。在多次重复观测的数据中,选取收敛值最小的一次观测数据作为该孔的初始值。

b. 符号规定:规定测斜管向基坑方向偏移为正值,反之为负值。

c. 偏移量计算:本次各点测试值与同点号上次测试值之差为本次偏移量;本次各点测试值与同点号的初始测试值之差为累计偏移量。

d. 绘制深层水平位移-时间曲线,如图 11-7 所示。

② 静力水准仪

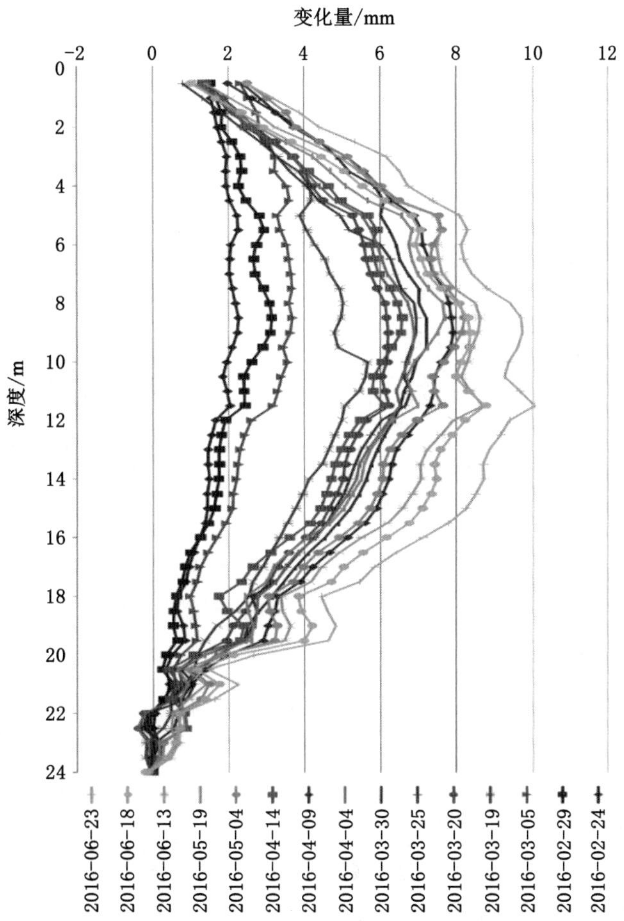

图 11-7　围护结构深层水平位移-时间曲线

静力水准仪用于监测结构体的垂直位移。静力水准仪通常安装埋设在地下工程结构体的内部或外表面，通过内部充满防冻液或润滑液的软管连通监测点和基准点，依据液体在大气压力和重力的作用下，最终会保持在同一个水平面的“连通管”原理，测量各监测点液位的变化，最终获得各监测点的垂直位移进而计算出监测点相对基准点的沉降量。基于上述原理，市面上常用的静力水准仪分为液位式静力水准仪(图 11-8)和压力式静力水准仪(图 11-9)两种。液位式静力水准仪是通过测量每个监测点液位变化的高度来计算沉降量的，它通常由一组用软管连通的液位罐，以及液位罐中用于测量液面高度变化的电感式或振弦式伸长计构成。监测时，液位罐与被测结构稳固结合在一起，随结构体整体移动。同一套系统中的各个液位罐互相连通，其液位面始终保持相同高度，因此，通过观测不同液位罐的液位面变化即可获取对应点位的垂直位移。而压力式静力水准仪是通过计算不同监测点间的液体压力变化量再除以液体的重力密度和重力加速度来得到沉降量的。与液位式静力水准仪不同的是，压力式静力水准仪的液位罐密闭，不与外部大气连通。

11.2.2.2　远程自动化实时监测方法

(1) 高精度测量机器人自动监测系统

图 11-8　液位式静力水准仪

图 11-9　压力式静力水准仪

高精度的自动化监测系统主要适用于工况特殊，不便于工作人员进入现场测量的地下工程场景（如正在运营的地铁线等）。目前研制出来的高精度测量机器人自动监测系统，具有自动目标识别、自动搜索和照准目标、自动测量角度和距离，能按照设定的时间间隔对所有监测点进行观测等特点。通过频率校准，仪器设备系统误差校正和温度、气压等气象改正，能够获取高精度的监测点变形量。此外，该系统还具有数据通信、数据采集、数据处理、数据组织管理等功能，能够实时开展监测数据的分析、管理和发布。

（2）基于传感器的自动变形监测系统

基于传感器的自动变形监测系统由传感器、数据采集系统和数据传输系统三个部分组成。由于地下工程的特殊性，如环境条件差、监测周期长、人员难以进入等，基于传感器的变形监测系统可以开展无人值守的长时间连续观测，并可实时将数据发布至地面的用户终端，从而大大减轻了传统监测手段的工作强度，是极具前景的监测手段。

11.2.3　地下工程应力、地下水、环境等的监测

地下工程的应力监测内容包括周边岩土体和结构体内部的应力和应变变化。地下工程地表的荷载，周边深基坑的开挖施工、爆破等均会引起地下工程应力的变化和围岩应力的改变等。

地下工程结构的较大变形和破坏通常都是地下水开采、周边地质承载力差、周边深基坑施工、地表施工堆土等自然和人为因素所造成的。周边深基坑开挖改变了岩土体内原有的渗流场，一般会采取一些工程措施如地表截、排水等工程来降低地下工程周边岩土体的水压力。地下工程变形监测中应根据具体情况对地表（下）水的孔隙水压力、水位的变化，排水设施的排水量等进行监测。

环境因素的监测包括降雨量、降雨强度、地下水位的监测，通过这些监测资料，可以全面地分析地下工程周边岩土体的状态受各种因素的影响程度。地下工程应力、地下水、环境因

素监测仪器和特点见表11-2。

表 11-2　地下工程应力、地下水、环境因素监测仪器和特点

监测项目	主要监测内容	主要监测仪器	监测方法的特点
应力	土压力	应变式、钢弦式、差动电阻式应变计	精度高，长期稳定性好，可长期观测
	岩体压力	钢弦式、电阻应变片式、电容式和压磁式传感器	精度高，可长期观测，稳定性较好
	支护结构应力	钢筋应力计、锚杆测力计	精度高，可长期观测，稳定性较好
地下水	地下水位	水位自动记录仪	精度高，可连续观测，直观、可靠
	孔隙水压力	孔隙水压计、钻孔深压计	
	水位	水位标尺等	
环境因素	地温	温度记录仪	
	地震	地震检测仪	

11.3　地下工程监测方案的设计

地下工程监测方案的设计，应在对地下工程进行必要的工程地质调查和科学分析，确定地下工程处于的变形阶段，初步认识地下工程的性质或地下工程的变形范围、规模和可能破坏的方式之后进行。地下工程监测方案设计的内容较多，包含工程概况，监测内容的确定，监测点位的布设，监测仪器仪表的选择和监测方法、精度的确定，监测频率和周期的确定，预警值和预警制度的制定等方面。地下工程监测方案的设计原则、监测项目的选择、监测断面和监测网的布设、监测精度、监测频率和周期以及预警值和报警制度的建立等方法与边坡工程类似，介绍同第9.3节。

11.4　监测数据的整理与分析

11.4.1　监测资料的整理

地下工程的监测资料包含监测日/周报表、阶段性报表、监测总表、相关图表以及阶段性的分析报告等。现以某地铁项目深层土体位移监测为例展开阐述。

11.4.1.1　监测报表

对于不同的监测内容，当每完成一次量测或进行到关键阶段时，都应向委托方提供监测报表。

(1) 监测日/周报表

监测日/周报表(表11-3)一般是监测过程中记录的原始资料，其既要体现当期的观测结果，还要体现当期与以往相关成果的关系，以方便相关人员更直观地理解和把握变形的发展规律。

表 11-3　监测点成果周报表

<table>
<tr><td colspan="2">测斜孔编号:1ZQT5</td><td colspan="2">第 127 次监测</td><td colspan="2">管深:10.0 m</td></tr>
<tr><td>首次监测时间</td><td>上次监测时间</td><td>本次监测时间</td><td>与首次相隔时间
/d</td><td>监测间隔
/d</td><td>天气</td></tr>
<tr><td>2017 年 8 月 21 日</td><td>2017 年 12 月 21 日</td><td>2017 年 12 月 28 日</td><td>129</td><td>7</td><td>多云</td></tr>
<tr><td>控制值</td><td colspan="2">黄色预警值:总位移±25.5 mm</td><td colspan="3">红色报警值:位移速率±3 mm/d,总位移±30 mm</td></tr>
</table>

<table>
<tr><td>深度
/m</td><td>上次累计位移变形量
/mm</td><td>本次累计位移变形量
/mm</td><td>本次位移变形量
/mm</td><td>位移变形速率
/(mm·d⁻¹)</td><td>测斜管位移-深度曲线</td></tr>
<tr><td>0.00</td><td>0.00</td><td>0.00</td><td>0.00</td><td>0.00</td><td rowspan="24">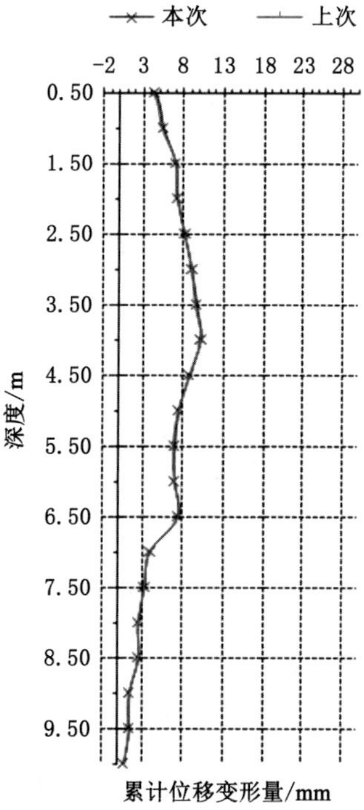
</td></tr>
<tr><td>0.50</td><td>4.33</td><td>4.36</td><td>0.03</td><td>0.00</td></tr>
<tr><td>1.00</td><td>5.42</td><td>5.45</td><td>0.03</td><td>0.00</td></tr>
<tr><td>1.50</td><td>7.02</td><td>7.07</td><td>0.05</td><td>0.01</td></tr>
<tr><td>2.00</td><td>7.24</td><td>7.28</td><td>0.04</td><td>0.01</td></tr>
<tr><td>2.50</td><td>8.23</td><td>8.28</td><td>0.05</td><td>0.01</td></tr>
<tr><td>3.00</td><td>9.10</td><td>9.15</td><td>0.05</td><td>0.01</td></tr>
<tr><td>3.50</td><td>9.61</td><td>9.65</td><td>0.04</td><td>0.01</td></tr>
<tr><td>4.00</td><td>10.23</td><td>10.26</td><td>0.03</td><td>0.00</td></tr>
<tr><td>4.50</td><td>8.77</td><td>8.81</td><td>0.04</td><td>0.01</td></tr>
<tr><td>5.00</td><td>7.44</td><td>7.47</td><td>0.03</td><td>0.00</td></tr>
<tr><td>5.50</td><td>6.95</td><td>7.00</td><td>0.05</td><td>0.01</td></tr>
<tr><td>6.00</td><td>7.01</td><td>7.06</td><td>0.05</td><td>0.01</td></tr>
<tr><td>6.50</td><td>7.44</td><td>4.44</td><td>0.00</td><td>0.00</td></tr>
<tr><td>7.00</td><td>4.06</td><td>3.06</td><td>0.00</td><td>0.00</td></tr>
<tr><td>7.50</td><td>3.41</td><td>3.44</td><td>0.03</td><td>0.00</td></tr>
<tr><td>8.00</td><td>2.63</td><td>2.65</td><td>0.02</td><td>0.00</td></tr>
<tr><td>8.50</td><td>2.64</td><td>2.69</td><td>0.05</td><td>0.01</td></tr>
<tr><td>9.00</td><td>1.58</td><td>1.59</td><td>0.01</td><td>0.00</td></tr>
<tr><td>9.50</td><td>1.49</td><td>1.51</td><td>0.02</td><td>0.00</td></tr>
<tr><td>10.00</td><td>0.87</td><td>0.90</td><td>0.03</td><td>0.00</td></tr>
<tr><td>…</td><td></td><td></td><td></td><td></td></tr>
<tr><td>最大值</td><td>10.23</td><td>10.26</td><td>0.05</td><td>0.01</td></tr>
<tr><td>最小值</td><td>0.87</td><td>0.90</td><td>0.00</td><td>0.00</td></tr>
</table>

注:1. 测斜深度自测斜管孔口起算。2.向基坑开挖方向的位移取正值。

(2) 阶段性报表

对于监测周期较长的地下工程,当监测工作进行到一定阶段后,监测人员需对原始数据进行处理和综合分析,形成阶段性的报表(表 11-4),并应对阶段性工作进行总结,以为后续监测工作提供相关建议。

表 11-4　监测点成果阶段性报表

编号	工况	第一层土方开挖		第二层土方开挖	
	完成时间	2014 年 12 月 10 日		2014 年 12 月 29 日	
	统计内容	阶段变量	累计变量	阶段变量	累计变量
CX13	最大值/m	1.02	1.02	3. 33	3.47
	深度/m	3.00	3.00	11.00	12.00
CX14	最大值/m	0.74	0.74	4.09	4.33
	深度/m	4.00	4.00	11.50	12.00
CX15	最大值/m	0.92	0.92	1.21	2.13
	深度/m	3.00	3.00	3.00	3.00

由表 11-4 可见，编号为 CX14 的测斜仪点位在基坑第二层土方开挖时，11.50 m 处的累计位移量达 4.33 mm，故可初步判断 CX14 点位 11.50 m 处为欠稳定点。

（3）监测总表

监测总表是在工程的合同监测周期结束后，对该地下工程的地表水平位移量、沉降位移量、地下深层土体位移量、降雨量等进行的统计汇总。例如，基坑周边地下深层土体位移的监测总表如表 11-5 所示。

表 11-5　地下深层土体位移的监测总表

孔号	孔 1	孔 2	孔 3	孔 4	孔 5	孔 6	孔 7	孔 8	孔 9	孔 10
最大变形值/mm	6.00	3.30	5.80	3 30	4.80	3.30	4.80	4.50	4.09	2.90
最大变形位置/m	−6	−6	−5	−1	−3	−6	−1	−1	−4	−6
孔号	孔 11	孔 12	孔 13	孔 14	孔 15	孔 16	孔 17	孔 18	孔 19	孔 20
最大变形值/mm	4.20	3.70	3.40	5.40	3.50	4.60	4.60	4.50	4.20	4.80
最大变形位置/m	−8	−8	−5	−1	−2	−1	−5	−2	−1	−6

11.4.1.2　相关图表

为了使工程管理人员能够直观清楚地把握监测点的变化情况和变化趋势，在提交监测报表的同时，应提交监测点的位移变化图、沉降变化图、点位布置图、位移向量图、降雨量曲线图、加卸载与最大位移的关系等相关图表（见表 11-6 和图 11-10）。

表 11-6　墙顶水平位移数据统计表

点号	累计变化量/mm	点号	累计变化量/mm	点号	累计变化量/mm
Q1	4.0	Q7	4.0	Q13	7.0
Q2	5.0	Q8	5.0	Q14	7.0
Q3	4.0	Q9	4.0	Q15	8.0
Q4	4.0	Q10	5.0	Q16	7.0
Q5	7.0	Q11	5.0	Q17	7.0
Q6	7.0	Q12	5.0	Q18	8.0

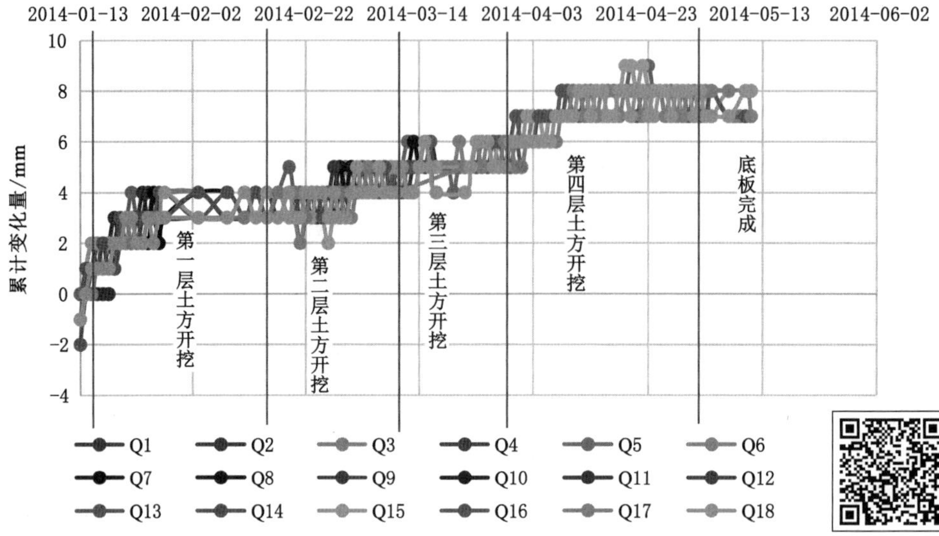

图 11-10　墙顶水平位移累计时程曲线图

11.4.2　监测资料分析

在监测分析报告中，应提供监测数据总表、相关图表和监测资料的分析及最终结论，根据监测数据还可进一步进行有关分析及其他数值计算方法的验证，以及理论与实际的对比，并提出建议和反馈意见。不同的地下工程对变形监测有不同的要求，在编制分析报告时应立足有关要求，对于利用监测数据进行超前预报工作的报告，应提前至每一次监测过程结束。

11.5　工程实例

11.5.1　工程概况

某综合体项目地块用地性质为商业金融用地，规划示意图内用地面积约 4.76 hm^2，其中，商业金融用地面积约 3.68 hm^2，规划道路用地约 1.08 hm^2。整体平面接近倒“L”形，中间以规划道路为界，将总地块分为 1$^{\#}$～4$^{\#}$ 四个地块，地面以上的主要建筑物为 100 m 高主楼(1$^{\#}$ 地块)、150 m 高主楼(2$^{\#}$ 和 3$^{\#}$ 地块)、240 m 高主楼(4$^{\#}$ 地块)以及 3～7F 裙房。全场地都设置地下 3 层的地下室，需进行一定规模的基坑开挖。基坑面积约 41 000 m^2，周长约 885 m。本项目自然地坪相对标高为－0.200，整体设置三层地下室，层高分别为 7.55 m、3.65 m、3.90 m。裙房基础底板厚度为 800 mm，办公楼基础底板厚度分别为 1 150 mm、2 000 mm、3 000 mm，考虑垫层厚度为 200 mm，则基坑各分区开挖信息详见表 11-7。

表 11-7　基坑各分区开挖信息

区域	底板面相对标高	底板厚度/mm	基底相对标高	开挖深度/m
裙房区域	−15.10	800	−16.10	15.90
1# 地块塔楼区域	−15.10	1 150	−16.45	16.25
2# 地块塔楼区域	−15.10	2 000	−17.30	17.10
3# 地块塔楼区域	−15.10	1 200	−16.50	16.30
3# 地块塔楼区域	−15.10	2 000	−17.30	17.10
4# 地块塔楼区域	−15.10	3 000	−18.30	18.10

11.5.2　工程水文地质概况

项目场地内地表水体及水系不发育，仅局部存在小沟，在雨季局部存在积水，但场地周边发育较多河流。孔隙潜水主要赋存于场区表部填土和浅部黏土、淤泥质土层。表部填土富水性、透水性及渗透性均较好，与地表水联系密切，主要接收地表水、管道渗漏水和大气降水的补给。由于表部杂填土岩性的不均匀性，当岩性以砖块、碎石为主时，富水性、透水性及渗透性均较好；当岩性以黏性土混杂砖块、碎石为主时，富水性、透水性及渗透性相对稍差。浅层黏土和淤泥质土层富水性、透水性均较差，主要接收大气降水竖向入渗补给和地表水的侧向入渗补给，多以蒸发方式排泄。潜水位变幅一般在 1.0 m 之间。潜水位埋深一般为 0.9～2.4 m，标高为 0.34～2.01 m。孔隙承压水可分为浅部孔隙承压水和深部埋藏的第Ⅰ层孔隙承压水、第Ⅱ层孔隙承压水。浅层孔隙承压水主要赋存于黏质粉土层，含水层厚为 2～4 m，局部夹较多黏性土薄层，透水性一般，水量相对较小，砂质较纯、厚度较大的地段出水量相对较大，测压水位埋深为 1.8～2.5 m。第Ⅰ层孔隙承压水赋存于粉砂、细砂、中砂层，透水性好，含水层顶板标高为−57.03～−46.15 m，含水层厚为 5～10 m，水位埋深为 4.0～5.0 m，层位稳定。第Ⅱ层孔隙承压水赋存于圆砾、卵石和中粗砂层，透水性较好，水量较大，原始水位略高于第Ⅰ含水层，水位埋深为 3.5～5.0 m。

11.5.3　监测项目方案

依据《建筑地基基础工程施工质量验收标准》(GB 50202—2018)，该基坑属于一级基坑。参照《建筑基坑工程监测技术标准》(GB 50497—2019)的要求，该基坑监测等级为一级。按照《建筑基坑工程监测技术标准》的要求并结合周边环境情况，选取基坑支护结构外侧 3 倍开挖深度的监测范围。按照相关规范要求，项目共设置周边环境监测、地铁保护区监测、围护体监测 3 个监测项目。

11.5.3.1　周边环境监测

项目开展的周边环境监测包括：① 周边地表及建筑物的监测，主要监测基坑周边地表及建筑物的变形，如基坑周边道路及建筑物的沉降监测。该监测项目共设置地表沉降监测点 123 个，建筑物沉降监测点 67 个。② 外滩大桥的沉降监测，主要监测外滩大桥高架桥墩的沉降以及引桥段桥面的沉降。该监测项目在每个桥墩上设置 1 个沉降监测点，共设置沉降监测点 24 个。③ 汽车下行通道的沉降监测，该监测项目在基坑周边的下行通道上共设置沉降监测点 20 个。④ 周边的管线沉降监测，该监测项目共设置污水管线沉降监测点 50 个、电信管线沉降监测点 43 个、电力管线沉降监测点 10 个、给水管线沉降监测点 31 个、天然气管线沉降监测点 26 个。

11.5.3.2　地铁保护区监测

为了有效保护地铁基坑及隧道，项目开展的地铁保护区监测包括：① 土体变形监测，主要对基坑周边土体开展深层土体水平位移监测和土体分层沉降监测，该监测项目共设置 10 个深层土体位移测斜孔及 5 个土体分层沉降监测点。② 地下水位监测，为了监测基坑降水对地铁隧道沉降的影响，该监测项目共设置 4 个坑外潜水位观测孔。

11.5.3.3　围护体监测

项目开展的围护体监测包括：① 墙体深层水平位移监测，该监测项目共设置 31 个监测点(编号为 CXQ1～CXQ31)。② 深层土体位移监测，该监测项目共设置 74 个监测点，其中，CX7、CX8、CX9、CX17、CX18、CX19、CX20、CX21、CX22、CX23 孔位兼作地铁保护孔。③ 墙(桩)顶水平位移及沉降监测，该监测项目共设置 155 个监测点。④ 支撑轴力监测，该监测项目主要在支撑的主要受力杆件上布置轴力监测点，其中，混凝土支撑轴力监测点 197 个，钢支撑轴力监测点 18 个。⑤ 立柱沉降监测，该监测项目共设置 61 个监测点。⑥ 坑外水位监测，该监测项目针对基坑本体共设置 21 个监测点，其中 13 个为承压水位观测孔，其余为潜水位观测孔。监测点的现场布置照片见图 11-11。

(a) 测斜管　　(b) 地表沉降监测点　　(c) 围护体墙顶水平与垂直位移监测点

图 11-11　监测点的现场布置照片

11.5.4　基坑监测成果

对基坑周边深层土体位移、围护体深层土体位移、围护体墙顶水平与垂直位移(沉降)、立柱沉降、基坑周边道路和外滩大桥沉降、支撑轴力和坑外水位等多种监测数据进行分析和整理，形成监测成果，具体见表 11-8～表 11-12 和图 11-12～图 11-16。其中，坑外水位监测数据(表 11-12)显示，CYS-2 点的水位最终累计值为－19.0 cm，未超过设计控制值。坑外水位总体变化稳定，中期水位受雨季影响有所上升。

表 11-8　墙体深层水平位移监测统计表

孔号	CXQ30
最大变形值/mm	32.57
最大变形位置/m	−13

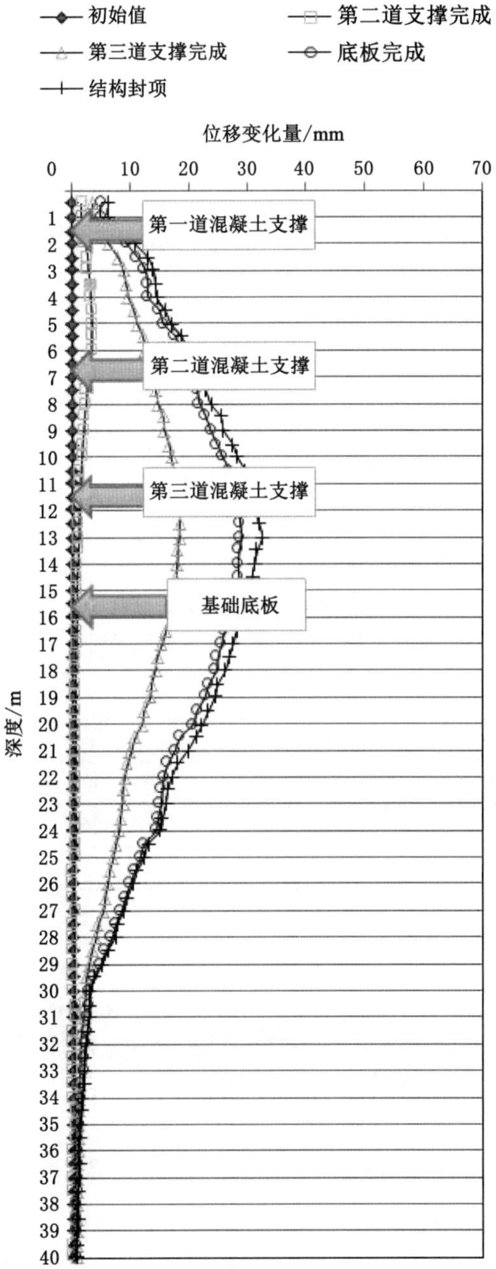

图 11-12　CXQ30 墙体深层水平位移曲线

表 11-9　基坑支护墙顶水平位移监测数据汇总表

点号	累计变化量/mm	点号	累计变化量/mm	点号	累计变化量/mm
Q120	16.0	Q125	13.0	Q130	13.0
Q121	13.0	Q126	11.0	Q131	11.0
Q122	12.0	Q127	13.0	Q132	12.0
Q123	12.0	Q128	11.0	Q133	15.0
Q124	11.0	Q129	14.0	Q134	14.0

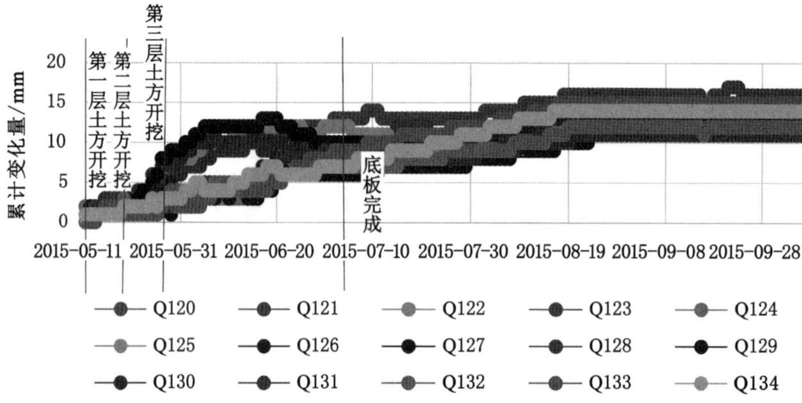

图 11-13　墙顶水平位移累计时程曲线

表 11-10　基坑支护墙顶沉降监测数据统计表

点号	累计变化量/mm	点号	累计变化量/mm	点号	累计变化量/mm
Q120	10.1	Q125	6.1	Q130	8.0
Q121	3.2	Q126	8.4	Q131	9.9
Q122	5.6	Q127	11.1	Q132	10.1
Q123	11.0	Q128	3.1	Q133	10.1
Q124	10.5	Q129	13.9	Q134	9.5

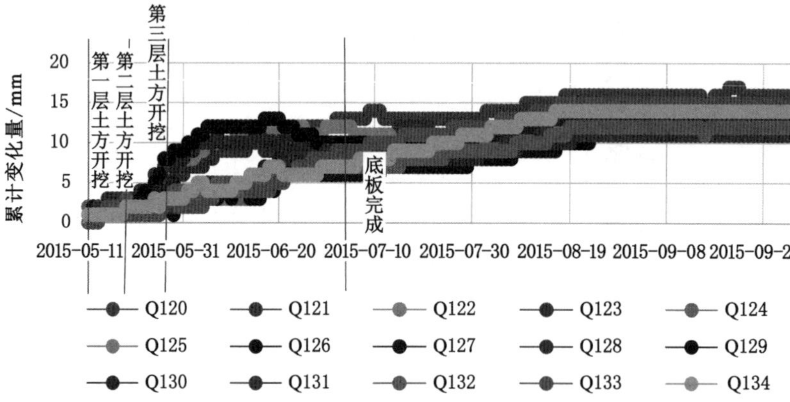

图 11-14　墙顶沉降累计时程曲线

表 11-11 基坑支撑轴力监测数据统计表

点号	最大值/kN	点号	最大值/kN	点号	最大值/kN
ZL52-1	3 816.97	ZL52-2	4 808.27	ZL52-3	2 613.26
ZL53-1	3 413.52	ZL53-2	5 129.43	ZL53-3	3 151.45
ZL54-1	4 096.14	ZL54-2	5 688.75	ZL54-3	2 947.01
ZL55-1	4 314.73	ZL55-2	6 115.25	ZL55-3	2 562.14
ZL56-1	/	ZL56-2	5 943.61	ZL56-3	3 637.33
ZL57-1	4 175.84	ZL57-2	6 625.23	ZL57-3	2 834.47

注:ZL56-1 点在开挖过程中破坏,无法修复,经业主同意,不再补设。

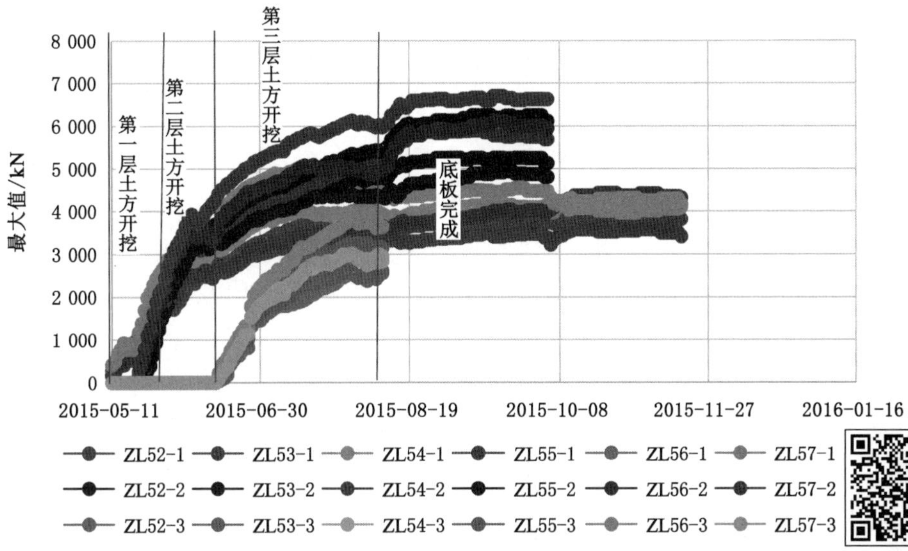

图 11-15 支撑轴力累计时程曲线

表 11-12 坑外水位监测数据统计表

点号	水位累计值/cm
CYS-2	−19.0

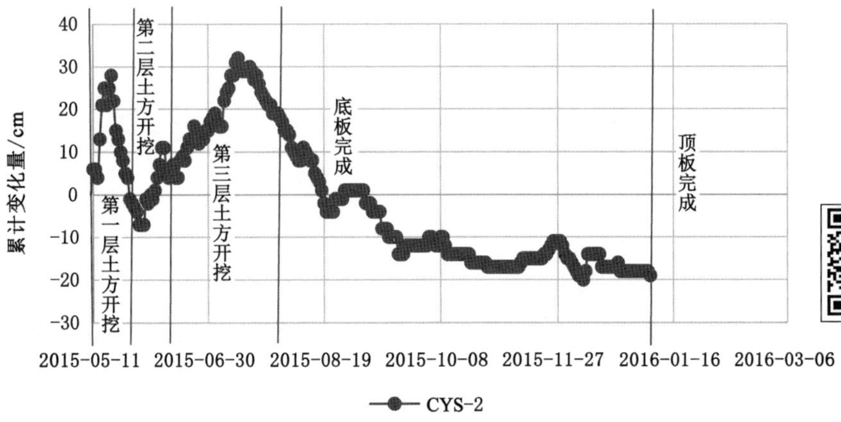

图 11-16 坑外水位累计时程曲线

11.5.5 结论

全部监测项目的数据分析成果显示，本基坑施工过程中，各项监测数据均在设计要求范围之内，现场巡视时未发现明显结构开裂情况，无危及基坑安全事件，基坑本体结构及周边环境均安全可控。

思 考 题

1. 地下工程变形监测的目的是什么?
2. 地下工程变形监测的内容有哪些? 主要利用哪些监测仪器和仪表?
3. 地下工程监测方案的设计包括哪些内容?
4. 地下工程变形监测点应如何选埋?
5. 地下工程变形监测周期和预警值一般怎样确定?
6. 地下工程变形监测分析时应结合哪些资料和图表?

第12章　地表变形监测方法及应用

地表变形是指由自然因素或人类活动引起的地表高程变化的现象。地表变形会使位于变形区内的建筑物、铁路、公路、水库等人工设施遭受损害或发生倒塌，严重影响人民的生命和财产安全。因此，地表变形的监测、控制和预防尤为重要。

（1）自然因素引起的地表变形与监测

引起地表变形的自然因素主要有板块和构造运动、地震、火山喷发、滑坡等。其中，板块和构造运动是地壳板块之间发生的各种运动、变形和变化的总称，主要包括板块之间的相互移动、碰撞、分离和变形等。板块和构造运动主要分为造山运动、拉张运动和滑移运动。地震是指地球内部能量释放导致的地球表面剧烈震动的自然现象，是危害最大的自然灾害之一。例如，2008年中国汶川大地震造成6万多人死亡，2011年日本大地震引发的核泄漏导致德国核电政策发生重大转变。火山喷发是指地球表面上的火山口喷出岩浆、烟气、火山灰等物质的现象。目前，全球陆地每年约有百余次火山喷发，其中持续监测的火山数量不到10%，剩下90%的潜在火山没有专门的观测站或根本没有进行监测。滑坡是指斜坡上的土体或岩体，受河流冲刷、地下水活动、地震及人工切坡等因素的影响，在重力的作用下，沿着一定的软弱面或软弱带，整体地或分散地顺坡向下滑动的自然现象，是发生频率最高的自然灾害之一，其发生机理复杂，受多种因素耦合作用的影响，和地质地貌特征、地震活动、土壤性质、地表覆盖、降雨和水文等因素相关。

板块运动监测主要采用空间测量技术（如全球定位系统测量、激光测月、人造卫星激光测距、甚长基线干涉测量、合成孔径雷达干涉测量）监测不同板块之间的相对位移，以及利用海岸线的变迁和验潮站对海水涨落的记录来推断现代的地壳运动。地震监测是指在地震发生前后，对地震前兆异常和地震活动的监视与测量。地震前兆是与地震孕育和发生相关联的异常现象。由于地震的孕育和发生是很复杂的自然现象，因此在这个过程中将出现地球物理学、地质学、大地测量学、地球化学乃至生物学、气象学等多学科领域的各种异常现象。地震监测方法及技术手段涉及多学科的交叉融合。地震学方法是一种重要而有效的监测火山活动和预报喷发的工具。监测火山活动性的大多数地震仪布设在距火山口1～15 km内。现代地震台网一般由6～8个或更多的地震台和几个区域台组成。近火山口的地震台网能更好地记录微震，但会有小的定位误差。火山观测站一般距火山数千米至数十千米，但是现代通信技术已有可能使监测记录和数据传输到数百千米之外。

（2）人类活动引起的地表变形与监测

① 开采地下液态资源引起的地表变形与监测

引起地表变形的人类活动主要包括开采地下液态资源、煤炭资源、油气资源等。其中，开采地下液态资源（主要是地下水）引起的地表变形以地面沉降为主。在我国，开采地下液态资源引起的地面沉降最早发生于20世纪20年代的上海和天津市区。20世纪70年代，长江三角洲地区主要城市和华北平原东部地区相继出现地面沉降。目前，我国长江三角洲地区、华北平原、汾渭盆地等地区地面沉降灾害日趋严重。

为监测这些地面沉降，我国需要健全完善以基岩标、分层标、GNSS、水准点、InSAR 等为主要监测设施的地面沉降监测网络，并应结合地下水监测网络进行建设，以实现对地面沉降区的监控。其中，建设完善后的长江三角洲地面沉降监测网络包括 GNSS 监测点 600 个，基岩标、分层标 57 组，水准测量路线 6 000 km，地下水位监测点 700 个，InSAR 实现全域覆盖；建设完善后的华北平原地面沉降监测网络包括 GNSS 监测点 312 个，基岩标、分层标 24 组，水准测量路线 2.3×10^4 km，地下水位监测点 2 820 个，InSAR 实现全域覆盖。

这些监测网络，主要实现如下目标：a. 研究并查明地表变形区的水文地质、工程地质条件，为进行地表变形理论研究和灾害评价提供基础资料和数据；b. 通过对开采地下液态资源引发的地表变形区进行重点监测，预测预报地表变形的发展趋势，为政府部门控制或防治地表变形、合理开发和利用地下资源提供规划和决策依据；c. 向全社会提供关于地表变形监测的信息服务，为国家减轻地表变形灾害提供技术支撑。

为完成该目标，开采地下液态资源时，地表变形监测的主要任务有：a. 在查明水文地质、工程地质条件的基础上，对过量开采地下水或地下液态资源的广大区域和城市范围布设地下水监测网点，以浅层地下水（潜水-微承压水）及主要开采段的深层地下水（承压水）为重点，进行地下水动态监测；b. 在查明环境地质条件的基础上，在地表变形严重区域布设监测网，通过定期的反复测量，观测地表变形量；c. 及时完成地下水监测数据和地表变形监测数据的整理和入库工作；d. 通过对该区地下水位变化、地表变形量、水文地质条件、工程地质条件的分析，查明该区地表变形的形成机理、成灾条件和发展趋势，为进一步防御和控制地表变形提供必要的科学依据。

② 开采地下煤炭资源引起的地表变形与监测

"十四五"以来，我国共完成采煤沉陷区治理约 200 万亩（1 亩 $=666.67$ m^2）。随着城市和基础设施建设步伐的加快，建设用地紧张的问题日益突出，不可避免地将利用采空区场地兴建各种交通、电力等设施，同时，越来越多的高速铁路不可避免地穿越采空区地段。因此，充分开发利用采空区的地面空间资源具有重要的政治和经济战略内涵。明确采空区场地地表变形的范围、程度以及规律等对于合理利用采空区场地以及保障建（构）筑物的安全来说具有重要的理论和实用价值。

本章将以开采地表移动变形监测为例，首先介绍地表移动变形的特点、监测内容；然后介绍目前常用的地表移动变形监测的先进方法与先进技术，并着重介绍 GNSS 和 InSAR 技术的监测流程与数据处理方法；最后介绍地表移动变形监测的工程实例，结合工程实例，详细说明如何使用先进的方法实施地表移动变形监测以及如何分析地表移动变形。

12.1 开采地表移动变形监测概述

局部矿体被采出后，岩体内部会形成一个空洞，其周围原有的应力平衡状态受到破坏，引起应力的重新分布，直至达到新的平衡。这是一个十分复杂的物理、力学变化过程，也是岩层产生移动和破坏的过程，这一过程和现象称为岩层移动。

12.1.1　岩层移动的几种形式

开采地下矿产资源导致地表与上覆岩层的岩体遭到破坏而产生的移动与变形统称为地表与岩层移动。通过观测和研究发现,地表与岩层移动的形式主要有以下 6 种。

12.1.1.1　弯曲

弯曲是岩层移动的主要形式。当地下煤层被采出后,从其直接顶开始,岩层整体沿其层面法线方向向采空区弯曲,直至地表。此时,有的岩层可能会出现断裂或大小不一的裂隙,但不产生脱落,仍保持层状结构。

12.1.1.2　垮落

垮落(也称为冒落)是岩层移动过程中最剧烈的形式,通常只发生在采空区直接顶岩层。当煤层被采出后,采空区附近的岩层弯曲而产生拉伸变形。当拉伸变形超过岩层的允许抗拉强度时,岩层破碎成大小不一的岩块,无规律地充填在采空区。此时,岩体体积增大,岩层不再保持其原有的层状结构。

12.1.1.3　煤的挤出

采空区边界煤层在上覆岩层强大的压力作用下,部分煤体被压碎挤向采空区,这种现象称为煤的挤出(又称为片帮)。由于增压区的存在,煤层顶底板岩层在上覆岩层压力作用下产生竖向压缩,从而使采区边界以外的上覆岩层和地表产生移动。

12.1.1.4　岩石沿层面方向的滑动

在开采倾斜煤层时,岩层在自重力的作用下,除产生沿层面法线方向的弯曲外,还会产生沿层面方向的滑动。岩层倾角越大,岩层沿层面滑动越明显。岩层沿层面滑动的结果,使采空区上山方向的部分岩层受拉伸,甚至剪断,而下山方向的部分岩层受压缩。

12.1.1.5　岩石的下滑

当煤层倾角较大,而且开采自上而下顺序进行,下山部分煤层继续开采而形成新的采空区时,采空区上部垮落的岩石可能下滑而充填新采空区,这种现象称为岩石的下滑(又称为岩石的滚动)。岩石的下滑使采空区上部的空间增大,下部的空间减小,使位于采空区上山部分的岩层移动加剧,而下山部分的岩层移动减弱。

12.1.1.6　底板的隆起

当煤层底板岩石很软且倾角较大时,在煤层被采出后,底板在垂直方向减压,水平方向受压,从而导致底板向采空区方向隆起。

在某一个具体的岩层破坏和移动过程中,以上 6 种移动形式不一定同时出现。另外,松散层的移动形式是垂直弯曲,不受煤层倾角的影响。在水平煤层条件下,松散层和基岩的移动形式是一致的。

12.1.2　移动稳定后采动岩层内的“三带”

当煤层被采出后,地表与岩层移动过程较为复杂,为了满足采矿工程的需要,将移动稳定后的采动岩层按其破坏程度的不同,分为三个不同的开采影响带,即垮落带、断裂带和弯曲带,如图 12-1 所示。

12.1.2.1　垮落带

垮落带是指用全部垮落法管理顶板时,回采工作面放顶后引起煤层直接顶板岩层产生

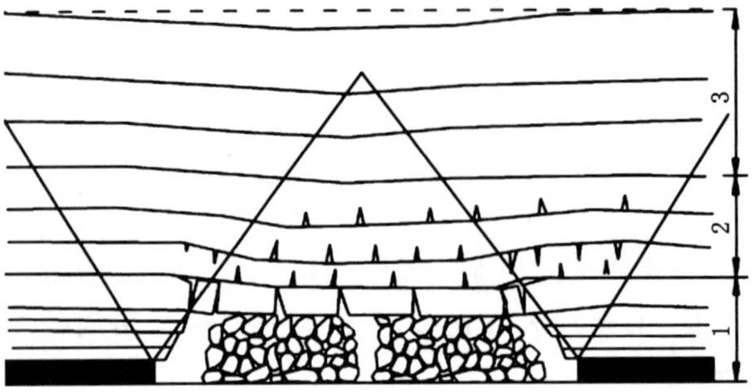

1—垮落带；2—断裂带；3—弯曲带。

图 12-1　移动稳定后采动岩层内的“三带”

破坏的范围。

12.1.2.2　断裂带

在采空区上覆岩层中产生裂缝、离层及断裂，但仍保持层状结构的那部分岩层称为断裂带。断裂带位于垮落带和弯曲带之间。

12.1.2.3　弯曲带

弯曲带是指自断裂带顶部直至地表的那部分岩层。

12.1.3　地表移动的形式

地表移动是指采空区面积扩大到一定范围后，岩层移动发展到地表，使地表产生移动和变形，在地表沉陷研究中这一过程和现象称为地表移动。

当开采影响波及地表之后，受采动影响的地表从原有标高向下沉降，从而在采空区上方形成一个比采空区面积大得多的沉陷区域，这种地表沉陷区域称为地表移动盆地。地表移动盆地是在工作面的推进过程中逐步形成的，其大小和形状与煤层倾角、采空区的大小、开采深度以及是否达到充分采动等因素有关。

12.1.3.1　充分采动

充分采动是指地表最大下沉值不再随开采区域尺寸增大而增加的开采状态，即地下煤层被采出后，地表下沉值达到该地质采矿条件下应有的最大值，此后当开采范围再继续扩大时，地表的影响范围相应扩大，但地表最大下沉值不再增加，地表移动盆地将出现平底。习惯上，把地表移动盆地内只有一个点的下沉值达到最大下沉值的采动情况，称为刚达到充分采动，此时的开采称为临界开采，地表移动盆地呈碗形，如图 12-2 所示。把地表有多个点的下沉值达到最大下沉值的采动情况，称为超充分采动，此时的开采为超临界开采，地表移动盆地呈盘形。实际观测表明，通常在采空区的长度和宽度均达到和超过 1.2～1.4 倍的平均采深（H_0）时，地表可达到充分采动。

12.1.3.2　非充分采动

非充分采动是指采空区尺寸（长度和宽度）小于该地质采矿条件下的临界开采尺寸时，地表任意点的下沉值均未达到该地质采矿条件下应有的最大下沉值，此时的开采也称为有限开采，此时的地表移动盆地像尖底的碗，如图 12-3 所示。工作面沿一个方向（走向或倾向）达到临界开采尺寸，而另一个方向未达到临界开采尺寸的情况也属于非充分采动，此时的地表移动盆地为槽形，如图 12-4 所示。

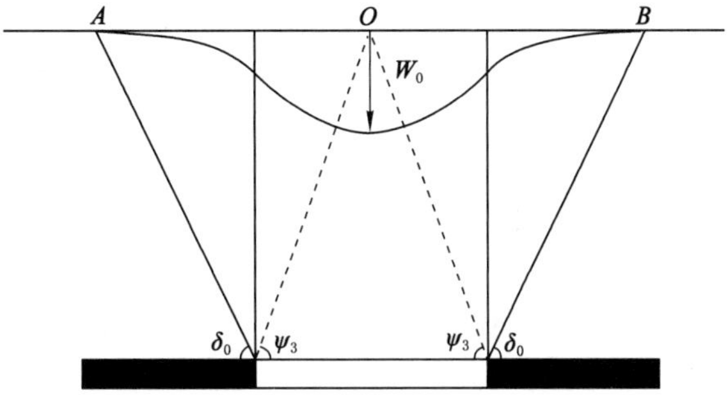

W_0—最大下沉值；δ_0—走向边界角；Ψ_3—充分采动角。

图 12-2　刚达到充分采动时的地表移动盆地

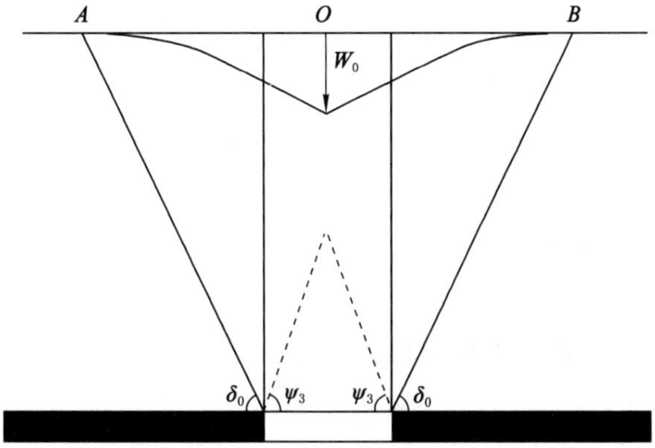

图 12-3　非充分采动时的地表移动盆地

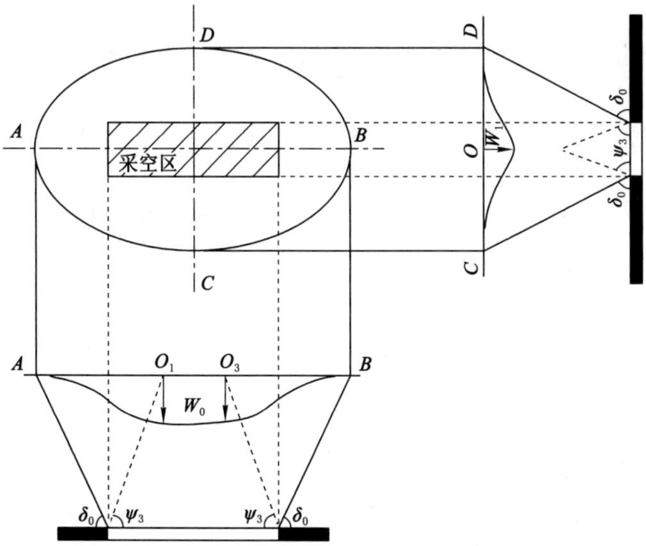

W_0—充分采动的最大下沉值；W_1—非充分采动的最大下沉值。

图 12-4　槽形地表移动盆地

12.1.3.3　移动盆地主断面

为了研究方便,常选取地表移动盆地的主断面进行研究。主断面是指通过地表移动盆地内最大下沉点沿煤层倾向或走向的垂直剖面,地表移动盆地在主断面内表现为通过最大下沉点的地表下沉曲线。在主断面上不仅移动量大,而且地表移动盆地的范围也是最大的。因此,在研究煤层开采引起的地表移动和变形分布的规律时,在很多情况下我们只研究主断面上的地表移动和变形。主断面具有以下特点:① 主断面上地表移动盆地的范围最大;② 主断面上的地表移动值最大。

在地表移动盆地内,地表各点的移动方向和移动量各不相同。一般是在地表移动盆地主断面上,通过设点观测研究地表的移动和变形。

在开采深度小、厚度大的矿体或煤层时,有时地表移动呈塌坑、台阶状断裂等不连续移动特征。地表移动的剧烈程度一般用地表下沉速度表示。一个地表点随回采工作面推进,其状态为从开始移动到逐渐活跃再到稳定。对于缓倾斜和急倾斜煤层,分别以每月下沉 50 mm和 30 mm 作为划分活跃阶段的标准。当 6 个月内下沉量小于 30 mm 时,规定移动过程已经停止。地表移动持续时间与开采深度有关。开采深度为 100～200 m 时,地表移动持续时间约为 1～2 年。开采深度增大,地表下沉速度减小,地表移动持续时间更长。

12.2　地表移动变形特点

12.2.1　地表移动盆地主断面内的地表移动和变形分析

描述地表移动盆地内移动和变形的主要指标有下沉、倾斜、曲率、水平移动、水平变形、扭曲和剪切变形(或称为剪应变)。目前,对于前 5 种指标的变化规律研究得比较充分,而对后两种指标的研究和使用尚不广泛。

12.2.1.1　下沉

地表点移动向量的垂直分量称为下沉(W),以本次与首次测得的点的标高差表示:

$$W_n = H_{n0} - H_{nm} \tag{12-1}$$

式中,W_n 为地表 n 点的下沉值,mm;H_{n0}、H_{nm} 为地表 n 点首次和第 m 次观测时的标高,mm。

若下沉 W 为正值,则表示测点下沉;若为负值,则表示测点上升。W 反映了一个测点不同时间在垂直方向上的变化量。

12.2.1.2　倾斜

地表移动盆地沿某一方向的坡度叫作倾斜(i),也称为斜率,其平均值以两点间下沉差 ΔW 除以点间距 l 表示:

$$i_{m\text{-}n} = \frac{W_n - W_m}{l_{m\text{-}n}} = \frac{\Delta W_{m\text{-}n}}{l_{m\text{-}n}} \tag{12-2}$$

式中,$i_{m\text{-}n}$ 为地表 m、n 两点间的平均倾斜变形,mm/m;$l_{m\text{-}n}$ 为地表 m、n 两点间的水平距离,m;W_m、W_n 为地表 m、n 两点的下沉值,mm。

12.2.1.3　曲率

地表移动盆地剖面线的弯曲度称为曲率(k),其平均值以相邻两线段倾斜差 Δi 除以两线段中点的间距表示：

$$k_{m\text{-}n\text{-}p}=\frac{i_{n\text{-}p}-i_{m\text{-}n}}{\frac{1}{2}(l_{m\text{-}n}+l_{n\text{-}p})} \tag{12-3}$$

式中，$i_{m\text{-}n}$、$i_{n\text{-}p}$为地表 m、n 点和 n、p 点间的平均倾斜变形，mm/m；$l_{m\text{-}n}$、$l_{n\text{-}p}$为地表 m、n 点和 n、p 点间的水平距离，m；$k_{m\text{-}n\text{-}p}$为地表 m-n 和 n-p 线段的平均曲率，mm/m^2。

12.2.1.4　水平移动

地表移动盆地沿某一水平方向的位置变化称为水平移动(U)，以本次与首次测得的从该点至控制点的水平距离差来表示：

$$U_n=L_{nm}-L_{n0} \tag{12-4}$$

式中，U_n 为地表 n 点的水平移动，mm；L_{n0}、L_{nm} 为首次和第 m 次观测时地表 n 点到观测线控制点间的水平距离，mm。

12.2.1.5　水平变形

地表移动盆地内两点间单位长度的水平移动差值称为水平变形(ε)，其平均值以两点间水平移动差 ΔU 除以两点间距来表示：

$$\varepsilon_{m\text{-}n}=\frac{U_n-U_m}{l_{m\text{-}n}}=\frac{\Delta U_{m\text{-}n}}{l_{m\text{-}n}} \tag{12-5}$$

式中，U_m、U_n 为地表 m 点和 n 点的水平移动，mm；$\varepsilon_{m\text{-}n}$ 为地表 m、n 点间的水平变形，mm/m。

水平变形有正负之分，正值表示拉伸变形，负值表示压缩变形。

地表倾斜、曲率、水平移动、水平变形计算示意图见图 12-5。

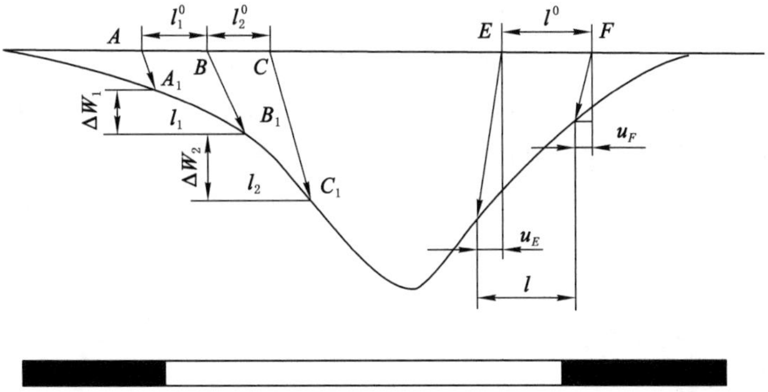

图 12-5　地表倾斜、曲率、水平移动、水平变形计算示意图

通常，地表移动盆地内的移动和变形分布规律通过地表移动盆地稳定后主断面上的下沉(W)、倾斜(i)、曲率(k)、水平移动(U)和水平变形(ε)等 5 个主要指标来进行描述。

(1) 下沉(W)向下为正，在地表达到充分采动的条件下，下沉曲线凹凸分界的拐点处(图 12-6)的下沉值为最大下沉值的一半。在采场四周煤层未采的情况下，拐点不在工作面开采边界的正上方而略偏向采空区一侧。

(2) 倾斜(i)是指地表单位长度内下沉的变化量，其为下沉(W)的一阶导数。地表移动盆地都向盆地中心倾斜，走向断面上(平面图倾斜方向指向下方)向右倾斜为正，向左倾斜为

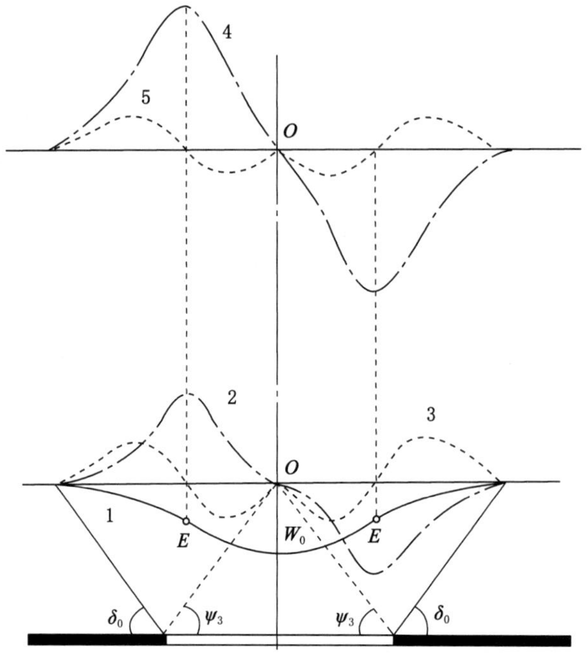

1—下沉曲线;2—倾斜曲线;3—曲率曲线;4—水平移动曲线;5—水平变形曲线。

图 12-6　充分采动时主断面内地表移动和变形分布规律

负;倾斜断面上,向上山方向倾斜为正,向下山方向倾斜为负。

(3) 曲率(k)表示地表单位长度内倾斜的变化量,其为倾斜(i)的一阶导数。正曲率的物理意义是地表下沉曲线在地面方向凸起或在煤层方向下凹,负曲率的物理意义是地表下沉曲线在地面方向下凹或在煤层方向凸起。拐点处的曲率为 0。

(4) 水平移动(U)和倾斜(i)的变化趋势一致,它们之间相差一个有单位的系数,这个系数称为水平移动系数(b)。地表移动盆地内各点的水平移动方向都指向盆地中心。

(5) 水平变形(ε)是指单位长度内水平移动的变化量,其为水平移动(U)的一阶导数。地表受拉伸变形为正,受压缩变形为负。

12.2.2　地表移动盆地边界

地表移动盆地可划分成三个边界,通常用角值参数圈定地表移动盆地的边界。角值参数主要包括边界角、移动角和裂缝角。

12.2.2.1　边界角

边界角:在充分采动或接近充分采动的条件下,地表移动盆地主断面上的边界点和采空区边界点的连线与水平线在煤壁一侧的夹角。地表移动盆地最外的边界在理论上是以地表移动和变形都为 0 的边界点所圈定的边界,这个边界由仪器观测确定。考虑观测误差等因素,一般取下沉为 10 mm 的点为边界点。所以,地表移动盆地的最外边界实际上是下沉为 10 mm 的点圈定的边界,如图 12-7 中的 $ACBD$ 所示。当有松散层时,应先将边界点沿松散层移动角(φ)的方向投影到基岩面上。按不同断面(图 12-7 和图 12-8),边界角可划分为走向边界角(δ_0)、下山边界角(β_0)和上山边界角(γ_0)。急倾斜煤层底板的边界角用 λ_0 表示,如图 12-8 所示。

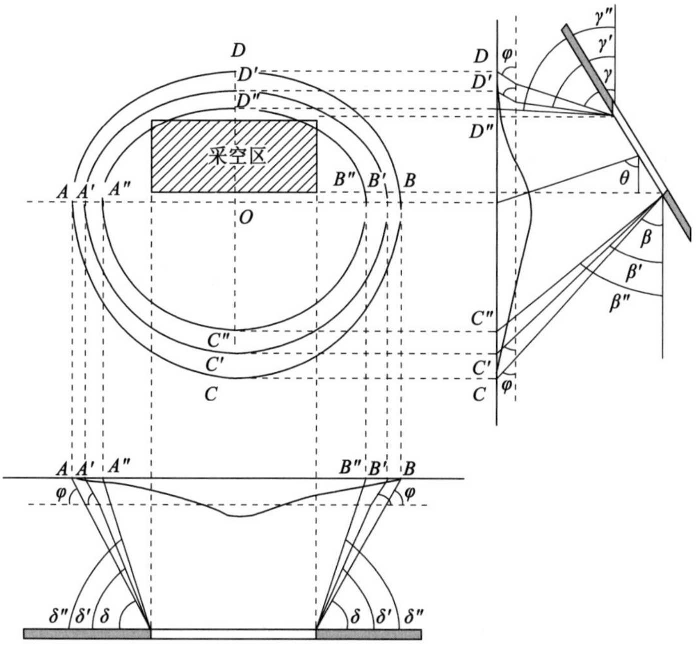

图 12-7　地表移动盆地边界示意图

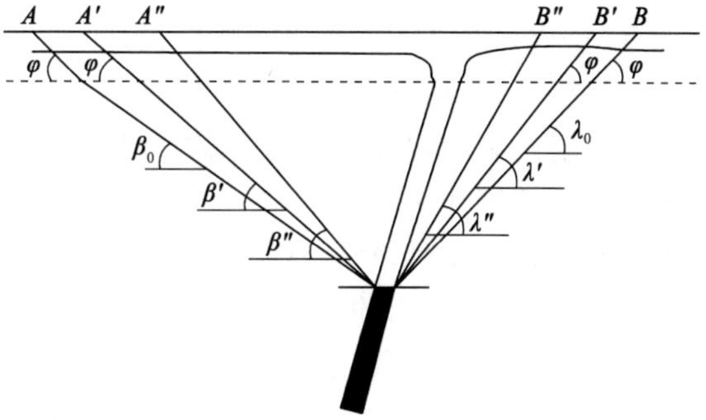

图 12-8　急倾斜煤层底板的边界角、移动角、裂缝角示意图

12.2.2.2　移动角

移动角:在充分采动或接近充分采动的条件下,在地表移动盆地主断面上,最外侧的临界变形值点和采空区边界点的连线与水平线在煤壁一侧的夹角。地表移动盆地是一个比采空区面积大得多的开采影响范围,在该范围内,不是任何一个位置都对地面建筑物构成危害,危险的移动边界是根据盆地内的地表移动与变形对地面建筑物有无危害而划分的边界,对地面建筑物有无危害的标准是以临界变形值来衡量的。

目前,我国采用的一组临界变形值为:$i=3$ mm/m、$\varepsilon=2$ mm/m、$k=0.2$ mm/m^2,这组

临界变形值是针对一般砖木结构建筑物而设定的。在由这组指标圈定的范围以外，为地表移动和变形对地面建筑物不产生明显损害的地带；在圈定的范围以内，为地表移动和变形对地面建筑物产生有害影响的地带，如图 12-7 中的 $A'C'B'D'$ 所示。应该指出，不同结构的建筑物，能承受最大变形的能力不一样，所以各种类型的建筑物都应有对应的临界变形值。在确定地表移动盆地的危险移动边界时，用相应建筑物的临界变形值圈定会更接近实际。根据不同断面(图 12-7 和图 12-8)，移动角可划分为走向移动角 δ'、下山移动角 β' 和上山移动角 γ'。急倾斜煤层底板的移动角用 λ' 表示(图 12-8)。移动角是一个重要的参数，在确定地面各种建筑物的煤柱保护线时要用到它。另外，在开采损害纠纷中，可采用移动角大致进行鉴定判断。

12.2.2.3　裂缝角

地表移动盆地的裂缝边界根据地表移动盆地内最外侧的裂缝圈定，如图 12-7 中的 $A''C''B''D''$ 所示。裂缝角：在充分采动或接近充分采动的条件下，在移动盆地主断面上，地表最外侧的裂缝和采空区边界点的连线与水平线在煤壁一侧的夹角。裂缝角(图 12-7 和图 12-8)可分为走向裂缝角 δ''、上山裂缝角 γ'' 和下山裂缝角 β''。急倾斜煤层底板的裂缝角用 λ'' 表示(图 12-8)。

12.3　地表移动变形监测内容

地表移动和变形预计是开采损害评价和环境保护的重要内容，在开采及相关工程设计、施工之前都要根据已知的地质和开采技术进行地表移动和变形的预计。地表移动和变形的预计对于指导建筑物下、铁路下和水体下的采煤来说具有重要意义。建筑物下采煤时，预计结果常用来判别建筑物是否受开采影响和开采对建筑物的影响程度，并作为受采动影响建筑物进行加固维修或就地重建，或采取井下开采技术措施的决策依据；铁路下采煤时，预计结果用来判别铁路下采煤的可能性；水体下采煤时，预计结果用来判别矿井承受水患威胁的程度以及对地面水工建筑物可能的影响程度。目前，国内外广泛使用的地表移动计算方法主要有 3 类：理论法、典型曲线法和剖面函数法。

计算地表移动的理论法有随机介质理论法、弹塑性理论法、几何理论法等。随机介质理论是波兰的李特维尼申教授于 1956 年提出的，我国科学家经过完善和发展，提高了它的实用性，使其成为广泛应用的概率积分法。阿维尔申(苏联)曾应用塑性理论研究地表移动；沙乌斯托维奇(波兰)、M.鲍莱茨基和 M.胡戴克(波兰)、库玛尔(印度)等参考弹性理论认为，下沉盆地剖面类似梁或板的弯曲，但由于采动岩体的力学参数难以精确确定，该理论至今尚未达到定量的实用阶段。近几十年来，随着有限元法的广泛应用，弹塑性理论用于计算地表移动和变形成为可能。同时，计算机的快速运算能力为选择较为复杂而又与实际符合的力学模型创造了条件。我国许多从事岩移理论研究的学者在这方面已做了大量卓有成效的研究工作，促进了这一理论的发展。几何理论创始于 20 世纪 20 年代。1950 年以来，该理论由布得雷克、克诺特(波兰)加以发展和完善。几何理论在我国和波兰等许多国家得到广泛应用。几何理论的最终表达式与随机介质理论的公式是一致的，由于它们都利用了概率积分函数，所以统称为概率积分法。

典型曲线法是将同类型地质采矿条件下地表移动盆地的移动和变形分布用无因次曲线

或表格表示的一种方法。这种方法在我国峰峰、平顶山、抚顺等矿区得到应用。在国外，苏联和英国应用得比较普遍，1975 年英国煤炭管理局出版的《下沉工程师手册》所介绍的计算方法就属于典型曲线法。

剖面函数法根据地表移动盆地的剖面形状来选择下沉函数，以此作为地表移动和变形的计算公式。剖面函数法在匈牙利、苏联、德国、英国和南斯拉夫等国家已应用多年。我国许多矿区曾使用过多种剖面函数，其中，负指数函数用得较多。

地表的移动和变形是一个随开采空间扩展和时间延续而变化的动态过程，预计该过程中某一瞬间的地表移动和变形称为动态预计，预计地表稳定后的移动和变形称为静态预计，目前，静态预计方法的精度可满足工程要求。

以上方法中，概率积分法在我国应用范围较为广泛，我国现行的《建筑物、水体、铁路及主要井巷煤柱留设与压煤开采规范》(2017 版)中推荐采用概率积分法。故本节主要介绍概率积分法的基本理论和方法。

12.3.1　开采沉陷预计方法简介

人们对开采沉陷及其影响因素在 20 世纪中期才开始明确，认为其影响因素包括开采方法、煤层倾角、煤层厚度、煤层埋藏深度以及岩石的力学性质等。在众多各具特色的开采沉陷预计方法中，按建立的途径可分为经验方法和理论模拟法。经验方法：在积累大量开采沉陷实测资料的基础上，建立可靠的预计函数和经验公式，再根据开采的地质采矿条件运用经验公式求取预计参数，进而求得移动和变形值。理论模拟法：把岩体抽象为某个数学或力学的理论模型，根据试验或理论推导求取模型参数，从而计算受开采影响岩体产生的移动、变形和应力的分布情况。理论模拟法的理论模型包括连续介质模型和非连续介质模型，其预计手段有解析法、图解法和电子计算机法，预计采用的函数分为剖面函数法和影响函数法。影响函数法的实质：将整个开采区域划分为若干个微小单元，分别确定每个微小单元开采对岩层或地表的影响，然后以采区内所有微小单元开采影响的总和来计算整个开采过程引起的地表移动和变形。

我国最著名的影响函数法是概率积分法。概率积分法适用于水平和倾斜煤层半无限开采条件下的地表移动和变形计算，煤层开采后达到充分采动状态下的预计精度较高，对于采动程度较低的采区，其预计偏差较大，需要对预计参数进行修正。它适用于我国大部分矿区的地质条件，且采用计算机编程利于预计的快速实现。

12.3.2　概率积分法的理论模型

概率积分法是一种以随机介质理论为基础的预计方法。概率积分法因其所用的移动和变形预计公式中含有概率积分函数而得名。含煤地层主要由沉积岩和松散层组成，岩体中分布着许多原生的节理、裂隙和断裂等弱面，因此将矿山岩体看成一种松散介质。煤层开采引起的岩层与地表移动过程类似松散介质的移动过程。这种移动过程是一个服从统计规律的随机过程，可用概率论的方法揭示岩层与地表移动的随机分布规律。

12.3.2.1　概率积分法的基本原理

岩体中有一系列原生的和开采引起的裂隙面以及其他非连续面，所以需用非连续介质力学中的颗粒体介质力学来研究岩层及地表移动问题。颗粒体介质，在研究其移动规律时可抽象为图 12-9 所示的理论模型。该模型认为，介质由类似砂粒或相对很小的岩块组成，颗粒之间完全失去联系，可以相对运动。从统计学的观点出发，可以把整个开采区域分解为若干个微小单元进行开采，则整个开采过程对岩层及地表的影响等于若干个微小单元开采对岩层及地表造成的影响之和。

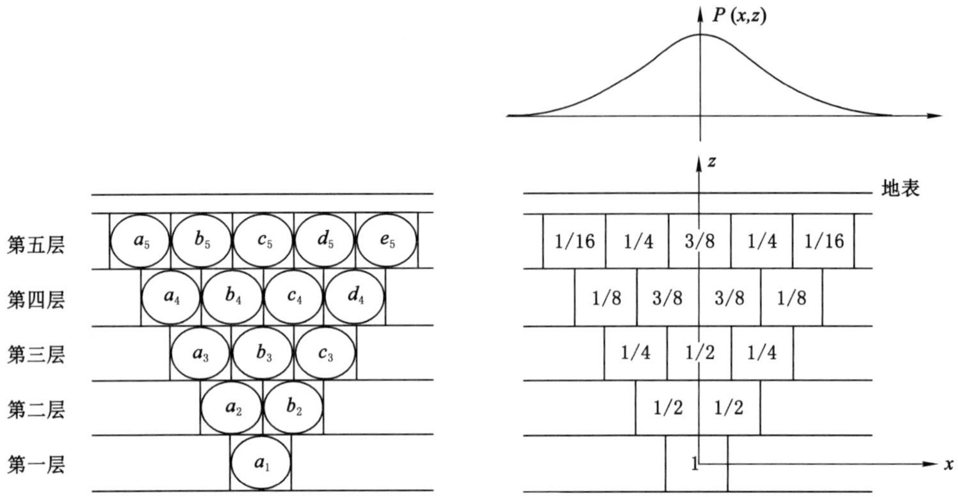

图 12-9　颗粒体介质的理论模型

在图 12-9 所示的理论模型中，假设这些介质颗粒是大小相同、质量均一的小球，被装在大小相同的均匀排列的方格内。将最下层的 a_1 球移走后，第二层的两个小球 a_2、b_2 就会有一个小球随机滚入下面的方格。假设此方格上一层的两个相邻方格中的任意一个小球滚入此方格完全是随机的，那么这两个小球具有相同的概率。第三层的小球随机落入第二层的概率分别为 a_3 球 1/4，b_3 球 1/2，c_3 球 1/4。依此类推，在 y 轴方向就会形成概率分布直方图，若格子的尺寸足够小，则 z 水平的概率分布曲线趋近一条正态分布概率密度曲线。因此，整个开采过程引起的下沉剖面方程就可以表示为概率密度函数的积分公式。

12.3.2.2　*概率积分法预计内容*

根据预计的要求、保护对象的空间位置和开采煤层的情况，利用概率积分法进行开采沉陷预计，可以假设任意坐标系统，既可以使用绝对坐标系统，也可以使用相对坐标系统，地表移动变形预计的内容可以包括下列的一项或几项：

(1) 地表移动盆地主断面上的移动和变形预计。预计地表沿地表移动盆地走向主断面和(或)倾向主断面的移动和变形分布。

(2) 最大值预计。预计地表的下沉、倾斜、曲率、水平移动和水平变形的最大值及其出现的位置。

(3) 地表任意点移动和变形预计。预计地表移动盆地内任一点的下沉值及该点沿指定方向的倾斜、曲率、水平移动、水平变形、扭曲和剪应变值，并预计开采影响范围。

(4) 多工作面和(或)多煤层开采时岩层和地表移动预计。地表点受到重复开采的影响,预计时应考虑所有影响的总和。

(5) 岩层内任意点的移动和变形预计。

走向主断面上地表移动和变形最大值的计算公式如下。

地表最大下沉:

$$W_0 = mq\cos\alpha \quad (\mathrm{mm})$$

最大倾斜:

$$i_0 = \frac{W_0}{r} \quad (\mathrm{mm/m})$$

最大曲率:

$$k_0 = \pm 1.52\frac{W_0}{r^2} \quad (\mathrm{mm/m^2})$$

最大水平移动:

$$U_0 = bW_0 \quad (\mathrm{mm})$$

最大水平变形:

$$\varepsilon_0 = \pm 1.52 bW_0/r \quad (\mathrm{mm/m})$$

式中,m 为煤层法线厚度,m;q 为下沉系数;α 为煤层倾角;r 为主要影响半径,m;b 为水平移动系数。

12.3.2.3　概率积分法预计公式

(1) 矩形工作面开采时的地表任意点下沉预计

在倾斜煤层中开采某单元 i,按概率积分法的基本原理,单元开采引起地表任意点(x,y)的下沉(最终值)为:

$$W_{eoi}(x,y) = (1/r^2)\cdot\exp[-\pi(x-x_i)^2/r^2]\cdot\exp[-\pi(y-y_i+l_i)^2/r^2] \tag{12-6}$$

式中,r 为主要影响半径,$r = H_0/\tan\beta$,其中,H_0 为平均采深,θ 为最大下沉角;$\tan\beta$ 为主要影响角 β 的正切值;(x_i, y_i)为单元中心点的平面坐标;(x,y)为地表任意一点的坐标。

设工作面范围为 $0\sim p$(p 为工作面走向长),$0\sim a$(a 为工作面沿倾斜方向的水平距离)组成的矩形,则有以下计算式。

① 地表任一点的下沉

$$W(x,y) = W_0\int_0^p\int_0^a W_{eoi}(x,y)\,\mathrm{d}x\,\mathrm{d}y \tag{12-7}$$

式中,W_0 为该地质采矿条件下的最大下沉值,$W_0 = mq\cos\alpha$,其中,q 为下沉系数。

式(12-7)也可写为:

$$W(x,y) = \frac{1}{W_0}W_0(x)\cdot W_0(y) \tag{12-8}$$

式中,W_0 为走向和倾向均达到充分采动时的地表最大下沉值;$W_0(x)$为倾向达到充分采动时走向主断面上横坐标为 x 的点的下沉值;$W_0(y)$为走向达到充分采动时倾向主断面上横坐标为 y 的点的下沉值。

根据地表任一点的下沉表达式,可推导出地表点(x,y)的其他移动变形值。这里需要注意的是,除下沉外的其他移动变形都有方向性,同一点沿各个方向的变形值之间存在差异,因此要对单元地表移动盆地求方向导数,然后在整个工作面上进行积分。

② 沿 φ 方向的倾斜 $i(x,y,\varphi)$

设 φ 角为从 x 轴的正向沿逆时针方向与指定预计方向所夹的角度。坐标为(x,y)的点沿 φ 方向的倾斜为下沉 $W(x,y)$在 φ 方向上单位距离的变化率，在数学上为 φ 方向的方向导数，即

$$i(x,y,\varphi)=\frac{\partial W(x,y)}{\partial \varphi}=\frac{\partial W(x,y)}{\partial x}\cos\varphi+\frac{\partial W(x,y)}{\partial y}\sin\varphi \tag{12-9}$$

可将式(12-9)化简为：

$$i(x,y,\varphi)=\frac{1}{W_0}[i_0(x)\cdot W_0(y)\cdot\cos\varphi+i_0(y)\cdot W_0(x)\cdot\sin\varphi] \tag{12-10}$$

③ 沿 φ 方向的曲率 $k(x,y,\varphi)$

坐标为(x,y)的点 φ 方向的曲率为倾斜 $k(x,y,\varphi)$在 φ 方向上单位距离的变化率，在数学上为 φ 方向的方向导数，即

$$k(x,y,\varphi)=\frac{\partial i(x,y,\varphi)}{\partial x}\cos\varphi+\frac{\partial i(x,y,\varphi)}{\partial y}\sin\varphi \tag{12-11}$$

可将式(12-11)化简为：

$$k(x,y,\varphi)=\frac{1}{W_0}\{[k_0(x)\cdot W_0(y)-k_0(y)\cdot W_0(x)]\sin^2\varphi+i_0(x)i_0(y)\sin 2\varphi\} \tag{12-12}$$

④ 沿 φ 方向的水平移动 $U(x,y,\varphi)$

$$U(x,y,\varphi)=\frac{1}{W_0}[U_0(x)\cdot W_0(y)\cdot\cos\varphi+U_0(y)\cdot W_0(x)\cdot\sin\varphi] \tag{12-13}$$

⑤ 沿 φ 方向的水平变形 $\varepsilon(x,y,\varphi)$

$$\begin{aligned}\varepsilon(x,y,\varphi)=\frac{1}{W_0}\{&\varepsilon_0(x)\cdot W_0(y)\cdot\cos^2\varphi+\varepsilon_0(y)\cdot W_0(x)\cdot\sin^2\varphi+\\&[U_0(x)\cdot i_0(y)+U_0(x)\cdot i_0(x)]\cdot\sin\varphi\cos\varphi\}\end{aligned} \tag{12-14}$$

(2) 多工作面或任意形状工作面开采影响的预计

将任意形状工作面顺煤层走向划分为若干个矩形工作面，用一个或多个矩形工作面代替任意形状工作面，单独计算这些矩形工作面引起的地表下沉，然后进行叠加。

$$W_A=W_{1A}+W_{2A}+W_{3A}+\cdots \tag{12-15}$$

(3) 小尺寸工作面开采时地表移动变形的计算

小尺寸工作面的情况为非充分开采或极不充分开采，此时与概率积分法模型的假设偏离较远，需要对下沉系数进行修正后再求取工作面的概率积分参数。

一般认为，概率积分法适用于倾角小于 45°的倾斜煤层开采的地表任意点移动变形值的计算。矿井的一个采区通常含有多个工作面，多工作面开采影响的预计分为两种情况：一是各工作面煤层走向相同时，逐个工作面按最终(或动态)预计计算沿煤层走向、倾向的移动变形并叠加。二是各工作面煤层走向变化时，逐个工作面直接按最终(或动态)预计计算沿预计方向及预计方向加 90°方向的移动变形并叠加。

由于经过叠加的等价转换的计算工作面一般为非矩形工作面，所以需要对其进行无限分割，分成若干个小矩形工作面进行叠加，地表移动与变形的计算可采用任意形状的面积分计算公式，利用计算机程序进行。

12.4　地表移动变形监测方案

研究地表与岩层移动的方法主要有实地观测法、理论研究法和相似材料模型法等。目前最主要的方法仍是实地观测法。地表与岩层移动是一个非常复杂的过程，受到地质、采矿等诸多条件的综合影响。为了通过实地观测找到地表与岩层移动的规律，首先必须在开采前，按一定要求在开采影响范围内的地表和岩层内部及其他研究对象上设置一系列相互联系的观测点。在采动过程中，定期观测这些点的位置及其变化情况，从而找到地表和岩层移动的规律。

所谓观测站，是指在开采影响范围内的地表、岩层内部或其他研究对象上，按一定要求设置的一系列相互联系的观测点。在采动过程中，根据需要定期观测这些点的空间位置及其变化情况，以确定各观测点的位移和观测点间的相对移动，从而掌握开采沉陷的规律。

观测站按设置的地点分为地表移动观测站、岩层内部移动观测站和专门观测站；按布设的形状分为网状观测站和剖面线观测站。

12.4.1　地表移动观测站的设计方法

根据设站目的，合理地选择观测站的布设形式是十分重要的。观测站一般由两条观测线组成，一条沿煤层走向，一条沿倾向，它们相互垂直并相交。

地表移动观测站的设计原则为：① 观测线应设计在地表移动盆地的主断面上；② 观测线的长度应大于地表移动盆地的范围，以便建立观测线控制点和测定采动影响边界；③ 观测期间不受邻近采区的影响；④ 观测线上布置的观测点应有一定密度（根据深度和设站目的而定）；⑤ 观测站的控制点应在地表移动盆地范围之外埋设牢固，冻土区控制点的底面应在冻土线 0.5 m 以下；⑥ 观测点要埋设牢固，以保证布设在移动范围内的观测点与地表同步移动。

目前我国矿区大多采用剖面线状观测站。观测站的具体布置形式见图 12-10。观测线一般布设为直线状并与煤层走向平行或垂直，观测线应设置在地表移动盆地的主断面上，且不受邻近采区的影响。

12.4.2　观测线长度的确定

观测线的长度应超过地表移动盆地边界一段距离，以便确定地表移动盆地的边缘。设站时，地表移动盆地边界是根据本矿区已有的沉陷参数或条件类似的其他矿区的参数确定的。

12.4.2.1　倾斜观测线长度的确定

倾斜观测线的长度，应保证线的两端在不受开采影响的范围内。倾斜观测线的长度是在地表移动盆地的倾斜主断面上确定的（见图 12-11）。具体方法是：自采区的上、下边界分别以 $\gamma-\Delta\gamma$ 和 $\beta-\Delta\beta$ 画线与基岩和松散层的接触面相交，再从交点以 φ 角画线交于地表 A、B 点（或 C、D 点），AB 段（或 CD 段）即倾斜观测线的工作长度。此段长度亦可按式(12-16)计算：

$$AB=2h\cot\varphi+(H_1-h)\cot(\beta-\Delta\beta)+(H_2-h)\cot(\gamma-\Delta\gamma)+L\cos\alpha \qquad (12\text{-}16)$$

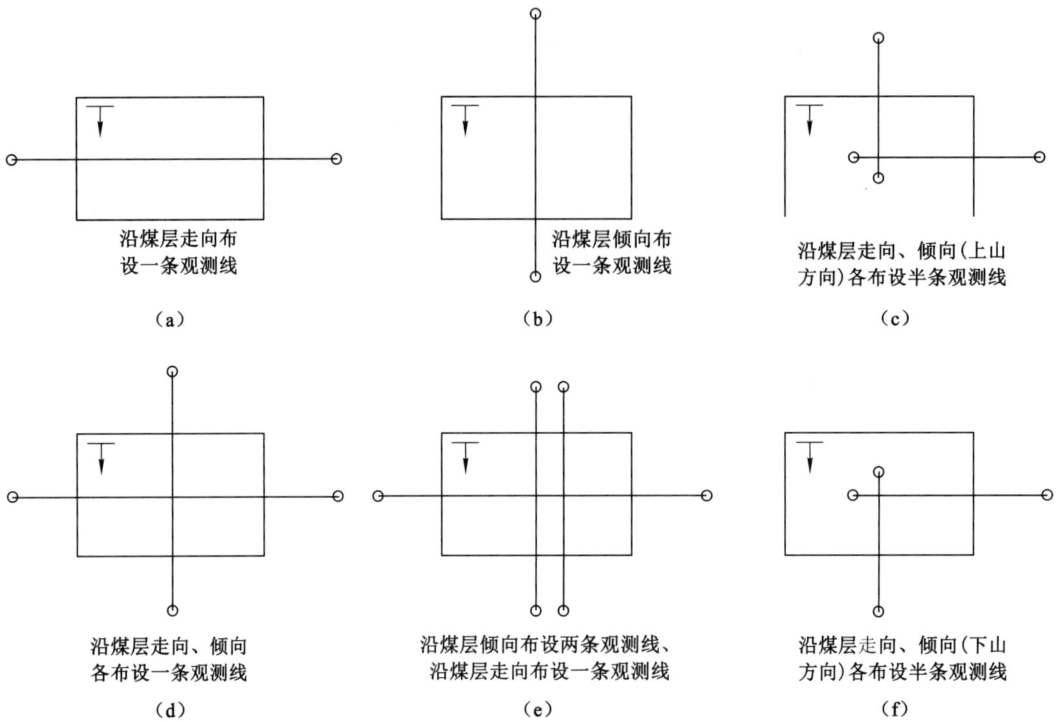

图 12-10　观测站的布置形式

式中，L 为工作面的倾向长度；β 和 $\Delta\beta$ 分别为上山移动角及其修正值；γ 和 $\Delta\gamma$ 分别为下山移动角及其修正值；α 为煤层倾角；H_1 和 H_2 分别为采区下边界和上边界的开采深度；h 为基准线高度。

12.4.2.2　走向观测线长度的确定

为了保证观测线不受邻近开采的影响，并使观测线位于地表移动盆地主断面上，一般情况下(首采工作面除外)，走向观测线只设半条(见图 12-11)。具体做法为：自开切眼向工作面推进方向，以角值 $\delta-\Delta\delta$ 画线与基岩和松散层接触面相交，再从交点以 φ 角画线与地表相交于 E 点，E 点便是不受邻区开采影响的边界点。在工作面外侧用 $\delta-\Delta\delta$ 角画线与基岩和松散层的接触面相交于一点，再从此交点用 φ 角画线交地表于点 F。在 FE 方向布设走向观测线。要求走向观测线和倾斜观测线垂直相交，并稍微超过交点一段距离(约 2～3 个测点间距)得 G 点(G 点不得超过 E 点)，FG 段便是走向观测线的工作长度。如果有条件，也可设一条走向观测线，其长度 HF 按式(12-17)计算：

$$HF = 2h\cot\varphi + 2(H_0 - h)\cot(\delta - \Delta\delta) + l \tag{12-17}$$

式中，l 为工作面走向长度。

半条走向观测线的长度 GF 为：

$$GF = h\cot\varphi + (H_0 - h)\cot(\delta - \Delta\delta) + H_0\cot\varphi + d \tag{12-18}$$

式中，d 为超出倾斜线的长度，一般为 3～5 个测点间距。

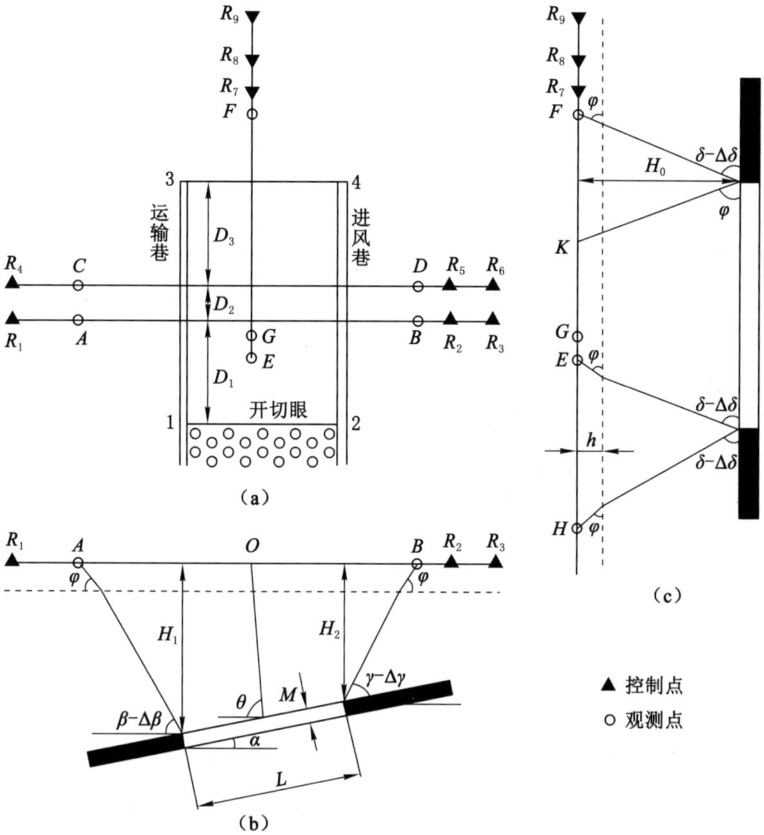

图 12-11　地表移动观测站示意图

12.4.3　观测点数目及密度

观测线上的观测点数目及密度，主要取决于开采深度和设站目的。观测点布设在预计的地表移动盆地范围内的观测线上，一般从地表移动盆地中央开始向两边的移动边界进行布设。一般观测点采用等间距布设。观测点密度除与开采深度有关外，还取决于设站目的(表 12-1)。例如，为了较准确地确定地表移动盆地边界或最大下沉点的位置，可在地表移动盆地边界附近或盆地中心部位适当加密观测点。

表 12-1　观测点密度　　单位：m

开采深度	点间距离	开采深度	点间距离
<50	5	200～300	20
50～100	10	>300	25
100～200	15		

当观测线两端均可布设控制点时，各端至少布设两个控制点；当只有一端可布设控制点时，则此端不少于三个控制点。

12.4.4 观测工作

地表移动观测的内容为:在地下采动过程中定期地、重复地测定观测线上各观测点在不同时期内空间位置的变化。地表移动观测站的观测工作可分为观测站的连接测量、全面观测、日常观测工作。

12.4.4.1 观测站的连接测量

在观测站地区被采动之前,为了确定观测站与回采工作面之间的相互位置关系,首先应在观测站的某一个控制点与矿区控制网之间进行测量,以确定这个控制点的平面位置和高程,然后再根据它来测定其余控制点和观测点的平面位置。连接测量按平面连接测量和高程连接测量独立进行两次。

连接测量按定向基点的测定精度(点位误差<7 cm)要求进行。观测站观测点的平面位置,从已知坐标的控制点(或观测线交点)开始按 5″导线测量的精度要求确定。

所谓高程联测,就是在矿区水准基点至观测站附近的水准点之间进行水准测量,再由水准点测定观测站控制点(或观测线交点)的高程。例如,矿区水准基点距观测站较近时,也可由水准基点直接和观测点联测。高程联测以不低于三等水准测量的精度要求进行。

12.4.4.2 全面观测

为了准确地确定观测点在地表移动开始前的空间位置,在与矿区控制网联测后、地表开始移动前,应对地表观测站的全部测点独立进行两次全面观测,两次全面观测的时间间隔不超过 5 d。全面观测的内容包括测定各观测点的平面位置和高程、各观测点间的距离和各观测点偏离观测线方向的距离(称为支距)。当两次测得的同一点高程差不大于 10 mm,同一边的长度差不大于 10 mm 时,取平均值作为观测站的原始观测(又称为初次观测)数据。同时,按实测数据将各观测点展绘到观测站设计平面图。

12.4.4.3 日常观测

日常观测工作是在移动过程中测定监测点位置的测量工作。在回采工作面推进一定距离后,在预计可能首先移动的地区选择几个建筑物开裂处,每隔几天用钢尺进行一次测定。如果发现变形超过 5 mm,应采用全站仪对其进行观测。重复测量的时间间隔视地表下沉的速度而定,一般每 10～15 d 观测一次。在移动变形较大的阶段,应增加观测次数,每 5～10 d 观测一次。在采动过程中,不仅要及时记录和描述地表出现的裂缝位置、宽度的变化,塌陷的形态和时间,并及时绘图,还要记载每次观测时工作面开采的相应位置、实际采出厚度、工作面推进速度、顶板陷落情况、煤层产状、地质构造、水文条件等有关情况。为了保证所获得观测资料的准确性,观测站的各项观测应在尽量短的时间内完成,特别是在移动活跃阶段,观测应在 1 d 内完成。在观测过程中,应定期监测控制点的变化,如发现控制点发生位移,应把控制点作为观测点与其他观测点一起进行监测,也可另行布设控制点。

12.5 GNSS 地表变形监测

动态变形监测理论及方法一直是国际变形监测领域的研究焦点。对变形体进行监测的最终目的是对灾害进行预警预报,由于不同变形体的内在规律均很复杂,因此,准确地对灾害进行预警预报目前在国际上仍然是一个难题。国内外的学者主要通过以下三种手段进行相关的研究：

（1）分析变形体的工程条件、地质条件以及变形机理，建立相应的力学模型，进行各种力学分析，从而实现对变形体的预警预报。

（2）对外在因素（降雨、地震、地下水、荷载等因素）进行综合分析，分析主要致变因素及其与灾害发生的因果关系，从而建立有效的预报系统。

（3）对变形体进行有效监测，以监测数据为依据，通过数学模型进行灾害的预测预报。其中，采用监测手段进行预测的效果较好，且在工程实践中得到广泛的应用。进行几何位移观测的技术设备众多，其中，GNSS 技术以其高效性、实时性、全天候、高精度等优势，已经成为动态变形监测的一种主要手段。

我国的矿产资源非常丰富，截至 2023 年年底，我国已发现 173 种矿产，这些矿产资源为我国经济的发展奠定了坚实的基础。随着经济的飞速发展，国家对能源和资源的需求量也大幅度增加，各地为增加产量而花大力气扩大生产规模，但是在产量增加的同时，随之而来的是这些工程区域以及工程运行期间的安全（变形）监测问题。随着矿山开采深度和力度的加大，矿山安全生产形势依然严峻，特别是一些地方的个体私营、联营煤矿，普遍存在企业规模小、技术力量薄弱、经营管理粗放、安全隐患大、破坏矿区生态环境等问题。

当矿区开采工作进行到一定阶段时，井下岩体的移动和破坏逐渐波及地表，使受采动影响的地表从原有的标高向下沉降，从而在采空区上方形成一个比采空区大得多的沉陷区域。这种沉陷区域改变了原有的地表形态，引起地表标高、水平位置发生变化，常用的定量表述这种变化的指标有下沉、水平位移、倾斜、曲率、水平变形。

上述几个定量分析地表移动规律的指标建立在测量数据准确性的基础上，是研究地表沉陷预测理论的关键。对于测量工作而言，主要是运用测量手段获取地表点的沉陷数据，绘制这些定量指标的变化曲线，从而更好地预测和估计地表沉陷规律，指导矿山开采工作。其常规测量方法为：先在矿区地面布设基准点和变形观测点，组成变形监测网，然后用全站仪测定监测网的边长和角度，用水准仪测量各测点间的高差，并计算监测网点的水平位置和高程。随着 GNSS 技术的出现，越来越多的矿山变形监测开始使用 GNSS 技术。在实际应用中，GNSS 技术展示了其高精度和灵活方便的优越性。

GNSS 在变形监测领域的工作模式分为周期性监测和连续性监测。其中，GNSS 周期性监测模式的频率通常视具体情况而定，可以是数周、数月甚至更长时间，多采用静态相对定位测量；而 GNSS 连续性监测模式则把监测仪器长时间地固定在监测点上进行高频的数据采集，通常用于数据采集周期短、自动化要求高的监测项目。在高层建筑物、桥梁等工程的动态监测中，激光干涉仪、加速度计等动态监测设备正逐渐被 GNSS 连续性监测模式取代。

12.5.1　矿山地表沉降监测

煤炭及其他固体矿产资源的大规模开发和利用，在给人类带来巨大的社会效益和经济效益的同时，也给人类的生产和生活造成一系列的环境问题和灾害风险。矿山开采沉降是矿物开采后形成采空区，其上部岩层在重力等作用下发生垮落、断裂、挤压、弯曲、移动等变形，传播到地面而形成的。地面沉降会直接破坏地表土地的自然状态，降低土地的使用价值。此外，地面水平变形和不均匀沉降会造成沉降区内的工业和民用建筑物、水利设施、交通设施等产生裂缝和扭曲等变形，直接影响人们的安全生产和生活。矿山开采引起的地面沉降是一个复杂而又缓慢的过程，要充分认识该复杂过程的规律，必须对开采沉降的野外数据进行广泛的采集、整理和分析，并且在实测资料的基础上开展各种预测和计算模型的研究。因此，地表沉降监测是矿山开采沉降领域至关重要的研究课题，通过监测手段及时掌握地表沉降的变化情况，一方面可为地表沉降的灾害预测、损失评估提供可靠的依据，另一方面可为地面沉降治理提供合理的措施，降低地面沉降造成的损失。

目前，矿山开采的地表沉降监测主要依赖传统的水准测量、静态 GNSS 测量或动态 GNSS 测量。地表移动变形观测站的设置以剖面线形式为主，监测数据主要反映开采区域主断面的沉降情况，所以只能根据监测点绘制出沉降剖面曲线进行分析。如果要对沉降区域的地面沉降变形情况进行全面掌握和分析处理，必须布设大量的监测点，通过拟合等手段绘制出沉降等值线图。这种地面沉降监测方式，不仅存在变形监测工作量大、费时费力、高成本和监测点难以长时间保存等不足，而且存在监测精度不高导致地表沉降变形分析出现偏差等情况。为此，亟须改进传统的监测方法，采取更新、更先进的监测手段。

GNSS 技术具有数据获取速度快、数据处理及时、内容齐全、成果可靠、作业方法简单且较常规方法成本低等优点。它在矿山测量领域，尤其是在矿区控制网建设方面起到了很好的效果。在矿山开采沉陷监测中，合理地选择 GNSS 观测方式和方法可以改善传统方法不能同步测量水准高程和平面位置而导致的工作量大的问题，它可以全面采集监测点的空间坐标信息，简化矿山开采沉陷监测的设计工作。此外，GNSS 技术的数据采集自动化程度高，可降低人力处理数据的强度。

12.5.1.1　GNSS 矿区监测网的建立与观测

监测网一般由 3～4 个永久控制点组成，控制点应布设在开采影响以外的稳定地区，且布设在观测线的两边，其点位应符合相关规范的要求。控制点的坐标将作为今后计算各种移动变形的基准，因此其观测精度要求较高。在已有的控制网和地形图资料的基础上，经现场踏勘选点后，按照矿山测量相应的规程、规范，拟定合理的 GNSS 布网方案，待点位标志稳定后，采用 GNSS 静态作业模式进行观测。每次全面观测前，均应对监测网进行复测，以检核各点位的可靠性，如发现个别点移动，应以新观测数据重新计算各观测点的坐标，并以新观测的坐标值计算各观测点的坐标和移动变形值。

在进行联测时，首先应根据矿区地面控制网，按测量要求向沉陷区域引观测站进行观测，测定观测线交点或某一个控制点的平面坐标和高程。在观测站与地面控制网联测后，应在开采前对观测站进行两次全面观测。在塌陷区内布设各观测点，观测并计算各观测点的移动变形值，这些观测点可根据需要灵活布设，不需要考虑点位通视，因此观测线可穿过建(构)筑物或其他障碍区，从而可为“三下”采煤提供最直接的地表移动变形数据。采动前和采动稳定后的观测数据，是计算各点移动变形值和计算各种岩移参数的基础数据，其可靠性和精度均要求较高，可采用双基准快速静态的测量模式进行观测，各点观测时间视卫星状况而定。采动过程中的观测可采用走走停停的观测模式，每次观测数据经基线软件处理后，应以观测点为坐标固定点进行三维约束平差，以求得各点的坐标，并应和采动前的观测数据联合，消除不同时间内观测的系统误差影响，最后据此计算各点的下沉、水平移动和其他变形值。

12.5.1.2　GNSS数据处理

GNSS数据处理要从原始的观测值出发得到最终的定位成果，其大致分为GNSS基线向量的解算和GNSS网平差两个阶段。

12.5.1.3　开采沉陷与变形分析

对于位于GNSS移动观测线上的点，应根据各期观测数据计算各点下沉量，按照开采沉陷定量评估指标参数解算相应的变形量，并绘制下沉-时间关系图，以及通过相邻点下沉量计算地表倾斜、曲率和水平变形。对于在针对性区域（如采区上方）进行的沉陷与变形监测，可在监测网提供的基准点基础上设置专门的监测工作点实施加密监测，在工作点监测数据基础上计算地表沉陷与变形等相关参数，从而可在相关参数的基础上，对地表沉陷与变形的进程、变形的当前状态、是否已达临界变形值等进行分析、判断以及做出地表沉陷与变形的相关预测预报。

12.5.1.4　GNSS/伪卫星组合定位技术在矿山变形监测中的应用

GNSS星座轨道的固有特征（在北半球中纬度地区，高程的定位精度不如平面的、北方向的定位精度不如东方向的）以及在矿山地表（山区）、露天矿坑等卫星遮挡严重的地区，可用卫星数较少甚至不足4颗等，严重制约了GNSS技术进行精密定位的可行性，其在地下复杂矿山变形监测中的可用性也受到极大挑战。伪卫星作为卫星导航系统的地面拷贝，使GNSS技术在可用卫星不足或卫星分布不理想的区域进行精密定位成为可能。近年来，国内外的学者对GNSS/伪卫星组合定位技术进行了较为深入的研究，相关的研究为GNSS技术在可用卫星不足区域的精密定位提供了理论基础。

12.6　InSAR地表变形监测

上节所述的地表变形监测仍以水准测量与GNSS测量为主，虽然精度较高（静态GNSS测量可达毫米级精度，水准测量可优于毫米级），但是观测点的空间密度低、观测周期长，并且布设的观测点极易遭到破坏。此外，在地下煤矿开采区，水准观测点、GNSS观测站的布设与维护较为困难，难以采用常规观测手段获得详细的采动区建筑物变形资料，严重影响采动区建筑物损害评定标准的研究。

星载合成孔径雷达干涉测量是20世纪60年代出现的高精度大地测量技术，与传统测量手段相比，其具有覆盖区域广、空间分辨率高等优势。1989年，Gabriel（加布里埃尔）等首次根据卫星影像，利用差分合成孔径雷达干涉测量（D-InSAR）技术测量了地表微小形变，证明了基于星载SAR的差分InSAR技术进行地表变形监测的可行性。之后，为研究长时间跨度的地表变形演化信息，基于时间序列的差分InSAR即时序InSAR分析技术被陆续提出，如PS-InSAR（永久散射体合成孔径雷达干涉测量）技术、SBAS-InSAR（小基线集合成孔径雷达干涉测量）技术、点目标分析技术（IPTA）以及分布式目标干涉技术（SqueeSAR）等。D-InSAR及时序InSAR分析技术，凭借广空间覆盖、高空间采样率以及快速重复观测等优点，广泛应用于地震、火山、滑坡等自然灾害以及地下水、煤炭等资源开采引起的地表位移监测，并在大气研究、线状设施监测、地壳断层研究等方面取得了显著的成果。

12.6.1 InSAR 地表变形监测总体要求

12.6.1.1 一般规定

利用 InSAR 技术进行地表变形监测时，应根据地面变形测量的需要灵活选择适宜的 SAR 数据和 InSAR 方法。如有必要或者条件允许，应辅以其他测量技术（如水准测量、GNSS 测量）获取的变形信息对 InSAR 测量成果进行外符合精度评价。

12.6.1.2 技术设计

(1) 资料收集。收集的资料应包括下列内容：① 测区范围既有的 SAR 数据。② 测区范围内地表变形测量的相关资料，具体包括地面沉降和地裂缝沉降等值线图，CR 基准点（控制参考点）和监测点，基岩标、分层标、IGS（国际导航卫星系统服务）站、GNSS 观测墩、水准点分布情况，测区地面沉降测量现状，测区范围内有关的遥感影像图、地形图、交通图等资料。若任务需要，还应收集有关的地震、地质、验潮站等相关资料。

(2) 现场踏勘。现场踏勘应包括下列内容：① 核实现场 CR 基准点、监测点和其他监测设施的情况；② 核实现场植被、建筑物等与 SAR 数据质量有关的因素；③ 补充收集相关现场资料。

(3) 方案设计。方案设计原则应符合《地面沉降调查与监测规范》(DZ/T 0283—2015)的有关规定。同时，应考虑下列因素：① 监测区域地面沉降的发展现状。对于地面沉降发展缓慢的地区，应采用短波长的数据（如 C 波段、X 波段等），并可采用较长的监测周期、较低的 SAR 数据地面分辨率；对于地面沉降发展迅速的地区，则应采用 L 波段的数据，并采用较短的监测周期、较高的 SAR 数据地面分辨率。② 项目研究的时间区间。可根据项目要求的时间区间，调用已存档的 SAR 数据，研究该地区地面沉降发育的历史进程和特征。③ 测量精度要求。应根据测量精度要求选用不同波段的数据。④ 测区地表覆盖状况。应综合分析各种不同波长的 SAR 数据对地表覆盖的敏感程度，并结合测量精度要求，确定是否需要安置人工角反射器以及安置的数目、位置等。⑤ 测区的地形起伏特征。应顾及测区的地形起伏特征，地形起伏较大的地区宜选用高精度和高分辨率的 DEM（数字高程模型）数据，地形起伏较小的地区宜选用精度和分辨率要求较低的 DEM 数据。⑥ 测区的气候特征。当在湿润地区和沿海等大气变化剧烈的区域进行 InSAR 测量时，应同时获取气象数据，如利用 MODIS（中分辨率成像光谱仪）、MERIS（中等分辨率成像频谱仪）或 GNSS 等数据来减弱大气影响。

(4) 测量精度。InSAR 技术变形监测的精度与选择的 SAR 数据、干涉图质量、干涉像对的时空基线、数据处理方法等多种因素相关。通常情况下，D-InSAR 技术、SBAS-InSAR 技术监测的垂直向变形精度为 ±10 mm，PS-InSAR 技术监测的垂直向变形精度为 ±5 mm，CR-InSAR（采用角反射器的 InSAR）技术监测的垂直向变形精度为 ±3 mm。

(5) 测量频率。测量频率通常根据地面沉降速率以及变形随季节的变化特点、矿山的开采情况等多种因素确定，通常高于 1～2 次/年。

(6) SAR 数据的选择。SAR 数据的选择应符合下列要求：① SAR 数据的选择应符合《地面沉降调查与监测规范》(DZ/T 0283—2015)的有关规定；② 数据的选用应与拟采用的 InSAR 技术方法和测量精度要求一致，应考虑影像成像模式、覆盖范围、雷达波长、地面分辨率和成像重复周期等因素；③ 在同一区域、同一时间段应有多个干涉组合（包括同一数据的升降轨或不同数据的干涉组合）进行内符合精度的检验；④ 应根据地面沉降测量的需要和所获取的 SAR 数据、CR 安装计划等选择 InSAR 测量模式；⑤ 应按照 InSAR 测量技术设计书选择 SAR 数据的种类、等级、极化、分辨率、数量、覆盖范围、获取时间以及获取方式等。

（7）设计编审。技术设计书的内容有：① 地表变形测量技术设计书提纲；② 任务概述；③ 测区的自然地理概况和已有资料情况；④ 主要技术指标；⑤ 设计方案。其他要求应符合《测绘技术设计规定》（CH/T 1004—2005）的规定。设计完成后，经审定批准后方可实施，如需调整须经委托方同意后进行。

12.6.1.3　建设

（1）选点。CR 点的选择应符合下列要求：① CR 点分为基准点和监测点，CR 基准点和监测点的点位选择原则与 GNSS 点相同，每 5 km 的范围内应有一个 CR 基准点；② 选点应符合《地面沉降调查与监测规范》（DZ/T 0283—2015）的有关规定。

（2）埋设。CR 点的埋设应符合下列要求：① CR 点的尺寸和材质应符合《地面沉降调查与监测规范》（DZ/T 0283—2015）的有关规定；② CR 点的安装应符合《地面沉降调查与监测规范》（DZ/T 0283—2015）的有关规定。

（3）资料汇总。汇总的资料应包括下列内容：① 原始 SAR 数据列表文件和光盘资料；② 光学遥感影像、DEM 数据、气象等辅助资料；③ 角反射器点之记和现场照片资料。

12.6.1.4　观测

（1）测前准备。观测前应检查 SAR 数据预定计划的落实情况。

（2）观测技术要求。观测技术要求应符合《地面沉降调查与监测规范》（DZ/T 0283—2015）的有关规定。

12.6.1.5　数据处理

（1）SAR 数据的质量检查。SAR 数据的质量检查应符合下列要求：① 检查垂直基线是否超过干涉的要求，一般 C 波段数据的垂直基线长度低于 500 m，L 波段数据的垂直基线长度低于 1 500 m；② 干涉图的相干性应大于 0.3。

（2）数据处理的技术要求。数据处理应符合下列技术要求：① 数据处理应符合《地面沉降调查与监测规范》（DZ/T 0283—2015）的有关规定。② InSAR 数据预处理包括 SAR 数据质量的检查，辅助数据如精密轨道和外部 DEM 数据或大气数据的准备，InSAR 数据处理详细方案的制定。其中，配准精度应优于 1/8 个像元。③ 采用 D-InSAR 技术、SBAS-InSAR 技术时，干涉图的相干值应大于 0.5，宜采用多视处理方法提高干涉图的信噪比。对于 PS-InSAR 技术和 CR-InSAR 技术，可不进行多视处理，直接提取单个像元的干涉相位。④ 对于常规差分 InSAR，一般采用最小费用流算法或路径跟踪法进行相位解缠，并通过目视法来检查解缠图中是否存在解缠粗差。PS-InSAR 技术可不进行相位解缠，而可采用时间序列参数估计的方法来提取变形相位。⑤ 根据干涉几何条件和地理编码参数，将变形解缠相位转化为视向变形，并依据先验信息将视向变形转换为地理坐标系下的垂直变形。

D-InSAR 技术、PS-InSAR 技术和 SBAS-InSAR 技术的详细数据处理方法见下文。

（3）数据处理结果的检校。数据处理结果的检校应符合《地面沉降调查与监测规范》（DZ/T 0283—2015）的有关规定。

12.6.1.6 补测和重测

（1）未按数据预定计划要求进行测量，外业缺测、漏测，或数据处理后 SAR 数据不满足技术设计要求的应及时补测。

（2）补测或重测的原因与实施情况应写入数据处理报告。

12.6.2 D-InSAR 技术数据处理方法

12.6.2.1 数据预处理

（1）主影像选择和影像组合。在满足空间基线和时间基线要求的前提下，SAR 主影像的选择及组合影像生成干涉像对的步骤如下：① 计算所有影像像对的时间和空间基线，生成时间和空间基线分布图。② 选择设计工作周期内空间基线尽量短的像对，并选择像对中的某一景影像作为主影像。

（2）影像配准和裁剪。对于已组合好的像对，应根据主影像进行配准，并将所有影像裁剪成覆盖区域范围一致的影像，具体步骤如下：① 选择配准算法，设置配准参数，对每个像对进行配准计算。② 主、辅影像配准时要求方位向和距离向误差均小于 1/8 个像元，且计算配准多项式的同名点应在整景影像上均匀分布。③ 所有配准影像裁剪后的公共区域应大于或等于设计的监测工作范围。如有缺失应及时补充数据。④ 选择配准影像中的公共区域作为 InSAR 处理范围，将所有影像裁剪成相同范围的区域。

（3）DEM 与 SAR 影像的配准和裁剪。将 DEM 与选好的主影像进行配准，并将 DEM 范围裁剪成与主影像范围一致，具体步骤如下：① 对 DEM 进行重采样，使其与主影像的分辨率一致。② 将 DEM 与主影像进行配准，配准精度应优于 0.5 个像元。③ 依据配准关系式，计算生成 DEM 坐标系到 SAR 影像坐标系的转换查找表。④ 依据转换查找表，利用多项式拟合算法，将 DEM 转换到 SAR 影像坐标系，生成影像坐标系下的 DEM。

（4）干涉相位的计算。对已配准主、辅影像进行前置滤波，并计算生成干涉图，具体步骤如下：① 前置滤波。在频率域，截取主、辅影像的公共频带进行前置滤波，生成滤波后的主、辅影像。② 干涉相位计算。对经过前置滤波的主、辅影像像元对进行共轭相乘，生成干涉相位值，逐像元计算生成干涉图。

12.6.2.2 差分干涉计算

（1）平地与地形相位的去除。依据空间基线参数和地球椭球体的参数，计算平地相位；利用配准后的 DEM，计算地形相位。从干涉相位中去除平地和地形相位，生成差分干涉相位，逐像元计算生成差分干涉图。

（2）差分干涉图滤波。采用自适应滤波方法对干涉图差分相位滤波，以得到相位缠绕的差分干涉图。

（3）相干系数的计算。依据相干系数的计算公式，对经过滤波的主、辅影像差分干涉相位像元，选择窗体大小，逐像元计算相干系数，生成相干图。

（4）相位解缠。对相位缠绕的差分干涉图进行解缠，具体步骤如下：① 采用空间域二维相位解缠方法（枝切法、最小费用流法等）对所有干涉图进行相位解缠。② 干涉图整体相干性较低时，宜采用基于不规则格网的最小费用流法，依据相干图对相干系数大于 0.4 的像元进行相位解缠。③ 干涉图整体相干性较高时，宜采用枝切法进行相位解缠。对于不连续的“孤岛”区域，可采用手动连接方式设定枝切线，连接解缠区域。④ 目视检查解缠结果质量:解缠后相位图的幅度值是否连续、有无跳变存在;无解缠结果区域是否为低相干区域;水体、阴影区、叠掩区等不合理地区是否在计算差分干涉步骤中被掩膜,且不被计算。

12.6.2.3　变形量计算

(1) 视线向变形量的计算。依据雷达波长参数,将解缠相位换算为 LOS(视线线路)变形量。

(2) 依据雷达入射角,将 LOS 变形量转换为垂直向变形量。

(3) 地理编码。可利用 DEM 产品进行地理编码,具体步骤如下:① 利用坐标系查找表,完成地面沉降监测成果由 SAR 影像坐标系到大地坐标系的反变换,即对监测成果垂直向变形量进行地理编码。② 集合所有地理编码后的点目标,将垂直向变形量的时间单位换算成年,生成年度地面沉降速率,逐像元计算生成地面沉降速率图。

(4) 地面沉降速率基准的修正。地理编码后的点目标的地面沉降速率基准应利用水准测量等的高精度控制点数据进行修正,具体步骤如下:① 以同步水准测量结果作为基准参考,在邻近点上计算点目标沉降量与水准沉降量之间差值的平均值,即与地面实际沉降量之间存在的整体偏差值。② 将上一步得到的整体偏差值加入每个点目标的沉降值,修正因参考点不统一而产生的 InSAR 结果沉降量的整体偏差,完成基准修正。D-InSAR 数据处理流程见图 12-12。

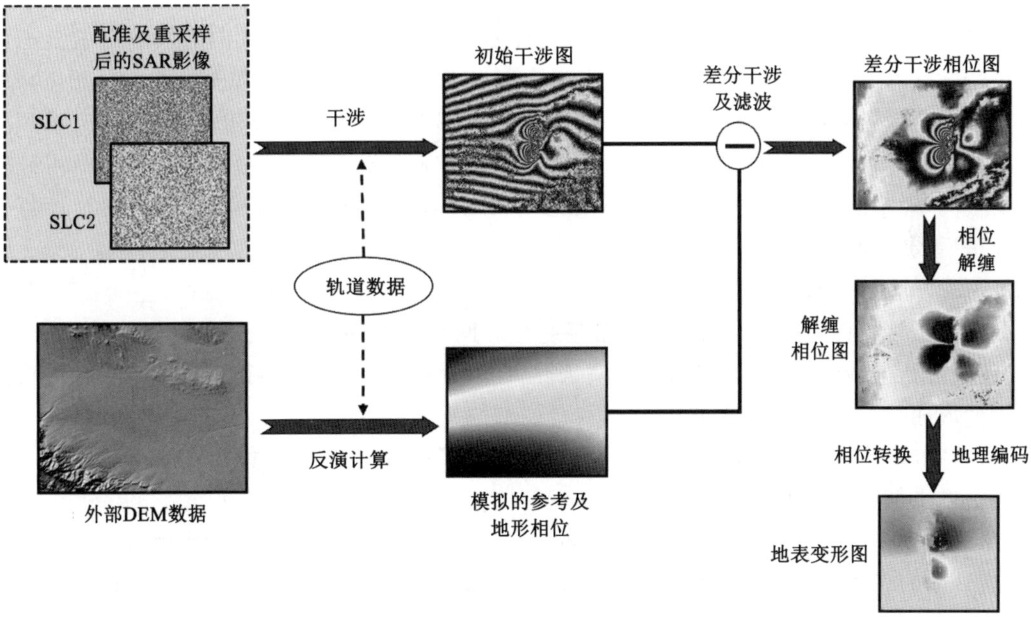

图 12-12　D-InSAR 数据处理流程

12.6.3　PS-InSAR 技术数据处理方法

12.6.3.1　数据预处理

(1) 主影像选择。PS-InSAR 方法宜选择单一主影像。在满足空间基线和时间基线要求的前提下,SAR 主影像选择的步骤如下:① 计算所有影像像对间的时间和空间基线,生成时间和空间基线分布图。② 选择时间和空间基线居中的一景作为主影像。

(2) 影像配准、裁剪和组合。所有 SAR 影像根据主影像进行配准、裁剪,并组合生成时间序列干涉图集,具体步骤如下:① 所有影像根据主影像进行配准。② 将所有数据裁剪成覆盖范围一致的数据。③ 对所有已配准的干涉像对,按照时间序列分别与主影像进行像对组合,逐像元计算干涉相位,生成时间序列干涉图集。

(3) DEM 与主影像的配准和裁剪。将 DEM 与主影像进行配准,并将 DEM 范围裁剪成与主影像范围一致。

(4) 干涉相位的计算。对所有主、辅影像进行前置滤波,并计算干涉相位,生成干涉图。

(5) PS(永久散射体)点目标的选取。对时间序列干涉图集的像元进行 PS 点目标筛选,具体步骤如下:① 识别 PS 点目标。SAR 数据 PS 点目标的识别宜采用幅度离散指数法、信噪比法等方法。结合监测区地物类型,宜选择一种或多种方法,以提高 PS 点目标识别的准确性。② 生成 PS 点目标的干涉相位序列。将满足上述条件要求的 PS 点目标从时间序列干涉图集中提取出来,生成 PS 点目标的干涉相位序列。

12.6.3.2 差分干涉计算

(1) 平地和地形相位的去除。对由 PS 点目标组成的干涉图,进行平地和地形相位的去除。

(2) 空间基线相位的改进。目视检查每景差分干涉图,若含有残余干涉条纹超过半个波长,则计算空间基线残余相位,并去除,具体步骤如下:① 利用二次曲面模型对差分干涉图进行空间基线粗估计,得到空间基线的粗估计相位;再利用差分干涉图中的差分相位减去粗估计相位,得到残余相位。② 利用 FFT(快速傅里叶变换)对残余相位进行估计,得到残余基线相位。③ 将步骤①中的空间基线粗估计相位加上步骤②中的残余基线相位,得到改进的空间基线相位。④ 利用改进的空间基线相位,对平地相位去除残余平地相位,计算得到改进后的平地相位和干涉图集。

12.6.3.3 时间/空间域变形相位估算

对于干涉图的差分干涉相位,首先应进行时间和空间域的线性变形相位估计,如有要求,还应进行非线性变形相位估计,然后去除大气、噪声等残余相位,得到每个点目标的时间序列变形相位。其具体步骤如下:

(1) 相邻点间参数的估计。将 PS 点目标相连接构成 DTIN(或称为冗余网),依据点间连接关系求解相邻点的差分相位之差。

(2) 线性变形相位和残余高程相位的计算。首先依据空间基线、时间基线关系,建立 PS 点目标的二维周期图,以此为目标函数使模型的相关系数最大化,然后估算相邻点间的线性变形速率和高程差值。若监测工作设计书仅要求线性变形成果,则可直接输出成果计算垂直向变形量,生成地面沉降速率图。

(3) 非线性变形相位和大气相位的计算。从差分干涉相位中去除线性相位和残余高程相位两项相位量,得到残余相位。对该残余相位进行空间域均值滤波,计算得到主影像的大气相位。对去除主影像大气相位的残余相位进行空间域低通滤波和时间域高通滤波,得到非线性变形相位。

(4) 时间序列变形相位的计算。将线性变形相位和非线性变形相位相加,结合时间基线参数,得到每个 PS 点目标的时间序列变形相位。

12.6.3.4　变形量计算

首先将 PS 点目标的变形相位转换为 LOS 变形量和垂直向变形量，然后进行基准纠正和地理编码，生成地面沉降速率图以及其他相关图件。

12.6.4　SBAS-InSAR 技术数据处理方法

12.6.4.1　数据预处理

(1) 主影像选择。SBAS-InSAR 方法宜选择多个主影像。SAR 主影像选择的步骤如下：① 计算所有影像像对间的时间和空间基线，生成时间和空间基线分布图。② 采用时间和空间基线均满足给定阈值的像对组合生成差分干涉图集。在满足 12.6.1.1 中空间基线和时间基线要求的前提下，C 波段和 X 波段的空间基线长度阈值宜定为 300 m，L 波段的空间基线长度阈值宜定为 500 m。时间基线根据监测对象的变化特征而定，时间基线愈短愈好，最大时间阈值不超过 3 年。

(2) 影像配准、裁剪和组合。所有 SAR 影像根据挑选的某一景影像进行配准、裁剪，并组合生成时间序列干涉图集，具体步骤如下：① 任意挑选一景影像作为配准参考影像，所有影像根据这一影像进行配准。② 将所有数据裁剪成范围一致的区域。③ 对所有配准好的干涉像对，按照时间和空间基线限制条件进行像对组合，逐像元计算干涉相位，生成时间序列干涉图集。

(3) DEM 与配准参考影像的配准和裁剪。将 DEM 与配准参考影像进行配准，并将 DEM 范围裁剪成与配准参考影像范围一致。

(4) 干涉图相位的计算。对所有主、辅影像进行前置滤波，并计算干涉相位，生成干涉图。

(5) 相干系数的计算同 D-InSAR。

(6) 相干点目标的选取。对时间序列干涉图集的像元进行相干点目标的筛选，具体步骤如下：① 选取相干点目标。相干点目标的选取可采用 PS 点目标筛选方法，也可根据时间序列相干系数统计值进行选取。② 生成相干点目标的干涉相位序列。将满足上述条件要求的辅影像与主影像进行相位干涉处理，提取相干点目标的干涉相位序列图。

12.6.4.2　差分干涉计算

(1) 平地和地形相位的去除。对由相干目标点组成的干涉图，进行平地和地形相位的去除。

(2) 差分干涉图滤波。

(3) 相位解缠。

12.6.4.3　时间/空间域变形估算

对于干涉图的差分干涉相位，首先应进行时间和空间域的线性变形相位估计，如有要求，还应进行非线性变形相位估计，然后去除大气、噪声等残余相位，得到每个点目标的时间序列变形相位。其具体步骤如下：

(1) 相邻点间参数的估计。

(2) 线性变形相位和残余高程相位计算。

(3) 残余相位低通滤波。从差分干涉相位中减去步骤(2)中的两项相位分量后得到残余相位，对残余相位进行空间域低通滤波得到滤波后的残余相位。

(4) 奇异值分解处理。根据短基线像对组合关系,对步骤(3)得到的滤波后的残余相位进行奇异值分解(SVD)处理,求解每个影像对应时刻的大气相位和非线性变形相位。

(5) 大气相位和非线性变形相位的计算。对奇异值分解处理得到的大气相位和非线性变形相位进行空间域高通滤波,得到大气相位。对滤波后的相位序列进行时域低通滤波,得到非线性变形相位。

(6) 时间序列变形相位计算。将步骤(2)中的线性变形相位和步骤(5)中的非线性变形相位相加,结合时间基线参数,得到每个点目标的时间序列变形相位。

12.6.4.4 变形量计算

与 D-InSAR 和 PS-InSAR 技术的处理方法相同。

12.7 工程实例

12.7.1 矿区地表的三维移动变形监测

12.7.1.1 研究区域

选取某一煤矿开采区的局部区域作为试验区域,该区域的水准观测点位置以及回采工作面在地面上的投影如图 12-13 所示。研究区域内的工作面平均采深为 870～1 200 m,工作面采用走向长壁全部垮落法进行开采,其中,工作面 wf1 走向长度为 510 m,倾向长度为 210 m,平均采深为 1 163 m。工作面 wf2 走向长度为 660 m,倾向长度为 180 m,平均采深为 1 140 m。研究区域内有 1 条水准观测线,43 个水准观测点沿道路大致呈东西向依次排列,观测点间距约为 35 m。

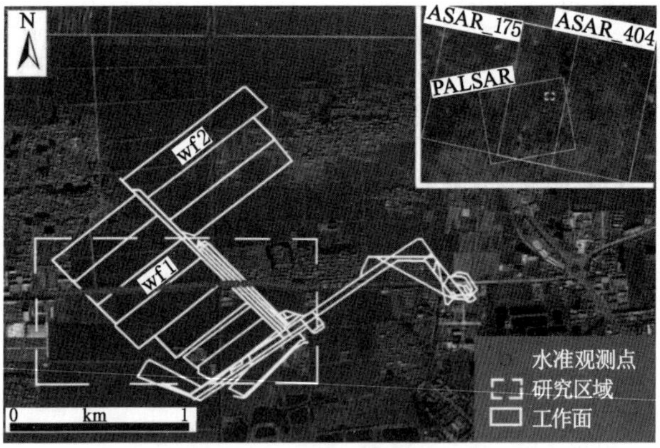

图 12-13 研究区域及工作面分布情况

12.7.1.2 试验数据

研究区域内有 3 对 SAR 数据可用于 InSAR 分析,其部分成像参数见表 12-2。从表 12-2中可以看出,ASAR 数据组成的两个干涉对,其垂直基线长度很短(临界基线长度约为 1 100 m),可以有效抑制地形误差相位。PALSAR 数据组成的干涉对的空间基线长度为 580 m,也远小于其临界基线长度(约为 6 km)。

表 12-2　3 种 SAR 影像的部分成像参数

传感器	Track(轨道)	主影像	辅影像	入射角 θ/(°)	航向角 β/(°)	垂直基线长度/m
ASAR(高级合成孔径雷达)	175	20091220	20100228	20.0	194.5	−69
ASAR	404	20100105	20100316	28.2	194.4	22
PALSAR(相控阵型 L 波段合成孔径雷达)	670	20100113	20100228	43.1	349.8	580

此外，由于研究区域范围较小，像素间的雷达波入射角差异较小，若均以研究区域中心雷达波的入射角代替，则可以计算出三组 SAR 数据在垂直向、东西向与南北向的灵敏度因子，分别为(0.94，0.33，0.09)、(0.88，0.46，0.12)与(0.73，0.67，0.12)。由此可以推测，根据本小节 3 组 SAR 干涉对采用融合算法解算的南北向变形精度应该最低。

12.7.1.3　三维形变场分析

对表 12-2 中的 3 个干涉对分别进行常规 D-InSAR 分析，提取 3 个不同 LOS 方向上的变形值。由于这 3 个干涉对的时间跨度并不完全一致，因此需要通过插值获取相同时间段内的变形值，结果如图 12-14 所示。

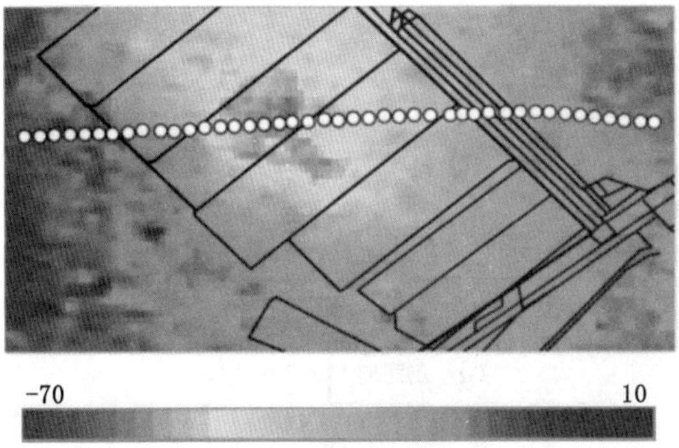

(a) ASAR_175

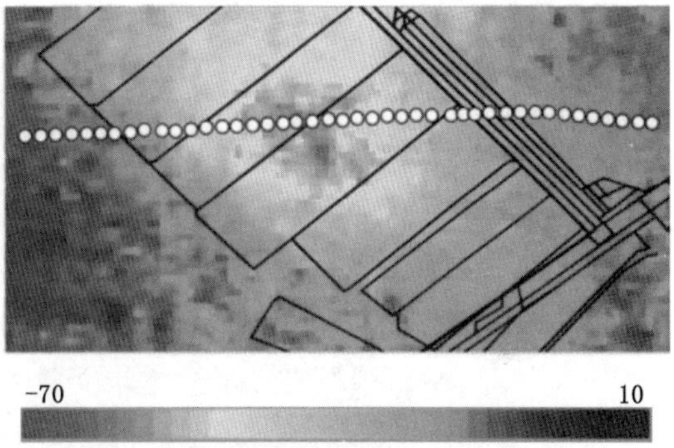

(b) ASAR_404

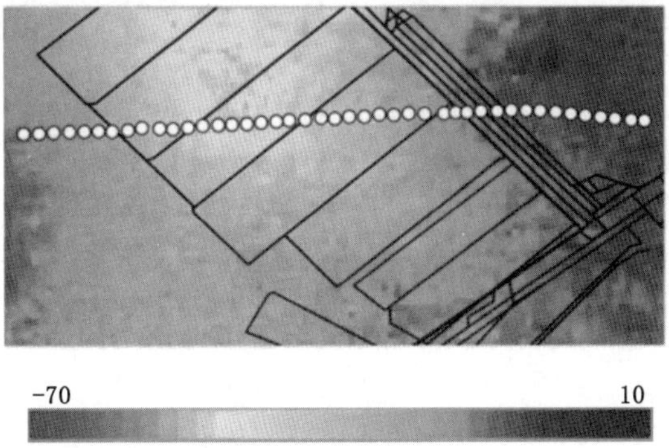

○ —水准观测点；□ —工作面。

(c) PALSAR

图 12-14　不同 LOS 向的变形(单位：mm)

利用 3 个 LOS 向的变形即可计算研究区域的三维形变场，如图 12-15 所示。在三维空间中，定义向上、向东、向北为正方向。由图 12-15(a)和图 12-15(b)可以看出，该区域地表下沉量的范围为 0～60 mm。下沉盆地的中心虽然位于工作面 wf1 的上方，但是下沉盆地并没有表现为类似工作面 wf1 的椭圆形状，而是向两侧偏移，分析其原因可能是受到工作面 wf1 的开采影响，邻近的老采空区活化，从而使下沉盆地向老采空区一侧偏移。此外，下沉盆地向北方向的偏移还有可能额外受到工作面 wf2 的开采影响。

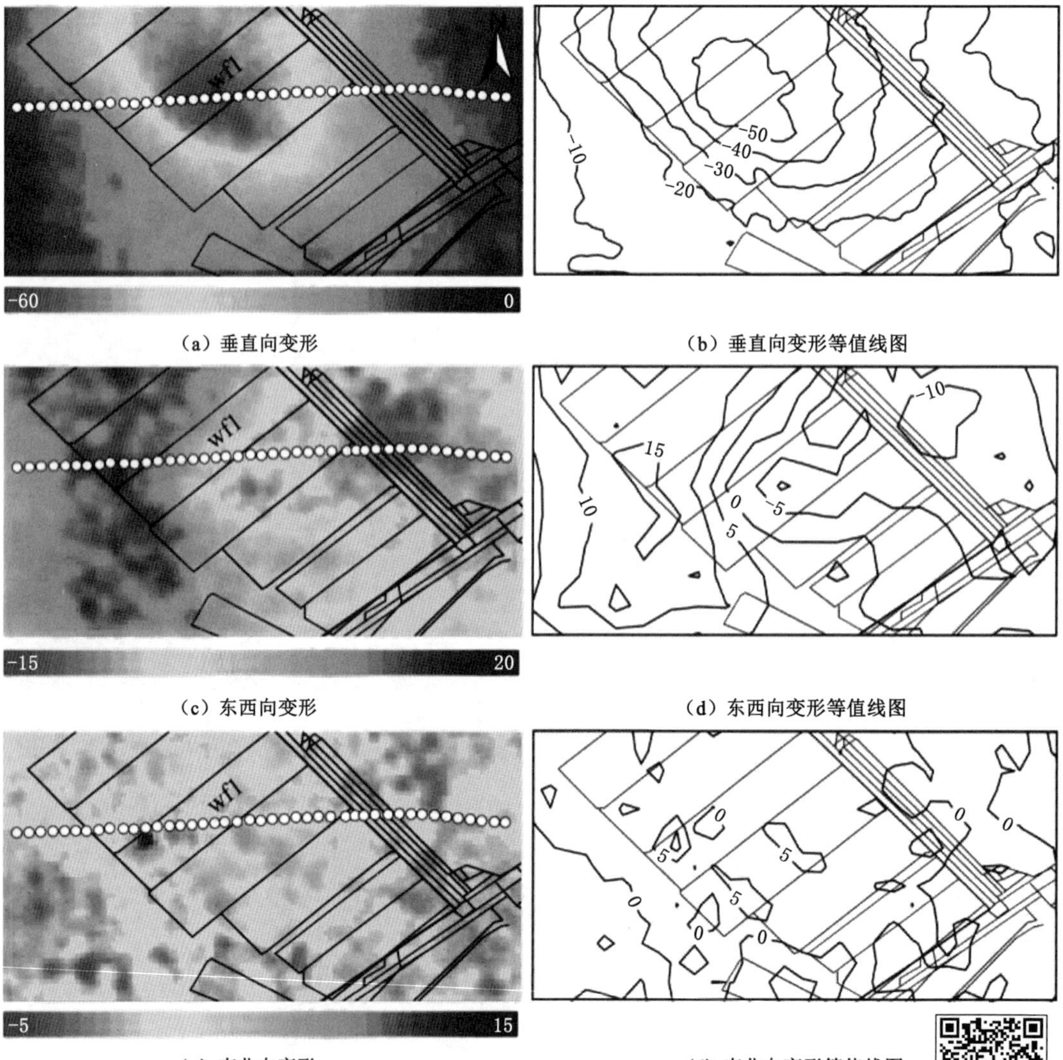

(a) 垂直向变形　(b) 垂直向变形等值线图

(c) 东西向变形　(d) 东西向变形等值线图

(e) 南北向变形　(f) 南北向变形等值线图

图 12-15　垂直向、东西向、南北向的形变场(单位:mm)

由图 12-15(c)与图 12-15(d)所代表的东西向变形及其等值线图可以看出：① 研究区域的水平移动量的范围为－15～20 mm；② 下沉盆地中心的水平移动量比较小；③ 自下沉盆地中心向西与向东，水平移动量均表现为先增大后减小的变化趋势，并且地表在下沉盆地西侧表现为向东移动、在东侧表现为向西移动，符合开采沉陷地表移动规律。

由图 12-15(e)与图 12-15(f)所代表的南北向变形及其等值线图可以看出，只在工作面 wf1 的西侧与南侧存在 5～10 mm 的南北向变形，其余大部分区域的南北向变形不明显，并且较为杂乱。究其原因是使用的 ASAR 与 PALSAR 卫星采用极轨飞行方式，飞行方向与北方向的夹角很小，LOS 向变形对南北向的灵敏度最低，从而使得融合多源 SAR 影像的算法对南北方向的变形不敏感，且反演结果受噪声影响严重。

12.7.1.4　*与水准观测值的对比分析*

利用研究区域内的水准资料对融合算法提取的垂直向变形进行验证分析，结果如图 12-16 所示。由图 12-16 可以看出，两者反映的下沉趋势一致，并且在量值上也互相吻合，均方根误差为±4 mm。另外，两者最大相差 10 mm，相差在 5 mm 以内的点共 33 个，占比为 77%。这说明本章利用融合算法反演的垂直向变形是可靠的。

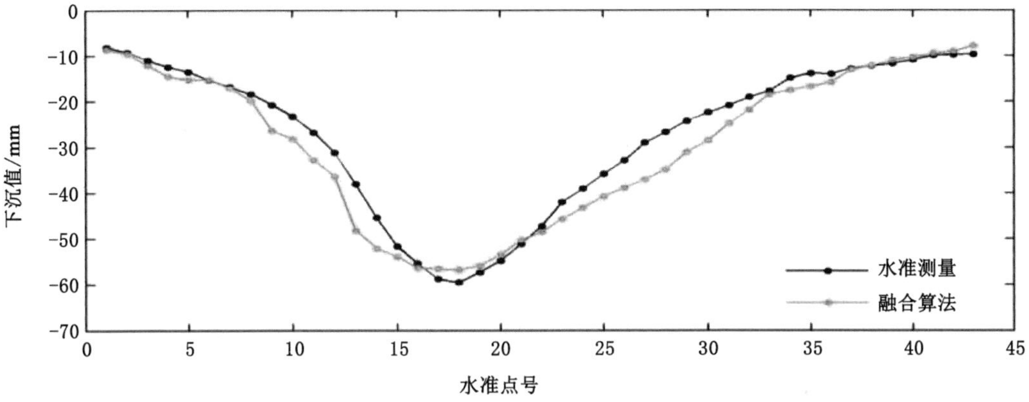

图 12-16　融合算法提取的垂直向变形与水准资料的对比

12.7.1.5　*矿区地表移动变形分析*

下沉、倾斜、曲率、水平移动与水平变形是描述矿区开采沉陷地表移动变形规律的几个重要指标。图 12-17 所示为融合算法结果与水准资料的对比。其中，由于多源 SAR 影像融合算法对南北向变形不敏感，并且研究区域内的水准观测点大致沿东西向分布，因而采用融合算法反演的东西向水平移动近似代表真实的东西向水平移动。

由图 12-17 可以看出，融合多个 LOS 向变形解算的下沉、倾斜以及曲率与水准资料具有较好的一致性，说明通过融合多源 SAR 影像可以有效监测矿区的下沉、倾斜以及曲率的变化趋势。但是，由于大气、轨道等误差的影响，融合算法反演的下沉存在一定的误差，在个别水准观测点处由下沉计算得到的倾斜、曲率与实测值之间存在较大的差异。由此说明，虽然 InSAR 技术具有无可比拟的技术优势，但是常规的观测仍然不可缺少。InSAR 技术与传统方法需要有机结合起来，发挥各自的优势，如可以通过在重要点处进行水准、GNSS 等观测，以校正 InSAR 技术的结果，以及提供 InSAR 技术不敏感的南北向变形信息。

12.7.2　矿区地表变形的长期监测

12.7.2.1　*研究区域*

红庆河煤矿位于内蒙古自治区鄂尔多斯市伊金霍洛旗境内。矿区地形较为复杂，高差

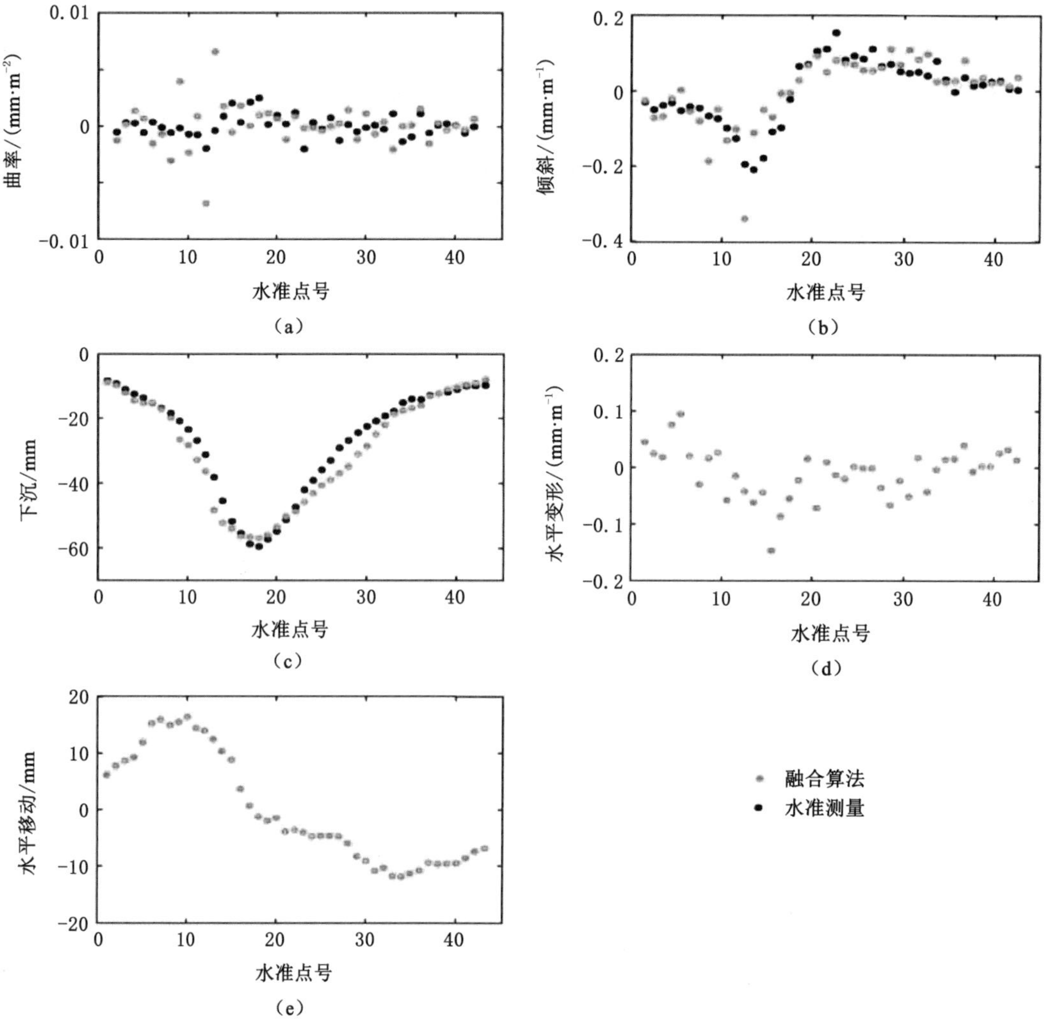

图 12-17　融合算法结果与水准资料的对比

较大，沟谷发育，具侵蚀、剥蚀高原强烈切割的低中山地貌特征。中部为最高点，南部地势较低，各沟谷均无常年地表径流，暴雨和大雨突发时可形成短暂的洪流。由于井田煤层埋藏均在 560 m 以下，含煤地层上有稳定隔水层，因此地表水系不会对井下开采造成影响。

红庆河煤矿处于一个向西倾斜的单斜构造上(倾角为 1°～3°)，地层产状走向及倾角有一定变化，有宽缓的波浪起伏，没有褶皱构造、岩浆侵入。井田内的断层延展长度短，最大落差为 8 m，井田构造简单。井田含煤地层共五个煤组，分布在侏罗系中下统延安组，含煤地层总厚度为 171～240 m，平均厚度为 208 m。煤层顶、底板为软弱/半坚硬岩层，煤层顶、底板岩石稳固性较差，但岩体的整体稳定性较好。红庆河煤矿的采掘工程平面图如图 12-18 所示。

12.7.2.2　数据集

对 2017 年 3 月 12 日到 2018 年 4 月 22 日的 33 景降轨的哨兵 1A 影像进行数据处理，影像的空间分辨率约为 20 m，每 12 天采集一次数据，可利用分布式目标技术处理该数据。

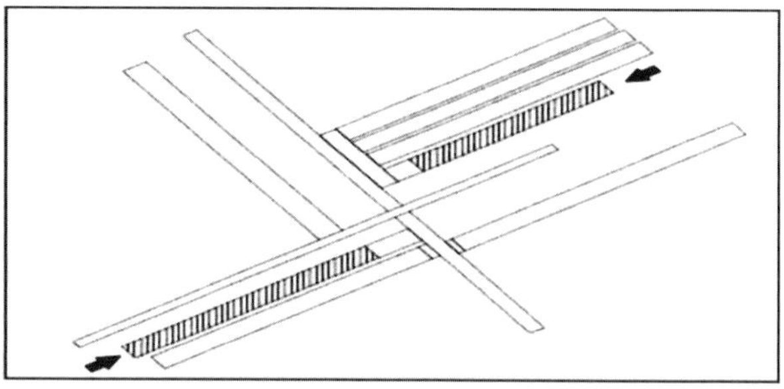

图 12-18　红庆河煤矿的采掘工程平面图

DEM 数据采用 TanDEM，空间分辨率约为 90 m。TanDEM 由 TerraSAR-X 卫星和 TanDEM-X 卫星组成的双星系统生成。

12.7.2.3　数据处理与结果分析

按影像的时空基线组合对影像进行几何定位配准，再通过增强谱分集进行精确配准。图 12-19 所示为所用数据的时序干涉对(经过空间自适应滤波处理的数据)。

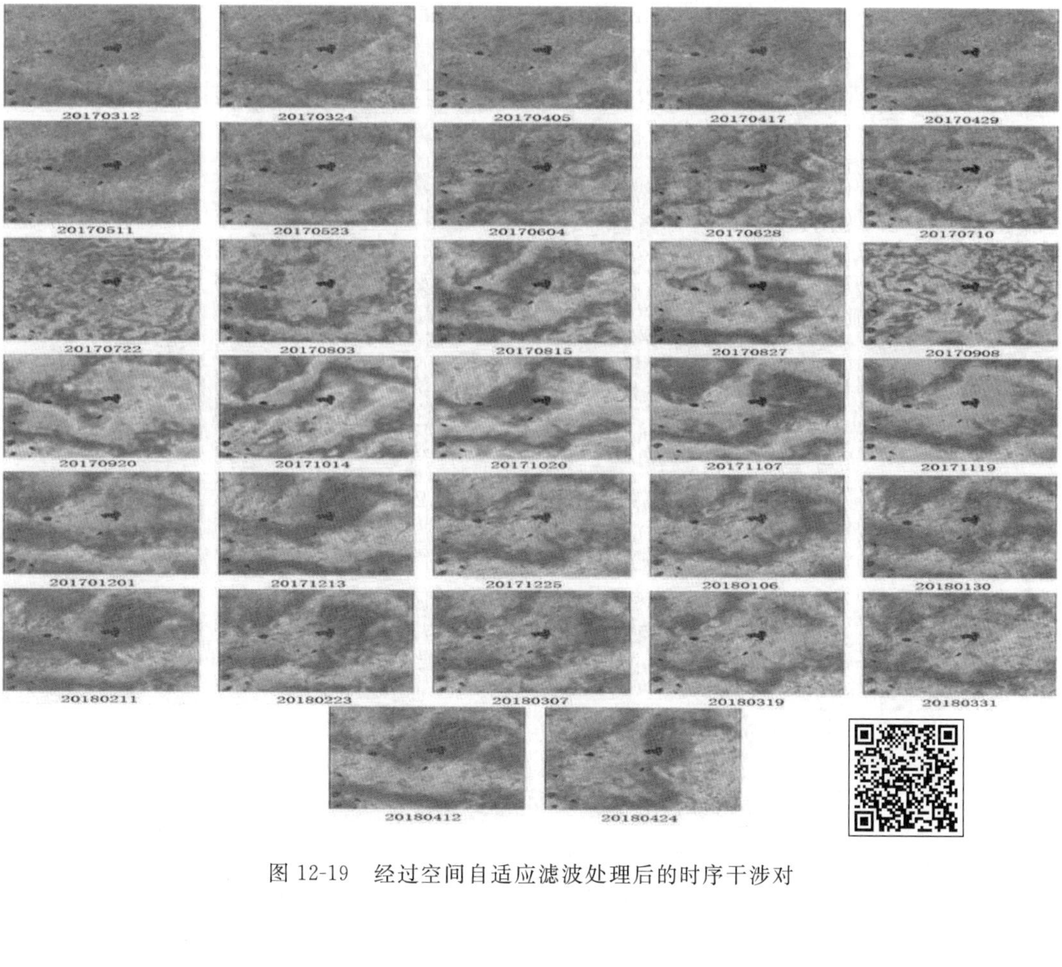

图 12-19　经过空间自适应滤波处理后的时序干涉对

然后将永久散射体(PS)和分布式散射体(DS)联合处理,得到红庆河煤矿的地表变形情况(图 12-19)。沉降区域边界明显,沉降面积约为 32.3 km^2,分布式目标的密度为 12.8 个/km^2。煤矿开采的走向为东北西南走向,获取的沉降结果和煤矿开采情况在空间分布上具有一致性。红庆河煤矿顶板岩性为砂质泥岩,结构较软,稳定性差,开采结束后,顶板随之出现不同程度的垮塌,导致地表出现大尺度变形。

需要注意的是,每种技术都有其优势与限制,InSAR 技术也是如此。当地表变形非常大或者变形剧烈时,InSAR 技术很难获取完整的地表变形信息。在该工程实例中,煤层开采厚度 M 为 6 000 mm,煤层倾角 α 为 0°～1°,根据《建筑物、水体、铁路及主要井巷煤柱留设与压煤开采规范》,参照本地附近矿区的地表下沉系数 q(取值为 0.6～0.8),理论上红庆河煤矿的最大沉降速率应为 3 600～4 800 mm/a。研究区域的变形速率如图 12-20所示。过大的地表变形使得影像干涉图出现严重的失相干现象,从而造成矿区开采中心出现空洞,InSAR 技术没有有效反映实际结果。在沉降盆地中心,InSAR 技术测得的最大沉降速率为 41 mm/a,实际塌陷中心的沉降速率应远大于该值。为获取更为完整的沉降信息,需要联合使用多种技术、方法。

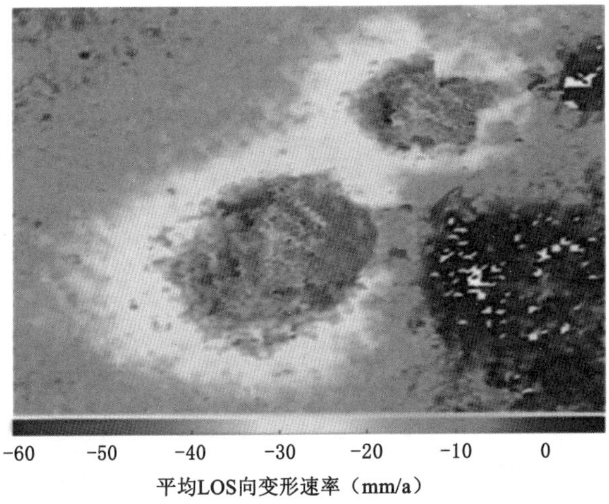

图 12-20　研究区域的变形速率

思　考　题

1. 常用的描述地表移动盆地内移动和变形的指标有哪些?分别代表什么含义?
2. 如何确定地表移动盆地的边界?
3. 地表移动和变形预计的方法有哪些?各有什么特点?
4. 简述概率积分法的基本原理。
5. 地表变形监测的方法有哪些?各有什么优缺点?

第 13 章 工业与民用建筑工程变形监测方法及应用

近年来，随着我国建设事业的飞速发展，城市区域的建筑物、管线、地铁车站越来越多且地铁隧道纵横交错，在这种复杂城市环境下，我们需要重点关注各工程施工对周边已有建(构)筑物及管线的影响。

受地质条件、环境条件、荷载条件、施工条件和外界其他因素的复杂影响，施工过程中的不确定因素很多。建筑工程的设计计算以及变形影响的估算等相关理论仍处于不断发展和完善的阶段，难以准确计算工程不同阶段结构体的受力和变形。因此，通过变形监测实时反映工业与民用建筑工程的围护结构和周边环境的变化程度及发展趋势，有利于及时管控工业与民用建筑工程不同阶段的安全风险。随着我国城市区域大量地下空间工程建设的发展，由施工引起的环境保护问题日益突出。一方面，各类施工对周边建(构)筑物、地铁隧道、大型地下管线等造成的损伤或破坏性影响，不仅会引起重大的经济损失，更会造成严重的社会及政治影响，此外，城市复杂环境下的超高层建筑物对环境保护要求高，其设计和施工难度大，稍有不慎就有可能酿成重大工程事故，造成巨大的经济损失和恶劣的社会影响。另一方面，缺乏充分研究和正确的认识往往导致各类施工对周边环境的影响程度被夸大，从而让工程设计和施工趋于保守，造成工程造价的偏高和大量的人力和物力资源的浪费，这不利于工程的可持续发展和节约型社会的建设。因此，城市复杂环境下的建筑物施工问题既是技术问题，又是社会问题，必须引起足够的重视。

变形监测是了解建筑物形态特征的基础方法，辅以必要的其他环境参数检测，有利于全面掌握建筑物的位移特征和变形规律。例如，以变形监测为基础，准确监测建筑物结构内部的应力与温度以及外部环境影响参数，以全面了解建筑物的形态特征，做好安全施工工作。建筑安全监测工作又称为建筑安全监控工作，其工作目标是准确了解建筑物的形态特征，确保建筑施工作业的安全运营，构建完善的建筑物形态安全评估理论体系，并通过运用该体系来评估建筑物的安全质量与变形状况是否符合相关标准的要求。此外，变形监测研究内容的扩展，催生了面向建筑施工质量和建筑工程达标诊断的建筑物健康诊断的相关理论和应用。

13.1 工业与民用建筑工程变形监测特点与内容

13.1.1 工业与民用建筑工程变形监测特点

建筑变形是指建筑的地基、基础、上部结构及其场地受各种作用力而产生的形状或位置变化现象。建筑变形测量是对建筑的地基、基础、上部结构及其场地受各种作用力而产生的形状或位置变化进行观测，并对观测结果进行处理和分析的工作。

建筑物变形监测属于工程建筑物监测的一部分，但是也不同于其他监测内容，是非常重要的一类工程监测。与一般的工程监测相比，建筑物变形监测具有以下几个特点。

（1）建筑物变形监测属于安全监测

建筑物变形监测具体分为外部监测和内部监测两部分。内部监测是对建筑物的内部应力、温度变化的测量，动力特性及其加速度的测定等。外部监测的内容主要有沉降监测、位移监测、倾斜监测、裂缝监测和挠度监测等。内部监测与外部监测之间有着密切的联系，应同时进行，以便在资料分析时可以互相验证与补充。

（2）建筑物变形监测的精度要求高

因为建筑物的变形大部分情况下非常细微，其变形的量值和幅度通常在人眼的视力范围内监测不到。为了捕捉建筑物的细微变形，通常要求建筑物变形监测有很高的精度。

（3）建筑物变形监测具有长期性和持久性

在施工过程中，随着荷载的增加，建筑物开始出现垂直沉降。建筑物建成并投入使用后，随着自然环境的变化或建筑物的自然老化，其变形一直存在，不同阶段的变形幅度、速度等特征并不相同。

对建筑物基础的变形监测，就是定期地测定建筑物基础在垂直方向和水平方向上的位移，有时为了求得瞬时变形，需采用各种自动记录仪器记录其瞬时位置或瞬时状态。在施工初期，随着基础开挖和地表荷载卸载，基础会产生回弹现象；基础完工后，随着施工的进展和荷载的不断增加，基础产生下沉；建筑物竣工后，运营阶段的变形往往持续若干年。建筑物变形监测应从基础施工开始，直至其运营后沉降稳定。

按现行规范规定，需要进行沉降监测的建筑物包括高层建筑物、高耸构筑物、重要古建筑物及连续生产设施基础、动力设备基础、受滑坡体影响的基础等。特别是在高层建筑物施工过程中必须应用沉降监测，加强过程监控，以指导合理的施工工序，预防在施工过程中出现的不均匀沉降。观测过程中应及时反馈信息，以为勘察设计施工部门提供详尽的一手资料，避免因沉降原因造成建筑物主体结构的破坏或产生影响结构使用功能的裂缝。

13.1.2 工业与民用建筑工程变形监测内容

（1）工业与民用建筑的变形类型

建筑变形按持续时间的长短可分为长周期变形、短周期变形和瞬时变形。其中，长周期变形一般是指在比较长的时间段内发生的循环变形过程，如大坝在运营期受水压、温度等的影响而产生的年周期变形等；短周期变形是指在较短的时间段内发生的循环变形过程，如高大型建筑物在日照作用下而发生的周期性变形等；瞬时变形是指在短时间荷载作用下发生的瞬间变形，如烟囱、塔柱等高大建筑物在风力作用下发生的变形等。

建筑变形按其类型可分为静态变形和动态变形。其中，静态变形主要指变形体随时间的变化而发生的变形，这种变形一般速度较慢，需要较长的时间才能被发觉。静态变形通常只与时间相关，它是时间的函数，可通过定期测量得到，如地表的缓慢沉降等。动态变形主要指变形体在外界荷载的作用下发生的变形，这种变形的大小和速度与荷载密切相关，它以外力为函数，其观测结果仅表示建筑物在某个时刻的瞬时变形，如风振动引起的变形等。

建筑变形按其特征可分为变形体自身的变形和变形体的刚体位移。其中，变形体自身的变形主要包括伸缩、错动、弯曲和扭转等变形；变形体的刚体位移则包含整体平移、整体升降、整体转动和整体倾斜等变形。

建筑变形按其特点可分为弹性变形和塑性变形。当作用的荷载在构件的弹性范围内时，其发生的变形一般为弹性变形，其特点是当荷载撤销后，变形也将消失。若荷载作用于非弹性体或者荷载超过了构件的弹性限度，则会产生塑性变形，其特点是当荷载撤销后，变形没有或者没有全部消失。

(2) 工业与民用建筑工程变形监测内容

针对上述变形类型，开展的监测内容主要有垂直位移监测、水平位移监测、倾斜监测、裂缝监测、挠度监测、摆动和转动监测等。其中，面向一般的工业与民用建筑的变形监测主要有沉降、倾斜和裂缝监测，即静态变形观测；对于高层建筑物，还要进行振动观测，即动态观测；对于大量抽取地下水及进行地下采矿的地区，则应进行沉降监测。此外，还有基础沉降监测，包括观测单点沉降量、平均沉降量、相对沉降量、倾斜、弯曲、沉降速率等内容。最后还有内部监测，包括对建筑物基础进行的应力/应变监测、温度监测、地下水位与移动监测等。

13.2　工业与民用建筑工程变形监测技术与方案

13.2.1　变形监测技术设计

工业与民用建筑工程应根据工程项目的性质、结构特点、规模、质量精度要求等，研究沉降监测方案和规划监测作业，选择测量仪器设备，组成测量队伍。

根据《建筑变形测量规范》(JGJ 8—2016)，一般建筑物应反映 1 mm 的沉降量，这就要求监测精度要高于±1 mm，一般按二等水准测量技术规定执行。对于研究性的观测，应采用一等水准测量技术指标。

根据相关规范的要求，一般应采用 S1 精密水准仪。对于非重要建筑物或沉降量较大的地区、高速公路等，也可以采用三等水准测量技术指标。建筑变形测量的等级、精度指标及适用范围见表 13-1。

表 13-1　建筑变形测量的等级、精度指标及适用范围

等级	沉降监测点 测站高差中误差/mm	位移监测点 坐标中误差/mm	主要适用范围
特等	0.05	0.3	特高精度要求的变形测量
一等	0.15	1.0	地基基础设计为甲级的建筑的变形测量；重要的古建筑、历史建筑的变形测量；重要的城市基础设施的变形测量等
二等	0.50	3.0	地基基础设计为甲、乙级的建筑的变形测量；重要场地的边坡监测；重要的基坑监测；重要管线的变形测量；地下工程施工及运营中的变形测量；重要的城市基础设施的变形测量等

表13-1(续)

等级	沉降监测点 测站高差中误差/mm	位移监测点 坐标中误差/mm	主要适用范围
三等	1.50	10.0	地基基础设计为乙、丙级的建筑的变形测量;一般场地的边坡监测;一般的基坑监测;地表、道路及一般管线的变形测量;一般的城市基础设施的变形测量;日照变形测量;风振变形测量等
四等	3.0	20.0	精度要求低的变形测量

注:1. 沉降监测点测站高差中误差,系指几何水准测量测站高差中误差或静力水准测量相邻监测点相对高差中误差。

2. 位移监测点坐标中误差,系指监测点相对测站点(如工作基点等)的坐标中误差、坐标差中误差以及等价的监测点相对基准线的偏差值中误差、建筑物(或构件)相对底部对应点的水平位移分量中误差。

随着施工进度的进行,每隔一定的时间监测一次沉降监测点的沉降情况。从基础施工开始初次观测,每增加一层或设定层数观测一次,直至竣工。竣工后的运营期间也要每隔三个月、半年或一年观测一次,直至变形趋于稳定。当遇到暴雨、地震等特殊情况后,应对建筑物增加观测次数。各周期观测纲要应尽量保持一致,固定人员、仪器、时间及路线。监测点要与基准点之间构成闭合或附合路线,尽量避免支线观测。观测过程中可能会有各种情况发生,应在观测的同时及时记录,如施工进度、天气情况、气象条件等,以便后续分析使用。

为保证所有监测工作的统一,提高监测数据的精度,使监测工作能够有效地指导整个建筑施工过程,监测工作应采用由整体到局部的原则,即首先布设统一的监测控制网,再在此基础上布设监测点。监测控制网主要用于建筑物施工期间和竣工后的变形监测,包括房屋、地基以及附属设施的沉降、水平位移、倾斜等项目的监测。

(1) 平面控制网

平面基准点包括管状深埋标和倒垂标,其中,倒垂标分为有水倒垂和无水倒垂两种。平面变形点包括:① 标牌标志,可粘贴、焊接、浇铸在建筑物或构件的设计部位;② 角形标志,用螺钉将其与待测物体连接,一般有轴套装置,既可放置照准标牌,又可安置测量仪器;③ 悬臂标志。

平面控制点按实际情况布设,控制区域为整个监测区域,为使测距、测角误差在横、纵坐标上均匀分布,网形为闭合导线网,引测外方向为施工用平面控制网。点位应布设在稳定、安全的地方,有条件的可采用固定观测墩;通常的方法为在地面埋设钢钉点,并在其顶上刻划"+"字。

平面控制网可为各水平位移监测项目提供平面控制基准。根据《工程测量标准》(GB 50026—2020),各等级三角形网测量的主要技术要求见表 13-2,各等级导线测量的主要技术要求见表 13-3。

表 13-2　各等级三角形网测量的主要技术要求

等级	平均边长/km	测角中误差/(″)	测边相对中误差	最弱边边长相对中误差	测回数				三角形最大闭合差/(″)
					0.5″级仪器	1″级仪器	2″级仪器	6″级仪器	
二等	9	1	≤1/250 000	≤1/120 000	9	12	—	—	3.5
三等	4.5	1.8	≤1/150 000	≤1/70 000	4	6	9	—	7

表13-2(续)

等级	平均边长/km	测角中误差/(″)	测边相对中误差	最弱边边长相对中误差	测回数				三角形最大闭合差/(″)
					0.5″级仪器	1″级仪器	2″级仪器	6″级仪器	
四等	2	2.5	≤1/100 000	≤1/40 000	2	4	6	—	9
一级	1	5	≤1/40 000	≤1/20 000	—	—	2	4	15
二级	0.5	10	≤1/20 000	≤1/10 000	—	—	1	2	30

注:测区测图的最大比例尺为 1∶1 000 时,一、三级网的平均边长可放长,但不应大于表中规定长度的 2 倍。

表 13-3　各等级导线测量的主要技术要求

等级	导线长度/km	平均边长/km	测角中误差/(″)	测距中误差/mm	测距相对中误差	测回数				方位角闭合差/(″)	导线全长相对闭合差
						0.5″级仪器	1″级仪器	2″级仪器	6″级仪器		
三等	14	3	1.8	20	1/150 000	4	6	10	—	$3.6\sqrt{n}$	≤1/55 000
四等	9	1.5	2.5	18	1/80 000	2	4	6	—	$5\sqrt{n}$	≤1/35 000
一级	4	0.5	5	15	1/30 000	—	—	2	4	$10\sqrt{n}$	≤1/15 000
二级	2.4	0.25	8	15	1/14 000	—	—	1	3	$16\sqrt{n}$	≤1/10 000
三级	1.2	0.1	12	15	1/7 000	—	—	1	2	$24\sqrt{n}$	≤1/5 000

注:1. n 为测站数;

2. 当测区测图的最大比例尺为 1∶1 000 时,一、二、三级导线的导线长度、平均边长可放长,但最大长度不应大于表中规定相应长度的 2 倍。

水平位移监测控制网的布设应符合下列要求:① 水平位移监测控制网可采用导线网、三角网、边角网、基准线和卫星定位等形式或方法,当采用基准线控制时,基准线上必须布设检核点;② 基准点应埋设在变形区域外,按变形监测精度要求可建造具有强制对中标志的观测墩,也可采用对中误差小于 0.5 mm 的光学对中装置。水平位移监测控制网的基准点应不少于 3 个。

(2) 高程控制网

高程控制网可为垂直位移监测(即沉降监测)提供高程控制基准。高程基准点包括地表岩石标、深埋金属管标志、双金属标志、普通混凝土标志。高程控制网按《城市轨道交通工程测量规范》(GB/T 50308—2017)要求,用水准测量的方式实施,其主要技术要求应符合表 13-4、表 13-5 的规定。

表 13-4　垂直沉降监测控制网的主要技术要求

等级	相邻基准点高差中误差/mm	测站高差中误差/mm	往返较差、附合或环线闭合差/mm	检测已测高差之较差/mm
Ⅰ	±0.3	±0.07	$\pm0.15\sqrt{n}$	$0.2\sqrt{n}$
Ⅱ	±0.5	±0.15	$\pm0.30\sqrt{n}$	$0.4\sqrt{n}$
Ⅲ	±1.0	±0.30	$\pm0.60\sqrt{n}$	$0.8\sqrt{n}$

注:n 为测站数。

表 13-5　水准观测的主要技术要求

等级	仪器型号	水准尺	视线长度/m	前后视距差/m	前后视距累计差/m	视线离地面最低高度/m	基、辅分划读数较差/mm	基、辅分划读数所测高差较差/mm
Ⅰ	DS05	因瓦	≤15	≤0.3	≤1.0	0.5	≤0.3	≤0.4
Ⅱ	DS05	因瓦	≤30	≤0.5	≤1.5	0.3	≤0.3	≤0.4
Ⅲ	DS1	因瓦	≤50	≤1.0	≤3.0	0.3	≤0.5	≤0.7

(3) 基准点、监测点埋设原则

水准基点、工作基点、监测点的埋设须严格按照相应规范进行，以确保监测数据可靠，并保证其不容易被破坏。基准点必须埋设在施工影响范围以外，基准点标志的底部应埋至地下水位变化范围的下限以下。对于如膨胀土等特殊性土地区的固定基点，亦可采用深埋钻孔桩标石，但须用套管桩与周围土体隔开。监测点要在开工前及时布设，待点位稳定后应立即进行观测，取两次观测数据的平均值作为初始值。

沉降监测是根据监测对象周围基准点的高程进行的，可以利用城市中的永久基准点或工程施工时使用的临时基准点作为基准点或工作基点。如果附近没有这样的基准点，则应根据现场的具体条件和沉降监测的时间要求埋设专用基准点或将基准点选在远离变形区域的稳定建筑物上。其数目应不少于 3 个，以便组成水准控制网，另外要对基准点定期进行校核，防止其本身发生变化，以保证沉降监测结果的正确性。基准点应该在沉降监测的初次观测之前的一个月埋设好。

埋设基准点时应考虑下列因素：① 基准点应埋设在施工的沉降影响范围(包括深埋)以外，以保证其坚固稳定；② 尽量远离道路、铁路、空压机房等，以防受到碾压和振动的影响；③ 避免将基准点埋设在低洼易积水处。同时为防止土层冻胀的影响，基准点的埋设深度至少要在冰冻线以下 0.5 m。

建筑物的沉降监测点一般布设在 3 层以上(含 3 层)的永久建筑物上，但对于 3 层以下的重要建筑物(如具有文物性质的建筑物)，也应布设沉降监测点。沉降监测点要布设在建(构)筑物主体结构的角点、中点或承重墙上。

在施工影响范围内，可根据沿线地面建筑物的详细调查资料，建筑物的历史年限、使用要求以及受施工影响的程度，确定建筑物变形的监测点，有裂缝的建筑物要布设裂缝监测点。

(4) 基准点联测的基本要求

基准点联测的基本要求如下：

① 观测前对所用的仪器、设备按有关规定进行校验，并做好记录，在使用过程中不得随意更换。

② 固定观测人员、线路和方式。

③ 定期进行基准点、监测点和仪器的校验，确保监测数据的准确性和连续性。建网初期可根据基准点稳定情况酌情增加观测次数，以确保基准点稳定、可靠。

13.2.2　监测点沉降观测

监测点沉降观测：采用精密几何水准测量方法测量工作基点与沉降监测点之间的高差，

水准路线多构成闭合形式,或在多个工作基点之间构成附合形式。观测方法多采用国家二等水准测量方法,变形测量等级取一级或二级。

(1) 沉降监测点的布置原则

沉降监测点的布置,应以能全面反映建筑物地基变形特征为基础要求并结合地质情况及建筑物结构特点确定。点位宜选设在下列位置:① 建筑物的四角、大转角处及沿外墙每10～15 m 处或每隔 2～3 根柱基的位置;② 高低层建筑物、新旧建筑物、纵横墙等交接处的两侧;③ 建筑物裂缝和沉降缝的两侧、基础埋深相差悬殊处、人工地基与天然地基接壤处、不同结构的分界处及填挖方分界处;④ 宽度≥15 m 或<15 m 而地质复杂的位置以及膨胀土地区的建筑物,宜在承重内隔墙中部设内墙点,在室内地面中心及四周设地面点;⑤ 邻近堆置重物处、受振动影响显著的部位及基础下的暗沟处;⑥ 框架结构建筑物的每个或部分柱基上或沿纵、横轴线设点;⑦ 片筏基础、箱形基础底板或接近基础结构的四角处及其中部位置;⑧ 重型设备基础和动力设备基础的四角、基础型式或埋深改变处,以及地质条件变化处的两侧;⑨ 对于电视塔、烟囱、水塔、油罐、炼油塔、高炉等高耸建筑物,宜沿周边在与基础轴线相交的对称位置上布点,点数不少于 4 个。

(2) 沉降监测点的埋设

沉降监测点的标志,可根据不同的建筑结构类型和建筑材料,采用墙(柱)标志、基础标志和隐蔽式标志(用于宾馆等高级建筑物)等形式。各类标志的立尺部位应加工成半球形或有明显的突出点,并涂上防腐剂。标志的埋设位置应避开如雨水管线、窗台线、暖气片、暖水管、电气开关等有碍设标与观测的障碍物,并应视立尺需要离开墙(柱)面和地面一定距离。普通监测点的埋设见图 13-1,隐蔽式沉降监测点标志见图 13-2。

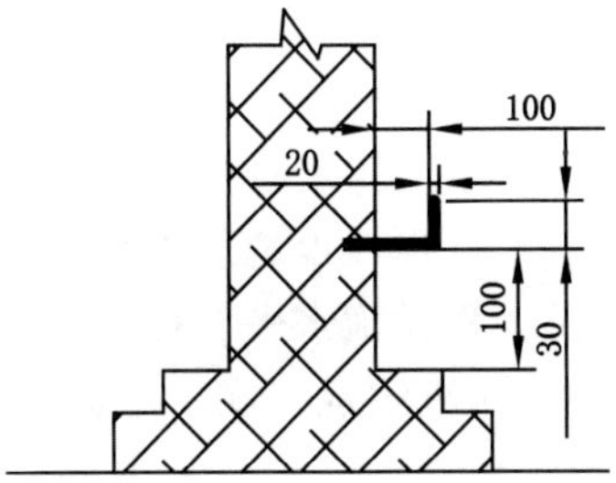

图 13-1　普通监测点的埋设(单位:mm)

(3) 变形监测数据处理

监测点沉降观测应测定建筑物地基的沉降量、沉降差及沉降速度,并计算基础倾斜、局部倾斜、相对弯曲及构件倾斜。

定期地测量监测点相对稳定的水准点的高差,以计算监测点的高程,并对不同时间所得的同一监测点的高程进行比较,从而得出此次监测点相对前次观测的沉降量和该时间段内的累计沉降量:

$$\Delta H' = H_i^{(j+1)} - H_i^{(j)} \tag{13-1}$$

$$\Delta H = H_i^{(j)} - H_i^{0} \tag{13-2}$$

式中,i 为观测点点号;j 为观测期数;$\Delta H'$为本次观测相对前次观测的沉降量;ΔH 为该段时间内的累计沉降量。

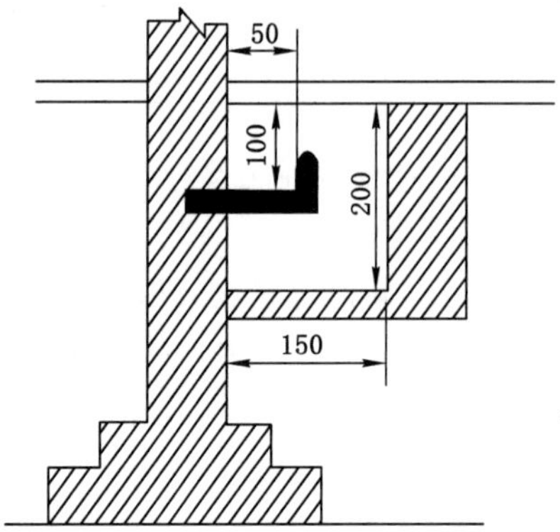

(a) 窨井式标志（适用于建筑物内部的埋设）

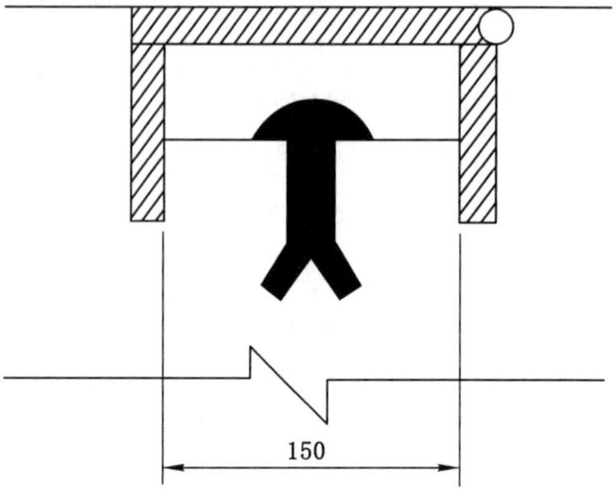

(b) 盒式标志（适用于设备基础上的埋设）

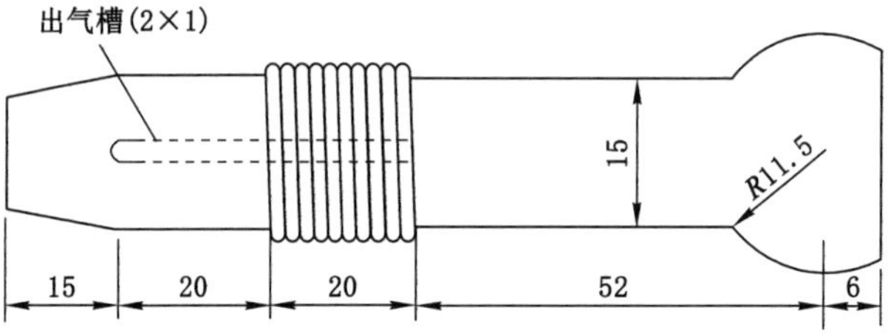

(c) 螺栓式标志（适用于墙体上的埋设）

图 13-2　隐蔽式沉降监测点标志(单位:mm)

13.2.3　监测点水平位移观测

建筑物的水平位移监测包括位于特殊性土地区的建筑物地基基础水平位移监测、受高层建筑物基础施工影响的建筑物及工程设施水平位移监测，以及挡土墙、大面积堆载等工程中所需的地基土深层侧向位移监测等，应测定在规定平面位置上的监测点随时间变化的位移量和位移速度。

13.2.3.1　布设监测点

(1) 水平位移监测点的布置原则

水平位移监测点的位置，对于建筑物应选在墙角、柱基及裂缝两边等位置；对于地下管线应选在端点、转角点及必要的中间部位；对于护坡工程应按待测坡面成排布点；对于测定深层侧向位移的点位与数量，应按工程需要确定。

(2) 水平位移监测点的标志和标石埋设

建筑物上的监测点可采用墙上或基础标志；土体上的监测点可采用混凝土标志；地下管线的监测点应采用窨井式标志。各种标志的形式及埋设，应根据点位条件和观测要求设计确定。

13.2.3.2　水平位移的观测方法

水平位移的观测方法可根据需要与现场条件选用，常用的有前方交会法、精密导线测量法、基准线法（如测小角法、活动觇牌法、激光准直法等）等。具体方法的选用依据可参考表 13-6。

表 13-6　水平位移观测方法的选用依据

序号	具体情况或要求	方法选用
1	测量地面监测点在特定方向的位移	基准线法（如视准线法、激光准直法、引张线法等）
2	测量监测点任意方向的位移	可视监测点的分布情况，采用前方交会法或方向差交会法、精密导线测量法、近景摄影测量等方法
3	监测内容较多的大测区或监测点远离稳定地区的测区	宜采用三角测量、三边测量、边角测量与基准线法相结合的综合测量方法
4	测量土体内部侧向位移	可采用测斜仪监测方法

（1）前方交会法

利用前方交会法测量水平位移的原理如图 13-3 所示，A、B 两点为工作基准点，P 点为变形监测点，假设测得两水平夹角为 α 和 β，则由 A、B 两点的坐标值和水平角观测值 α、β 可求得 P 点的坐标。

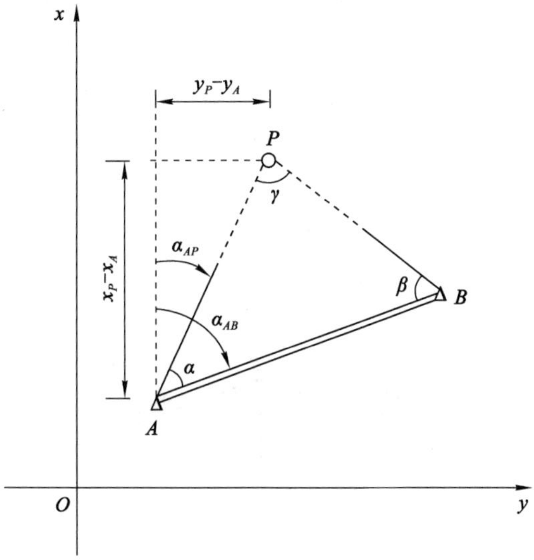

图 13-3　前方交会法测量原理

由图 13-3 可知：

$$x_P - x_A = D_{AP}\cos\alpha_{AP} = \frac{D_{AB}\sin\beta}{\sin(\alpha+\beta)}\cos(\alpha_{AB}-\alpha) \tag{13-3a}$$

$$y_P - y_A = D_{AP}\sin\alpha_{AP} = \frac{D_{AB}\sin\beta}{\sin(\alpha+\beta)}\sin(\alpha_{AB}-\alpha) \tag{13-3b}$$

其中，D_{AB}、α_{AB} 可由 A、B 两点的坐标值通过坐标反算求得，对式(13-3)进行整理可得：

$$x_P = \frac{x_A\cot\beta + x_B\cot\alpha - y_A + y_B}{\cot\alpha + \cot\beta} \tag{13-4a}$$

$$y_P = \frac{y_A \cot \beta + y_B \cot \alpha - y_A + y_B}{\cot \alpha + \cot \beta} \tag{13-4b}$$

第一次观测时,假设测得两水平夹角为 α_1 和β_1,由式(13-4)求得 P 点坐标为(x_{P_1},y_{P_1}),第二次观测时,假设测得的水平夹角为 α_2 和 β_2,则 P 点坐标变为(x_{P_2},y_{P_2}),那么在这两次观测期间,P 点的位移可按式(13-5)进行解算:

$$\Delta x_P = x_{P_2} - x_{P_1}, \quad \Delta y_p = y_{P_2} - y_{P_1} \tag{13-5a}$$

$$\Delta P = \sqrt{\Delta x_P^2 + \Delta y_P^2} \tag{13-5b}$$

P 点的位移方向 $\alpha_{\Delta P}$ 为:

$$\alpha_{\Delta P} = \arctan \frac{\Delta y_P}{\Delta x_P} \tag{13-6}$$

(2) 基准线法

对于直线形建筑物的位移观测,采用基准线法具有速度快、精度高、计算简便等优点。基准线法的原理:以通过大型建筑物轴线(如大坝轴线、桥梁主轴线等)或者平行于建筑物轴线的固定不变的垂直平面为基准面,根据它来测定建筑物的水平位移。基准线由两基准点构成,故此法只能测量建筑物与基准线垂直方向上的变形。基准线法按其所使用的工具和作业方法的不同,可分为测小角法、活动觇牌法、激光准直法等。

① 测小角法

测小角法是基准线法测定水平位移的常用方法。其原理如图 13-4 所示,利用精密经纬仪精确地测定基准线与置镜点到监测点(P_i)视线之间所夹的微小角度 δ,并按式(13-7)计算偏离值:

$$\Delta P_i = \frac{\beta_i}{\rho} \cdot S_i \tag{13-7}$$

式中,S_i 为端点到监测点 P_i 的水平距离;ρ=206 265″。

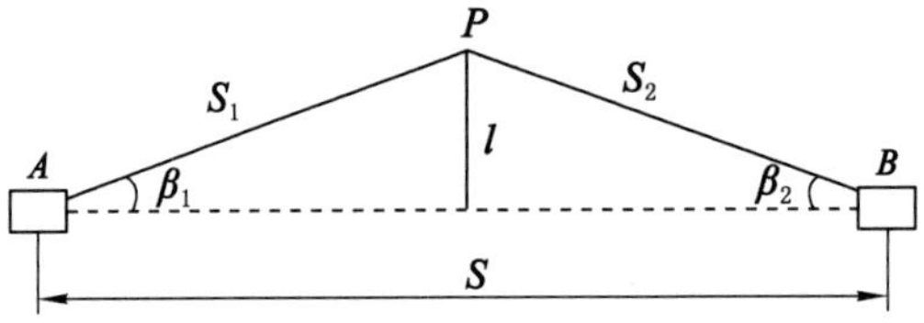

图 13-4　测小角法

② 活动觇牌法

监测点的位移值是利用安置于监测点上的活动觇牌(图 13-5)直接读数来进行测算的,活动觇牌读数尺上的最小分划为 1 mm,采用游标可以读数到 0.1 mm。其观测过程见第 3 章 3.2节。

③ 激光准直法

随着激光技术的发展,出现了由激光光束建立基准面的基准线法,根据其测量偏离值方法的不同,该法有激光经纬仪准直法和波带板激光准直法两种,现分别简述如下。

a. 激光经纬仪准直法

觇牌是由中心装有两个半圆的硅光电池组成的光电探测器,两个硅光电池各连接在检

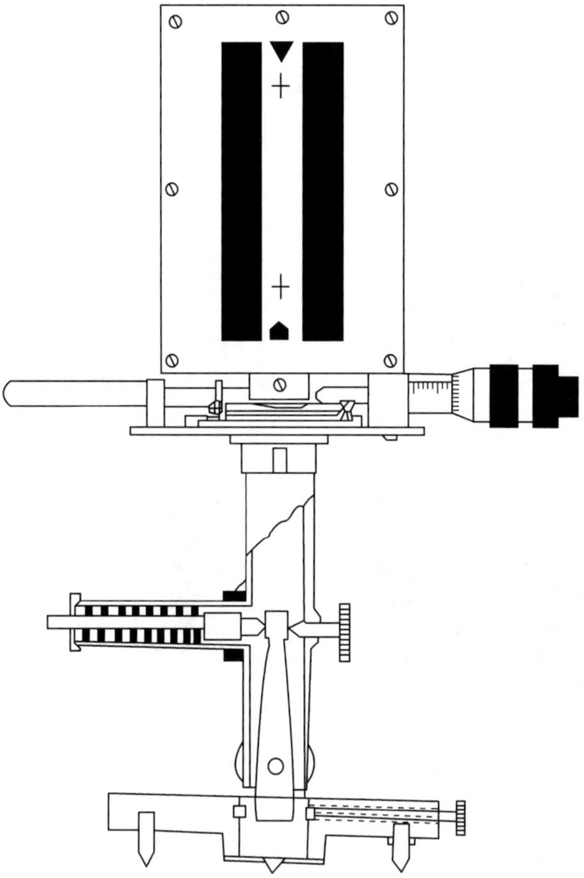

图 13-5　活动觇牌

流表上，当激光束通过觇牌中心时，硅光电池的左右两个半圆接收相同的激光能量，检流表指针在零位。反之，检流表指针就偏离零位，此时，移动光电探测器使检流表指针指向零，即可在读数尺上进行读数。为了提高读数精度，通常利用游标卡尺，此时可读到 0.1 mm。当采用测微器时，可直接读到 0.01 mm。

b. 波带板激光准直法

波带板激光准直系统由 3 个部件组成：激光器点光源、波带板装置和光电探测器。用波带板激光准直系统进行准直测量如图 13-6 所示。

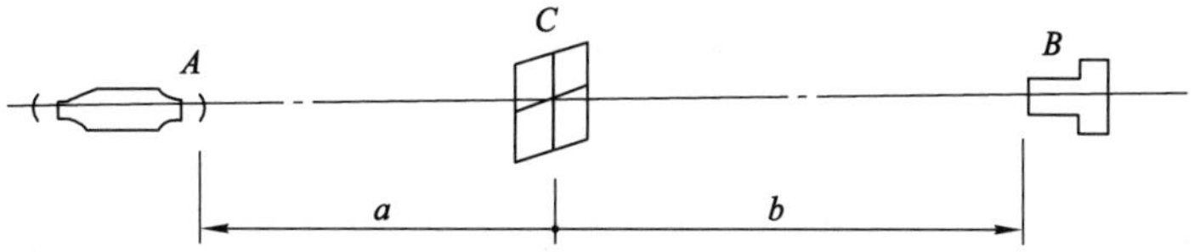

图 13-6　波带板激光准直法

在基准线 A、B 两端分别安置激光器点光源和光电探测器，在需要测定偏离值的监测

点 C 上安置波带板。当激光管点燃后，激光器点光源会发射出一束激光，照满波带板，通过波带板上不同透光孔的绕射光波之间的相互干涉，就会在激光点光源和波带板连线的延伸方向线上的某一位置形成一个亮点（采用如图 13-7 所示的圆形波带板）或十字线（采用如图 13-8所示的方形波带板）。根据监测点的具体位置，对每一监测点可以设计专用的波带板，使所成的像正好落在接收端 B 点的位置上。利用安置在 B 点的光电探测器，可以测出 AC 连线在 B 点处相对基准面的偏离值。

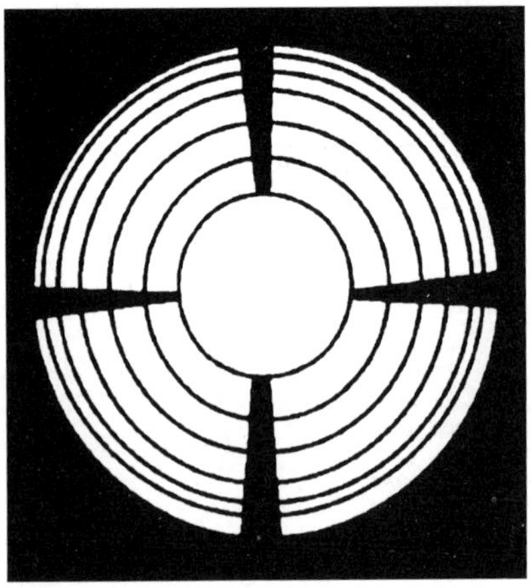

图 13-7　圆形波带板

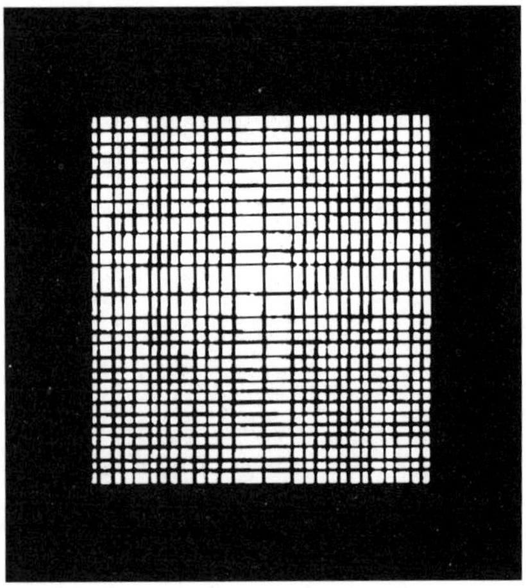

图 13-8　方形波带板

c. 激光准直测量计算方法

如图 13-9 所示，在基准线 A 端安置激光点光源，在 B 端安置光电探测器，在监测点 P_i 上安置波带板。当激光束照满波带板时会产生干涉，此时就会在光源和波带板的延长线上（B_i 点位置）形成一个亮点，之后用 B 端的光电探测器捕捉该亮点并测定其偏距 Δ_i。由偏距 Δ_i 计算偏移量时，可采用式(13-8)进行计算：

$$\delta_i = \frac{S_i}{S_{AB}} \cdot \Delta_i \tag{13-8}$$

式中，S_{AB} 为 A、B 两点间的距离，S_i 为 AP_i 投影至 AB 上的长度，S_i 为监测点 P_i 的偏移量。

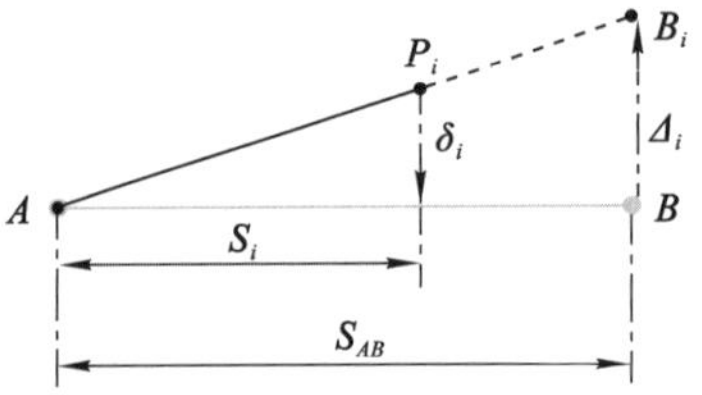

图 13-9　激光准直偏移量计算

13.2.4　监测点倾斜观测

测定工业与民用建筑工程倾斜度随时间变化的工作，称为倾斜监测。当倾斜达到一定程度时，会影响建筑物的安全，因此必须对其进行倾斜监测或不均匀沉降监测。

对于建筑物主体的倾斜观测，应测定建筑物顶部相对底部或各层间上层相对下层的水平位移与高差，分别计算整体或分层的倾斜度、倾斜方向以及倾斜速度。对刚性建筑物的整体倾斜，亦可通过测量顶面或基础的相对沉降间接测定。

（1）布设主体倾斜监测点

工业与民用建筑工程的主体倾斜监测点的布设应遵循以下原则：① 沿对应测站点的某主体竖直线，对整体倾斜按顶部、底部上下对应布设，对分层倾斜按分层部位、底部上下对应布设。② 当从建筑物外部观测时，测站点或工作基点的点位应选在与照准目标中心连线呈接近正交或等分角的方向线上，距照准目标 1.5～2.0 倍目标高度的固定位置处；当利用建筑物内的竖向通道观测时，可将通道底部中心点作为测站点。③ 按纵、横轴线或前方交会法布设的测站点，每点应选设 1～2 个定向点；基线端点的选设应顾及其测距或丈量的要求。

（2）埋设主体倾斜监测点位的标志

可采用埋入式照准标志作为建筑物顶部和墙体上的监测点标志，如有特殊要求，则专门设计照准标志。对于不便埋设标志的塔形、圆形建筑物以及竖直构件，可将照准视线所切同高边缘认定的位置或用高度角控制的位置作为观测点位。根据不同的观测要求，采用带有强制对中设备的观测墩或混凝土标石作为地面上的测站点和定向点。一次性倾斜观测项目的监测点标志可采用标记形式，或直接利用符合位置与照准要求的建筑物特征部位，测站点宜设置小标石或临时性标志。倾斜的观测方法见表 13-7。

表 13-7　倾斜的观测方法

序号	观测内容	观测方法
1	测量建筑物基础的相对沉降	① 几何水准测量；② 液体静力水准测量（大坝）
2	测量建筑物顶点相对底点的水平位移	① 前方交会法；② 投点法；③ 吊垂球法；④ 激光铅垂仪观测法
3	直接测量建筑物的倾斜度	气泡倾斜仪

（3）主体倾斜监测方法

① 水准仪观测

建筑物的倾斜观测可采用精密水准测量的方法，如图 13-10 所示，定期测出基础两端点的不均匀沉降量（差异沉降量 ）Δh，再根据两点间的距离 L，即可算出基础的倾斜度 α：

$$\alpha=\frac{\Delta h}{L}(\mathrm{rad})=\frac{\Delta h}{L}\cdot\frac{180^{\circ}}{\pi}(^{\circ}) \tag{13-9}$$

如果知道建筑物的高度 H，则可推算出建筑物顶部的倾斜位移 δ：

$$\delta=\alpha\cdot H=\frac{\Delta h}{L}\cdot H \tag{13-10}$$

② 全站仪观测

利用全站仪测量出建筑物顶部的倾斜位移 δ，再计算出建筑物的倾斜度，即

$$\alpha=\frac{\delta}{H} \tag{13-11}$$

式中，H 为建筑物的高度。

利用全站仪在两个互相垂直的方向上进行交会投点，将建筑物向外倾斜的一个上部角

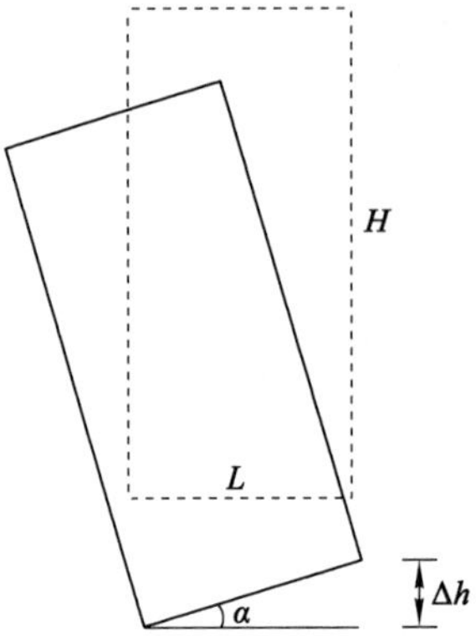

图 13-10　基础倾斜观测

点投影至平地，直接量取其与下部角点的倾斜位移分量δ_x、δ_y，则倾斜位移 $\delta=\sqrt{\delta_x^2+\delta_y^2}$，如图 13-11 所示。

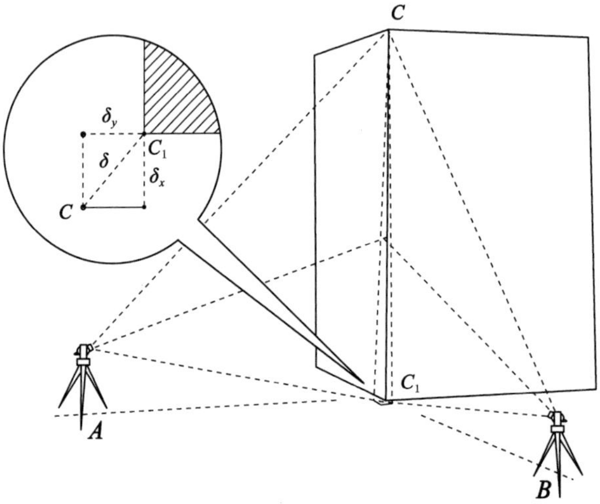

图 13-11　全站仪投点法倾斜观测

13.2.5　其他变形监测内容

13.2.5.1　裂缝监测

(1) 裂缝监测的内容

裂缝监测应测定建筑物上的裂缝分布位置，裂缝的走向、长度、宽度及其变化程度。观测的裂缝数量视需要而定，应对主要的或变化大的裂缝进行观测。

(2) 裂缝监测点的布设

对需要观测的裂缝应统一进行编号。每条裂缝至少应布设两组观测标志：一组在裂缝最宽处；另一组在裂缝末端。每组观测标志由裂缝两侧各一个标志组成。

裂缝的观测标志，应具有可供量测的明晰端面或中心。观测期较长时，可采用镶嵌或埋入墙面的金属标志、金属杆标志或楔形板标志；观测期较短或要求不高时可采用油漆平行线标志或用建筑胶粘贴的金属片标志。当要求较高或需要测出裂缝纵、横向变化值时，可采用坐标方格网板标志。使用专用仪器设备观测的标志，可按具体要求另行设计。

（3）裂缝监测方法

对于数量不多、易于量测的裂缝，可视标志形式不同，用比例尺、钢尺或游标卡尺等工具，定期量出标志间的距离求得裂缝变化值，或用方格网板定期读取坐标差计算裂缝变化值。对于面积较大且不便于人工量测的众多裂缝宜采用近景摄影测量方法。当需要连续监测裂缝变化时，还可采用测缝计或传感器自动测记方法观测。

裂缝监测中，裂缝宽度数据应量取至 0.1 mm，每次观测应绘出裂缝的位置、形态和尺寸，注明日期，并附上必要的照片资料。

13.2.5.2　挠度监测

在建筑物的垂直面内各不同高程点相对底点的水平位移，水平或倾斜构件在端点固定的条件下受荷载作用而导致的相对原位的移动量均称为挠度。测定建筑物构件受力后产生的弯曲变形的工作，称为挠度监测。挠度监测可分为平置构件的挠度监测（如大跨度建筑物、桥梁等）和直立构件的挠度监测（如高层建筑物、大坝等）。

挠度监测包括建筑物基础和建筑物主体以及独立构筑物（如独立墙、柱等）的挠度监测，应按一定周期分别测定其挠度值及挠曲程度。建筑物基础的挠度监测，可与建筑物沉降监测同时进行。观测点应沿建筑物基础的轴线或边线布设，每一基础不得少于 3 点。监测点标志设置、观测方法与沉降监测相同。

建筑物主体挠度监测，除监测点应按建筑物结构类型在各不同高度或各层处沿一定垂直方向布设外，其标志设置、观测方法按倾斜监测的有关规定执行。如图 13-12 所示，挠度值由建筑物上不同高度点相对底点的水平位移确定，即

$$\tau=\frac{1}{2}(h_a+h_c-2h_b)\cdot\frac{1}{S_{ac}} \tag{13-12}$$

式中，h_a、h_c 为构件两端点的沉降量；h_b 为构件中间点的沉降量；S_{ac} 为两端点间的平距。

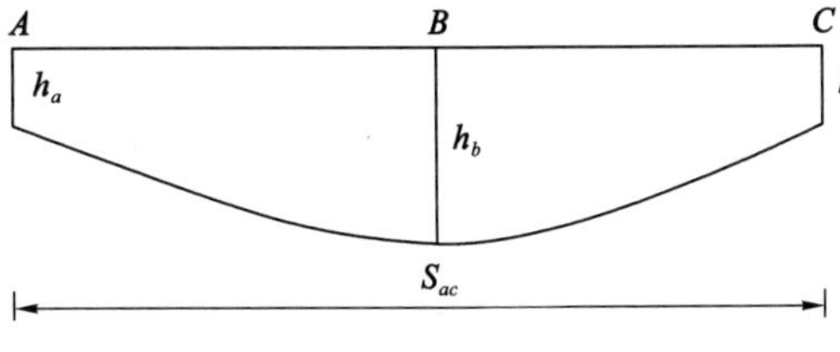

图 13-12　挠度监测

对于直立构件，至少要设置上、中、下三个点进行水平位移监测，利用三点的位移量可算出其挠度，利用多点观测值则可以画出直立构件的挠度曲线。

13.2.5.3　日照变形监测

（1）日照变形监测的内容

日照变形监测应在高耸建筑物或单柱（独立高柱）受强阳光照射或辐射的过程中进行，应测定建筑物或单柱上部由向阳面与背阳面温差引起的偏移及其变化规律。

（2）日照变形的观测时间

日照变形的观测时间，宜选在夏季高温的天气进行。一般观测项目，可在白天进行，从日出前开始到日落后停止，每隔约 1 h 观测一次；对于有科研要求的重要建筑物，可在全天 24 h 内，每隔约 1 h 观测一次。在每次观测的同时，应测出建筑物向阳面与背阳面的温度，并测定风速与风向。

（3）日照变形监测的方法

① 当建筑物内部具有竖向通视条件时，应采用激光铅垂仪观测法。在测站点上可安置激光铅垂仪或激光经纬仪，在监测点上安置接收靶。每次观测时，可从接收靶得出监测点的水平位移和位移方向，也可借助附于接收靶上的标示光点设施，直接获得各次观测的激光中心轨迹图，然后反转其方向即实测日照变形曲线。

② 从建筑物外部观测时，可采用测角前方交会法或方向差交会法。对于单柱的观测，按不同量测条件，可选用全站仪投点法、测顶部监测点与底部监测点之间的夹角法或极坐标法。按上述方法观测时，从两个测站对监测点的观测应同步进行。所测顶部的水平位移与位移方向，应以首次测算的监测点坐标或顶部监测点相对底部监测点的水平位移为初始值，与其他各次观测的结果相比较后计算求取。

13.2.5.4　风振变形监测

塔式建筑物在温度荷载和风荷载作用下会产生来回摆动，因此需要对塔式建筑物进行风振变形监测，即在建筑物受强风作用的时间段同步测定建筑物的顶部风速、风向、墙面风压和建筑物顶部的水平位移，以获取风压分布、梯形系数及风振系数。

其中，顶部水平位移可选用的监测方法包括激光位移计自动测记法、双轴自动电子测斜仪（电子水枪）测记法、加速度计法、GNSS 差分载波相位法、测角前方交会法或方向差交会法等，具体方法需根据精度要求和现场情况确定。顶部水平位移监测通常选择自动观测和记录设备，若监测要求不高时也可采用人工观测。对于采用自动测记法监测的风振位移，其精度根据所用设备的性能和精度要求确定。如采用人工经纬仪观测风振位移，监测点相对测站点的点位中误差应不大于±15 mm。

由实测位移计算风振系数 β 时，可采用式(13-13)或式(13-14)计算：

$$\beta=(d_m+0.5A)/d_m \tag{13-13}$$

$$\beta=(d_s+d_d)/d_s \tag{13-14}$$

式中，A 为风力振幅，mm；d_m 为平均位移，mm；d_s 为静态位移，mm；d_d 为动态位移，mm。

13.3　工业与民用建筑工程变形监测流程与数据处理

13.3.1　变形监测流程

结束每周期的沉降监测后，应及时进行数据处理和分析，计算沉降信息，及时编制沉降量报表，并提供给设计、施工、监理部门及业主等。沉降量报表的格式视各地建筑质量监督部门的要求而定，现还没有统一的格式。当变形监测进行到一定周期，或工程进度到一定阶段时，就要依据前面所观测和计算的结果，绘制点位沉降过程曲线。通过点位沉降过程曲线可以直观地了解变形过程和变形分布情况，也可以对变形发展趋势进行直观的判断。

沉降过程曲线以时间为横轴，以沉降量为纵轴，为了对比相关点位的沉降量及沉降速率，经常将多个点位的沉降过程曲线绘制在同一幅图中。

沉降监测阶段（总结）报告应包含建筑物最大沉降点名及其最大沉降量，建筑物最小沉降点名及其最小沉降量，建筑物所有监测点的平均沉降量，近期该建筑物的最大沉降速率、最小沉降速率以及平均沉降速率。此外，其还应包含沉降监测点位布置图、点位沉降过程曲线等，必要时还应绘制等沉降曲线图。

13.3.2　数据处理

数据处理一般多采用固定基准平差或拟稳平差。当确知基准点稳定时，可采用固定基准平差，若不知基准点先验条件，可采用拟稳平差。当独立观测基准网时，基准网可以独立进行平差计算。因首次观测时无基准点稳定性的先验信息，所以可以采用普通秩亏自由网平差，即以全网的重心为基准，使各基准点精度均匀，然后取得各基准点在重心高程基准下的高程值，作为沉降监测的依据。

当首次基准网与监测点网同时观测并整体平差时，可以以基准点为拟稳点、监测点为非拟稳点进行拟稳自由网平差，即以拟稳重心为基准，建立平差基准和取得监测点初始测量成果。当单位权中误差和各点位中误差在设计规定要求之内时，则说明本期观测成果是合格的。否则需要检查、分析原因，及时实施补测或重测。

沉降监测数据处理过程包括：① 观测资料的整理；② 校核各项原始记录，检查各次变形观测值的计算有否错误；③ 对各种变形值按时间逐点填写观测数值表；④ 绘制各种变形过程曲线、建筑物变形分布图等。

13.4　工业与民用建筑工程变形监测结果分析与应用前景

13.4.1　监测结果分析

13.4.1.1　正常情况下的监测结果分析

大型建筑物的变形测量大多分两级进行：第一级是校核基点与工作基点之间的联测，其目的是利用校核基点来检查工作基点的稳定性，同时也检查校核基点本身的稳定性。校核基点和工作基点都应选在相对稳定的地段，以尽量保证基准点的稳定性，此项工作周期较长，一般每年进行 1～2 次测量。第二级是利用工作基点对变形监测点进行观测，这是变形监测的主要任务，此项工作周期较短，观测次数较为频繁，一般每月进行多次观测。

鉴于此，变形分析大体上包括以下内容。

(1) 基准点稳定性分析。根据实际情况，采取相应的平差模型进行平差计算，再根据平差结果，利用数理统计方法来分析基准点（包括校核基点和工作基点）的稳定性。基准点稳定性分析的方法有多种，如限差检验法、平均间隙法、统计检验法等，具体步骤参考前述章节。

(2) 对变形监测点进行变形分析。其具体内容包括：① 用合适的方法尽可能排除或减少测量误差的干扰，计算不同时间监测点位置的差异量；② 分析这些差异量是属于误差干扰还是变形体变形的信息；③ 对变形点的变形规律进行分析，即研究变形量与各种影响因素之间的函数关系，并进一步对变形成因进行物理解释。这项工作多采用回归分析法、确定模型法、神经网络法等。这项工作的主要目的是对引起变形的原因进行分析和解释,并根据变形规律来预报变形发展趋势,以及对目前和未来的工程安全做出判断。

13.4.1.2　监测中的异常情况及其处理

(1) 曲线在首次观测后即发生回升现象

在第二次观测时即发现曲线上升,第三次观测后,曲线又逐渐下降。发生此种现象,一般是由于首次观测成果存在较大误差。此时,如果观测周期较短,可将第一次的观测成果作废,而将第二次的观测成果作为首次观测成果。因此,为避免发生此类现象,首次观测时应适当提高测量精度,认真施测,或进行两次观测,取其平均值,以确保首次观测成果可靠。

(2) 曲线在中间某点突然回升

发生曲线在中间某点突然回升现象的原因,多半是水准基点或沉降监测点被碰,若水准基点被压低,或沉降监测点被撬高,此时应仔细检查水准基点和沉降监测点的外形有无损伤。如果众多沉降监测点出现此现象,则水准基点被压低的可能性很大,此时可改用其他水准点作为水准基点来继续观测,并应再埋设新的水准点,以保证水准点的个数不少于 3 个。如果只有一个沉降监测点出现此现象,则多半是由于该点被撬高(如果采用隐蔽式沉降监测点,则不会发生此现象);若监测点被撬后已发生活动,则需另行埋设新点;若点位尚牢固,则可继续使用。

(3) 曲线自某点起渐渐回升

产生曲线自某点起渐渐回升现象一般是水准基点下沉所致。此时,应根据水准点之间的高差来判断出最稳定的水准点,以此作为新的水准基点,并将原来下沉的水准基点废除。另外,埋在裙房上的沉降监测点,由于受主楼的影响,其有可能会出现属于正常范围的渐渐回升现象。

(4) 曲线的波浪起伏现象

曲线在后期呈现微小波浪起伏的现象一般是测量误差造成的。曲线前期的波浪起伏并不突出,这是因为下沉量大于测量误差;但到后期,由于建筑物下沉量极其微小或已接近稳定,因此在曲线上就出现测量误差比较突出的现象。此时,可将波浪曲线改为水平线。后期测量时宜提高测量精度等级,并适当地延长观测间隔时间。

13.4.2　应用前景

随着人类社会的进步和建筑科学技术的发展,以及中心城市建设用地的日趋紧张,世界各地出现了越来越多的超高层建筑物,城市空间布局日益呈现由平面向立体纵深发展的趋势。考虑监测的特殊性,每次建筑物的变形监测过程不允许中断,而且各项监测数据要及时可靠又能实时采集,传统的测量方法、测量设备和数据分析方法已经无法满足当前的建筑物监测需求。目前,建筑物监测技术由传统的点、线监测模式逐步向点、线、面结合的空间立体监测模式转变,由人工跟踪监测模式向全自动监测模式转变。在数据分析方面,各种模型的引入弥补了传统的数据分析模型的不足,从而可使建筑物的各个应力变化鲜明地表现出来。

进入 21 世纪,近景摄影测量,尤其是数字摄影测量技术在变形监测中开始得到应用,其监测精度可达毫米级;合成孔径雷达干涉测量、地基 SAR 等星载、地基遥感方法可达地表亚毫米和毫米级的监测精度,这些方法在高层建筑物及滑坡等的变形监测中都有成功范例;

GNSS 在山体滑坡、水库大坝、采矿区地面塌陷和地壳变形等的监测中也得到广泛应用。同时，3S 技术的相互集成融合逐步成熟，可从技术上为研究和分析变形信息之间的相互作用提供支撑。因此，基于 3S 技术融合的变形监测系统，是变形监测技术的一个重要研究方向。此外，测量机器人正成为高层建筑物自动化变形监测的首选设备。

思 考 题

1. 怎样进行建筑物主体的倾斜和挠度监测？
2. 建筑物倾斜监测的方法有哪些？

参 考 文 献

[1] 白迪谋.工程建筑物变形观测和变形分析[M].成都:西南交通大学出版社,2002.

[2] 陈帅,张维丽.探讨变形监测技术在桥梁监测中的应用[J].科技创新导报,2017,14(16):66.

[3] 陈永奇,吴子安.变形监测分析与预报[M].北京:测绘出版社,1998.

[4] 戴军,王建军,李东锋,等.三维激光扫描辅助隧道大变形控制研究[J].铁道标准设计,2024,68(7):146-153.

[5] 党永超.西安地铁隧道自动化监测技术与变形数据的分析研究[D].西安:长安大学,2015.

[6] 邓自立.卡尔曼滤波与维纳滤波:现代时间序列分析方法[M].哈尔滨:哈尔滨工业大学出版社,2001.

[7] 董学智,李胜,李爱民.变形监测技术在桥梁监测中的应用[J].测绘,2012,35(1):13-15.

[8] 樊颖,刘跃.地面三维激光扫描技术在工程测量中的应用[J].黑龙江科技信息,2017(20):76-77.

[9] 范洪冬,邓喀中,祝传广,等.基于时序 SAR 技术的采空区上方高速公路变形监测及预测方法[J].煤炭学报,2012,37(11):1841-1846.

[10] 耿璐,苏进星.桥梁变形监测方法应用研究[J].公路与汽运,2015(3):192-195.

[11] 国家能源局.大坝安全监测自动化技术规范:DL/T 5211—2019[S].北京:中国电力出版社,2019.

[12] 郝亚东,高小六.工程变形监测[M].武汉:武汉理工大学出版社,2015.

[13] 何斌,徐剑飞,何宁,等.分布式光纤传感技术在高面板堆石坝内部变形监测中的应用[J].岩土工程学报,2023,45(3):627-633.

[14] 何秀凤.变形监测新方法及其应用[M].北京:科学出版社,2007.

[15] 侯建国,王腾军.变形监测理论与应用[M].北京:测绘出版社,2008.

[16] 侯娜.变形监测技术在桥梁监测中的应用[J].科学技术创新,2020(19):107-108.

[17] 胡炳南,张华兴,申宝宏.建筑物、水体、铁路及主要井巷煤柱留设与压煤开采指南[M].北京:煤炭工业出版社,2017.

[18] 胡海峰.变形监测及沉陷工程学[M].北京:煤炭工业出版社,2019.

[19] 黄承亮.激光扫描技术下桥梁变形监测方法的研究[J].测绘通报,2015(增刊 1):206-209.

[20] 黄声享,尹晖,蒋征.变形监测数据处理[M].武汉:武汉大学出版社,2003.

[21] 黄声享,尹晖,蒋征.变形监测数据处理[M].2 版.武汉:武汉大学出版社,2010.

[22] 孔祥元,郭际明,刘宗泉.大地测量学基础[M].武汉:武汉大学出版社,2006.

[23] 李保平,潘国兵.变形监测[M].成都:西南交通大学出版社,2012.
[24] 李红连,黄丁发,陈宪东.大坝变形监测的研究现状与发展趋势[J].中国农村水利水电,2006(2):89-90.
[25] 李洪亮,时荣,钟双.自适应卡尔曼滤波在大坝形变预报中的应用分析[J].测绘技术装备,2015,17(1):48-52.
[26] 李建刚,王天宇,陈慧霞.水准测量技术在大坝坝基形变监测中的应用[J].测绘与空间地理信息,2019,42(11):239-243.
[27] 李金阁.基于徕卡测量机器人的边坡监测系统研究[D].重庆:重庆交通大学,2017.
[28] 李鹏.北斗与GPS在桥梁变形监测中的对比分析[J].北京测绘,2020,34(1):92-95.
[29] 李翔宇,雷添杰,陈文晋,等.基于地基雷达干涉测量技术的大坝边坡形变监测及应用[J].安徽农业科学,2020,48(9):221-225.
[30] 李翔宇.基于地基雷达干涉测量技术的大坝边坡形变监测与风险评价[D].郑州:华北水利水电大学,2020.
[31] 李学会,韦宏鹄.桥梁变形监测方法浅析[J].市政技术,2014,32(5):138-140.
[32] 梁菲.近景摄影测量在桥梁变形监测中的应用[D].重庆:重庆交通大学,2010.
[33] 林益新.三维激光扫描技术在滑坡变形监测中的应用[J].经纬天地,2022(6):19-21.
[34] 刘文波.城市地下空间岩土工程安全监测技术[J]. 江西建材, 2022(2):75-76.
[35] 刘哲强.测量机器人在地铁隧道自动化变形监测中的应用[D].西安:西安科技大学,2020.
[36] 刘振.现代化变形监测技术的研究[J].山西建筑,2020,46(20):84-85.
[37] 刘志鹏.基于数字摄影测量技术的桥梁动态变形监测研究[D].青岛:山东科技大学,2020.
[38] 龙四春.矿山普通测量学[M].北京:测绘出版社,2014.
[39] 卢星.利用GNSS监测大坝形变无线传感器网络设计[J].山西电子技术,2014(6):41-43.
[40] 苗则朗,徐卓揆,贺跃光.现代变形监测[M].北京:中国水利水电出版社,2020.
[41] 莫林海.基于静力水准和GNSS的多传感器数据融合地基沉降监测技术[D].西安:长安大学,2021.
[42] 欧阳俊峰.基于三维激光扫描技术的现役桥梁变形监测应用研究[D].广州:华南理工大学,2018.
[43] 邱冬炜.变形监测技术与工程应用[M].武汉:武汉大学出版社,2016.
[44] 盛骤,谢式千,潘承毅.概率论与数理统计[M].4版.北京:高等教育出版社,2008.
[45] 宋文杰,王志刚,刘毅.分布式光纤传感技术在地下工程变形监测中的应用研究综述[C]//中冶建筑研究总院有限公司. 2022年工业建筑学术交流会论文集(中册).北京:中国建筑工业出版社, 2022:6.
[46] 唐孟雄,陈如桂,陈伟.深基坑工程变形控制[M].北京:中国建筑工业出版社,2006.
[47] 王红霞.三维激光扫描技术在桥梁监测中的应用[D].兰州:兰州理工大学,2012.
[48] 王磊,夏永华.三维激光扫描技术在建筑物变形监测中的应用[C]//中冶建筑研究总院有限公司. 2022年工业建筑学术交流会论文集(下册).北京:中国建筑工业出版社,

2022:6.
[49] 王启春,汪佑武.变形监测与沉陷工程技术[M].徐州:中国矿业大学出版社,2018.
[50] 王松桂.线性统计模型:线性回归与方差分析[M].北京:高等教育出版社,1999.
[51] 王晓华,胡友健,柏柳.变形监测研究现状综述[J].测绘科学,2006,31(2):130-132.
[52] 吴焕琅,蒋云钟.基于高精度北斗定位的大坝形变监测[J].单片机与嵌入式系统应用,2014,14(1):76-79.
[53] 吴立新,高均海,葛大庆,等.工矿区地表沉陷 D-InSAR 监测实验研究[J].东北大学学报:自然科学版,2005,26(8): 778-781.
[54] 席恩伟.基于北斗/GPS 与 GIS 的桥梁变形监测系统研究[D].昆明:云南大学,2015.
[55] 夏才初,潘国荣.土木工程监测技术[M].北京:中国建筑工业出版社,2001.
[56] 肖儒雅,何秀凤.时序 InSAR 水库大坝形变监测应用研究[J].武汉大学学报(信息科学版),2019,44(9):1334-1341.
[57] 邢学敏,贺跃光,吴凡,等.永久散射体雷达差分干涉反演矿区时序沉降场[J].遥感学报, 2016,20(3):491-501.
[58] 徐晓斌,吴月琴,侯振坤,等.公路边坡分布式智能光纤监测技术及应用[J].公路,2023,68(6):199-203.
[59] 徐亚明,周校,王鹏,等.地基雷达干涉测量的环境改正方法研究[J].大地测量与地球动力学,2013,33(3):41-43.
[60] 杨国玉.三种桥梁变形监测方法的对比研究[J].测绘技术装备,2016,18(3):15-18.
[61] 杨立新.桥梁监测中变形监测技术的应用[J].科学技术创新,2019(35):126-127.
[62] 杨潇潇,赵超英.基于 TCP-InSAR 技术的三峡大坝形变监测[J].测绘技术装备,2017,19(1):76-79.
[63] 杨元喜,徐天河.基于移动开窗法协方差估计和方差分量估计的自适应滤波[J].武汉大学学报(信息科学版),2003,28(6):714-718.
[64] 姚明博.三维激光扫描技术在桥梁变形监测中的分析研究[D].杭州:浙江工业大学,2014.
[65] 伊晓东,李保平.变形监测技术及应用[M].郑州:黄河水利出版社,2007.
[66] 余加勇.基于 GNSS 和 RTS 技术的桥梁结构动态变形监测研究[D].长沙:湖南大学,2015.
[67] 袁兵,熊寻安,龚春龙,等.顾及多路径误差改正的 GNSS 大坝形变监测研究[J].导航定位与授时,2016,3(1):53-59.
[68] 岳建平,田林亚.变形监测技术与应用[M].北京:国防工业出版社,2007.
[69] 岳建平,田林亚.变形监测技术与应用[M].2 版.北京:国防工业出版社,2014.
[70] 曾韬睿,邬礼扬,金必晶,等.基于 stacking 集成策略和 SBAS-InSAR 的滑坡动态易发性制图[J].岩石力学与工程学报,2023,42(9):2266-2282.
[71] 张凤举.控制测量学[M].北京:煤炭工业出版社,1999.
[72] 张勤,白正伟,黄观文,等.GNSS 滑坡监测预警技术进展[J].测绘学报,2022,51(10):1985-2000.
[73] 张逸仙.探究 GNSS 技术在大坝变形监测中的应用[J].价值工程,2017,36(22):

198-200.
[74] 张正禄.工程测量学[M].2 版.武汉:武汉大学出版社,2013.
[75] 赵显富,吴宝珍.沉降观测内外业数据处理一体化专家系统研究[J].测绘通报,2002(10):37-39.
[76] 中华人民共和国住房和城乡建设部.城市轨道交通工程测量规范:GB 50308—2017[S].北京:中国计划出版社,2017.
[77] 中华人民共和国住房和城乡建设部.建筑变形测量规范:JGJ 8—2016[S].北京:中国建筑工业出版社,2016.
[78] 周敏璐.基于 3S 技术的桥梁安全监测应用研究[J].西部交通科技,2019(10):73-76.
[79] 周文国,郝延锦.工程测量[M].2 版.北京:测绘出版社,2013.
[80] 朱建军,贺跃光,曾卓乔.变形测量的理论与方法[M].长沙:中南大学出版社,2004.
[81] 朱建军,李志伟,胡俊.InSAR 变形监测方法与研究进展[J].测绘学报,2017,46(10):1717-1733.
[82] 祝传广,邓喀中,张继贤,等.基于多源 SAR 影像矿区三维形变场的监测[J].煤炭学报,2014,39(4):673-678.
[83] 祝传广,张继贤,邓喀中等.基于改进 MT-InSAR 的日兰高铁巨野煤田段沉降监测[J].煤炭学报,2022,47(3):1031-1042.
[84] BERARDINO P, FORNARO G, LANARI R, et al. A new algorithm for surface deformation monitoring based on small baseline differential SAR interferograms[J]. IEEE transactions on geoscience and remote sensing,2002,40(11):2375-2383.
[85] BLUM E K, LI L K. Approximation theory and feedforward networks[J]. Neural networks,1991,4(4):511-515.
[86] CARNEC C, DELACOURT C. Three years of mining subsidence monitored by SAR interferometry, near Gardanne, France[J]. Journal of applied geophysics,2000,43(1):43-54.
[87] CARNEC C, MASSONNET D, KING C. Two examples of the use of SAR interferometry on displacement fields of small spatial extent[J]. Geophysical research letters,1996,23(24):3579-3582.
[88] DAUBECHIES I. Orthonormal bases of compactly supported wavelets[J]. Communications on pure and applied mathematics,1988,41(7):909-996.
[89] DAUBECHIES I. The wavelet transform, time-frequency localization and signal analysis[J]. IEEE transactions on information theory,1990,36(5):961-1005.
[90] DICKEY D A, FULLER W A. Distribution of the estimators for autoregressive time series with a unit root[J]. Journal of the american statistical association, 1979, 74(366a):427-431.
[91] DONOHO D L, JOHNSTONE I M. Ideal spatial adaptation by wavelet shrinkage[J]. Biometrika,1994,81(3):425-455.
[92] ENGLE R F. Autoregressive conditional heteroscedasticity with estimates of the variance of United Kingdom inflation[J]. Econometrica,1982,50(4):987.

[93] FERRETTI A, PRATI C, ROCCA F. Permanent scatterers in SAR interferometry[J]. IEEE transactions on geoscience and remote sensing, 2001, 39(1): 8-20.

[94] FIALKO Y, SIMONS M, AGNEW D. The complete (3-D) surface displacement field in the epicentral area of the 1999 MW7.1 Hector Mine Earthquake, California, from space geodetic observations[J]. Geophysical research letters, 2001, 28(16): 3063-3066.

[95] GABRIEL A K, GOLDSTEIN R M, ZEBKER H A. Mapping small elevation changes over large areas: differential radar interferometry[J]. Journal of geophysical research: solid earth, 1989, 94(B7): 9183-9191.

[96] GE B, LI H Z. The research on ZigBee-based mine safety monitoring system[C]// 2011 International Conference on Electric Information and Control Engineering, IEEE, 2011: 1837-1840.

[97] GOEL K, ADAM N. An advanced algorithm for deformation estimation in non-urban areas[J]. ISPRS journal of photogrammetry and remote sensing, 2012, 73: 100-110.

[98] GRANGER C W J, SWANSON N R. Future developments in the study of cointegrated variables[J]. Oxford bulletin of economics and statistics, 2010, 58(3): 537-553.

[99] GRANGER C W J, JOYEUX R. An introduction to long-memory time series models and fractional differencing[J]. Journal of time series analysis, 1980, 1(1): 15-29.

[100] HERRERA G, ÁLVAREZ FERNÁNDEZ M I, TOMÁS R, et al. Forensic analysis of buildings affected by mining subsidence based on Differential Interferometry (Part Ⅲ)[J]. Engineering failure analysis, 2012, 24: 67-76.

[101] HOPFIELD J J. Neural networks and physical systems with emergent collective computational abilities[J]. Proceedings of the national academy of sciences of the United States of America, 1982, 79(8): 2554-2558.

[102] HOPFIELD J J. Neurons with graded response have collective computational properties like those of two-state neurons[J]. Proceedings of the national academy of sciences of the United States of America, 1984, 81(10): 3088-3092.

[103] HU Z, GE L L, LI X J, et al. An underground-mining detection system based on DInSAR[J]. IEEE transactions on geoscience and remote sensing, 2013, 51(1): 615-625.

[104] KAY S M, MARPLE S L. Spectrum analysis-a modern perspective[J]. Proceedings of the IEEE, 1981, 69(11): 1380-1419.

[105] LOMB N R. Least-squares frequency analysis of unequally spaced data[J]. Astrophysics and space science, 1976, 39(2): 447-462.

[106] MALLAT S G. A theory for multiresolution signal decomposition: the wavelet representation[J]. IEEE transactions on pattern analysis and machine intelligence, 1989, 11(7): 674-693.

[107] MICHEL R, AVOUAC J P, TABOURY J. Measuring ground displacements from SAR amplitude images: application to the landers earthquake[J]. Geophysical

research letters,1999,26(7):875-878.

[108] MOHAMED A H,SCHWARZ K P.Adaptive Kalman filtering for INS/GPS[J]. Journal of geodesy,1999,73(4):193-203.

[109] MORA O, MALLORQUI J J, BROQUETAS A. Linear and nonlinear terrain deformation maps from a reduced set of interferometric SAR images[J]. IEEE transactions on geoscience and remote sensing,2003,41(10):2243-2253.

[110] TOBITA M,MURAKAMI M,NAKAGAWA H,et al.3-D surface deformation of the 2000 Usu Eruption measured by matching of SAR images[J]. Geophysical research letters,2001,28(22):4291-4294.

[111] YANG Y X,XU T H.An adaptive Kalman filter based on sage windowing weights and variance components[J].Journal of navigation,2003,56(2):231-240.

[112] ZAKHAROV A I,EPOV M I,MIRONOV V L,et al.Earth surface subsidence in the Kuznetsk coal basin caused by manmade and natural seismic activity according to ALOS PALSAR interferometry[J]. IEEE journal of selected topics in applied earth observations and remote sensing,2013,6(3):1578-1583.

[113] ZHENG D,CHAO B F,ZHOU Y,et al.Improvement of edge effect of the wavelet time-frequency spectrum: application to the length-of-day series[J]. Journal of geodesy,2000,74(2):249-254.

[114] ZHOU Y H,ZHENG D W,LIAO X H.Wavelet analysis of interannual LOD,AAM, and ENSO: 1997-98 El Niño and 1998-99 La Niña signals[J].Journal of geodesy, 2001,75(2):164-168.